Energiepolitik und Klimaschutz
Energy Policy and Climate Protection

Herausgegeben von
L. Mez, Berlin, Deutschland
A. Brunnengräber, Berlin, Deutschland

W0263337

Weltweite Verteilungskämpfe um knappe Energieressourcen und der Klimawandel mit seinen Auswirkungen führen zu globalen, nationalen, regionalen und auch lokalen Herausforderungen, die Gegenstand dieser Publikationsreihe sind. Die Beiträge der Reihe sollen Chancen und Hemmnisse einer präventiv orientierten Energie- und Klimapolitik vor dem Hintergrund komplexer energiepolitischer und wirtschaftlicher Interessenlagen und Machtverhältnisse ausloten. Themenschwerpunkte sind die Analyse der europäischen und internationalen Liberalisierung der Energiesektoren und -branchen, die internationale Politik zum Schutz des Klimas, Anpassungsmaßnahmen an den Klimawandel in den Entwicklungs-, Schwellen- und Industrieländern, die Produktion von biogenen Treibstoffen zur Substitution fossiler Energieträger oder die Probleme der Atomenergie und deren nuklearen Hinterlassenschaften.

Die Reihe bietet empirisch angeleiteten, quantitativen und international vergleichenden Arbeiten, Untersuchungen von grenzüberschreitenden Transformations- und Mehrebenenprozessen oder von nationalen „best practice"-Beispielen ebenso ein Forum wie theoriegeleiteten, qualitativen Untersuchungen, die sich mit den grundlegenden Fragen des gesellschaftlichen Wandels in der Energiepolitik und beim Klimaschutz beschäftigen.

Herausgegeben von

PD Dr. Lutz Mez   PD Dr. Achim Brunnengräber
Freie Universität Berlin   Freie Universität Berlin

Weitere Bände in dieser Reihe http://www.springer.com/series/12516

Sophie Kuppler

Effekte deliberativer Ereignisse in der Endlagerpolitik

Deutschland und die Schweiz
im Vergleich von 2001 bis 2010

 Springer VS

Sophie Kuppler
Karlsruher Institut für Technologie
Institut für Technikfolgenabschätzung und Systemanalyse (ITAS)
Karlsruhe, Deutschland

Dissertation Universität Stuttgart, 2016

D 93

Energiepolitik und Klimaschutz. Energy Policy and Climate Protection
ISBN 978-3-658-18359-2   ISBN 978-3-658-18360-8   (eBook)
DOI 10.1007/978-3-658-18360-8

Die Deutsche Nationalbibliothek verzeichnet diese Publikation in der Deutschen National-
bibliografie; detaillierte bibliografische Daten sind im Internet über http://dnb.d-nb.de abrufbar.

Springer VS
© Springer Fachmedien Wiesbaden GmbH 2017
Das Werk einschließlich aller seiner Teile ist urheberrechtlich geschützt. Jede Verwertung, die
nicht ausdrücklich vom Urheberrechtsgesetz zugelassen ist, bedarf der vorherigen Zustimmung
des Verlags. Das gilt insbesondere für Vervielfältigungen, Bearbeitungen, Übersetzungen,
Mikroverfilmungen und die Einspeicherung und Verarbeitung in elektronischen Systemen.
Die Wiedergabe von Gebrauchsnamen, Handelsnamen, Warenbezeichnungen usw. in diesem
Werk berechtigt auch ohne besondere Kennzeichnung nicht zu der Annahme, dass solche
Namen im Sinne der Warenzeichen- und Markenschutz-Gesetzgebung als frei zu betrachten
wären und daher von jedermann benutzt werden dürften.
Der Verlag, die Autoren und die Herausgeber gehen davon aus, dass die Angaben und Informa-
tionen in diesem Werk zum Zeitpunkt der Veröffentlichung vollständig und korrekt sind.
Weder der Verlag noch die Autoren oder die Herausgeber übernehmen, ausdrücklich oder
implizit, Gewähr für den Inhalt des Werkes, etwaige Fehler oder Äußerungen. Der Verlag bleibt
im Hinblick auf geografische Zuordnungen und Gebietsbezeichnungen in veröffentlichten Karten
und Institutionsadressen neutral.

Gedruckt auf säurefreiem und chlorfrei gebleichtem Papier

Springer VS ist Teil von Springer Nature
Die eingetragene Gesellschaft ist Springer Fachmedien Wiesbaden GmbH
Die Anschrift der Gesellschaft ist: Abraham-Lincoln-Str. 46, 65189 Wiesbaden, Germany

"Most argument, and in fact most conflict, has nothing to do with the present. It's always about the past or the future. People can't agree on the details of what has happened or is going to happen. But we rarely know what has happened, and we never know what is going to happen. What is really at dispute is how we will deal with not knowing."

Steven Galloway, The Confabulist [♦]

[♦] Mit Erlaubnis des Verlags entnommen aus *The Confabulist* von Steven Galloway, veröffentlicht von Atlantic Books Ltd. London, © Steven Galloway, 2014, p. 208.

Danksagung

Die Erstellung dieser Arbeit wurde ermöglicht durch eine Doktorandenstelle des Karlsruher Instituts für Technologie. Für diese Chance und für die wertvollen Hinweise und Ratschläge möchte ich mich herzlich bei Prof. Dr. Armin Grunwald bedanken.

Weiterhin gilt mein ausdrücklicher Dank Dr. Peter Hocke-Bergler vom Institut für Technikfolgenabschätzung und Systemanalyse für die sehr konstruktive inhaltliche Begleitung der Arbeit, die spannenden und lehrreichen Diskussionen sowie die Möglichkeit, am Thema der Endlagerpolitik neben der Arbeit an der Dissertation auch noch erste Erfahrungen in der Politikberatung zu sammeln.

Bei PD Dr. Stefan Böschen bedanke ich mich für die sehr hilfreichen Vorschläge in der finalen Ausarbeitung der Arbeit. Elske Bechthold hat mich durch ein eingehendes Korrektorat der finalen Arbeit unterstützt. Dafür mein herzlicher Dank. Mein weiterer Dank gilt den Kolleginnen und Kollegen am ITAS für die anregenden und teilweise herausfordernden Diskussionen in den Kolloquien und in den Flurgesprächen.

Nicht zuletzt möchte ich mich insbesondere herzlich bei Prof. Dr. Dr. h.c. Ortwin Renn für die Betreuung der Dissertation bedanken. Durch seine kontinuierliche Unterstützung und seine wertvollen Kommentare und Hinweise hat er die Arbeit immer wieder auf den richtigen Weg gebracht.

Inhalt

Tabellenverzeichnis

Abbildungsverzeichnis

Abkürzungsverzeichnis

AFP	Agence-France Presse
AkEnd	Arbeitskreis Auswahlverfahren Endlagerstandort
AKW	Atomkraftwerk
ARE	Bundesamt für Raumentwicklung (Schweiz)
AtG	Atomgesetz
AtVfV	Atomrechtliche Verfahrensverordnung
Ba-Wü	Baden-Württemberg
BEDENKEN	Bewegung gegen eine Atommülldeponie in Benken
BFE	Bundesamt für Energie (Schweiz)
BfR	Bundesinstitut für Risikobewertung (Deutschland)
BfS	Bundesamt für Strahlenschutz (Deutschland)
BGR	Bundesamt für Geowissenschaften und Rohstoffe (Deutschland)
BI	Bürgerinitiative
BMU	Bundesministerium für Umwelt, Naturschutz und Reaktorsicherheit (Deutschland)
BMUB	Bundesministerium für Umwelt, Naturschutz, Bau und Reaktorsicherheit (Deutschland)
BMWi	Bundesministerium für Wirtschaft und Energie (Deutschland)
BVerwG	Bundesverwaltungsgericht (Deutschland)
CDU	Christliche Demokratische Union Deutschlands
CH	Schweiz
CNS	Convention on Nuclear Safety
contrAtom	Informationsnetzwerk gegen Atomenergie

CoRWM	Committee on Radioactive Waste Management
COWAM	Community Waste Management
CSU	Christliche-Soziale Union (Deutschland)
CVP	Christlichdemokratische Volkspartei der Schweiz
D	Deutschland
DBE	Deutsche Gesellschaft zum Bau und Betrieb von Endlagern für Abfallstoffe mbH
EB	Erkundungsbereich
EGT	Expertengruppe Geologische Tiefenlagerung (Schweiz)
EnBW	Energie Baden-Württemberg
ENSI	Eidgenössische Nuklearsicherheit-Inspektorat
EKRA	Expertengruppe Entsorgungskonzepte für radioaktive Abfälle (Schweiz)
ESchT	Expertengruppe Schweizer Tiefenlager (Deutschland)
ESK	Entsorgungskommission (Deutschland)
ESK / EL	Entsorgungskommission / Ausschuss Endlagerung radioaktiver Abfälle (Deutschland)
ETH	Eidgenössische Technische Hochschule Zürich
EU	Europäische Union
EVP	Evangelische Volkspartei (Schweiz)
EVU	Energieversorgungsunternehmen
FAZ	Frankfurter Allgemeine Zeitung
FDP	Freie Demokratische Partei Deutschlands
FED	Forum Endlager Dialog
FR	Frankfurter Rundschau
FSC	Forum on Stakeholder Confidence
GLP	Grünliberale Partei Schweiz
GNS	Gesellschaft für Nuklear-Service mbH
GP	Grüne Partei der Schweiz
GRS	Gesellschaft für Anlagen- und Reaktorsicherheit
HAA	Hochaktive Abfälle

HSK	Hauptabteilung für die Sicherheit der Kernanlagen (Schweiz)
IAEA	Internationale Atomenergie-Organisation
IGEL	Interessengemeinschaft Energie und Lebensraum
ITAS	Institut für Technikfolgenabschätzung und Systemanalyse
JF	Jungfreisinnige Schweiz
KEG	Kernenergiegesetz (Schweiz)
KEV	Kernenergieverordnung (Schweiz)
KIT	Karlsruher Institut für Technologie
KLAR!	Kein Leben mit atomaren Risiken Schweiz
KNE	Kommission Nukleare Entsorgung (Schweiz)
KNS	Kommission Nukleare Sicherheit (KNS)
LBEG	Landesamt für Bergbau, Energie und Geologie (Deutschland)
LoTi	Nördlich Lägern ohne Tiefenlager
Nagra	Nationale Genossenschaft für die Lagerung radioaktiver Abfälle (Schweiz)
NEA	Nuclear Energy Agency
NGO	Non-Governmental Organisation
NIMBY	Not-In-My-Backyard
NWA	Nie Wieder Atomkraftwerke (Schweiz)
NWMO	Nuclear Waste Management Organisation (Kanada)
NZZ	Neue Zürcher Zeitung
OECD	Organisation für wirtschaftliche Zusammenarbeit und Entwicklung
PZU	Planungsgruppe Zürcher Unterland
RPG	Bundesgesetz über die Raumplanung (Schweiz)
RSK	Reaktorsicherheitskommission (Deutschland)
SES	Schweizerische Energie-Stiftung
SKB	Svensk Kärnbränslehantering AB
SMA	schwach- und mittelaktive Abfälle

SP	Sozialdemokratische Partei der Schweiz
SPD	Sozialdemokratische Partei Deutschlands
StandAG	Standortauswahlgesetz (Deutschland)
Sv/h	Sievert pro Stunde
SVP	Schweizerische Volkspartei
TA	Tagesanzeiger
TFS	Technisches Forum Sicherheit (Schweiz)
TG	Technology Governance
AG TiZU	Arbeitsgruppe Tiefenlager im Zürcher Unterland
UN	United Nations – Vereinigte Nationen
UVEK	Eidgenössisches Department für Umwelt, Verkehr, Energie und Kommunikation
UVP	Umweltverträglichkeitsprüfung
VLP-ASPAN	Schweizerische Vereinigung für Landesplanung
VSG	Vorläufige Sicherheitsanalyse Gorleben
VwVfG	Verwaltungsverfahrensgesetz (Deutschland)

1.　Einführung

„Der Umgang mit Abfall gehört zu den anspruchsvollsten Herausforderungen in modernen, wesentlich auf beschleunigtem Fortschritt von Wissenschaft und Technik gegründeten Gesellschaften. " (Grunwald 2000: 2)

Aber was ist eigentlich Abfall? Die Antwort darauf kann sich nicht auf den Gegenstand an sich beziehen, denn auch wenn ein Gegenstand für eine Person Abfall ist, kann er für eine andere Person ein Wertgegenstand sein. Eher lässt er sich über die Wertzuschreibung definieren: Abfall ist alles, was nicht mehr erwünscht ist, d.h. was der Besitzer wegwerfen möchte, weil er es als wertlos einstuft oder ihm sogar einen negativen Wert zuschreibt (Grunwald 2000: 4). Abfall ist „gesellschaftlich konstruiert" (Keller 2000). Dies bedeutet, dass nichts per se Abfall ist und dass etwas, das heute noch als Abfall gilt, morgen wieder Wertstoff sein kann, wenn ein neuer Verwendungszweck gefunden wurde. Es findet eine permanente Umdeutung von Abfall in modernen Gesellschaften statt (Keller 2000). Darüber hinaus können sich auch Verantwortlichkeiten für den Umgang mit den Abfällen verändern, wie es beispielsweise durch die Einführung des Verursacherprinzips geschah (Grunwald 2000: 2). Diese Charakterisierungen von Abfall treffen auch auf hochradioaktive Abfälle zu. Abgebrannte Brennelemente aus Kernkraftwerken unterliegen gesellschaftlichen Umdeutungen von Rohstoffen in einem geschlossenen Brennstoffkreislauf hin zu Abfall, der entsorgt werden muss, und in Teilen der Welt wieder hin zu einer Ressource, die in einer neuen Generation von Kernreaktoren zur Energieversorgung verwendet werden kann.

Hochradioaktive Abfälle unterscheiden sich aber auch explizit von anderen Abfällen. Die Wahrnehmung der Kerntechnik war anfangs geprägt vom Schrecken der Atombomben. Erst durch Eisenhowers „Atoms for Peace"-Rede und die darauffolgende Gründung der IAEA[1] wurde sie zu einer Technik, die als Hoff-

---

1　Die IAEA wurde 1957 als Unterorganisation der Vereinten Nationen (UN) gegründet, um das „Atoms for Peace"-Programm voranzubringen, d.h. sich für eine sichere und friedvolle Nutzung der Kernenergie einzusetzen (IAEA o. J.-b). Die IAEA bietet Unterstützung beim Aufbau von Abfallmanagementsystemen durch Beratung, verschiedene Projekte und das Einrichten

nungsträger der billigen Energieversorgung galt (Fischer 1997). Inzwischen sind die Abfälle ein Haupt-Streitpunkt zwischen Umweltbewegungen, Anwohnern, Regierungen und Entsorgungsunternehmen. Insbesondere die Umweltbewegungen weisen immer wieder darauf hin, dass weltweit noch kein Endlager für hochradioaktive Abfälle in Betrieb ist.[2] Die Eigenschaften der Abfälle selbst zeigen dabei einige Besonderheiten, die der Aufgabe der Entsorgung besondere Komplexität geben: Erstens, die Langlebigkeit der Abfälle und die langen Zeiträume, die für die Suche, den Bau und den Betrieb von Endlagern benötigt werden, und zweitens, die gesellschaftliche Bedeutung der Abfälle selbst, die über die Bedeutung der Kerntechnik hinausgeht. Beide Aspekte lassen sich nicht vollständig voneinander trennen. Die Zeiträume, über die eine potentielle Gefährdung für die Gesundheit von den Abfällen ausgeht, sind schwer vorstellbar, da sie sich teilweise über Hunderttausende bis hin zu über einer Million Jahren erstrecken. Aber auch die Zeiträume, die für die Errichtung und den Betrieb von Endlagern benötigt werden, überschreiten mit mehreren Jahrzehnten bei weitem die Zeiträume, die für ähnliche Aufgaben bei anderen Abfällen benötigt werden. Bei der Planung über solch lange Zeiträume spielen Unsicherheiten und Nichtwissen eine große Rolle in der Entscheidungsfindung. Vor dem Hintergrund der bekannten Gefahren sowie der Unsicherheiten hat sich in den letzten Jahrzehnten in vielen Ländern ein gesellschaftlicher Konflikt um die Endlagerung entwickelt, der in seiner Persistenz ungewöhnlich ist und der aus dem stofflichen Abfallproblem ein gesellschaftliches Problem u.a. der Entscheidungsfindung gemacht hat. Im Laufe der Zeit wurden die Konzepte für den Umgang mit diesen Abfällen mehrfach geändert, es wurde Forschung betrieben und, in den Ländern, die sich für den Bau eines geologischen Tiefenlagers entschieden haben, Erkundungen an potentiellen Standorten aufgenommen. Gleichzeitig fanden politische Auseinandersetzungen zum Thema statt, Protestbewegungen formierten sich und es wurden Möglichkeiten der gesellschaftlichen Beteiligung an Entscheidungen über den Umgang mit den Abfällen eingefordert. Versuche der politischen Entscheidungsträger, auf diese Forderungen einzugehen, waren in verschiedenen Ländern

---

von Netzwerken, die einen Austausch erleichtern sollen (IAEA 2012). Der Fokus der IAEA-Publikationen liegt hauptsächlich auf technischen Themen wie Rückholbarkeit und generellen technischen Anforderungen für die Endlagerung (IAEA 2003, 2009b). Außerdem beschäftigt sie sich mit den Charakteristika des Abfalls selbst, wie z.B. Fragen der Klassifizierung der Abfälle (IAEA 2009a).

2   Die Diskussion um radioaktive Abfälle aus militärischer Nutzung wird in dieser Arbeit nicht berücksichtigt, da diese aufgrund der internen Funktionsweisen des Militärs einen Sonderfall darstellen.

unterschiedlich erfolgreich. Ein hochkomplexes und konfliktbehaftetes Thema wie die Entsorgung hochradioaktiver Abfälle durch neue Formen der gesellschaftlichen Entscheidungsfindung, die Partizipation beinhalten und auf Deliberation beruhen, zu bearbeiten, ist wohl notwendig, aber auch eine große Herausforderung. Die Frage ist, wie diese Herausforderungen angegangen werden.

In dieser Arbeit werden zwei Länder in den Fokus genommen: Deutschland und die Schweiz. Die Entwicklungen in der Endlagerpolitik in diesen beiden Ländern werden über einen Zeitraum von zehn Jahren hinweg, 2001 bis 2010, beobachtet und analysiert. In der Schweiz wurde 2008 ein neues Standortauswahlverfahren implementiert, in Deutschland wird seit der Verabschiedung des Standortauswahlgesetzes (StandAG) 2013 an einem solchen gearbeitet. Das neue Schweizer Verfahren wird damit in dieser Arbeit analysiert, das deutsche aber nicht. Die hier analysierten Vorgänge bilden jedoch den Hintergrund, vor dem aktuelle Debatten geführt und aktuelle Entscheidungen getroffen werden. Damit bieten die hier vorgenommenen Analysen eine Kontextualisierung und historische Einbettung der gegenwärtigen Entwicklungen, welche für deren Verständnis grundlegend sind. Ohne dieses Verständnis der historischen Entwicklungen können nicht aufgearbeitete Konflikte leicht übersehen oder unterschätzt werden. Weiterhin hilft diese Analyse einzuschätzen, inwiefern die neueren Entwicklungen einen Wandel hin zu deliberativer Endlager-Governance darstellen oder nicht.

1.1   Endlagerbau unmöglich?

Die Eigenschaften der hochradioaktiven Abfälle grenzen die Möglichkeiten des Umgangs mit ihnen ein und beeinflussen ihre gesellschaftliche Bedeutung. Hochradioaktive Abfälle sind Abfälle mit einer starken Wärmeentwicklung oder sehr langlebigen Radionukliden (IAEA 2009a).[3] Dies sind zum Großteil abgebrannte Brennelemente (bei direkter Endlagerung) und flüssige Rückstände (im Falle einer Wiederaufarbeitung). Die Zeiträume, für die diese Abfälle von der Biosphäre sicher abgeschirmt werden müssen, variieren je nach nationaler Gesetzgebung zwischen hunderttausend und einer Million Jahre. Weltweit gibt es momentan ca. 367.549 m³ hochradioaktive Abfälle (IAEA o. J.-a). Die reine Mengenangabe ist allerdings nur begrenzt aussagekräftig. Natürlich werden für

---

3   Siehe auch Kapitel 2.1.

größere Müllmengen größere Entsorgungseinrichtungen benötigt; das Finden einer sicheren Entsorgungslösung ist aber zunächst mengenunabhängig. Hochradioaktiver Abfall wird trotz der relativ geringen Mengen als *"some of the most toxic, long-lived and life-endangering wastes known to human kind"*, bezeichnet (Byrne und Hoffman 1996: 17). Andererseits verwendet die Schweizer Nationale Genossenschaft für die Lagerung radioaktiver Abfälle (Nagra) diese relativ gesehen geringe Menge als Argument, um die gute Handhabbarkeit zu unterstreichen: *„Die radioaktiven Abfälle entstehen in überschaubaren Mengen. (…) [Das Volumen der HAA] entspricht etwa dem Volumen von sieben Einfamilienhäusern"* (Nagra o. J.-e).

Von den 32 Ländern weltweit, die über Kernkraftwerke verfügen, beabsichtigen 13 Länder, die abgebrannten Brennelemente direkt in tiefengeologischen Schichten endzulagern, so auch Deutschland und die Schweiz, die beiden Länder, die hier in einem Ländervergleich untersucht werden sollen. Sechs weitere führen die abgebrannten Brennstäbe der Wiederaufarbeitung zu, d.h. das noch unverbrauchte Uran wird aus den alten Brennstäben herausgelöst und für die Herstellung neuer Brennstäbe verwendet (Högselius 2009). Von diesen Ländern planen einige ebenfalls ein tiefengeologisches Lager für die verbleibenden hochradioaktiven Abfälle zu bauen, so dass die Endlagerung in tiefengeologischen Schichten als die weltweit als am sichersten anerkannte Methode für den Umgang mit hochradioaktiven Abfällen angesehen werden kann.

Eine Sichtweise auf die Verzögerungen im Endlagerbau ist, dass die technischen Probleme bereits gelöst sind und nur die sozialen Probleme diesen verhindern (z.B. Baer 2003). Tatsächlich wurden und werden Erkundungen in vielen westlichen Ländern von der Bevölkerung sehr kritisch begleitet und haben starke Proteste hervorgerufen (Rucht 1994, 2008, Bergmans et al. 2008). Dieser Widerstand war meist mit einer Forderung nach Transparenz im Entscheidungsprozess verbunden bzw. mit einem Ruf nach Beteiligung in der Entscheidungsfindung. Allerdings tauchen auch immer wieder technische Probleme und wissenschaftliche Kontroversen auf.[4]

Als Grund für Proteste werden teilweise eine fehlende Akzeptanz in der Gesellschaft unter anderem aufgrund fehlenden Wissens sowie das NIMBY-Syndrom[5] genannt (z.B. Baer 2003). Diese Phänomene auf individueller Ebene

---

4   Ein Beispiel für eine solche Kontroverse ist die Auseinandersetzung zwischen dem deutschen
     Bundesamt für Geowissenschaften und Rohstoffe (BGR) und dem Geologen Dr. Ulrich Kleemann (siehe BGR 2011, Kleemann 2011).
5   „NIMBY" steht für „Not-In-My-Backyard", siehe Kapitel 2.2.

reichen aber als Erklärung für diese lang anhaltenden Proteste mit einem hohen Grad an Professionalisierung nicht aus. Dies bedeutet nicht, dass sie keine Rolle spielen, sie sind aber als Erklärungsansatz für die langjährigen Verzögerungen und mehrfachen Konzeptänderungen in vielen Ländern nicht hinreichend. Der Komplexität des Widerstands ist nicht Genüge getan, wenn er als reine Artikulation irrationaler Ängste verstanden wird. Wynne (1996, 2006) geht beispielsweise davon aus, dass es kein Informationsdefizit der Laien gibt, sondern dass ihre Sorgen und Einwände auf lokalem Wissen beruhen, der Hinterfragung bestimmter Wertannahmen und einem Problemverständnis, das durch wissenschaftliche Risikoanalysen nicht vollständig bearbeitet werden kann. Widerstand kann auch gegen den klassischen Regierungsansatz des „decide-announce-defend" gerichtet sein, bei dem Entscheidungen hinter geschlossenen Türen getroffen werden (vgl. Kemp 1992: 157, Kuhn und Ballard 1998: 535). Dieser Regierungsansatz kann zu Problemen führen, da technische Lösungen nicht im leeren Raum stehen, sondern in die Gesellschaft eingebettet sind, die diese Technik nutzt, d.h. umsetzen und anwenden muss. Wird eine solche hochtechnische Anlage wie ein Endlager in der direkten Wohnumgebung gebaut, so müssen die Anwohner einen Weg finden, mit diesem Eingriff in ihre Lebenswelt umzugehen. Manche werden sich arrangieren, entweder aus echtem oder notgedrungenem Vertrauen in die zuständigen Behörden, andere werden ihre Sorgen und Vorbehalte artikulieren, wieder andere, wenn möglich, dem Problem durch Wegzug entgehen (Wynne 1996). Vertrauen in die zuständigen Behörden ist aufgrund des Expertendilemmas[6] oft schwierig aufzubauen, d.h. es werden Interessenkonflikte vermutet und man ist sich bewusst, dass die Wissenschaft keine so eindeutigen Lösungen zu produzieren vermag, wie teilweise suggeriert wird (Wynne 1996, 2006, Grunwald 2010b). Dies führt auch zu einem höheren Interesse an Fachinformationen, insbesondere von der Art, die den Betroffenen eine Aneignung der endgültigen Entscheidung (Wynne 1996) und eine Beurteilung der den Informationen zugrunde liegenden Werte erlaubt (Dryzek 1996b, Andersson 2008). Technische Lösungen und soziale Folgen sind also untrennbar miteinander verbunden. Man könnte sie als zwei Seiten einer Medaille bezeichnen.

Wie eingangs beschrieben, wechselt die gesellschaftliche Einordnung der hochradioaktiven Abfälle zwischen „Ressource" und „Abfall". Auch das Bild der Abfälle in der Gesellschaft hat sich seit dem Beginn der Nutzung der Kerntech-

---

6   Der Begriff „Expertendilemma" beschreibt die Problematik, dass verschiedene Wissenschaftler in Gutachten zum selben Thema häufig zu sich teilweise widersprechenden oder zumindest unterschiedlichen Ergebnissen kommen (Nennen und Garbe 1996, Grunwald 2010b).

nologie zur Energieerzeugung gewandelt. Wurden sie anfangs noch als nebensächliches Thema betrachtet, sind sie heute zentraler Streitpunkt in der Frage der weiteren Nutzung der Kernenergie. Eine Rolle in diesem Wandel spielt sicherlich auch der Wandel der Wahrnehmung des Entsorgungsproblems von „gelöst" zu „sehr komplex", der in Teilen der Öffentlichkeit, der Wissenschaft und der Politik stattgefunden hat. In der Wissenschaft ging dieser Wandel vor allem von den Sozialwissenschaften aus, hat heute aber auch Teile der Natur- und Technikwissenschaften erreicht. Versucht man diese Entwicklungen theoretisch zu fassen, so kann man von reflexiven Prozessen sprechen, die stattgefunden haben (vgl. Beck 1996, Beck et al. 1996). „Reflexiv" bedeutet hier nicht „unbedacht". Vielmehr werden beobachteten Veränderungen in der Umwelt durch reflexive Diskurse Bedeutungen zugeschrieben, d.h. es wird über sie „reflektiert". Reflexive Modernisierung bedeutet, dass quantitativen Ereignissen qualitative Deutungsmuster zugeschrieben werden (Keller 2000). So lassen sich auch die oben genannten teilweisen Wandel in der Deutung von hochradioaktivem Abfall verstehen.

Erhöhte öffentliche Aufmerksamkeit für ein Thema wie Müll bedeutet nicht, dass es von allen Akteuren gleich gedeutet wird. Vielmehr lassen sich im Umgang mit komplexen Umweltproblemen verschiedene umweltpolitische Diskurse feststellen, vor deren Hintergrund Einzelprobleme diskutiert werden. Die doppelte Komplexität von Umweltproblemen, die auf der Tatsache beruht, dass diese an der Schnittstelle von komplexen Ökosystemen zu komplexen sozialen Systemen liegen, ermöglicht dabei eine Vielzahl von Sichtweisen und damit zugrunde liegenden Diskursen (Dryzek 1996b). Auch die weithin verbreitete Bezeichnung der Endlagerfrage als „wicked problem" (Rittel und Webber 1973, Brunnengräber et al. 2012, Brunnengräber 2016) deutet auf die Vielzahl an Definitionen des Problems, das es zu lösen gilt, hin, da neben sozialen und ökologischen auch politische und ökonomische Aspekte eine Rolle spielen. „Wicked problems" zeichnen sich unter anderem dadurch aus, dass Probleme dieser Art nicht eindeutig definierbar sind, da verschiedene kollektive, d.h. Organisationen oder Unternehmen, und Einzel-Akteure, d.h. Individuen, unterschiedliche Aspekte als Teil des Problems sehen (Rittel und Weber 1973, Kuppler 2012). Diese unterschiedlichen Problemdeutungen sind u.a. durch unterschiedliche Interessen bedingt, welche die jeweiligen Akteure in den Vordergrund stellen. Verschiedene Interessen tragen somit zu verschiedenen Problemdeutungen und der Entstehung von Konflikten bei. Die oben beschriebenen Wandel in der Wahrnehmung sind somit nicht absolut, vielmehr verlagern sich Mehrheiten.

Die Deutung der sozialen Komponente der Endlagerfrage als eine Frage von Wertpriorisierungen und Gesellschaftsbildern gewinnt durch den inhärenten Zukunftsaspekt der Endlagerung an Relevanz. Die Sicherheit des Endlagers muss für eine Million Jahre nachgewiesen werden. Dieser Nachweis kann jedoch nur auf Annahmen beruhen und beinhaltet somit Unsicherheiten, deren zum Trotz Entscheidungen gefällt werden müssen. Die jetzt gefällten Entscheidungen haben Einfluss auf die Lebensumstände zukünftiger Generationen. Der Zukunftsbezug sowie die inhärenten Unsicherheiten führen damit zu einer starken Relevanz der für die Gewichtung von Fakten und Werten angewandten Deutungsmuster. Die für die letztendliche Entscheidung angewandten Deutungsmuster werden in politischen Entscheidungsfindungsstrukturen festgelegt.

Zusammenfassend liegt dieser Arbeit folgende Annahme zugrunde: Möchte man die Endlagerproblematik besser verstehen, müssen verschiedene Komponenten in die Analyse mit einfließen: der hochradioaktive Abfall an sich mit seinen Auswirkungen auf die Gesellschaft, die einen Umgang mit ihm finden muss, die Diskussionen, die die Gesellschaft über den Abfall führt und ihn damit definiert sowie die darin enthaltenen Problemdeutungen und Interessen und die politische Regulierung des Umgangs mit diesen Debatten und dem Abfall selbst, d.h. auch die politischen Entscheidungsfindungsstrukturen.

1.2   Stand der Diskussion

Trotz der Diversität in der sozialwissenschaftlichen Literatur zur Endlagerproblematik lassen sich zwei „Hauptströmungen" ausmachen. Erstens gibt es eine bedeutende Debatte, die sich im Umfeld der Risikoforschung einordnen lässt, und zweitens eine Debatte, die an die aktuelle Governance-Diskussion verschiedener Disziplinen anschließt und sich mit Fragen der Standortfindung auseinandersetzt (Strandberg und Andrén 2009, Kuppler 2012).

Die Frage der Effekte von Deliberation, wie sie in dieser Arbeit behandelt werden soll, schließt an die Governance-Debatte an. Ein Kernthema dieser Debatte sind Prozesse der Bürgerbeteiligung und Deliberation. Relevante Literatur zu diesem Thema, die sich mit dem deutschen oder dem Schweizer Fall befasst, stammt hauptsächlich aus der Zeit seit Beginn der 2000er Jahre. International ist die sozialwissenschaftliche Auseinandersetzung mit der Endlagerfrage nicht im gleichen Grad „verstummt", wie es in Deutschland und der Schweiz der Fall war. Die Governance-Debatte wurde aber auch in diesem Teil der Literatur erst in jüngerer Zeit aufgegriffen. In einem Teil der Governance-Literatur werden bestehende partizipative Prozesse analysiert, um daraus Lehren, aber auch normative Vorgaben für zukünftige Prozesse abzuleiten. Bei diesen Studien handelt es sich hauptsächlich um Forschungsprojekte der Europäischen Union. Hier wird vielfach eine wachsende Bedeutung von Deliberation, Partizipation und Transparenz festgestellt, wobei diese je nach Kontext sehr unterschiedlich interpretiert werden und, je nach Implementierung, auch vor deren Instrumentalisierung gewarnt wird (Andersson et al. 2003, COWAM 2007, Andersson et al. 2008, Bergmans et al. 2008). Auch für den deutschen und den Schweizer Fall existieren ähnliche Analysen (Ruetter & Partner 2005, Barth et al. 2006, Barth et al. 2007). Diese Projekte sind meist stark praxisorientiert und teilweise mangelt es ihnen an theoretischer Fundierung. Die normativen Vorgaben bleiben häufig relativ unkonkret. Weiterhin werden nationale Verschiedenheiten in den Studien oft nicht im nötigen Ausmaß reflektiert, um daraus Wege für die nationale Umsetzung der normativen Vorgaben ableiten zu können.

In der Fachliteratur wird die Frage der Partizipation kritischer beleuchtet. Meist werden hier Kontextfaktoren, wie die Einbindung der Prozesse in politische Entscheidungsfindungsstrukturen, stärker in den Mittelpunkt gestellt. Die Gefahr der Instrumentalisierung oder auch eine bereits beobachtete Instrumentalisierung von partizipativen Prozessen ist hier eine oft geäußerte Diagnose (z.B. Durant 2006, Chilvers und Burgess 2008, Johnson 2009, Lehtonen 2010, Strauss 2010, Sundqvist und Elam 2010). Lehtonen (2010) betrachtet in seiner Analyse nicht nur die klassischen partizipativen Prozesse. Er argumentiert vielmehr, dass schon im Design von Deliberationen auf Mikroebene, d.h. in kleinen Gruppen, der Zusammenhang zur Deliberation auf Makroebene, d.h. in der Öffentlichkeit, hergestellt werden muss, ansonsten bestehe eine Gefahr der Instrumentalisierung der Mikroebene durch Wirtschaft und Politik. Eine Instrumentalisierung zu verhindern bedeutet hier, dass vermieden werden sollte, dass Partizipation nur dem Zweck dient, die Interessen einer dieser Bereiche durchzusetzen, d.h. keine Ergebnisoffenheit mehr besteht.

Lehtonens (2010) weitere Forderung nach einer Betrachtung der Kontextfaktoren wird auch von anderen Autoren in neuerer Zeit stark betont. Dies gilt vor allem für Studien, die ihren Fokus weniger auf die Analyse von partizipativen Prozessen legen, sondern politische Entscheidungsfindungsstrukturen und Konfliktlagen in den Vordergrund stellen (z.B. Flüeler 2006, Lidskog und Sundqvist 2004, Durant 2009b, Hocke und Renn 2009, Mackerron und Berkhout 2009, Solomon 2009, Brunnengräber et al. 2015, s. auch Solomon et al. 2010). Für den deutschen Fall bieten Hocke und Renn (2009) Erklärungsansätze für das bisherige Scheitern in der Bestimmung eines Endlagerstandorts und heben hervor, dass eine problemorientierte, interdisziplinäre Analyse für ein besseres Verständnis des Endlagerkonflikts notwendig wäre. Hocke und Kallenbach-Herbert (2015) analysieren die aktuellere deutsche Entsorgungspolitik und kommen zu dem Ergebnis, dass insbesondere Veränderungen in politischen Mehrheiten und Unfälle in Nuklearanlagen weltweit die deutsche Endlagerpolitik beeinflusst haben. Flüeler (2006) kommt in seiner Analyse des Schweizer Entscheidungsfindungsprozesses bis in die 1990er Jahre hinein zu dem Schluss, dass dieser eindeutig suboptimal sei. Mit der Neuausrichtung der Endlagerpolitik durch die Einführung des Sachplanverfahrens 2008 wurde ein Neustart unternommen, der bisher insofern erfolgreich ist, als dass ein neues Level an Transparenz und in der Beteiligung von Stakeholdern und der interessierten Öffentlichkeit erreicht wurde (Kuppler und Grunwald 2015, Hocke und Kuppler 2015).

Für die Governance-Frage spielt die Risikoforschung insofern eine Rolle, als dass sich Governance auch mit dem bestehenden Konflikt beschäftigen muss, welcher zumindest teilweise auch ein Standortkonflikt ist, der unter anderem von persönlichen Wahrnehmungen, Interessen und Risikoverständnissen von Einzelpersonen geprägt ist. Die Risikoforschung spielt seit den 1990ern eine wichtige Rolle in der sozialwissenschaftlichen Endlagerforschung. Hauptuntersuchungsgegenstand ist die Risikowahrnehmung („perceived risk") verschiedener kollektiver Akteure. Dabei wurden verschiedene Faktoren herausgearbeitet, die die Risikowahrnehmung beeinflussen können (Solomon et al. 2010: 25-26). Ziel ist es zu verstehen, welche Akteure warum welches Risikoverständnis haben. Dies bedeutet, dass nicht ihre Rolle im Endlagerauswahlverfahren oder Endlagerkonflikt betrachtet wird, also nicht ihre soziale Rolle, sondern persönliche Einschätzungen des Risikos, das mit der Endlagerung verbunden ist. Ein gutes Verständnis der Faktoren, die die Risikowahrnehmung beeinflussen, wird als Voraussetzung für eine gute Kommunikation mit der Öffentlichkeit verstanden (Skarlatidou et al. 2012) und darüber hinaus auch als Grundvoraussetzung für die Identifikation konsensfähiger Lösungen (Marti 2016). Durch diesen Fokus auf die individuelle Ebene reicht der klassische Risikoansatz nicht aus, um den Endlagerkonflikt und die Entwicklungen in der Endlagerpolitik der letzten Jahre analysieren zu können. Eine Analyse auf der Meso- oder Makroebene ist notwendig.

Es gibt aber sowohl für den deutschen als auch den Schweizer Fall bisher nur vereinzelte Studien, die sich mit den realen Bemühungen um Partizipation und Transparenz, die seit 2000 an Bedeutung gewonnen haben, auseinandersetzen (z.B. Hocke und Kallenbach-Herbert 2015, Hocke und Kuppler 2015, Grunwald und Kuppler 2015, Carrera und Hocke 2016). „Real" bedeutet hier, dass diese Bemühungen nicht „auf dem Papier" stattfinden, sondern dass jeder Versuch der Partizipation in einem historischen gesellschaftlichen Kontext stattfindet. Dies bedeutet, dass die Bemühungen um Partizipation im Kontext des bereits bestehenden Konflikts und der bestehenden Entscheidungsfindungsstrukturen stattfinden. Interessant ist eine Analyse dieser Entwicklungen in der Endlagerpolitik deshalb insbesondere vor dem Hintergrund der Frage, ob und inwiefern die praktizierten Ansätze zu einer Veränderung der Endlagerpolitik in den jeweiligen Ländern geführt haben und ob eine Veränderung hin zu deliberativer Endlager- Governance auch im Makrodiskurs sichtbar wird. Zu einer solchen Analyse gehört nicht nur die Betrachtung der partizipativen Prozesse, sondern auch des Kontextes, d.h. der politischen Entscheidungsfindungsstrukturen und der gesellschaftlichen und wissenschaftlichen Debatte. Diese Lücke soll mit der hier vorliegenden Arbeit verringert werden.

1.3   Forschungsansatz und -frage

Ziel dieser Arbeit ist ein Vergleich der Endlagerpolitiken Deutschlands und der Schweiz mit Fokus auf mikro-deliberative Elemente. In der Suche nach einem Endlager für hochradioaktive Abfälle soll das Staatshandeln aufgezeigt und die darin eingebundenen mikro-deliberativen Elemente bezüglich ihrer Effekte analysiert werden. Dies bedeutet, dass die formell zuständigen Institutionen und die offiziellen politischen Entscheidungsfindungsstrukturen dargestellt werden. Dazu gehören auch die Verfahren der Bürgerbeteiligung, wie sie strukturiert und in die Entscheidungsfindung eingebunden sind und wie sie implementiert werden. Unter Effekten werden ein Wandel der Endlagerpolitik hin zu deliberativer Endlager-Governance und damit u.a. deren Öffnung für nicht-staatliche kollektive Akteure und eine Bearbeitung des Endlagerkonflikts durch Deliberation verstanden. Finden solche Effekte nicht statt, wird auch analysiert, welche hemmenden Faktoren dem im Weg stehen. Können Effekte beobachtet werden, wird auch analysiert, welche fördernden Faktoren die Entstehung der Effekte begünstigt haben.

Deutschland und die Schweiz dienen als Fallstudien, da in beiden Ländern die Standortbestimmung für ein Endlager in staatlicher Hand liegt, erste Bestimmungsversuche für ein solches Lager am Widerstand der jeweiligen lokalen Bevölkerung scheiterten, daraufhin eine Blockadesituation entstand, diese Blockade aber unterschiedliche Auswirkungen auf die Weiterentwicklung des Auswahlprozesses hatte. Weiterhin sind beide Länder mitteleuropäische Demokratien mit starker Zivilgesellschaft. Ein Unterschied liegt in den politischen Kulturen mit Deutschland als repräsentativer Demokratie und der Schweiz als „halbdirekter" Demokratie (Linder 2005: 242-243).

Es wird davon ausgegangen, dass das Auswahlverfahren für ein Endlager in keinem der beiden Fälle nur durch eine Beschreibung des klassischen Gesetzgebungsverfahrens im jeweiligen Land adäquat analysiert werden kann. Ausgangspunkte für diese Analyse sind daher die aktuelle Diskussion um Governance als Regierungsform (insb. Haus 2010, Grande 2012) und Theorien der deliberativen Demokratie (z.B. Chambers 2003, Bächtiger et al. 2010, Dryzek 2011). Beide Ansätze thematisieren die Einbindung nicht repräsentativ-demokratisch legitimierter kollektiver Akteure in politische Entscheidungsprozesse. Sowohl Art und Zeitpunkt der Einbindung deliberativer Elemente als auch ihre Charakteristika und die Art der Durchführung sind konstitutiv für ihre Rolle im Auswahlprozess und damit ihre möglichen Effekte.

Kontext der Arbeit ist die Frage nach dem gesellschaftlichen Umgang mit komplexen Technologien unter Umständen der Ungewissheit sowie konfligierenden Interessen, welche die Problembeschreibung beeinflussen. Es muss der größtmögliche Schutz für Mensch und Umwelt erlangt werden, ohne mit Sicherheit sagen zu können, wie dies am besten geschehen könnte. Weiterhin sind mögliche Nebenfolgen der Endlagerung radioaktiver Abfälle zwar teilweise bekannt, ihre Relevanz wird aber nicht unbedingt von allen Akteuren gleich bewertet. Die Frage des gesellschaftlichen Umgangs mit Technikfolgen muss sich also auch mit Bewertungs- und Priorisierungsfragen auseinander setzen. Die Arbeit knüpft damit an Fragestellungen der Technikfolgenabschätzung an (Grunwald 2010b: insb. 62-64; XX).

Die Forschungsfragen, denen in dieser Dissertation nachgegangen wird, lauten:

1) *Welche Effekte hat die Umsetzung mikro-deliberativer Ereignisse auf die Endlagerpolitiken Deutschlands und der Schweiz im Sinne eines Wandels hin zu deliberativer Endlager-Governance?*

2) *Welche Arten von hemmenden Faktoren können die Entstehung von Effekten und damit einen Wandel hin zu deliberativer Endlager-Governance verhindern und welche Faktoren fördern Effekte?*

Effekte lassen sich empirisch nur schwer nachweisen, da es sich nicht um singuläre Einflusselemente handelt, in denen sich eine Handlung eindeutig einer Auswirkung zuschreiben lässt. In dieser Arbeit wird deshalb angestrebt, den theoretischen Rahmen durch empirische Beobachtung explorativ zu diskutieren, d.h. Thesen zu generieren. Die Frage nach Effekten wird auf potentielle „Wirkungsfelder" fokussiert: den Makrodiskurs und die Endlagerpolitik.

Zentraler Bestandteil des Forschungsdesigns ist der Ländervergleich zwischen Deutschland und der Schweiz. Ziel des vergleichenden Ansatzes ist, die Effekte deliberativer Ereignisse im Rahmen unterschiedlicher politischer Kulturen und gesellschaftlicher Traditionen zu analysieren und damit weiter reichende Schlüsse über die Bedeutung dieser Effekte für einen Auswahlprozess ziehen zu können. Dabei werden auch hemmende und fördernde Faktoren analysiert, worunter Rahmenbedingungen verstanden werden, die die Entstehung von Effekten beeinflussen. Nur durch Handlungen kollektiver oder Einzel-Akteure können Effekte entstehen. Institutionelle Strukturen, demokratische Traditionen und der Grad der Offenheit gegenüber deliberativen Konfliktbearbeitungsansätzen sind alles Beispiele für Faktoren, die solche Handlungen und damit auch die Entstehung von Effekten ermöglichen oder verhindern können.

2. Die Endlagerfrage in der Literatur

Dieses Kapitel dient der Aufarbeitung des Forschungsstandes hauptsächlich in den Sozialwissenschaften, aber auch in den Technik- und Naturwissenschaften. Eine solche Aufarbeitung ist aus zwei Gründen notwendig. Erstens dient sie der Ausarbeitung der Problemstellung dieser Arbeit, d.h. dem argumentativen Aufdecken der Forschungslücke, die durch das Beantworten der Forschungsfrage bearbeitet werden soll. Zweitens bildet die wissenschaftliche Diskussion den Hintergrund für die Entsorgungsdiskussion in den einzelnen Ländern, d.h. sie prägt in gewisser Weise die Endlagerpolitik mit bzw. ist teilweise selbst Konfliktgegenstand.[7] Die technisch-naturwissenschaftliche Endlagerdebatte wird im Folgenden eingeführt, da ein Grundverständnis für die Komplexität dieser Aspekte für ein Verständnis des gesellschaftlichen Konflikts notwendig ist, in dem es auch um Fragestellungen aus diesen Bereichen geht. Dementsprechend werden schon im Unterkapitel zur technisch-naturwissenschaftlichen Sicht Schnittstellen zum gesellschaftlichen Konflikt aufgezeigt, d.h. Stellen, an denen das wissenschaftliche Wissen Teil einer gesellschaftlichen Debatte wird. Im Unterkapitel „Die sozialwissenschaftliche Sicht" werden aktuelle Erkenntnisse zum Verhältnis von Gesellschaft und Abfall, zum Standortauswahlverfahren und zum Regierungshandeln vorgestellt.

Für ein besseres Verständnis des „Rahmens", in dem sich die nationalen Endlagerpolitiken bewegen, wird im letzten Unterkapitel dieses Abschnitts zusätzlich die internationale Diskussion um Regulierungen und Normen rund um die Endlagerung dargestellt. Abschließend wird die Problemstellung dieser Arbeit in der bestehenden wissenschaftlichen Diskussion lokalisiert.

---

7 Zur Notwendigkeit einer interdisziplinären Bearbeitung der Endlagerproblematik s. Smeddinck et al. 2016.

2.1   Die technisch-naturwissenschaftliche Sicht

2.1.1   Ziel der Entsorgung radioaktiver Abfälle

Ziel jeglicher Art von Behandlung und -entsorgung radioaktiver Abfälle ist der Schutz von Mensch und Natur vor Strahlung. So ist z.B. in der Joint Convention on the Safety of Spent Fuel Management and the Safety of Radioactive Waste Management folgendes Ziel formuliert: *"to ensure that during all stages of spent fuel and radioactive waste management there are effective defenses against potential hazards so that individuals, society and the environment are protected from harmful effects of ionizing radiation, now and in the future"* (Art. 1(ii)). Diese Definition findet weite Anerkennung.[8]

Eine zentrale Eigenschaft von Radioaktivität ist, dass sie mit den menschlichen Sinnesorganen nicht wahrnehmbar ist. Ionisierende Strahlung wird in der obigen Definition als die zentrale Gefahrenquelle beschrieben. Dabei handelt es sich laut des deutschen Bundesamtes für Strahlenschutz (BfS) um Folgendes:

> *„Zur ionisierenden Strahlung zählen sowohl elektromagnetische Strahlen – wie Röntgen- und Gammastrahlung – als auch Teilchenstrahlung – wie Alpha-, Beta- und Neutronenstrahlung. Sie ist dadurch charakterisiert, dass sie genügend Energie besitzt, um Atome und Moleküle zu ionisieren, das heißt aus elektrisch neutralen Atomen und Molekülen positiv und negativ geladene Teilchen zu erzeugen. Beim Durchgang durch Materie – zum Beispiel durch eine Zelle oder einen Organismus – gibt die ionisierende Strahlung Energie ab. Ist diese hoch genug, kann es zu schweren Strahlenschäden kommen".[9]*

Welche Strahlendosen erlaubt sind, wird in vielen Ländern in Strahlenschutz-richtlinien festgelegt, die Grenzwerte aufzeigen. In der aktuellen Version der in Deutschland geltenden „Sicherheitsanforderungen an die Endlagerung wärme-entwickelnder radioaktiver Abfälle" werden beispielsweise unterschiedliche Grenzwerte für den Normalbetrieb und *„weniger wahrscheinliche Entwicklungen"* festgelegt; *„für unwahrscheinliche Entwicklungen wird kein Wert für zu-*

---

8   Von den 31 Ländern weltweit, die über Kernkraftwerke verfügen, sind 27 Partei der Konvention.

9   BfS 2013: Ionisierende Strahlung (Stand 03.01.2013). In: http://www.bfs.de/de/ion, zugegriffen am 04. Januar 2013.

mutbare Risiken oder zumutbare Strahlenexpositionen festgelegt" (BMU 2010b: 12). Diese Art der Festlegung ist nicht rein wissenschaftlich begründbar, da ein Verhältnis zwischen Wahrscheinlichkeitsberechnungen und erlaubter Strahlenexposition hergestellt wird, welches Resultat einer politischen Abwägung von Kosten und Nutzen ist. Der Festlegungsprozess kann gesellschaftlich kontrovers sein, wenn verschiedene kollektive Akteure verschiedene Wertvorstellungen anlegen.[10] Eine Einhaltung des Schutzziels wird durch ein entsprechendes Abfallmanagementkonzept angestrebt. In diesen werden nicht alle radioaktiven Abfälle gleich behandelt, sondern Abfälle mit ähnlichen Eigenschaften in Kategorien zusammengefasst. Gängige Klassifizierungen von Abfällen werden im folgenden Unterkapitel vorgestellt.

2.1.2 Abfallarten und -volumen

Häufig werden radioaktive Abfälle in die drei Kategorien schwach-, mittel- und hochradioaktive Abfälle aufgeteilt.[11] Diese Einteilung basiert auf der Messung der Dosisleistung[12]. In Deutschland wird davon ausgegangen, dass alle Arten von Abfall in tiefengeologische Endlager gebracht werden und dass für deren sichere Auslegung die Wärmeentwicklung der Abfälle wichtiger ist, da diese das umliegende Gestein beeinflussen kann. Aus diesem Grund werden die radioaktiven Abfälle hier in zwei Kategorien eingeordnet: wärmeentwickelnde Abfälle und Abfälle mit vernachlässigbarer Wärmeentwicklung.[13] Der Hauptbestandteil der wärmeentwickelnden Abfälle sind abgebrannte Brennelemente aus Kernkraftwerken (Herrmann und Röthemeyer 1998: 15-16, BfS 2014a). Die Schweiz folgt

---

10 Dies hat sich beispielsweise bei den Verhandlungen zu den aktuellen Sicherheitsanforderungen in Deutschland gezeigt, die u.a. mit der interessierten Bevölkerung und Stakeholdern diskutiert wurde (Hocke 2009b). Allgemein zur Bedeutung von Grenzwerten im Bereich radioaktiver Abfälle s. Kalmbach und Röhlig 2016.

11 In Ländern, in denen es radioaktive Abfälle aus militärischer Nutzung gibt, spielt außerdem oft die Unterscheidung zwischen militärischer und ziviler Herkunft eine Rolle im Abfallmanagement (z.B. Murray 2003). Dies ist weder in Deutschland noch der Schweiz der Fall. Eine weitere Abfallkategorie ist der Abfall aus der Urangewinnung. Abfall aus der Urananreicherung wurde in Deutschland erst mit dem 2015 mit dem Nationalen Entsorgungsprogramm (BMU 2015) als Abfall anerkannt – vorher galt er als Ressource. In der Schweiz sind diese Arten von Abfällen nicht vorhanden.

12 „Die Dosisleistung ist die pro Zeiteinheit aufgenommene Strahlendosis der Gammastrahlung. Sie wird in der Einheit Sievert pro Stunde (Sv/h) angegeben" (BfS .o.J.).

13 Wärmeentwickelnde Abfälle enthalten hauptsächlich hochradioaktive und teilweise auch mittelradioaktive Abfälle; vernachlässigbar wärmeentwickelnde Abfälle bestehen aus schwachradioaktiven und den meisten Arten von mittelradioaktiven Abfällen (BfS 2014a).

der international üblichen Klassifizierung in hochaktive Abfälle (HAA) und schwach- und mittelaktive Abfälle (SMA). Zu den HAA zählen in etwa die gleichen Abfälle, die in Deutschland als wärmeentwickelnd klassifiziert werden. In jedem Fall darf die Außentemperatur der Behälter die Temperatur des jeweiligen Wirtsgesteins nur bedingt überschreiten. Die genauen Zahlen sind je nach Wirtsgestein unterschiedlich; sicher ist aber, dass die abgebrannten Brennelemente zunächst über einen längeren Zeitraum hinweg „abklingen", d.h. Wärmeenergie abgeben müssen, bevor sie in ein Endlager gebracht werden können, da es ansonsten zu für die Sicherheit nachteiligen Veränderungen im Gestein kommen könnte.[14]

Neben den Abfallarten spielt auch das Volumen eine Rolle in der Festlegung der Strategie im Umgang mit den Abfällen. Bleibt es beim Ausstieg aus der Energieerzeugung durch Kernkraft sind laut BfS ca. 28.100 m³ wärmeentwickelnde Abfälle zu erwarten, die in einem Endlager untergebracht werden müssten (BfS 2015a). Für die Schweiz geht die Nagra von 7.300 m³ HAA aus (Nagra o.D.-f).[15]

2.1.3   Entsorgungsoptionen

Für den Umgang mit wärmeentwickelnden Abfällen werden vier grundsätzliche Optionen unter dem Stichwort „verantwortungsvoll" diskutiert: (1) Man kann sie für eine zukünftige Nutzung aufbewahren, (2) die abgebrannten Brennelemente können wiederaufbereitet werden, (3) es wird an Transmutation geforscht und (4) man kann sie auf verschiedene Arten von Mensch und Umwelt isolieren (Murray 2003: 166).

(1) Die Aufbewahrung für eine zukünftige Nutzung wird momentan im Rahmen einer weitergreifenden Diskussion um Rückholbarkeit diskutiert. Dies bedeutet, dass man die Abfälle zwar in ein Tiefenlager bringt, diese aber so lagert und verpackt, dass sie über einen bestimmten Zeitraum hinweg wieder relativ problemlos an die Oberfläche geholt werden können, entweder zur weiteren Nutzung oder bei erwiesener Instabilität des Endlagers.[16] Die Vor- und Nachteile

---

14   Zu potentiellen wärmebedingten Veränderungen in einem Endlager s. z.B. Zhou und Arthur (2010).

15   Je nach Lagerkonzept können auch die Volumina und Eigenschaften anderer Arten von radioaktiven Abfällen relevant sein, wenn diese mit den wärmeentwickelnden Abfällen, bzw. HAA in einem gemeinsamen Lager untergebracht werden sollen.

16   Im nicht genehmigten Endlager für schwach- und mittelaktive Abfälle Asse II in Deutschland wird momentan aufgrund von Laugenzuflüssen und Instabilität des Gebirges erforscht, wie der

einer längeren Offenhaltung des Endlagers zum Zweck der Rückholbarkeit der Abfälle werden momentan in Deutschland kontrovers diskutiert (z.B. ESK / EL 2011). Auch langfristige Oberflächenlager werden im Rahmen dieser Diskussion immer wieder ins Spiel gebracht, finden aber in der politischen Diskussion in Deutschland und der Schweiz keine starken Unterstützer.

(2) Deutsche Abfälle wurden bis 2005 zur Wiederaufarbeitung nach Frankreich (La Hague) und England (Sellafield) gebracht. Die Restabfälle aus der Wiederaufarbeitung werden nach Deutschland zurückgebracht und bis zur Einbringung in ein Tiefenlager im Zwischenlager Gorleben gelagert. Nach aktuellem Stand (Ende 2016) sind noch nicht alle dieser Abfälle wieder in Deutschland. Mit dem Atomkonsens von 2000 wurde ein Ende der Wiederaufarbeitung zum 01.07.2005 beschlossen (Bundesregierung und EVU 2000: IV.2). In der Schweiz ist die Ausfuhr abgebrannter Brennelemente zum Zwecke der Wiederaufarbeitung laut Kernenergiegesetz unter bestimmten Voraussetzungen erlaubt (Kernenergiegesetz Art. 9). Häufig verwendete Argumente gegen die Wiederaufarbeitung sind vor allem die negativen Umweltauswirkungen und dass waffenfähiges Plutonium entsteht, was eine Proliferationsgefahr darstellt.

(3) Transmutation bedeutet, dass der Abfall mit Neutronen beschossen wird, um für die Gefährlichkeit der Abfälle wichtige Isotopen in andere Isotope zu verwandeln, die über eine kürzere Halbwertszeit verfügen (Murray 2003: 166, Schmidt et al. 2013). Allerdings können nicht alle Isotopen so verwandelt werden (Murray 2003: 167-168). Ein Konzept für den Umgang mit den Reststoffen wäre also selbst im Falle einer Weiterentwicklung der Transmutation hin zur Marktreife vonnöten (Geckeis 2015).

(4) Für die Isolierung wärmeentwickelnder Abfälle wurden im Laufe der Zeit mehrere Optionen diskutiert. Bekannte und als verantwortungsvoll eingestufte Verfahren sind die oberirdische Lagerung und die tiefengeologische Lagerung (Savage 1995: 6, Herrmann und Röthemeyer 1998: 171-192, Buser 2003: 165, McKinley et al. 2007: 45). Andere Optionen wurden im Verlauf der Diskussionen als nicht praktikabel, zu teuer oder zu risikoreich eingestuft (Herrmann und Röthemeyer 1998, Murray 2003: 168-169). Die Verklappung von schwach- und mittelaktiven Abfällen wurde anfangs u.a. in Europa praktiziert, aber bald international geächtet (Calmet 1989).

Ein zentrales Argument gegen Oberflächenanlagen ist, dass eine Aufrechterhaltung von Sicherheitsstrukturen über Tage über einen Zeitraum von einer

---

dort gelagerte Abfall wieder an die Oberfläche geholt werden kann (BfS 2015b). Da bei der Einlagerung nicht auf Rückholbarkeit geachtet wurde, gestaltet sich dies als schwierig.

Million Jahre hinweg nicht möglich scheint. Aufgrund von gesellschaftlichem Wandel können technische und finanzielle Gegebenheiten sich so entwickeln, dass eine sichere Überwachung nicht mehr möglich wäre (Buser 2003: 174). In den Niederlanden ist ein Oberflächenlager in Betrieb, welches für mindestens 100 Jahre als Langzeit-Zwischenlager dienen soll, mit dem Plan, die Abfälle danach in ein Tiefenlager zu verbringen. Eine beste Variante der geologischen Tiefenlagerung wurde bisher noch nicht festgelegt und es ist unwahrscheinlich, dass diese sich in Zukunft herauskristallisieren wird, da die Definition von „das Beste" auch von gesellschaftlichen Vorstellungen abhängt, die einem Wandel unterliegen können.

Was sind nun die Grundprinzipien der geologischen Tiefenlagerung, welche Abläufe sind für den Bau eines Lagers notwendig und wo liegen mögliche Konfliktpunkte, die sich aus diesen Grundprinzipien ergeben?[17]

2.1.4 Geologische Tiefenlagerung

Wirtsgesteine

In Deutschland und der Schweiz wird die Lagerung wärmeentwickelnder Abfälle / HAA in speziell für die Deponierung errichteten Bergwerken angestrebt. Dies hat den Vorteil, dass das Wirtsgestein noch nicht durch menschlichen Einfluss verändert wurde und das Bergwerk somit gemäß den endlagerspezifischen Anforderungen gebaut werden kann.

Generell werden magmatische, sedimentäre und metamorphe Gesteine als potentielle Wirtsgesteine betrachtet, d.h. als Gesteinsarten, in denen diese Abfälle sicher endgelagert werden können (Herrmann und Röthemeyer 1998: 173-184). In Deutschland gelten Salzgesteine (sedimentär) und Ton (sedimentär) als besonders geeignet. Es werden auch kristalline Gesteine (magmatisch und metamorph) untersucht, diese gelten aber als weniger gut oder sogar als nicht geeignet (BGR 2007). Der seit den 1970ern auf seine Eignung hin untersuchte Standort Gorleben in Niedersachsen ist ein Salzstock. Die Einengung der Untersuchung auf Salz wird als politische Entscheidung eingestuft. In der Schweiz werden vier tonreiche Gesteine als besonders geeignet für die Endlagerung im Allgemeinen (noch keine Unterscheidung nach HAA und SMA) betrachtet

---

17 Die Konzeption und der Bau eines Endlagers sind sehr komplexe Aufgaben, denen hier in der Kürze nicht vollständig genüge getan werden kann. In den folgenden Abschnitten wird folglich kein Anspruch auf Vollständigkeit erhoben, vielmehr sollen grundlegende Aspekte angesprochen werden.

(Nagra o. J.-a). Die momentan ausgewählten potentiellen Standortgebiete liegen aber alle im Opalinus-Ton (Nagra 2015). Der Opalinus-Ton entstand vor ca. 174 Millionen Jahren durch die Ablagerung von feinem Tonschlamm (Nagra o. J.-a).

Die verschiedenen Wirtsgesteine haben unterschiedliche Vor- und Nachteile. Zentral ist, dass es kein generell bestes Wirtsgestein gibt, sondern die Eignung nur standortspezifisch festgestellt werden kann. Ein paar grundlegende Unterschiede zwischen den verschiedenen Gesteinsarten sind hervorzuheben. Im Kristallingestein ist es unabwendbar, dass Wasser eindringen wird. Dichte Behältnisse sind deshalb essentiell und bedürfen noch der weiteren Erforschung (Pusch 2008: 5). Im Ton / Tonstein ist die oft geringe Mächtigkeit, d.h. die Dicke der Gesteinsschichten, potentiell problematisch. Außerdem ist der Ton instabil und neigt zu Rissen, es müssen also Wege gefunden werden, diesen zu stabilisieren und abzudichten. (Pusch 2008: 6,8) Salzgestein ist viskos und hat dadurch das Potential, die durch den Bau und Betrieb des Endlagers entstandenen Störungszonen selbst wieder abzudichten. Gasbildung könnte in dem sehr dichten Gestein aber zu einem größeren Problem werden (Pusch 2008: 8).

Technische und geologische Eignungsfeststellung

Um die Eignung eines spezifischen Standorts belegen bzw. verschiedene Standorte miteinander vergleichen zu können, bedarf es eines Sets an Kriterien, die auf verschiedenen Ebenen liegen. Als relevant werden insbesondere die Langzeitsicherheit, die Sicherheit in der Betriebsphase, die technische Machbarkeit des Endlagersystems, Einwirkungen auf die Umwelt, soziale Akzeptanz und Kostenfragen angesehen (Savage 1995: 202).[18] Aus geologischer Sicht muss vor allem das Wirtsgestein stabil und der geeignete Einlagerungsbereich genügend groß sein. Dies bedeutet, dass größere Störungen im Gestein, wie z.B. Risse, nicht zu nah aneinander liegen dürfen (McKinley et al. 2007: 54, Pusch 2008: 29). Weiterhin zentral für die Eignung eines Standorts ist seine momentane hydrogeologische Situation, d.h. das Vorkommen und die Bewegungen von Gasen und Flüssigkeiten. Grund dafür ist, dass mit diesen Gasen und Flüssigkeiten radioaktive Substanzen aus dem Endlager heraus transportiert werden könnten (Herrmann und Röthemeyer 1998: 139, McKinley et al. 2007: 55, Pusch 2008: 14-15). Ein weiterer Faktor sind die geochemischen Bedingungen, d.h. Faktoren wie pH-

---

18   Die Verwendung des Begriffs „soziale Akzeptanz" scheint in der technischen Literatur gängig, wird aber in der sozialwissenschaftlichen Endlagerliteratur teilweise kritisch gesehen, da der Akzeptanzbegriff auch mit Manipulation der Bevölkerung gleichgesetzt werden kann (siehe Kapitel 2.2).

Wert, Redox-Potential und Salinität (McKinley et al. 2007: 56). Wichtig ist auch die genaue Lage und Beschaffenheit einzelner Gesteinskörper, so dass die letztendliche Eignung nur standortspezifisch festgestellt werden kann (Herrmann und Röthemeyer 1998: 142). Aufgrund der Vielzahl an Eigenschaften, die berücksichtigt werden müssen, ist eine direkte Vergleichbarkeit im Sinne eines Feststellens des besten Standorts, insbesondere bei Standorten mit verschiedenen Wirtsgesteinen, eine komplexe Aufgabe (ENTRIA 2014).

Laut Herrmann und Röthemeyer (1998: 144) wird für die Feststellung der Langzeitsicherheit eine Kombination zweier Methoden verwendet: Mathematische Modellierungen zu physikalischen, chemischen und gebirgsmechanischen Eigenschaften können Auskunft über statische Eigenschaften eines Standorts geben, d.h. wie sich das „System Endlager" zu einem bestimmten Zeitpunkt verhält; Naturbeobachtungen sind wichtig, um dynamische Prozesse der geologischen Systeme zu verstehen, d.h. die Entwicklung dieser Systeme über lange Zeiträume hinweg. Naturbeobachtungen beziehen sich auf die Beobachtung natürlicher Analoga, d.h. geologischer Formationen, in denen Prozesse ablaufen, die denen in einem Endlager zu erwartenden Prozessen ähnlich sind (Brasser et al. 2008). Unsicherheiten in Modellierungen von zukünftigen Entwicklungen werden immer bestehen bleiben. In der Literatur wird vorgeschlagen, diese Unsicherheiten handhabbar zu machen, indem man sie identifiziert, ihre Wichtigkeit einstuft, sie verringert und den Effekt der verbleibenden Unsicherheiten auf die Sicherheitsanalyse quantifiziert (Savage 1995: 361). Dieser technische Ansatz wird aber in der gesellschaftlichen Debatte teilweise als nicht hinreichend bewertet (s. Kap. 2.2).

Barrierensysteme und Endlagerkonzepte

In der geologischen Tiefenlagerung wärmeentwickelnder Abfälle wird meist ein Mehrbarrierenkonzept angestrebt. Dies bedeutet, dass mehrere, voneinander unabhängig fungierende Barrieren die Abfälle von der Außenwelt abschirmen sollen. Ein Mehrbarrierensystem besteht aus drei Hauptkomponenten: den technischen Barrieren, den Isolations-Barrieren und den geologischen Barrieren (Savage 1995: 53, Herrmann und Röthemeyer 1998: 204). Die technischen Barrieren wirken vor allem im Nahbereich. Sie bestehen aus den Abfallbehältern (Container-Barrieren) und den Stoffen, in die die Abfälle im Behälter eingelagert sind (Immobilisations-Barrieren) (Herrmann und Röthemeyer 1998: 204). Als nächste Barriere im Mehrbarrierenkonzept wirkt das Material, mit dem die Endlagerungs-Hohlräume verfüllt und verschlossen werden (Isolationsbarrieren)

(Savage 1995: 56-58, Herrmann und Röthemeyer 1998: 204). Dieses Material dient der Stabilisierung der Abfallgebinde im Wirtsgestein und dem Abtransport von Wärme. Dämme oder Verschlüsse von Tunneln und Schächten sollen Wasserfluss verhindern (Savage 1995: 56-58). Das dritte Barrieren-System bilden die geologischen Barrieren. Sie werden durch die Standortgeologie geprägt. Generell sind die technischen Barrieren in klüftigen Gesteinen, wie z.B. Kristallingestein, von viel höherer Bedeutung als in dichten Gesteinen wie Salzgestein, da sie hier die primäre Abschirmfunktion gegenüber der Biosphäre übernehmen müssen (Herrmann und Röthemeyer 1998: 203-204, 207). Im Salzgestein übernimmt das Gestein selbst die wichtigste Barrieren-Funktion (Pusch 2008: 226). Die Definition der Eignungskriterien für Endlager, die sich auf die verschiedenen Barrieren-Systeme beziehen, ist insbesondere in Deutschland, aber auch in der Schweiz, ein Thema im gesellschaftlichen Konflikt, d.h. es wird in beiden Ländern darum gestritten, welche Kriterien für die Feststellung der Eignung eines Endlagers herangezogen werden sollen. Insbesondere die Frage, inwiefern politische Kriterien eine Rolle spielen dürfen ist hoch umstritten.[19]

Ebenso wie die Kriterienfrage, wird auch die Art der Einlagerung der Abfälle zumindest in Deutschland kontrovers diskutiert, da sich daraus Implikationen für die verwendeten Behälter, die Rückholbarkeit, etc. ergeben. Die genaue Konzeption hängt vom Standort und seinen spezifischen Anforderungen ab. Unabhängig von den verschiedenen Anforderungen an Endlager in verschiedenen Wirtsgesteinen, findet man drei grundlegende Einlagerungstechniken: Lagerung in Strecken[20], in Bohrlöchern oder in Kammern. Bei der Endlagerung in Strecken wird die Strecke nach jedem eingelagerten Abfallgebinde aufgefüllt und letztendlich verschlossen. Bei der Endlagerung in Bohrlöchern werden von einer Strecke aus Bohrlöcher in den Boden oder die Wände gebohrt, die nach Einlagerung der Abfallgebinde wieder verfüllt werden. Die Endlagerung in Kammern wird vor allem für schwach- und mittelaktive Abfälle verwendet (Savage 1995: 59-61).

Bau eines Endlagers im Salzgestein

Eines der Argumente für ein Endlager im Salz ist seine Fähigkeit zum Selbstverschluss über Zeit, d.h. das selbstständige Verschließen von Hohlräumen durch Salz. In einem Endlager in Salzgestein werden die Hohlräume um die Abfallbe-

---

19 Siehe Kapitel 6 und 7.

20 „Strecke" ist der bergbauliche Fachterminus für „Tunnel".

hälter herum mit Salzgrus (zerkleinertem Salzgestein) gefüllt. In der Fachliteratur wird davon ausgegangen, dass durch die Bewegung des umliegenden Salzgesteins das Füllmaterial innerhalb einer Dekade zusammengepresst wird, so dass die Behälter vollständig stabilisiert und abgeschirmt sind und Wegsamkeiten für Gase und Flüssigkeiten verschlossen werden. Die erhöhten Umgebungstemperaturen, die durch den wärmeentwickelnden Abfall entstehen, sollen diesen Verdichtungsprozess unterstützen. Problematisch ist, dass sowohl die Verschlussprozesse als auch die Bewegungen von Flüssigkeiten nicht genau modelliert werden können. Salz kommt in horizontaler und vertikaler Lagerung vor, bei letzteren spricht man von Salzstöcken. Beim Bau werden alle Strecken so bald wie möglich mit Salzgrus aufgefüllt, um diese zu stabilisieren (Pusch 2008: 203, 222, 230, 238, 243). In Deutschland gibt es bis dato noch kein fertig ausgearbeitetes Endlagerkonzept.

Bau eines Endlagers im Ton

Ton hat ähnlich abdichtende Eigenschaften wie Salzgestein. Dies bedeutet, dass Flüssigkeiten nur schwer Zugang zu den Abfallgebinden finden können. Allerdings besteht die Möglichkeit kleiner Wegsamkeiten, sodass der Puffer, der die Abfallgebinde umgibt, sich langsam aber kontinuierlich zersetzen kann. Ebenso wird davon ausgegangen, dass sich die durch den Bergbau aufgerüttete Zone nicht von alleine verschließen wird, weshalb eine gute Versiegelung der Strecken notwendig ist (Pusch 2008: 256-257). Der Bau eines Endlagers im Ton ist aus bergbaulicher Sicht etwas schwieriger als in den anderen Wirtsgesteinen, da die mechanischen Eigenschaften nicht ideal sind. Dies bedeutet, dass die gebauten Hohlräume bald nach ihrem Öffnen zusammenstürzen, wenn sie nicht zusätzlich stabilisiert werden (Pusch 2008: 244-246). In der Schweiz bestehen – anders als in Deutschland – erste Planungen zum Endlager, bei denen aber noch verschiedene Fragen offen sind. Eine offene Frage ist z.B., ob das Endlager über einen Schacht oder einen Tunnel zugänglich gemacht werden soll (für eine graphische Darstellung des geplanten Tiefenlagers siehe z.B. Nagra o. J.-b). Dies wird in der Schweiz kontrovers diskutiert.

2.1.5   Zwischenfazit

Die technisch-naturwissenschaftliche Bearbeitung der Endlagerfrage ist komplex und muss interdisziplinär erfolgen, da sowohl geologische, chemische wie auch physikalische Faktoren eine Rolle spielen. Neben klassischer Bergbautechnik sind für Außenstehende schwer nachvollziehbare Methoden wie Modellierungen für die Realisierung eines nach heutigen wissenschaftlichen Standards sicheren Endlagers vonnöten. Man könnte argumentieren, dass dies Aufgaben seien, die rein von den Technik- und Naturwissenschaften gelöst werden müssen. Mehrere der oben dargelegten Eigenheiten der Endlagertechnik wirken sich aber auf den politischen und gesellschaftlichen Umgang mit derselben aus und können deshalb nicht letztendlich von diesen Wissenschaften geklärt werden. Dies ist beispielsweise die Schwierigkeit des Vergleichs verschiedener Standorte durch die Vielzahl an Kriterien, die je nach Endlagerkonzept unterschiedlich gewichtet werden müssen. Weiterhin führt die Komplexität der Endlagertechnik dazu, dass die Entscheidung, wann ein Endlager als sicher eingestuft werden kann, auch gesellschaftlich beantwortet werden muss, da dies auch eine Gewichtung der Frage „Wieviel Sicherheit können, bzw. wollen wir uns leisten?" beinhaltet, wobei gesellschaftliche und ökonomische Ressourcen in Betracht gezogen werden müssen (s. auch Renn 2009 zu Risiko und Ambiguität). Und auch für die durch den starken Zukunftsbezug entstehenden Unsicherheiten muss ein gesellschaftlicher Umgang gefunden werden. Berkhout (1991) beschreibt Endlagertechniken als Techniken, deren Anwendung die Gesellschaft vor ein Problem stellt: Es kann niemals festgestellt werden, ob sie funktioniert oder nicht, da sich ein Nicht-Funktionieren theoretisch zu jedem beliebigen Zeitpunkt innerhalb der anvisierten eine Million Jahre herausstellen könnte. Auch für die Wissenschaft berge dies ein Dilemma: Hier gelte normalerweise etwas nur für so lange als wahr, bis es widerlegt werde; die Forschung zur Endlagertechnik müsse aber zu irgendeinem Zeitpunkt als „fertig", also „abgeschlossen" gekennzeichnet werden. Diese Dilemmata unterstreichen nochmals die Untrennbarkeit von Technik und Gesellschaft.

Was sind aber Kriterien für hochwertige Verfahren, wie die sozialwissenschaftliche Endlagerforschung sie in der Auseinandersetzung mit dem Konflikt aufgestellt hat? Was haben Geistes- und Rechtswissenschaften zu dieser Thematik beizutragen?

2.2   Die sozialwissenschaftliche Sicht

Die für diese Arbeit zentralen Themengebiete sind Analysen bestehender Governance-Prozesse sowie normative Vorschläge für zukünftige Prozesse. Die Ausgestaltung dieser Prozesse ist immer davon abhängig, wie deren Gestalter den Konflikt charakterisieren. Vor diesem Hintergrund wird im Folgenden auch die Literatur vorgestellt, die sich mit einer Charakterisierung des Konflikts befasst.

Dazu gehören unter anderem auch Arbeiten aus der Risikoforschung, die Konfliktursachen auf der Ebene von Individuen analysieren.

Wie die Übersicht über bestehende Governance-Prozesse zeigen wird, wurden in der relevanten Literatur bisher noch keine Analysen von Effekten mikro-deliberativer Ereignisse durchgeführt. Allerdings können aus den vorhandenen Analysen bestehender Endlagerpolitiken generelle Faktoren herausgearbeitet werden, die zur Konflikthaftigkeit der Endlagerfrage beigetragen haben. Bestehende normative Vorschläge für zukünftige Standortauswahlverfahren und damit verbundene Prozesse bilden eine Grundlage für die Diskussion der empirischen Ergebnisse dieser Arbeit.

2.2.1 Endlager-Governance

Analysen bestehender Endlagerpolitiken verschiedener Länder sowie Studien, die normative Kriterien für gute Endlager-Governance aufstellen, zeigen, dass Konfliktpotential auch in der Ausgestaltung der Entscheidungsfindungs- und Konfliktbearbeitungsstrukturen liegt (z.B. Brunnengräber et al. 2015). Ziel dieses Unterkapitels ist, eine Übersicht über die bestehende Endlager-Governance-Debatte zu geben, um erstens darauf aufbauend ein Verständnis für mögliche Effekte mikro-deliberativer Ereignisse zu entwickeln und zweitens die Ergebnisse der für diese Arbeit durchgeführten empirischen Beobachtungen mit den Erkenntnissen anderer Studien ins Verhältnis setzen zu können.

In einer Studie zur Risikobewertung durch die Bevölkerung beim Bau neuer kerntechnischer Anlagen warnen Parkhill et al. (2010: 54) *"against underestimating the importance and heterogeneity of the extraordinary in nuclear affairs"*. Gemeint sind hier außergewöhnliche Ereignisse, d.h. alle Ereignisse, die von der lokalen Bevölkerung nicht als Normalbetrieb angesehen werden, und die für eine lokale Akzeptanz von nukleartechnischen Anlagen von Bedeutung sind. Diese „Warnung vor der Vielfalt des Außergewöhnlichen" weist aber darüber hinaus auf die hohe Bedeutung von Unsicherheit und Nicht-Wissen in der Endlagerung hin. Mit diesen Unsicherheiten und dem Nicht-Wissen muss in der Regulierung der Endlagerung umgegangen werden, mit dem Ziel, einen Standort für ein Endlager zu identifizieren (auch wenn es bedeutet, diese zu ignorieren) (z.B. Short und Rosa 2004). Jedes Land geht bei dieser Herausforderung seinen eigenen Weg. Dies schließt auch ein Nicht-Handeln mit ein. Die Faktoren, die zu bestimmten Entscheidungen führen, wie der, eine geologische Tiefenlagerung anzustreben, sind komplex (Högselius 2009) und von der Aushandlung verschiedener Interessen geprägt, welche insbesondere durch den hohen Grad an

Unsicherheit und Nicht-Wissen ihren Raum finden können. Trotz Unterschieden in der Herangehensweise treten in vielen Ländern die gleichen Problemlagen und Fragestellungen auf. Den Behörden und der Industrie, welche in bestehende Entscheidungsfindungssysteme eingebunden sind, wird beispielsweise oft vorgeworfen, die Sorgen der Bevölkerung zu ignorieren und diese als unwissend und emotional zu stigmatisieren (Slovic et al. 1994).

Eine ausgeprägte sozialwissenschaftliche Debatte zum deutschen und zum Schweizer Fall hat lange nicht existiert. In Deutschland wurde die Diskussion 2003 nach einer längeren Pause von Hocke-Bergler (2003) mit einer Studie zur Medienresonanz des AkEnd wieder aufgegriffen. Ein von Streffer et al. (2011) herausgegebener Sammelband, setzt sich mit rechtlichen, technischen und normativen Rahmenbedingungen auseinander. Seit 2013 sind verschiedene sozialwissenschaftliche Publikationen aus dem BMBF-Projekt ENTRIA heraus entstanden (z.B. Brunnengräber et al. 2015, Hocke 2015, Smeddinck et al. 2016). Zum Schweizer Fall gibt es hauptsächlich Studien des Instituts für Umweltentscheidungen der ETH Zürich (z.B. Scholz et al. 2007, Krütli, Flüeler et al. 2010, Schori et al. 2009).

Deutschland

In der Literatur zum deutschen Fall wird der geringe Grad an Stringenz der deutschen Endlagerpolitik thematisiert. Der in Deutschland verfolgte Ansatz wird als größtenteils dem „muddling-through"-Prinzip, also dem Prinzip des „Hindurchlavierens", folgend bezeichnet (Hocke und Renn 2009). Mez (2009) spricht sogar von Staatsversagen. An anderer Stelle wird zwar argumentiert, dass Deutschland nach Blockaden zur Konzeptualisierungsphase zurückgekehrt sei und damit einen schrittweisen Ansatz verfolge (Pescatore und Vári 2006). Allerdings wurde mit der Beendigung des Moratoriums und der Weitererkundung Gorlebens 2011[21] die Konzeptionalisierungsphase wieder verlassen ohne einen Strategiewechsel vollzogen zu haben. Ein teilweiser Strategiewechsel erfolgte erst 2013 mit der Verabschiedung des neuen Standortauswahlgesetzes (Hocke 2013, Hocke und Kallenbach-Herbert 2015, Smeddinck und Semper 2016). Dieses Beispiel zeigt die Vorsicht, mit der auf kurzfristigen Beobachtungen erfolgte

---

21   Die Erkundung des Gorlebener Salzstocks begann 1979. Von 2001 bis 2011 lag ein Moratorium auf den Erkundungsarbeiten. In dieser Zeit sollten Grundsatzfragen der Endlagerung geklärt werden. 2011 wurden die Erkundungsarbeiten weitergeführt. Siehe auch Kapitel 5.1 und 6.1.

Bewertungen der Endlagerpolitik gelesen werden müssen: Konzeptänderungen finden häufig und über längere Zeiträume hinweg statt.

Der von 1999 bis 2002 arbeitende Arbeitskreis Auswahlverfahren Endlagerstandort (AkEnd)[22] wird von Hocke (2009a) retroperspektivisch kritisch betrachtet. Er hebt die schwierige Rolle der Experten im Prozess hervor. Sie schafften es zwar, in einer schwierigen Konfliktkonstellation einen Vorschlag zu erarbeiten, der von allen vertretenen Experten mitgetragen wurde, standen aber mit diesem Vorschlag im „leeren Raum", da es beinahe keine anschließende politische Debatte über diesen Vorschlag und Möglichkeiten seiner Umsetzung gegeben habe. So sei aus einem anfangs viel gelobten Konzept ein weiteres „punktuelles Ereignis" in der deutschen Endlagerpolitik geworden (Hocke 2009a: 176). Auch eine begleitende Analyse zu den Arbeiten des AkEnd zeigt dessen schwierige Position, da er es nicht geschafft habe, signifikanter Bestandteil des Makrodiskurses zur Endlagerproblematik zu werden (Hocke-Bergler 2003). In derselben Studie wird auch die Wichtigkeit von politischen Rahmenbedingungen hervorgehoben, die am Ausstieg einiger Umweltverbände aus der Zusammenarbeit mit dem AkEnd aufgrund der zeitgleichen Erteilung der Genehmigung des Schachts Konrad als Endlager für schwach- und mittelaktive Abfälle deutlich wurde. Die fehlende Stringenz und der daraus folgende Mangel an Prozessgerechtigkeit in der Endlagerpolitik wird als konfliktfördernd problematisiert, da diese u.a. zu einem Vertrauensverlust der Bevölkerung in die zuständigen Behörden führen (Hocke und Renn 2009). Dieser Vertrauensverlust geht einher mit einem Infragestellen der Legitimität der zuständigen Entscheidungsträger durch Teile der Bevölkerung (Streffer et al. 2011: 342). Hocke und Renn (2009: 931-932) problematisieren eine fehlende Trennung dreier thematisch unterschiedlicher Debatten: zu den technischen Risiken und dem besten Umgang mit diesen, zu der Zukunft der Kernenergienutzung und zum besten Entscheidungsprozess für die Festlegung eines Endlagerstandorts.

Insbesondere die enge Verknüpfung mit der Kernenergiefrage sei auch dadurch bedingt, dass die Endlagerung zunächst nur ein Bestandteil eines „Entsorgungszentrums" war, in dessen Zentrum die Wiederaufarbeitungstechnologie stand. Damit sei die Endlagerfrage von Anfang an politisiert worden, d.h. Teil einer politischen Energiestrategie (Berkhout 1991: 88-89). Zu der fehlenden Stringenz und der fehlenden Trennung verschiedener Debatten kommt noch ein

---

22 Der AkEnd hatte die Aufgabe, ein Standortauswahlverfahren für einen Neustart der Standortsuche in Deutschland zu identifizieren. Für eine ausführlichere Beschreibung siehe Kapitel 5.1 und 6.1.

dritter Punkt, an dem der deutsche Ansatz unkonkret ist, nämlich eine unklare Aufgabenteilung zwischen Ländern und Bund, die dazu führt, dass zwischen einer Vielzahl von Fachorganisationen auf beiden Ebenen Konsens gefunden werden muss (Berkhout 1991: 49, Hocke und Renn 2009: 932-933), welche durch Konflikte zwischen den Ebenen noch zusätzlich erschwert werden. Eine Vereinfachung wurde mit dem neuen StandAG in Angriff genommen; inwiefern eine Vereinfachung in der Arbeitspraxis erreicht wird, muss sich noch zeigen (Hocke 2013). Weiterhin ist in Deutschland eine große Anzahl an kollektiven Akteuren in die Entsorgung eingebunden, was zu komplexen Strukturen führt (Häfner 2016). Deliberative Verfahren werden teilweise als Lösungsansatz vorgeschlagen (Hocke und Renn 2009, Grunwald 2010a, Streffer et al. 2011: 343).

Zusammenfassend beobachten verschiedene Autoren in Deutschland mehrere konfliktfördernde Elemente, die sich aus der Art der Regulierung der Endlagerung ergeben. Diese sind insbesondere eine fehlende Stringenz in der Endlagerpolitik, ein Mangel an Prozessgerechtigkeit, der sich u.a. dadurch äußert, dass fachpolitische Entscheide teilweise getroffen wurden, während gleichzeitig mikro-deliberative Ereignisse zum selben Thema durchgeführt wurden, daraus resultierender Vertrauensverlust, eine frühe Politisierung der Endlagerung und eine unklare Aufgabenteilung in der Exekutive. Aufrechterhalten wurde der gesellschaftliche Konflikt unter anderem durch die Anti-AKW-Bewegung, welche es geschafft hat, über lange Zeiträume hinweg erfolgreich zu mobilisieren und Aufmerksamkeit für das Thema zu erzeugen (vgl. Rucht 2008).

Schweiz

Bisher gibt es nur wenig Fachliteratur, die sich mit dem seit 2008 in der Schweiz implementierten Standortauswahlverfahren befasst. Ein Forschungsbericht der ETH Zürich (Schori et al. 2009) entstand zwar nach dessen Einführung, beschäftigt sich aber mit normativen Anforderungen an das zu dieser Zeit noch nicht implementierte Beteiligungsverfahren. Die in dem Forschungsprojekt befragten Stakeholder (von Betreiberseite, Bundesamt für Energie (BFE) und Gemeindevertreter als potentiell lokal Betroffene) bekannten sich dabei alle klar zu Bürgerbeteiligung und Information, waren aber gegenüber einem lokalen Vetorecht skeptisch. Während Betreiber und BFE der Meinung waren, dass das BFE hinreichend unabhängig sei, um die Oberaufsicht über den Gesamtprozess wahrzunehmen, wurde diese Unabhängigkeit von den Gemeindevertretern nicht gesehen, die deshalb für die Einrichtung einer neuen, unabhängigen Institution plädierten (Schori et al. 2009: 12-19).

Krütli, Flüeler et al. (2010) stellen fest, dass der vor Einführung des Sachplanverfahrens verfolgte Ansatz zur Festlegung eines Endlagerstandorts als technokratischer Ansatz verstanden werden kann, der mit der Einführung des Sachplanverfahrens durch einen stärker an Kooperation und Partizipation ausgerichteten Ansatz ersetzt wurde. Sie fokussieren im Weiteren vor allem auf das Zusammenspiel von Fairness- und Sicherheitsaspekten und kommen zu dem Schluss, dass neben einem hohen Grad an Sicherheit vor allem prozedurale Fairness wichtig sei, die vor Einführung des Sachplanverfahrens nicht gegeben gewesen sei. Bei Umfragen in der Region Wellenberg hätten sich allerdings die Befürworter gut einbezogen und gerecht behandelt gefühlt, die Gegner weniger (Krütli 2007).

Die Expertengruppe Schweizer Tiefenlager (ESchT)[23] befasst sich mit dem Sachplanverfahren und kommentiert dessen Umsetzung regelmäßig in Stellungnahmen, die aber nicht in Fachzeitschriften veröffentlicht werden. Die Stellungnahmen beziehen sich meistens auf konkrete Verfahrenspunkte, wie z.B. die Festlegung der als betroffen geltenden Gemeinden (Barth et al. 2009).[24]

Flüeler (2006) entwickelt für die Analyse der Entscheidungsfindung für Endlagerstätten in der Schweiz ein Set von Kriterien, das systemtheoretische Anlehnungen hat und damit auf eine analytische Beschreibung des Entscheidungsfindungssystems abzielt (z.B. „Systemverständnis", „Vermeidung von Denkfehlern", „Berücksichtigung und Anpassung von Problemstrukturen) (Flüeler 2006: 103-109). Seine Analyse befasst sich mit der Entscheidungsfindung für ein HAA-Endlager in der Schweiz bis hinein in die 1990er Jahre. Er kommt zu dem Schluss, dass diese, ebenso wie die internationalen Richtlinien, die zu diesem Zeitpunkt von der Schweiz befolgt wurden, „als zumindest suboptimal [zu] bezeichnen" sind, insbesondere hinsichtlich Nachvollziehbarkeit und Transparenz (Flüeler 2006: 171). Weiterhin sieht er die Problemwahrnehmung der Hauptakteure als unterkomplex an (Flüeler 2006: 131).

Eine erste Analyse der Schweizer Entsorgungspolitik nach 2008 wurde in Hocke und Kuppler (2015) vorgenommen. Dort wird der Neustart als ein explizites Wegbewegen vom „decide-announce-defend" Ansatz beschrieben, indem Transparenz und Bürgerbeteiligung eine starke Rolle zugeschrieben wurde.

---

23   Die ESchT wurde im Juni 2006 vom Ministerium für Umwelt, Naturschutz und Reaktorsicherheit (BMU) als Beratungsgremium für deutsche Behörden zum Schweizer Verfahren eingerichtet.

24   Spezifische, von der ESchT vorgebrachte, Kritikpunkte werden in Kapitel 6.1 diskutiert.

Trotzdem ist das Verfahren in der Schweiz nicht frei von Konflikten und wird auch in Zukunft noch große Hürden meistern müssen.

Zusammenfassend identifizieren verschiedene Autoren aus ihrer Beobachtung des Schweizer Falls diese Faktoren als konfliktreduzierend: Bürgerbeteiligung, Information, eine unabhängige Oberaufsicht über die Standortauswahl, prozedurale Fairness, Nachvollziehbarkeit und Transparenz. Als konfliktfördernd werden ein technokratischer Regierungsansatz und eine unterkomplexe Problemwahrnehmung identifiziert. Eine Analyse der mikro-deliberativen Ereignisse fand noch nicht statt. Die Ansätze der neuen Schweizer Entsorgungspolitik weisen aber auf eine Umsetzung konfliktreduzierender Faktoren hin.

Erkenntnisse aus Studien über weitere Länder

Mehrere internationale Studien heben die Bedeutung von „Kontext" für die Analyse nationaler Endlagerpolitiken hervor. Ein erfolgreicher nationaler Fall kann nicht als Blaupause für andere Länder gelten, da die jeweiligen Endlagerpolitiken stark historisch geprägt und damit vom nationalen Kontext abhängig sind. Dies betrifft auch die Zusammensetzung der in das Verfahren zu involvierenden Akteure und ihre jeweiligen Rollen. Trotzdem scheinen Problemlagen in verschiedenen Ländern ähnlich zu sein. Insbesondere Intransparenz und die Prävalenz von Top-down-Regierungsansätzen, d.h. autoritativem Entscheiden ohne vorherige ernsthafte Beratung mit der Öffentlichkeit, werden in vielen Fallstudien thematisiert.

Lidskog und Sundqvist (2004) argumentieren zum Beispiel, dass die Entwicklung des schwedischen Entsorgungsansatzes eine strategische Anpassung an die Bedürfnisse verschiedener Stakeholder gewesen sei mit dem Ziel, bereits vorformulierte Politiken durchzusetzen. Hanberger (2012) sieht mit der Gründung der schwedischen Entsorgungsorganisation (SKB) und ihrer Rolle als Forschungsträger im Bereich Endlagerung eine Pfadabhängigkeit in der schwedischen Endlagerpolitik geschaffen, durch die zentrale Entscheidungen ohne Rückbezug auf Dialogprozesse durchsetzbar würden. Nicht alle Autoren sprechen aber der SKB eine so starke Machtposition und der Endlagerpolitik eine so starke Inflexibilität zu. Anshelm und Galis (2009) argumentieren beispielsweise, dass das jetzige Verfahren als das Produkt einer jahrelangen fachlichen Auseinandersetzung und Verhandlungen zwischen der Nuklearindustrie und nuklearkritischen Bewegungen gesehen werden sollte. Sie betonen damit die zentrale Bedeutung des Widerstands als „Verfahrensoptimierer".

Doch auch andere Autoren kommen zu dem Schluss, dass Entsorgungsorganisationen in verschiedenen Ländern versuchten, die Sichtweise auf politische und technische Fragestellungen intern zu vereinheitlichen. Ihr Ziel sei, Legitimation und Verantwortung zu schaffen, wo sie aufgrund der Neuheit des Governancesystems noch nicht bestünden. Dies führe zu einem Mangel an Transparenz und zu der Möglichkeit der Inanspruchnahme der Wissenschaft durch wirtschaftliche Interessen und damit zu einer vorzeitigen Schließung von Debatten (Durant 2007, Poumadere et al. 2008). Beteiligungsverfahren werden damit als Scheinpartizipation eingestuft.

Auch das britische CoRWM-Verfahren, das stark auf Bürgerbeteiligung setzte, wird als Scheinpartizipation kritisiert. Es sei eingesetzt worden, um wissenschaftliche Erkenntnisse pauschal zu relativieren und würde Bürgerbeteiligung Manipulation und Ausbeutung aussetzen – auch im Sinne eines Verfahrens, das nur der Rechtfertigung momentaner Endlagerpolitiken diene und damit nicht unabhängig sei (Baverstock und Ball 2005, Ball 2006, Chilvers und Burgess 2008, Wallis 2008). Das Gegenteil der Relativierung aller wissenschaftlichen Erkenntnisse, nämlich ein Defizitmodell in der Beteiligung, d.h. ein Herabsetzen der beteiligten BürgerInnen als unwissend, wird im finnischen Fall kritisiert (Strauss 2010).

Es zeigt sich also, dass auch in Ländern, die teilweise als Musterbeispiel für eine erfolgreiche Endlagerpolitik angesehen werden, wie Schweden und Finnland, eine zentrale Frage bleibt, ob „echter" Raum für Deliberation geschaffen wird. „Echter" Raum für Deliberation müsse auch heißen, dass über grundsätzliche Fragen, wie das Demokratieverständnis verschiedener Teilnehmer, debattiert werden könne (Chilvers und Burgess 2008). Hier zeigen sich essentielle Fragen für die Analyse von Effekten deliberativer Verfahren, wie die Fragen der Pluralität (wer darf mitsprechen?) und der thematischen Offenheit (worüber darf gesprochen werden?).

Darüber hinaus werden die in Deutschland und der Schweiz beobachteten Faktoren bestätigt und ergänzt. Als konfliktfördernd werden in den Länderstudien Intransparenz, Top-down-Regierungsansätze, eine zu schnelle Schließung von Debatten, eine starke Machtposition der Entsorgungsunternehmen und ein Defizitansatz der Wissenschaft gegenüber interessierten Stakeholdern, aber auch eine pauschale Relativierung wissenschaftlicher Erkenntnisse identifiziert. Für eine erfolgreiche Konfliktbearbeitung werden die Notwendigkeit eines spezifisch nationalen Governance-Ansatzes, eine Offenheit des Prozesses für Dialog und Veränderungen und „echter Raum" für Deliberation genannt.

Anforderungen und Lösungsvorschläge

Neben den Analysen bestehender Verfahren in verschiedenen Ländern gibt es eine Vielzahl an Studien, die versuchen, normative Kriterien für gute Verfahren aufzustellen oder Gesamt-Verfahrensvorschläge zu unterbreiten. Zentrale Themen sind Verfahrensgrundsätze einschließlich normativer Anforderungen an institutionelle Arrangements für die Endlagersuche, sowie die Frage der Einbindung verschiedener kollektiver Akteure in das Auswahlverfahren. Teilweise werden diese aus Länderanalysen abgeleitet, teilweise aus theoretischen Überlegungen.

Die rein normativen Verfahrensvorschläge, die in der Literatur gefunden werden können, sind in der Gestaltung konkreter Endlagerpolitiken meist nur als Richtschnur verwendbar, da sie für reale Entscheidungssituationen zu abstrakt oder in ihren Ansprüchen zu weit von der aktuellen Situation in vielen Ländern entfernt sind. Sie sind aber zentraler Bestandteil der wissenschaftlichen Debatte in Fachzeitschriften und auch der eher anwendungsorientierten Debatte z.B. in EU-Projekten und in internationalen Organisationen. Sie gestalten nationale Diskurse mit und haben somit auch Einfluss auf Entwicklungen in der Endlagerpolitik. Einige der normativen Kriterien werden im Folgenden vorgestellt.

Prozedurale Fairness wird insbesondere dann als wichtig angesehen, wenn Werte und Emotionen eine zentrale Rolle in der gesellschaftlichen Bewertung der entsprechenden Thematik spielen (Besley 2012, Seidl et al. 2013). Es bleibt die Schwierigkeit bestehen, dass Fairness von verschiedenen kollektiven Akteuren sehr unterschiedlich definiert wird (Renn 2009). Es kann davon ausgegangen werden, dass nie alle kollektiven Akteure das Verfahren als fair betrachten werden. Dennoch können wohl einige zentrale Fairnesskriterien festgelegt werden wie z.B. Transparenz (Krütli et al. 2012). Transparenz ist auch Grundlage für weitere normative Anforderungen an institutionelle Arrangements. Ein Beispiel dafür ist die Forderung nach einer klaren Trennung von Betreiber und Aufsichtsbehörde, welche beide unabhängig sein sollten (Mackerron und Berkhout 2009, de Saillan 2010). Die Forderung nach Unabhängigkeit ist auch im internationalen Übereinkommen über nukleare Sicherheit (Convention on Nuclear Safety – CNS) festgelegt (Art. 8(2)).[25]

---

25 Die Schweiz reagierte bereits auf diese Forderungen, indem sie das unabhängige Eidgenössische Sicherheitsinspektorat (ENSI) gründete. In Deutschland waren vor Verabschiedung des StandAG sowohl Betrieb des Endlagers als auch die atomrechtliche Aufsicht Aufgabe des Bundesamts für Strahlenschutz (BfS). Siehe auch Kapitel 6.1 und 7.1.

Ein weiterer Verfahrensgrundsatz, der international, z.B. in der OECD Nuclear Energy Agency (OECD-NEA)[26], vielfach diskutiert wird, ist das schrittweise Vorgehen in der Endlagersuche (Flüeler und Scholz 2004, McCombie zitiert in Brumfiel 2006: 989, Pescatore und Vári 2006). Dies bedeutet, dass jeder Schritt im Auswahlverfahren bezüglich seiner Zielsetzung und der beteiligten kollektiven Akteure klar definiert sein muss und alle getroffenen Entscheidungen revidierbar sein müssen, d.h. das Verfahren auf einen jeweils vorherigen Schritt zurückfallen kann (Pescatore und Vári 2006, Barthe et al. 2010).

Bürgerbeteiligung wird von vielen Autoren als zentraler Bestandteil eines Auswahlverfahrens gesehen, das dazu geeignet sein soll, Konflikte zu mindern und für alle involvierten Akteure tragfähige Lösungen zu finden. Auch hier ist Transparenz ein zentraler Grundsatz. Dawson und Darst (2006) fordern beispielsweise eine offene Beratschlagung mit der Öffentlichkeit. Eine einfache Beratschlagung wird aber weithin als nicht ausreichend angesehen. Vielmehr müsse Beteiligung über das Bereitstellen von Diskussionsplattformen hinausgehen (Kraft 2000, Bedsworth et al. 2004). Allerdings wird die Herstellung von Transparenz als eine Herausforderung angesehen, da in historischer Perspektive Geheimhaltung das grundlegende Konzept in der Endlagerpolitik vieler Länder war (O'Connor und van den Hove 2001).

Über Anforderungen an die genaue Ausgestaltung der Prozesse der Bürgerbeteiligung besteht keine Einigkeit. Krütli, Stauffacher et al. (2010) schlagen ein „funktional-dynamisches" Beteiligungsmodell vor, in dem der Grad der Beteiligung sich an den zu treffenden Entscheidungen orientiert. Entscheidungen über technische Fragen sollten weiterhin von Experten getroffen werden (siehe auch Krütli, Flüeler et al. 2010). Über andere Fragen könnte dagegen die Bevölkerung direkt entscheiden. Die Entscheidungshoheit von Experten über technische Fragen wird von Durant (2009b) am Beispiel des kanadischen Falls hinterfragt. Er

---

26   Die NEA hat keinen direkten Einfluss auf nationale Endlagerpolitiken, sondern ist mit ihren Stellungnahmen Teil des politischen Diskurses. In der politischen Debatte um Anforderungen an Bürgerbeteiligung in der Endlagerung spielt das Forum on Stakeholder Confidence (FSC)26 der OECD-NEA eine wichtige Rolle. Der FSC stellt mit den Themen, die dort debattiert und den Stellungnahmen, die veröffentlicht werden, oftmals stark normative Anforderungen, die an der Spitze der politischen Debatte um Bürgerbeteiligung zu lokalisieren sind. Das FSC wurde 2000 gegründet. Mitglieder sind Abgesandte aus den NEA-Mitgliedsländern, die häufig im Rahmen ihrer beruflichen Tätigkeit mit Bürgerbeteiligung in der Endlagerpolitik zu tun haben. Aufgrund der Zusammensetzung ist es nicht weiter verwunderlich, dass das FSC die aktuellen Beteiligungspraktiken in ihren Mitgliedsstaaten als sehr positiv einstuft (NEA 2010a).

kritisiert die Festlegung technischer „Wahrheiten" durch die zuständigen Abfallwirtschaftsorganisationen. Die Bevölkerung müsse die Macht dieser Organisationen einschränken und damit Wissen mitgestalten können.

Die Grundidee von Krütli, Stauffacher et al. (2010), dass öffentliche Meinung nicht schwerer wiegen dürfe als Sicherheitsaspekte, wird auch von anderen Autoren unterstützt. Laes und Schröder (2010: 94) argumentieren beispielsweise, dass

> *"Decision making based solely on blunt pragmatic wisdom of good is whatever works taking into account the reassuring power of the context, essentially collides with what Nietzsche understands under critical history, namely the strength, courage, and genuine self-reflexive attitude of bringing prevailing ideas, visions, and approaches before the tribunal, scrupulously examining them and finally judging them in the light of a «great and comprehensive hope for the future»."*

Der Verdacht, dass die Bevölkerung keine rationalen Entscheidungen treffen könne, kann aber in empirischen Studien oft nicht bestätigt werden (z.B. Evans et al. 2004). Andere Autoren schränken diese Aussage allerdings etwas ein. Stakeholder und Teilnehmer, die in Bürgerinitiativen aktiv sind, seien z.B. weniger offen für Argumente und benötigten deshalb mehr Zeit und professionelle Mediation, um in einen Dialog treten zu können, als unbeteiligte Akteure ohne vorfixierte Interessen (Johnson 2007).

Einigkeit besteht, dass Rolle und Zweck von Beteiligungsprozessen im Vorhinein festgelegt sein müssen, um „echte" Beteiligung zu gewährleisten (z.B. Strauss 2010). Die Umsetzung von Ergebnissen aus Beteiligungsprozessen hänge von der Willigkeit der politisch Verantwortlichen ab, diese in ihre Entscheidungen mit einfließen zu lassen. Deliberation oder Bürgerbeteiligung ohne eine Einbindung an Institutionen und in den politischen Kontext sei dagegen nicht zielführend (Johnson 2009). Da aber in den meisten Fällen die zentrale Entscheidungsmacht bei den etablierten staatlichen Akteuren bleiben werde, benötige man eine „Begründungskultur", die Entscheidungswege nachvollziehbar macht (Kuppler und Hocke 2012: 49). Dies würde auch zu einem Aufdecken und der Bearbeitung von Dissens und Widerspruch beitragen (Hocke und Kuppler 2012).

Zusammengefasst sind in der Literatur aufgestellte normative Forderungen an Endlager-Governance insbesondere Fairness, Unabhängigkeit der involvierten Behörden, ein schrittweises Vorgehen, Transparenz, eine Vorab-Festlegung von

Rolle und Zweck von Beteiligungsprozessen und die Etablierung einer „Begründungskultur", die auch eine Bearbeitung von Dissens und Widersprüchen ermöglichen müsse.

2.2.2 Konflikt

Über die Frage, wie genau sich der soziale Konflikt in der Endlagerdebatte definieren lässt, besteht in der sozialwissenschaftlichen Endlagerliteratur Uneinigkeit. Wollte man die vorgebrachten Argumente grob zusammenfassen, so ließen sich diese am ehesten verdichten auf „der soziale Konflikt beruht auf dem NIMBY-Syndrom" („not-in-my-backyard")[27], „er geht über Phänomene des NIMBY-Syndroms hinaus" und „er beruht auf unterschiedlichen Risikowahrnehmungen". Diese drei Ansätze werden im Folgenden kurz vorgestellt.

Bereits seit den späten 1980ern argumentierten verschiedene Autoren, insbesondere im englischsprachigen Raum, dass sich der Konflikt nicht allein durch NIMBY erklären ließe (z.B. Colglazier und Langum 1988, Kraft und Clary 1991, Blowers und Lowry 1997). Gegen die Dominanz des NIMBY-Syndroms werden auch Beobachtungen vorgebracht, die darauf hinweisen, dass Teilnehmer von hochwertigen partizipativen Verfahren durchaus durchdachte und informierte Entscheidungen treffen (Evans et al. 2004).

Kraft und Clary (1991: 309) weisen allerdings darauf hin, dass NIMBY von verschiedenen Autoren unterschiedlich interpretiert wird:

> *„If a NIMBY response is defined as intense public opposition to the siting of a risky facility, then the statements at these hearings indicate its presence. On the other hand, if the NIMBY reaction implies a broadly mistrustful, poorly informed, parochial, emotional, and risk averse public that opposes a repository merely because it wants the facility placed somewhere else, then there are reasons to reject that characterization in this case."*

Als weniger ambivalenter Begriff wird in der Literatur u.a. vorgeschlagen, *„sozio-ökonomische Auswirkungen"* als Konfliktgrund zu definieren (Keeney 1987, Colglazier und Langum 1988). Darunter fallen durchaus lokale Folgen wie die

---

27 NIMBY "(…) refers to intense, sometimes emotional, and often adamant local opposition to siting proposals that residents believe will result in adverse impacts" (Kraft und Clary 1991: 300, siehe auch Greenberg 2009, Jenkins-Smith et al. 2009).

Angst vor Stigma und negativen ökonomischen Auswirkungen für die Region, aber auch inhärent technische Aspekte wie die Langlebigkeit des Abfalls und damit verbundene Unsicherheiten, sowie Konflikte auf politischer Ebene, die sich insbesondere durch geringes Vertrauen in die zuständigen Behörden auszeichnen, objektive Entscheidungen treffen zu können (Colglazier und Langum 1988, Slovic et al. 1991, Kugo et al. 2005). Auch Di Nucci (2016) weist darauf hin, dass eine Versteifung auf das NIMBY-Phänomen bei der Betrachtung lokalen Widerstands zu kurz greift: *„Wegen der Komplexität und hoher Interdependenzen zwischen den sozialen und technischen Dimensionen des Problems können die negativen (lokalen) Reaktionen zu diesen Prozessen auch nicht despektierlich als NIMBY-Phänomen bezeichnet werden."* (Di Nucci 2016: 137). Bereits in den 1980ern wurde die zentrale Rolle des politischen Konflikts im Endlagerkonflikt betont: *„Policy conflict has been the hallmark of the nuclear waste issue for the past 20 years,"* (Colglazier und Langum 1988: 317). Eine Studie der Proteste um Gorleben nennt traditionelle Werte, die der modernen Gesellschaft zu widersprechen scheinen, als weitere Basis des lokalen Protests. Jegliche Reaktion auf die Endlagerfrage könne als Defensive verstanden werden, d.h. als Versuch, Arbeitsplätze, Umwelt oder Gesundheit zu retten (Blowers und Lowry 1997).

Zur gleichen Zeit finden sich allerdings auch Aussagen, die den Widerstand hauptsächlich als Folge von NIMBY (z.B. Easterling 1992, Schaffer 2011) oder in einem Informationsdefizit der Bevölkerung begründet sehen (Comby 2005). Allerdings bleibt in diesen Studien oft unklar, was die genaue Definition von NIMBY ist (vgl. Zitat von Kraft und Clary 1991 oben). Die Erklärung des Widerstands durch ein Informationsdefizit wird von anderen Autoren als problematisch angesehen. Durant (2006) klassifiziert z.B. den von der kanadischen Nuclear Waste Management Organisation (NWMO) vertretenen Defizitansatz als den Versuch, die Definitionsmacht über die Problemlage zu behalten. Dies bedeute, dass die NWMO versuche, selbst festlegen zu können, welche Wissensbestände zur Diskussion gestellt und welche als gegeben angesehen werden sollten. Aufgrund dieser Verfahrensweise könne die NWMO die Meinung vertreten, dass die technische Lösung des Problems gegeben sei und die Öffentlichkeit dies nur noch akzeptieren müsse.

Dass eine einseitige Problemdefinition durch die Entscheidungsträger zu Konflikten führen kann, wurde in der Einleitung bereits am Terminus des „wicked problem" erläutert. Auch in der Endlagerliteratur finden sich Analysen der Konfliktlage, die dieses Problem ansprechen. Unterschiedliche Problemdefinitionen durch verschiedene Akteure haben zur Folge, dass verschiedene Akteure als legitim und unterschiedliche Argumente als relevant angesehen sowie vorhandene Fakten unterschiedlich interpretiert werden (Lidskog und Litmanen 1997, Bedsworth et al. 2004, Renn 2009). Hier kommt auch wieder die Frage der Ursachen des von Wissenschaft und Politik teilweise als mangelhaft empfundenen Vertrauens der Bevölkerung ins Spiel. Wynne (2006) sieht die Ursache für das mangelnde Vertrauen in eben solchem Verhalten, wie dem der NWMO, begründet.

Ein Beispiel für eine Problemdefinition, die von manchen Akteuren als problematisch angesehen wird, ist die Verknüpfung der Endlagerproblematik mit der Kernenergiefrage. Da der Konflikt um die Kernenergienutzung in verschiedenen Ländern unterschiedlich ist, wird wohl auch die Bedeutung dieser Frage für die Endlagerproblematik sich je nach Land unterscheiden. Im deutschen Fall scheint der Zusammenhang eine wichtige Rolle zu spielen; die Endlagerung wird teilweise als „Achillesferse der Kernenergie" bezeichnet (Tiggemann 2004). Darst (2008) schließt aus Beobachtungen der Endlagerpolitiken in verschiedenen EU-Ländern, dass die Fragen der Kernenergienutzung und der Endlagerung nicht voneinander getrennt werden können. Dies stellen auch Elam et al. (2010) fest, die das schwedische Endlagerprogramm als einen Versuch der Nuklearindustrie deuten, das Kernenergieprogramm zu validieren.

Problematisch an der Trennung der Themen sei, dass „*the politics that resulted from this decoupling implicitly circumscribes public concerns, by converting opposition to political and technical options themselves into a concern about how to manage their consequences*" (Durant 2009a: 914-915). Grunwald (2010a) argumentiert, dass eine Trennung auf politischer Ebene nicht möglich sei, aber eine ethische Reflexion der Endlagerfrage, ohne die Kernenergiefrage mit in Betracht zu ziehen, sowie eine Reflexion über die argumentativen Verbindungen der beiden Fragen für die politische Diskussion durchaus von Nutzen sein könnte. Auch für die Erklärung der individuellen Einstellung zur Endlagerung spielt die Einstellung zur Kernenergie eine Rolle (Sjöberg und Drottz Sjöberg 2009). Die Trennung der beiden Thematiken könnte also den Konflikt auf verschiedenen Ebenen verstärken, da verschiedene Akteure ihn auf verschiedenen Ebenen als untrennbar ansehen.

Ein weiterer Konfliktpunkt ist die Frage der Definition von Fairness. Während für Anwohner ein fairer Prozess zentral ist (Krütli, Flüeler et al. 2010), argumentieren die für die Endlagerung zuständigen Institutionen oftmals aus einer utilitaristischen Perspektive heraus, d.h. dass das Ergebnis den größtmöglichen Nutzen für die Gesellschaft bringen muss (Gerrard 1994). Bedsworth (2004) argumentiert, dass der utilitaristische Ansatz nicht zur Lösung solch komplexer Probleme beitragen könne.

Renn (2009) sieht die Frage der Risikobewertung im Zentrum des Konflikts um die Endlagerung. Die Endlagerfrage sei durch drei Eigenschaften geprägt: Komplexität, Unsicherheit und Ambiguität. Dies führe zu Unterschieden in der Risikowahrnehmung zwischen Laien und Experten, aber auch zu Expertendissens und zu einer Verknüpfung der Endlagerfrage mit übergelagerten Fragen der Richtung, in die sich die Gesellschaft entwickeln soll. Letztendlich ginge es also um die Frage, welche Art von Risiko die Gesellschaft auf sich nehmen wolle. Marti (2016) betont die Notwendigkeit, die Risikoansichten verschiedener kollektiver und Einzel-Akteure zu verstehen, um den Entsorgungskonflikt zu verstehen und ihn bearbeiten zu können.

Viele der weiteren Studien, die sich mit der Endlagerproblematik aus einer Risikoperspektive nähern, versuchen über quantitative Erhebungen die Faktoren herauszufiltern, die den größten Einfluss auf die individuelle Akzeptanz oder Ablehnung eines Endlagers durch die betroffene Bevölkerung haben. Teilweise werden daraus Empfehlungen abgeleitet. Das Vertrauen der lokalen Bevölkerung in zuständige Organisationen und die Wissenschaft als Institution, d.h. nicht einzelne Personen, wurde als sehr relevant identifiziert (Kunreuther et al. 1990, Sjöberg und Dröttz-Sjöberg 2008, Chung und Kim 2009, Kim 2009, Litmanen et al. 2010). Ebenso zentral sind prozedurale Fairness (Chung et al. 2008) und empfundener Antagonismus, d.h. der Eindruck, dass andere Akteure Interessen und Ziele haben, die den eigenen widersprechen (Sjöberg 2008, Sjöberg und Wester-Herber 2008).

Zusammenfassend könnte man mit Lidskog und Litmanen (1997) argumentieren, dass lokaler Protest auf einem Zusammenspiel von generellen, d.h. gesellschaftlichen, und spezifisch lokalen Faktoren beruht. Da eine solch breite Konfliktanalyse aber schwer analytisch zu durchdringen ist und der Fokus dieser Arbeit auf Deliberation liegt, wird hier die Feststellung vieler Autoren, dass die Vielzahl der möglichen Konzeptualisierungen und Rahmungen des Problemgegenstands konfliktfördernd ist, ins Zentrum der Betrachtung gerückt. Wie eingangs bereits argumentiert, ist es eine zentrale Eigenschaft von „wicked problems", dass keine Einigung über die Problemdefinition erlangt werden kann. Dies stellt eine Herausforderung für die Governance der Endlagerproblematik dar.

2.2.3   Zwischenfazit

Die sozialwissenschaftliche Debatte um die Endlagerung ist vielfältig und die Ausgestaltung von Endlagerpolitiken stark von nationalen Kontextstrukturen abhängig. Trotzdem zeigt sich in der Literatur, dass die Endlagerpolitiken verschiedener Länder mit sehr ähnlichen Problemlagen behaftet sind. Ein Top-down-Ansatz, der mit einseitigen Problemdefinitionen verbunden ist, hat in vielen Ländern zu Protesten geführt. In vielen Ländern gab es Ansätze der Bürgerbeteiligung, die zu einer Öffnung des Entscheidungsfindungsprozesses für neue Problemdefinitionen führen sollten. Diese sind jedoch häufig insofern gescheitert, als dass die Definitionsmacht bei den Abfallmanagementorganisationen verblieb. Damit wurden die Beteiligungsverfahren zur Legitimierung bestehender Politiken missbraucht. Entscheidungen über den Umgang mit Unsicherheit und Nichtwissen werden nicht durch einen gesellschaftlichen Dialog vorbereitet oder sogar getroffen, sondern verbleiben im Bereich der etablierten Entscheidungsträger. Als Anforderungen an Endlager-Governance werden insbesondere Transparenz, Bürgerbeteiligung, ein faires, schrittweises Verfahren und Mechanismen der Bearbeitung von Konflikt und Dissens diskutiert.

Inwiefern in Deutschland und der Schweiz Momente echter Deliberation bestehen, welche Funktion Bürgerbeteiligung in diesen Ländern übernehmen soll und real übernimmt und welche Auswirkungen dies auf die Endlagerpolitik hat, ist in der Literatur noch nicht beantwortet.

2.3   Fazit

Die wissenschaftliche Debatte über die Entsorgungsfrage ist vielfältig. Neben den Technik- und Naturwissenschaften befassen sich auch Sozial- und Geisteswissenschaften mit ihr. Viele der Themen, die im gesellschaftlichen Konflikt diskutiert werden, ergeben sich aus der Komplexität der Entsorgungsproblematik. Komplex ist sie einerseits, weil Fragestellungen, wie „wie sicher ist sicher genug" nicht rein wissenschaftlich beantwortet werden können und in der Gesellschaft verschiedene Interessen und Problemwahrnehmungen existieren, welche die Debatte beeinflussen. Der Endlagerkonflikt kann also nicht rein wissenschaftlich bearbeitet werden. Genauso wenig kann er rein politisch bearbeitet werden, denn bei der Entsorgung handelt es sich um ein Vorhaben, für das komplexes Fachwissen verschiedener Disziplinen benötigt wird. Über die letzten Jahrzehnte hat sich zur Bearbeitung des Problems der Endlagerung wärmeentwickelnder Abfälle ein komplexes Regime gebildet, d.h. ein komplexes Institutionengeflecht, welches sich mit der Regulierung befasst. Auf politischer Seite besteht dieses aus sehr spezifischen, nationalen institutionellen Konstrukten, die der Überwachung und Implementierung dienen sollen und die in einen Diskurs in internationalen Organisationen, in denen ein Austausch über das „Wie" stattfindet, und durch die EU in verbindlich vorgegebene Rahmenbedingungen eingebunden sind.[28]

Die internationalen Organisationen sind wiederum Teil einer wissenschaftlichen Debatte um „gute Auswahlverfahren". Bürgerbeteiligung, Transparenz, ein offenes, schrittweises Vorgehen und Fairness sind die zentralen normativen Forderungen, die sich auch aus Beobachtungen konfliktfördernder Faktoren in verschiedenen Ländern ableiten. An der Umsetzung in den Ländern, die ein geologisches Tiefenlager bauen wollen, scheint es aber selbst in den vielfach zitierten Positivbeispielen noch stark zu mangeln. Der Fall in Deutschland scheint da klar zu sein: Bürgerbeteiligung existiert nicht. In der Schweiz scheint es dagegen gut zu laufen seit der Neuorientierung der Endlagerpolitik.

Die Frage nach dem komplexen Zusammenwirken von Akteuren in Regulierungsstrukturen in Deutschland und der Schweiz, wie sie in dieser Arbeit gestellt wird, wurde in der bestehenden Literatur noch nicht bearbeitet. Angesichts des Literaturstands ist es interessant, explorativ zu erfassen, ob nicht doch auch jenseits der optimistischen Evaluierungen in „grauer Literatur", die Betreiberorganisationen und klassischen politischen Akteuren nahe steht, und den pessimistischen sozialwissenschaftlichen Analysen nationaler Endlagerpolitiken Hinweise auf Veränderungen durch Deliberation festgestellt werden können. Dies könnten z.B. Momente der Deliberation und der Bearbeitung der soziotechnischen Problemlage im Makrodiskurs sein, d.h. Momente der Anerkennung, dass die Endlagertechnik nicht von der Gesellschaft isoliert betrachtet werden kann, oder auch Debatten unter politischen Entscheidungsträgern, in denen diese sich auf Ergebnisse von Bürgerbeteiligung beziehen (Hocke-Bergler et al. 2003: 182).

---

28 Im Jahr 2011 verabschiedete der Rat der EU die „Richtlinie 2011/70/Euratom (…) über einen Gemeinschaftsrahmen für die verantwortungsvolle und sichere Entsorgung abgebrannter Brennelemente und radioaktiver Abfälle". Damit wurde sie erstmals in verbindlicher Weise im Gebiet der Endlagersuche aktiv. Laut Richtlinie müssen alle Mitgliedsstaaten ein eindeutig definiertes Entsorgungsprogramm aufstellen. Die nationalen Konstrukte in Deutschland und der Schweiz werden in Kapitel 6.1 und 7.1 vorgestellt.

3.   Theoretisch-konzeptioneller Ansatz

Eingangs wurden als Forschungsfrage zwei grundlegende Fragen formuliert. Erstens, welche Effekte die Umsetzung mikro-deliberativer Ereignisse auf die Endlagerpolitiken Deutschlands und der Schweiz im Sinne eines Wandels hin zu deliberativer Endlager-Governance hat. Die zweite Frage bezieht sich auf die hemmenden und fördernden Faktoren für einen Wandel hin zu deliberativer Endlager-Governance.

Die erste Frage nach dem Wandel erfordert eine Definition dessen, wohin der Wandel potentiell geht (deliberative Endlager-Governance) sowie des „Gegenpols", vom dem der Wandel sich potentiell wegbewegt (Endlager-Management). Diese werden im Folgenden definiert. Die Frage nach den hemmenden und fördernden Faktoren wird in der theoriebasierten Analyse vor allem darauf bezogen, ob prä-deliberative Anforderungen erfüllt sind oder nicht (Grunwald 2010a).[29] Weiterhin werden Faktoren einbezogen, die in den Interviews oder in den Medien direkt als hemmender oder fördernder Faktor für einen Wandel genannt werden.

---

29   Dabei handelt es sich um: „1) Die Disposition, dass Konflikte überhaupt argumentativ bewältigt werden sollen; 2) eine gewisse Gelingenszuversicht, dass eine diskursive Herangehensweise nicht ohne Erfolgsaussicht ist; 3) die Bereitschaft der Teilnehmer zur Anerkennung besserer Argumente, auch wenn sie die bisherige eigene Position gefährden; 4) gemeinsame Begriffe und grundlegende Unterscheidungen; 5) anerkannte Qualitätskriterien für Argumente und Vereinbarungen, welche Argumentationstypen zugelassen oder ausgeschlossen sind; 6) die faktische Anerkennung von Regeln der Kommunikation, die die Maßstäbe und Verfahren des Diskurses festlegen, (…); 7) eine gemeinsame Problemdefinition, die auch substanzielle Aspekte des jeweiligen Situationsverständnisses umfasst, z. B. bestimmte Vorverständigungen über inhaltliche Ausrichtungen" (Grunwald 2010a: 82).

3.1   Ansätze zur Bearbeitung des Endlagerkonflikts

Wie die Darstellungen der deutschen und der Schweizer Endlagerpolitik in Kapitel 5 zeigen, versuchen verschiedene Länder den Endlagerkonflikt auf verschiedene Arten zu bearbeiten. Doch auch wenn sich diese Ansätze in ihren Details von Land zu Land unterscheiden, können zwei idealtypische Formen beobachtet werden. Erstens, ein stark administrativ orientierter Ansatz, bei dem versucht wird, den Endlagerkonflikt mit Hilfe etablierter Behördenvorgänge zu bearbeiten. Dieser wird im Folgenden „Endlager-Management" genannt. Zweitens, ein an Ideen von Bürgerbeteiligung und deliberativer Demokratie ausgerichteter Ansatz, welcher im Folgenden als „deliberative Endlager-Governance" bezeichnet wird. Diese beiden Idealtypen unterscheiden sich in ihrem Verständnis von Regieren und damit zusammenhängend auch in ihrem Verständnis von Konflikten, da Regierungshandeln in diesem Kontext der Konfliktbearbeitung in Gesellschaften dient. Es kann davon ausgegangen werden, dass die meisten Länder zunächst einen Endlager-Management-Ansatz verfolgten. In der Literatur wird aber teilweise argumentiert, dass es ein Abrücken von diesem Ansatz hin zu deliberativer Endlager-Governance gibt (z.B. Bergmans et al. 2008), bzw. dass dieses die einzige Möglichkeit wäre, die Entscheidungsblockade in der Endlagerpolitik zu lösen (Hocke und Renn 2009, Brunnengräber 2015). Die Governance-Literatur spricht dabei von einer Öffnung der politischen Entscheidungsfindung für nicht-staatliche kollektive Akteure. Die Frage ist, ob diese Öffnung in der Tat auch in der Endlagerpolitik stattfindet und wie sie gestaltet ist.

In dieser Arbeit werden die beiden idealtypischen Formen dafür verwendet, die Effekte mikro-deliberativer Ereignisse zu analysieren. Von Effekten wird ausgegangen, wenn eine Bewegung hin zu deliberativer Endlager-Governance, die im Zusammenhang mit den Ereignissen steht, beobachtet werden kann. Dieser Wandel kann sich auch nur auf Einzelaspekte beziehen, d.h. muss nicht umfassend sein. Neben den beiden Idealtypen kann es also eine Vielzahl an Zwischenformen geben. Dies beinhaltet auch die Frage, inwiefern ein Wandel in der Qualität des öffentlichen Konflikts hin zu einer Auseinandersetzung nach deliberativen Grundsätzen beobachtet werden kann. Die beiden idealtypischen Governance-Formen werden im Folgenden vorgestellt nachdem eine Einordnung des Governance-Begriffs für diese Arbeit vorgenommen wurde.

3.1.1 Governance

Wie bereits die hier vorgeschlagene Unterscheidung zwischen Endlager-Management und deliberativer Endlager-Governance andeutet, können Probleme in Staaten auf unterschiedliche Arten bearbeitet werden. Die institutionelle Ausgestaltung dieser Problembearbeitungsmechanismen wird in der Literatur unter anderem unter dem Begriff „Governance" diskutiert. Versteht man den Governance-Begriff in diesem Sinne, kann er zur Beschreibung von Regierungshandeln sowohl in der deliberativen Endlager-Governance als auch im Endlager-Management herangezogen werden.

Die bestehende Literatur, die sich explizit mit Endlager-Governance beschäftigt, vertritt eine Auffassung von Governance, bei der die normative Forderung nach Partizipation im Mittelpunkt steht. Normative Forderungen, wie sie von der Weltbank und auch der EU in ihren Governance-Definitionen formuliert werden, können als Hintergrund für die im Endlagerkonflikt von verschiedenen kollektiven Akteuren geforderte und von den politischen Entscheidungsträgern teilweise angestrebte und punktuell realisierte Umsetzung partizipativer Verfahren verstanden werden. Vertiefende Überlegungen zur Bedeutung des Begriffs, wie beispielsweise Überlegungen zur Einbettung partizipativer Elemente in den bestehenden Problembearbeitungsprozess, deren Rolle in und Bedeutung für die Problembearbeitung sowie mögliche Konsequenzen eines solchen Ansatzes sind aber nicht zu finden.[30]

Effizienz-orientierte Governance-Netzwerke

In der wissenschaftlichen Governance-Literatur wird der Governance-Begriff meist im Zusammenhang mit den Feldern politischer Regulierungsaktivität verwendet, in denen es um die Bereitstellung institutioneller Dienstleistungen geht,

---

30 Der Governance-Begriff wird im Zusammenhang mit der Endlagerproblematik verstärkt in Berichten aus EU-finanzierten Projekten verwendet. Er wird selten in Bezug auf Literatur definiert. Er wird immer dann verwendet, wenn von einer verstärkten Einbindung der Bevölkerung durch partizipative Ansätze, egal welcher Art, die Rede ist. Im abschließenden Bericht des "European Community Waste Management Project" wird Governance beispielsweise als normatives Konzept neben Menschenrechten, Inklusion und Gerechtigkeit aufgelistet (COWAM 2007). Dieses Verständnis von Governance hat seinen Ursprung in der politisch geprägten Debatte um "Good Governance" als normatives Konzept, das stark von der Weltbank als internationalem Akteur geprägt wurde. Die in diesem Kontext oft stattfindende Reduzierung von Konzepten auf Indikatoren, anhand derer die Performanz von Staaten gemessen wird, führt leicht zu einem unterkomplexen Verständnis von Regieren, in dem es auf ein reines „Abhaken" der einzelnen Kriterien reduziert wird (Czada 2004).

insbesondere im sozialen und wirtschaftlichen Bereich (Mayntz 2004, Haus 2010). Governance wird als Sonderform von Regulierung angesehen, in der nicht-staatliche kollektive Akteure eine wichtige Rolle in der Produktion öffentlicher Güter spielen (Mayntz 2004, Grande 2012). Mayntz (2009) sieht in Governance auch einen Weg der Problembearbeitung. Governance-Forschung beschäftigt sich phänomenologisch mit Steuerungs- und Koordinationsformen, die in Verbindung von Staat, Markt, etc. gebildet werden und unterschiedliche Formen (Hierarchie, Verhandlung, etc.) annehmen können (Benz 2004: 26-27). Ein zentrales Merkmal ist die *„Betonung nicht-hierarchischer Formen der Produktion öffentlicher Güter"* (Grande 2012: 566). Der Fokus liegt auf einer Steigerung der Effizienz in der Bereitstellung von Dienstleistungen oder in der Problembearbeitung, um so zu einer erhöhten sozialen Integration beizutragen. Das Konfliktpotential in funktional differenzierten Gesellschaften soll auf diesem Weg gesenkt werden (Lange und Schimank 2004, Haus 2010).

Die Ausgestaltung der Netzwerke hängt damit zusammen, wie die zugrunde liegenden Konflikte gestaltet sind und definiert werden.

> *„Wenn politische Absichten, Ziele und Präferenzen in einem Governance-Prozess selbst erst gebildet und konkretisiert werden, dann muss davon ausgegangen werden, dass der Verlauf und das Ergebnis dieses Prozesses ganz entscheidend von der Struktur, Intensität, Reichweite und Dynamik der ihm zugrunde liegenden politischen Konflikte geprägt werden"* (Grande 2012: 584).

Es handelt sich bei Governance damit um ein analytisches Konstrukt, um eine Verlagerung von Regieren durch Regierung hin zu einem Regieren in Netzwerken zu analysieren. Es ist damit vielversprechend für die Analyse von Öffnungen auf horizontaler Ebene, d.h. ob und wie nicht-staatliche, nicht-etablierte kollektive Akteure in die politische Entscheidungsfindung einbezogen werden.[31] Zu-

---

31 Ebenso als Governance bezeichnet werden in der Literatur Öffnungen auf vertikaler Ebene, d.h. Regieren in Netzwerken zwischen politischen kollektiven Akteuren beispielsweise auf Länder-, Bund- und suprastaatlicher (z.B. Europäische Union) Ebene. Regieren in vertikalen Netzwerken wird als „Multi-level-Governance" bezeichnet (z.B. Brunnengräber et al. 2012). Diese Art von Governance steht in dieser Arbeit nicht im Fokus, da deliberative Endlager-Governance sich insbesondere durch ein Einbeziehen von nicht-staatlichen kollektiven und Einzel-Akteuren in die Endlagerpolitik auszeichnet, die auf Bundesebene stattfindet. Die nicht-staatlichen kollektiven und Einzel-Akteure können aber durchaus auf unterschiedlichen Ebenen angesiedelt sein.

nehmende Interdependenzen zwischen gesellschaftlichen Teilsystemen, Regierungsebenen und Politikfeldern und die dadurch wachsende Komplexität, in deren Kontext politische Entscheidungen getroffen werden, werden als Ursache des Einbezugs nicht-staatlicher kollektiver Akteure auf nicht-hierarchische Art genannt (Grande 2012).

Das Konzept "Technology Governance" folgt diesem Governance-Verständnis und steht für die Regulierung und Koordination des Einsatzes von Technologien in der Gesellschaft. *„Im Zentrum von Technology Governance (TG) stehen daher einerseits Institutionen und Akteure sowie andererseits Probleme, die bei der Entwicklung, Anwendung und Entsorgung technischer Artefakte (technischer Systeme) entstehen"* (Simonis 2013: 161). TG ist meist durch komplexe Interaktionen verschiedener kollektiver Akteure aus verschiedenen Sektoren wie beispielsweise dem Wirtschafts-, öffentlichen und Gesundheitssektor geprägt. Simonis definiert sie damit über den Gegenstand, mit dem die Institutionen und kollektiven Akteure sich befassen und nicht über die Ausgestaltung der Befassung. Er unterscheidet zwischen einem weiteren Begriff, der unter TG das Zusammenwirken verschiedener kollektiver Akteure zum Zweck der Einführung und Umsetzung von Technologien versteht, und einem engeren Begriff, der sich auf eine Analyse des Einflusses von Staatshandeln beschränkt. Für eine Analyse, ob eine horizontale Öffnung in der Endlagerpolitik stattfindet, wird die weitere Definition von TG benötigt.

Damit stehen *„Formen des Verhandelns & Argumentierens zwischen Staat und steuerungsrelevanten Akteuren"* (Haus 2010: 162-163) im Fokus der Analyse von Governance-Formen in dieser Perspektive. Sie kann als *„kooperativ-ergebnisorientierte"* Perspektive bezeichnet werden (Haus 2010: 162-163). Sie befasst sich mit funktionalen Änderungen in der Zusammenarbeit von kollektiven und Einzel-Akteuren mit dem Ziel einer effizienten Entscheidung. Dazu gehören sowohl offizielle Komponenten, die durch Gesetze, Richtlinien o.ä. eingeführt sind, sowie inoffizielle Komponenten, wie Beratungsgremien, Lobbyismus oder persönliche Arbeitskontexte. Ein Beispiel für eine solche Änderung wäre die Gründung eines neuen Beratungsgremiums, in dem nicht-staatliche kollektive Akteure Mitglieder sind, mit dem Ziel eines effizienten Interessenausgleichs. Diese Governance-Perspektive, die nach den Formen der Zusammenarbeit fragt, welche einen effizienten Output versprechen, liegt auf einer funktionalen Ebene. In dieser Perspektive wird nicht nach der Qualität der Zusammenarbeit gefragt und keine normativen Forderungen bezüglich der beteiligten Personen aufgestellt. Die Ebene der Qualität der Zusammenarbeit und der Pluralität der einbezogenen Personen kommt durch die von Haus als *„herrschafts-technologische"* Perspektive benannte in den Fokus der Analyse (Haus 2010: 162-163). Haus bezieht diese nur auf Pluralität im Diskurs. Da Governance in der hier vorgenommenen Definition aber eine Öffnung für nicht-staatliche Akteure in horizontaler Ebene beinhaltet, gilt die Pluralismus-Frage auch für die funktionale Ausgestaltung von Netzwerken. Dies bedeutet, dass nicht nur nach der Effizienz von Netzwerken gefragt wird, sondern auch nach der Pluralität der in die Netzwerke eingebundenen kollektiven Akteure. Als Kriterien für die Beschreibung der beiden Idealtypen ergeben sich aus dieser Perspektive der Modus der Konfliktbearbeitung und dessen Effizienz, die formellen und informellen Komponenten der Netzwerke für die Bereitstellung einer Lösung für die Entsorgungsfrage und deren Effizienz sowie die Pluralität der beteiligten kollektiven Akteure.

Governance als Neuverhandlung der Rahmenbedingungen von Regieren

Eine rein Output-orientierte Perspektive von Governance ist nicht hinreichend, um zwischen Endlager-Management und deliberativer Endlager-Governance zu unterscheiden, da nicht gefragt wird, wer die Kriterien für einen guten Output aufstellt und wer die Regeln für die Interaktionen (Input-Legitimität) festlegt.[32] Es wird davon ausgegangen, dass die Antworten auf diese Fragen im Endlager-Management systematisch anders sind als in der Endlager-Governance. Weiterhin handelt es sich bei der in dieser Arbeit vorgenommenen empirischen Analyse von Kooperation und Koordination im Hinblick auf politische Entscheidungen über den Umgang mit hochradioaktiven Abfällen um eine Governance-Analyse, bei der davon ausgegangen wird, dass es empirisch zu beobachtende, strukturelle gesellschaftliche Veränderungen und damit *„veränderte Bedingungen des Regierens in modernen Gegenwartsgesellschaften"* gibt (Grande 2012: 571). Dies bedeutet, dass durch einen Wandel hin zu deliberativer Endlager-Governance die Bedingungen von Regieren, wie z.B. Input- und Output-Legitimität, neu gesellschaftlich ausgehandelt werden. Versteht man Governance als Konzept für die Analyse empirisch beobachtbarer struktureller Änderungen in der Gesellschaft,

---

32   Scharpf (1999: 6) unterscheidet zwischen zwei Arten von Legitimität: "Input-oriented demo-cratic thought emphasizes 'government by the people'. Political choices are legitimate if and because they reflect the 'will of the people' – that is, if they can be derived from the authentic preferences of the members of a community. By contrast, the output perspective emphasizes 'government for the people'. Here, political choices are legitimate if and because they effectively promote the common welfare of the constituency in question."

muss damit von dem alleinigen Effizienzfokus abgerückt werden (Haus 2010, Grande 2012). Mayntz (2004: 75) bemängelt insbesondere eine Blindheit gegenüber Machtinteressen in den effizienzorientierten Governance-Ansätzen. Die bloße Fokussierung auf Output-Legitimität vernachlässigt die Frage nach dem Input und kann dazu führen, dass politische Prozesse durch das reine Suchen nach der effizientesten Lösung ersetzt werden. Effizienz als einziges Kriterium führt zu einer Eliminierung politischer Debatten und damit einer De-Politisierung vormals politischer Prozesse (Haus 2010).

Input- und Output-Legitimität sind nicht gänzlich unabhängig voneinander zu betrachten. Haus (2010) argumentiert, dass der De-Politisierung entgegengewirkt werden kann, indem Governance-Arrangements nicht nur nach deren Output-Legitimität bemessen werden, sondern wenn *„Regierung als Praxis verstanden wird, die von einem zirkulären Zusammenhang von Erwartungen und Leistungen geprägt ist und davon ausgehend von Erwartungserwartungen"* (Haus 2010: 160). Dies bedeutet, dass nicht nur die Effizienz der Steuerung im Fokus der Analyse steht, sondern dass durch Regieren auch Erwartungen an diese Steuerung strukturiert werden, die von der Gesellschaft reflektiert und an die Regierung zurückgespielt werden, die daraufhin auch ihre Regulierungsstrategien anpassen kann. Auch Grande (2012) plädiert für ein Governance-Verständnis, in dem der Fokus nicht auf vorab definierten Erfolgskriterien liegt, sondern in dem Ziele erst während des Prozesses laufend festgelegt werden. Der Erfolg von Governance läge damit nicht in der Erreichung eines Ziels (hier: Bau eines Endlagers), sondern auch in der *„Akzeptanz der Folgen von Governance-Regimen durch die beteiligten und betroffenen Akteure"* (Grande 2012: 584, Hervorhebung im Original). Der Bau des Endlagers muss demnach auch von den beteiligten und betroffenen kollektiven und Einzel-Akteuren als legitim angesehen werden.

Eine Analyse von Input- und Output-Legitimität zusätzlich zur funktionalistischen Netzwerk-Analyse ist für eine Unterscheidung verschiedener Problembearbeitungsmechanismen hilfreich, da dadurch verschiedene Phasen der Entscheidungsfindung (Entscheidungsvorbereitung und -umsetzung) sowie verschiedene Funktionen (Gewährleistung von Effizienz, aber auch von gesellschaftlicher Integration) aufgegriffen werden, die auch in der Endlagerpolitik eine Rolle spielen. Dabei handelt es sich laut Haus (2010) um eine zweite Perspektive in der Analyse von Governance. Diese kann als *„konsensual-kulturell"* bezeichnet werden und beschäftigt sich mit *„Praktiken der Neuinterpretation und Reartikulation institutioneller Leitideen von Staat und Gesellschaft."* (Haus 2010: 162), d.h. es steht die Frage dahinter, inwiefern über Input- und Output-Legitimität der Endlagerpolitik diskutiert wird. Die Endlagerfrage ist ein „wicked problem", was bedeutet, dass unterschiedliche kollektive und Einzel-Akteure unterschiedliche Problemdefinitionen haben. Unterschiedliche Problemdefinitionen führen auch zu einem unterschiedlichen Konfliktverständnis. Wer als Problem eine ungerechte Lastenverteilung sieht, wird als Grund für den Konflikt einen mangelnden Interessenausgleich sehen. Wer als Problem ein fehlendes Mitspracherecht der Bevölkerung an einem potentiellen Standort sieht, wird als Grund für den Konflikt eine mangelnde Anerkennung im Bereich des Rechts sehen (vgl. Honneth 1992). Aus diesen unterschiedlichen Konfliktverständnissen ergeben sich folglich auch unterschiedliche Anforderungen an Input-Legitimität. Endlager-Management und deliberative Endlager-Governance stehen damit nicht nur für ein unterschiedliches Verständnis von Regieren, sondern auch für unterschiedliche Konfliktverständnisse.

Für das Herausarbeiten der Unterschiede zwischen Endlager-Management und deliberativer Endlager-Governance bedarf es neben der alleinigen Frage, ob eine Debatte über Input- und Output-Legitimität stattfindet, auch die Frage, wer daran beteiligt ist. In der *„herrschafts-technologischen"* Perspektive wird dies thematisiert (Haus 2010: 162-163). Sie fokussiert in diesem Kontext auf den Umgang mit Dissens und Pluralität. Normativ werden ein *„Diskurspluralismus"* und eine *„Öffnung von Herrschaftsverhältnissen durch konkurrierende Netzwerke"* gefordert (Haus 2010: 162-163). Im analytischen Fokus stehen damit die Pluralität der Argumente und der kollektiven Akteure im Diskurs um Input- und Output-Legitimität. Die Frage der Input-Legitimität beinhaltet auch die Frage nach der Möglichkeit für verschiedene kollektive Akteure, sich an der Konzipierung alternativer Governance-Netzwerke zu beteiligen (Haus 2010: 162-163). Die Frage nach der Output-Legitimität beinhaltet die Frage, inwiefern verschiedene kollektive Akteure mit ihrer Problemdefinition im Diskurs sichtbar sind.

Die Frage nach dem qualitativen „Wie"

Die qualitative Frage nach dem „Wie" wird in dieser Arbeit in Bezug auf den Diskurs gestellt. Es wird also gefragt, wie die kollektiven und Einzel-Akteure miteinander kommunizieren. Nicht im Fokus der Arbeit stehen klassische Qualitätskriterien für Bürgerbeteiligung.[33] Ein Hauptunterschied zwischen Endlager-

---

33 Die Literatur zur Qualität von Beteiligungsprozessen ist recht umfangreich, bezieht sich aber hauptsächlich auf Qualitätskriterien für die Gestaltung einzelner Ereignisse, wie z.B. eines Bürgerforums oder einer Bürgerkonferenz (stellvertretend für viele: Steyaert und Lisoir 2005).

Management und deliberativer Endlager-Governance liegt in der Art, wie politische Entscheidungen ausgehandelt werden. Während im Endlager-Management Top-down-Entscheide Normalität sind, werden in der deliberativen Endlager-Governance Entscheidungen deliberativ vorbereitet. Um einen möglichen Wandel analytisch bearbeiten zu können, bedarf es einer Definition des Deliberationsbegriffs. Ein nicht-stattfindender Wandel wird über die Abwesenheit von Deliberation definiert.

Das Wort „Deliberation" stammt vom Lateinischen „deliberare" ab, welches sich mit „erwägen", „beratschlagen" oder „bedenken" übersetzen lässt. Es wird im Deutschen oft mit „verhandeln" gleichgesetzt, steht aber nicht für ein Verhandeln im Sinne einer Verhandlungsdemokratie, d.h. einem Aushandeln von Kompromissen („Gibst Du mir, so geb ich Dir"). Wie „erwägen" und „bedenken" bereits andeuten, steht der Deliberationsbegriff vereinfacht gesagt für ein Offenlegen von und Auseinandersetzen mit den Werten und Argumenten verschiedener Akteure, also einem Dialog, in dem der *„zwanglose Zwang des besseren Arguments"* gilt (Habermas 2004).

Die Aussagen einer einzelnen Person oder eines einzelnen Akteurs müssen in einem deliberativen Austausch für alle anderen Beteiligten nachvollziehbar formuliert werden, sodass ein gemeinsames Bild der Welt geschaffen werden kann. Diesen Prozess bezeichnet Habermas als „kommunikative Rationalität".

> *„Allein das kommunikative Handlungsmodell setzt Sprache als ein Medium unverkürzter Verständigung voraus, wobei sich Sprecher und Hörer aus dem Horizont ihrer vorinterpretierten Lebenswelt gleichzeitig auf etwas in der objektiven, sozialen und subjektiven Welt beziehen, um gemeinsame Situationsdefinitionen auszuhandeln"* (Habermas 1988: 142).

Aussagen, die diese Bedingung (Bezug auf objektive, soziale und subjektive Welt) erfüllen, gelten laut Habermas als rational. Der Bezug auf die drei Welten bedeutet, dass eine Aussage wahr sein muss, normativ richtig und wahrhaftig, also so gemeint wie geäußert (Habermas 1988: 149). Dieser dreifache Bezug mache Aussagen intersubjektiv nachvollziehbar begründet und damit kritisierbar. Da nicht jede Aussage, die diesen Ansprüchen folgt, auch von allen Zuhörern als richtig anerkannt wird, entstünden Diskurse (Habermas 1988: 39). Diskurse, in denen sich die Teilnehmer den Anspruch dieser dreifachen Rationalität aneignen, werden als Deliberation bezeichnet.

Solche Diskurse können allerdings zwar normativ-theoretisch eingefordert werden, sind aber empirisch nicht beobachtbar. Einige Autoren plädieren deshalb dafür, in der empirischen Beobachtung offener mit dem Deliberationsbegriff umzugehen und andere Arten von Aussagen, wie rhetorische, emotionale oder narrative, zuzulassen. Dryzek (2011: 73-74) argumentiert, dass diese Art von Argumenten bei aller Gefahr für die deliberative Auseinandersetzung dann notwendig seien, wenn Deliberation innerhalb eines repräsentativen demokratischen Systems stattfände, da durch Rhetorik bestimmte Argumente hervorgehoben und damit für die repräsentativen Entscheidungsträger besser sichtbar gemacht werden könnten. *„Bridging rhetoric"* ermöglicht laut Dryzek Vertretern einer bestimmten Lesart der Welt (Vertreter eines Diskurses bei Dryzek), diese für Vertreter anderer Lesarten verständlich zu machen. Sie ist seiner Ansicht nach in deliberativen Diskursen erlaubt. *„Bonding rhetoric"* dagegen richtet sich an Vertreter der eigenen Lesart und ist durch ihre aufwiegelnde Art in deliberativen Diskursen unerwünscht. Dies gilt dann, wenn die deliberativen Diskurse der Konfliktbearbeitung zwischen bereits bestehenden, starken Gruppen mit unterschiedlichen Weltsichten dienen (Dryzek 2011: 76-82).

Verschiedene Autoren betonen, dass auch narrative Aussagen, wie das Erzählen von persönlichen Erfahrungen, einen deliberativen Diskurs fördern können. Polletta und Lee (2006: 718) beispielsweise sehen das Potential des Narrativen vor allem in der Fähigkeit, *„ (...) to secure a sympathetic hearing for positions unlikely to gain such a hearing otherwise. It is also well equipped to convey the bias in ostensibly universal principles and to represent new interests and identities"*. Ebenso wie für rhetorische Aussagen gilt aber auch hier, dass das Erzählen von Geschichten auch negative Auswirkungen haben kann, wenn sie zu manipulativen Zwecken verwendet werden (Steiner 2012: 86). Diese Arten von nicht klassisch-deliberativer Kommunikation dienen einer Stärkung von Außenseiter-Positionen.

Im Endlagerkonflikt stehen sich kollektive Akteure mit starker innerer Kohärenz in der Weltsicht gegenüber, die unfähig scheinen, sich mit den jeweils anderen kollektiven Akteuren auszutauschen. Außenseiterpositionen, die sich mit sozialen Fragen befassen oder auf persönlichen Erfahrungen basieren, finden im Endlager-Management oft schwer einen Zugang zum Diskurs. In einem solchen Umfeld erscheint es sinnvoll, Deliberation nicht mit Habermas auf rationale Argumente und Allgemeinwohlbezüge zu beschränken, sondern auch solche Aussagen als Teil eines deliberativen Diskurses zu sehen, die zu einem besseren Verständnis der Position eines anderen kollektiven Akteurs führen und dazu beitragen, eine Situation zu schaffen, in der auch kollektive Akteure mit Außenseiterpositionen, die bisher eingeschränkten Zugang zum Diskurs haben, angehört werden.[34]

Eine Orientierung an deliberativen Kriterien ist gleichzeitig Voraussetzung und Indiz für einen Wandel hin zu deliberativer Endlager-Governance. Grunwald (2010a) argumentiert, dass bestimmte „prä-deliberative" Anforderungen erfüllt sein müssen, bevor es zu einer deliberativen Konfliktbearbeitung kommen kann (s. Fn. 25). Niemeyer und Dryzek (2007) meinen, dass eine Einigung über diese Anforderungen schon als ein Ergebnis von Deliberation angesehen werden kann.

Auch wenn der „zwanglose Zwang des besseren Arguments" einem Diskurs zugrunde liegt, kann nicht davon ausgegangen werden kann, dass man zu einem Punkt kommen wird, an dem alle Akteure in allen Aspekten die gleiche Weltsicht haben, bzw. sich angemessen anerkannt und ihre Interessen vertreten sehen (Habermas 1988: 150). Konsensus als Ziel von Deliberation kann dieser Argumentation folgend zwar theoretisch, nicht aber empirisch erwartet werden. Als empirisch beobachtbares Ziel schlagen Niemeyer und Dryzek (2007: 500) stattdessen Meta-Konsensus, *„or agreement about the nature of the issue at hand, not necessarily on the actual outcome"* vor, also Konsens über die Problemdefinition, sowie intersubjektive Rationalität. Letzteres bedeutet, dass *"individuals who agree on preferences also concur on the relevant reasons, and vice versa for disagreement"*, d.h. eine Anerkennung der jeweils anderen Position als gültig und nachvollziehbar (Niemeyer und Dryzek 2007: 500). Eine einheitliche Problemdefinition und Einigkeit über angemessene Begründungen für Positionen können also als Ziel von Deliberation gesehen werden, aber auch als erster Zwischenschritt auf dem Weg zu einer deliberativen Problembearbeitung, die auch eine kontinuierlich auszuhandelnde Einigkeit über ein richtiges Vorgehen beinhalten kann. Diese beiden Ebenen werden sich in der empirischen Beobachtung vermischen und nicht eindeutig trennbar sein. Die Erfüllung der prädeliberativen Anforderungen wird als fördernder Faktor für einen Wandel interpretiert, deren Fehlen als hemmender Faktor.

---

34 In der Literatur ist eine Vielzahl an Kontroversen zu finden, die sich auf die genaue Bedeutung des Deliberationsbegriffs beziehen. Für eine Übersicht über diese Debatten siehe z.B. Steiner (2012). Für die empirische Analyse in der hier vorliegenden Arbeit ist wichtig, dass generell ein relativ offener Deliberationsbegriff verwendet wird, der weniger für eine quantitative Bestimmung des Grades von Deliberation in einem bestimmten Diskurs geeignet ist (Webler 1995, Steenbergen et al. 2003), sondern für eine qualitative Charakterisierung einer öffentlichen Debatte.

Kriterien für die Analyse von Veränderungen

Zusammenfassend wird den Analysen in dieser Arbeit ein Governance-Verständnis zugrunde gelegt, das fünf Kriterien umfasst. Diese sind in Tabelle 1 dargestellt. Die Kriterien beinhalten jeweils mehrere Teilkriterien, in denen sich Endlager-Management und deliberative Endlager-Governance unterscheiden. Diese liegen teilweise auf Handlungsebene und teilweise auf Diskursebene. Im Folgenden werden die beiden Idealtypen anhand der Kriterien aus Tabelle 1 vorgestellt.

Tabelle 1 Kriterien für die Analyse von Governance

Kriterium	Teilkriterien
Form des Governance-Netzwerks	Gesetzgebung (formelle Strukturen) Beratungskontexte (informelle Strukturen)
Pluralität	Pluralität in den formellen und informellen Strukturen Pluralität im Diskurs Pluralität in der Problemdefinition
Input-Legitimität	Debatte über Input-Legitimität Definition alternativer Governance-Netzwerke Problemdefinition (Konfliktverständnis)
Output-Legitimität	Debatte über ein „gutes Ergebnis" Zielsetzung
Deliberation	Umsetzung deliberativer Grundsätze

Dabei wird zwischen den Ebenen „Endlagerpolitik" und „Diskurs" differenziert. Die Diskursebene umfasst dabei die Diskurse, die öffentlich zugänglich sind, d.h. denen die interessierte Öffentlichkeit folgen kann. „Endlagerpolitik" umfasst die Handlungsebene. Auf dieser Ebene ist auch von Interesse, wie die formellen und informellen Strukturen ausgestaltet sind, d.h. unter anderem, ob deliberative Gesprächsgrundsätze eingehalten werden. Die Zugehörigkeit der Teilkriterien zu diesen beiden Ebenen wird in Tabelle 2 dargestellt.

Das Teilkriterium „Definition alternativer Governance-Netzwerke" wird beiden Ebenen zugeordnet, da einerseits alternative Governance-Netzwerke im Diskurs festgelegt werden können, andererseits aber auch durch manifeste Arbeitsgruppen, die einen Vorschlag für ein alternatives Governance-Netzwerk erbringen oder durch Umsetzung eines solchen Netzwerks Teil der Endlagerpolitik sein können. Die Umsetzung deliberativer Grundsätze gehört ebenfalls zu beiden Ebenen und bezieht sich auf die öffentlichen (Diskurs) und nicht-öffentlichen (Endlagerpolitik) Debatten.

Die Erfüllung bzw. Nicht-Erfüllung prä-deliberativer Anforderungen wird als Kriterium für fördernde und hemmende Faktoren herangezogen. Darüber hinaus werden auch direkte Aussagen zu fördernden oder hemmenden Faktoren von kollektiven oder Einzel-Akteuren in der Öffentlichkeit oder in Interviews in der Analyse aufgegriffen.

Tabelle 2   Zuordnung der Teilkriterien zu Ebenen

Ebene	Teilkriterien
Endlagerpolitik	Gesetzgebung (formelle Strukturen) Beratungskontexte (informelle Strukturen) Pluralität in den formellen und informellen Strukturen Definition alternativer Governance-Netzwerke Zielsetzung Problemdefinition (Konfliktverständnis) Umsetzung deliberativer Grundsätze
Makrodiskurs	Pluralität im Diskurs Pluralität in der Problemdefinition Debatte über Input-Legitimität Definition alternativer Governance-Netzwerke Debatte über ein „gutes Ergebnis" Debatte über die Zielsetzung Umsetzung deliberativer Grundsätze Problemdefinition (Konfliktverständnis)

3.1.2   Endlager-Management

Historisch gesehen hat wohl jedes Land, das über hochradioaktive Abfälle verfügt, zunächst versucht, eine Lösung für deren Entsorgung innerhalb der bestehenden Strukturen zu finden. In Deutschland war beispielsweise das etablierte Instrument der Planfeststellung bis 2013 Grundlage für die Genehmigung für den Bau eines Endlagers an einem bestimmten Standort. In der Schweiz war es bis 2003 die klassische Rahmenbewilligung.[35] Dies bedeutet, dass das Entsorgungs-

---

35   Zur deutschen und schweizerischen Endlagerpolitik und den Veränderungen im Zeitraum 2001-2010, siehe Kapitel 5 sowie 6.1 und 7.1.

problem als ein Problem gesehen wurde, das sich nicht stark von anderen gesellschaftlichen Problemen unterscheidet, für die bereits etablierte und funktionierende Bearbeitungsmechanismen gefunden wurden. Die Strukturen der Endlagerpolitik und die Ausprägung der Diskursebene im Endlager-Management werden in den folgenden Unterkapiteln anhand der vorab eingeführten Kriterien genauer ausdifferenziert.

Endlagerpolitik

Gesetzgebung und Beratungskontexte

Für viele Arten von Problemen wurden in der Vergangenheit von Gesellschaften Problembearbeitungsmechanismen etabliert, die verhindern sollen, dass aus einem Problem ein Konflikt wird, der in der Öffentlichkeit ausgetragen wird – womöglich unter Einsatz von Gewalt oder auch „nur" von Argumenten. Die Problembearbeitungsmechanismen sind in Form von Gesetzen, Verordnungen, etc. festgelegt und werden meist von Behörden implementiert. Im Endlager-Management wird nur die Genehmigung eines Entsorgungskonzepts für einen bestimmten Standort durch Gesetze und Verordnungen geregelt, wobei der Gesetzesanteil sich darauf beschränkt, das Genehmigungsverfahren festzulegen, nicht aber die spezifischen inhaltlichen Anforderungen an die Genehmigungsfähigkeit. Die Genehmigung wird durch eine zuständige Fachbehörde erteilt. Die Ausgestaltung der Standortsuche und die Konzeptentwicklung sind allein dem Vorhabenträger überlassen. Die Aushandlungen über Gesetze und Richtlinien finden hauptsächlich unter den etablierten politischen Akteuren statt, d.h. den politischen Entscheidungsträgern, den Regierungsorganisationen und einem kleinen Kreis etablierter Experten und Lobbyisten. Auch die Regierungsorganisationen müssen untereinander in Verhandlungen treten, da teilweise keine klaren Hierarchien vorhanden sind (Grande 1995).[36] Der Grad der Institutionalisierung von Beziehungen ist in dieser Form sehr hoch. Die formellen Strukturen können unter „Hierarchie / Bürokratie"[37] eingeordnet werden (vgl. Pierre und

---

36 Beispielsweise werden in Deutschland durch verschiedene Ministerien Forschungsprogramme zur Endlagerung finanziert. Der Bundesrechnungshof bemängelte bereits, dass diese nicht miteinander abgestimmt sind (Bundesrechnungshof 2006).

37 "Bürokratie" wird hier als Arrangement verstanden, in dem die Entscheidungen und relevanten Handlungen von Verwaltungseinheiten nach politisch oder verwaltungsintern festgelegten Regeln durchgeführt werden und die letztendliche Entscheidung über die Eignung eines Endlagerstandorts ebenfalls einer Verwaltungseinheit obliegt.

Peters 2000, Mayntz 2004). Informelle Beziehungen bestehen nur zu „etablierten kollektiven Akteuren", mit denen Entscheidungen vorverhandelt werden.[38] Die Pluralität in diesen Strukturen ist gering.

Zielsetzung

Ziel des Regierungshandelns ist, effiziente Entscheidungen zu treffen. Es wird davon ausgegangen, dass die Problembearbeitung am effizientesten auf Verwaltungsebene geschehen kann. Die Regeln dafür sind durch Gesetze und Verordnungen klar festgelegt, sodass maximale Planungssicherheit für den Vorhabenträger besteht. Stakeholder werden zum Zwecke eines Interessenausgleichs in die Entscheidungsfindung einbezogen. Dies geschieht meist durch ein formalisiertes Verfahren, bei dem Einwände gegen das Vorhaben geltend gemacht werden können und der Vorhabenträger auf diese Einwände reagieren muss. Charakteristisch für diesen Ansatz ist eine späte Einbindung der Stakeholder und der interessierten Öffentlichkeit in das Entscheidungsfindungsverfahren. Mit „spät" ist dabei nicht notwendigerweise gemeint, dass diese erst bei der Genehmigung gefragt werden und nicht etwa bereits im Auswahlverfahren. Vielmehr steht dieser Begriff für eine Einbindung zu Zeitpunkten im Verfahren, zu denen zentrale Entscheidungen bereits getroffen wurden und bestehende Vorschläge lediglich mitgetragen oder abgelehnt, aber nicht mehr richtungsweisend inhaltlich beeinflusst werden können.

Konfliktverständnis

Der in vielen Genehmigungsverfahren vorgesehene Interessenausgleich zwischen den Stakeholdern kann als Reaktion auf ein spezifisches Konfliktverständnis verstanden werden. Coser (1973) sieht Ursachen für Konflikte in Unvereinbarkeiten zwischen bereits etablierten Interessen und neu entstehenden Interessen begründet, die u.a. durch (technische) Innovationen entstehen können. Kollektive Akteure verteidigen demnach die gesellschaftliche Verteilung von Macht, Ressourcen und Status. Dem kann die Verteilung von Risiken hinzugefügt werden, die als Folgen z.B. neuer Technologien auftreten (Renn 1998: 29). Technologien können Gegenstand sozialer Konflikte sein, da technische Entwicklungen zu sozialem Wandel und damit zu Verschiebungen in gesellschaftlichen Ordnungen führen können (z.B. Dolata 2011).

---

38   Sowohl in Deutschland als auch der Schweiz zeigen etablierte Problembearbeitungsmechanismen Züge einer „Verhandlungsdemokratie" (Grimm 2003, Schmidt 2003).

Auch bei der Verteilung von Risiken können Interessenkonflikte entstehen. Dies ist der Fall, wenn die interessierte Öffentlichkeit annimmt, dass wirtschaftliche Interessen nach Gewinnoptimierung und nicht ihr eigenes Interesse nach Sicherheit bei der Umsetzung einer Technologie handlungsleitend sind (vgl. Wynne 1996).[39]
Versteht man den Endlagerkonflikt als Konflikt im Sinne des Endlager-Managements, also als Interessenkonflikt, spielen parteipolitische Interessen, Bund-Länder-Auseinandersetzungen, ökonomische und Individualinteressen eine wichtige Rolle.

Diskurs

Im Endlager-Management findet kein Diskurs über Input- oder Output-Legitimität statt, da diese als gegeben angesehen werden. Es wird davon ausgegangen, dass beide durch die Einhaltung von Gesetzen und Regulierungen erzeugt werden. Auch Pluralität im Diskurs ist nur eingeschränkt zu finden, d.h. eigentlich nur im Interessenausgleich, der beispielsweise als Teil eines Planfeststellungsverfahrens stattfindet. Dieser Interessenausgleich dient der Lösung von Interessenkonflikten. Ebenso ist keine inhaltliche Pluralität in der Problemdefinition vorhanden. Das Problem wird von den Behörden definiert. Demnach ist die Endlagerfrage ein rein technisches Problem, das von Experten gelöst wird.

Da Input- und Output-Legitimität durch das gegebene Verfahren hergestellt sind, benötigt es auch keiner Debatte über die Definition alternativer Governance-Netzwerke. Finden Debatten in der Öffentlichkeit statt, richten diese sich nicht nach deliberativen Grundsätzen. Damit ist auch eine Erfüllung prädeliberativer Anforderungen nicht notwendig und wird nicht angestrebt.

3.1.3   Deliberative Endlager-Governance

Der Idealtyp „deliberative Endlager-Governance" reagiert auf ein Problemverständnis, bei dem davon ausgegangen wird, dass es sich bei der Endlagerfrage um ein Problem handelt, dass nicht mit den bestehenden Problembearbeitungs-

---

39   Im Normalfall fungieren politische Repräsentanten als Stellvertreter der BürgerInnen. Im Konfliktfall schaffen sie es aber nicht, die Sorgen der Betroffenen bezüglich einer Missachtung ihrer Werte oder eines Verlusts ihres Anspruchs auf gesellschaftliche Ressourcen angemessen zu vertreten. Dieser Mangel an Vertretung von Bürgerinteressen ist kein Sonderfall und führt nicht automatisch zu Konflikten. Er wurde vielmehr als Grundproblem einer politikmüden „Post-Demokratie" identifiziert (Crouch 2008). Es handelt sich dabei folglich um eine notwendige Voraussetzung für die Entstehung von Konflikten, nicht aber ein Alleinstellungsmerkmal.

strukturen bearbeitet werden kann. Vor diesem Hintergrund gewinnen Bürgerbeteiligung und deliberative Entscheidungsvorbereitung an Bedeutung. Governance besteht in der deliberativen Endlager-Governance nicht nur aus Regierungshandeln, sondern umfasst alle Regeln, Entscheidungsprozesse und Aktivitäten, die Entscheidungen vorbereiten, Interaktionen leiten und Konflikte zu lösen suchen, die zwischen verschiedenen beteiligten Parteien entstehen (O'Connor und van den Hove 2001).

Endlagerpolitik

Gesetzgebung und Beratungskontexte

Im Idealtyp „deliberative Endlager-Governance" wird davon ausgegangen, dass ein qualitativ hochwertiger Kommunikationsstil für die Problembearbeitung notwendig ist. Probleme sollen nicht ausschließlich über Gesetze und Behördenvorgänge bearbeitet werden, sondern es soll ein deliberativer Austausch zwischen der interessierten Öffentlichkeit, den Stakeholdern, dem Vorhabenträger und den zuständigen Behörden stattfinden.

Die formellen und informellen Strukturen sind in einem institutionalisierten Netzwerk miteinander verbunden. Eine stärkere Orientierung hin zu Netzwerken bedeutet hierbei keine vollständige Abkehr von hierarchisch-bürokratischen Ansätzen. Formell zuständige Akteure, wie die Regierung, spielen selbst in stark ausgeprägten und relativ unabhängigen, informellen Netzwerken eine Rolle, da sie den Rahmen festlegen, innerhalb dessen sich das jeweilige Netzwerk formiert und besteht. Diese Funktion von Regierung nennt Torfing den *„Schatten der Hierarchie"* (2006: 111). Auch im Idealtyp „deliberative Endlager-Governance" ist dieser *„Schatten der Hierarchie"* stark, in dem Sinne, dass die formell zuständigen kollektiven Akteure den Netzwerken nur enge Gestaltungsspielräume einräumen und sich selbst weiterhin eine starke Rolle zuweisen, die auch in der letztendlichen Entscheidung über die richtige Policy liegt. Der *„Schatten der Hierarchie"* ist also nicht nur in der Festlegung von Regeln, sondern auch in den hierarchisch festgeschriebenen Machtkonstellationen innerhalb des Netzwerkes zu finden.[40] Deliberative Endlager-Governance bedeutet demnach, dass deliberative Ansätze in die bestehende liberale, repräsentative Demokratie eingebettet werden. Da die letztendliche Entscheidung bei den formell zuständigen kol-

---

40 Eine Monopolisierung von Macht, die hier für Entscheidungsgewalt steht, ist nicht per se negativ, sondern sogar notwendig, um zu Entscheidungen zu kommen und diese durchzusetzen (Gerhards 1994).

lektiven Akteuren liegen wird, muss die Problembearbeitung durch Stakeholder-Beteiligung bereits zu einem früheren Zeitpunkt, d.h. in der Phase des Makrodiskurses über das „Angemessene", beginnen.

Schnittstellen zwischen formellen und informellen Strukturen können auf zwei Ebenen liegen. Erstens kann Deliberation in kleinen deliberativen Foren stattfinden, die funktional direkt an demokratisch legitimierte Entscheidungsfindungsprozesse angebunden sind (s. z.B. Hendriks 2006, Chambers 2009) und in denen nur Sprechakte erlaubt sind, die den Habermasschen Rationalitätsanspruch erfüllen (Bächtiger et al. 2010: 33). Zweitens kann Deliberation im Diskurs in der Öffentlichkeit auftreten und auch der politischen Meinungsbildung von Individuen dienen, d.h. nicht direkt an demokratisch legitimierte Entscheidungsfindungsprozesse angebunden sein (siehe z.B. Hendriks 2006, Chambers 2009). In diesem Fall können auch andere Sprechakte, wie z.B. Rhetorik oder Geschichtenerzählen, aber auch Argumentieren zu einem deliberativen System hinzuzählen (z.B. Bächtiger et al. 2010, Dryzek 2010). Im Folgenden werden diese beiden Ebenen in Anlehnung an Lehtonen (2010) als „mikro-deliberativ" bzw. „makrodiskursiv" bezeichnet. Die beiden Ebenen widersprechen sich an sich nicht, auch wenn unterschiedliche deliberative Demokratietheorien für unterschiedliche Konzepte stehen. Die deliberative Endlager-Governance entspricht keiner rein deliberativen Demokratie, sondern steht für eine Einbindung deliberativer Elemente in repräsentative bzw. halb-direkte Demokratiesysteme. In diesem Fall argumentiert Dryzek (2011), dass beide Ebenen für eine Integration deliberativer Grundsätze in die demokratisch legitimierte Entscheidungsfindung notwendig seien. In mikro-deliberativen Ereignissen diskutierte Ansätze müssen in den Makrodiskurs hinauswirken, wenn sie gesellschaftliche Relevanz erlangen sollen.

Auf der mikro-deliberativen Ebene können Außenseiterpositionen in den Diskurs eingebracht werden. Damit wird die Pluralität in den informellen Strukturen erhöht und es können alternative Governance-Netzwerke definiert werden. Werden die Ergebnisse der mikro-deliberativen Ereignisse von den kollektiven Akteuren in den formellen Strukturen aufgegriffen, wird dort indirekt auch die Pluralität erhöht.

Mikro-deliberative Ereignisse werden zu bestimmten Zeitpunkten in der Problembearbeitung organisiert und sind meist von begrenzter, vorab festgelegter Dauer. Konzeptualisiert man Governance als deliberativ, so ist es nicht ausreichend, sporadisch mikro-deliberative Ereignisse zu organisieren (Dryzek 2011: 176). In der deliberativen Endlager-Governance folgt die Organisation der mikro-deliberativen Ereignisse deshalb einem Konzept, das eine hohe Pluralität über lange Zeiträume hinweg und große Offenheit gegenüber den von der Öffentlichkeit eingebrachten Themen sicherstellt. Der Umgang mit den Ergebnissen durch die Organisatoren ist im Vorhinein klar. Sie müssen eine institutionalisierte Rolle im politischen Entscheidungsfindungsprozess spielen. Die Ereignisse können von politischen Entscheidungsträgern, der Verwaltungsebene, zivilgesellschaftlichen Akteuren oder der Industrie organisiert werden. Je nach Veranstalter wird die Anbindung an den politischen Entscheidungsfindungsprozess unterschiedlich gestaltet sein.[41] Mikro-deliberative Ereignisse können auf funktionaler Ebene auf verschiedene Arten Effekte in den formellen Strukturen zeigen. In ihnen können Entscheidungen getroffen oder an der politischen Entscheidungsvorbereitung teilgenommen werden oder sie dienen als Test für die Akzeptanz von Policies (Goodin und Dryzek 2006, Lehtonen 2010, Dryzek 2011).

Zielsetzung

Auch in der deliberativen Endlager-Governance ist es Ziel des Regierungshandelns, effiziente Entscheidungen zu treffen. Neben der Geschwindigkeit, mit der eine Entsorgungslösung gefunden wird, zählt aber auch, dass die Lösung als „gut" angesehen wird. Was „gut" bedeutet, wird im gesellschaftlichen Diskurs ausgehandelt. Weiterhin ist die Input-Seite der Legitimitätsfrage von zentraler Bedeutung, d.h. ein Regieren, in dem die Zivilgesellschaft an der Definition von „gutem Regieren" teilhat. In der deliberativen Endlager-Governance wird der politische Charakter des Problems anerkannt und damit die Annahme aufgegeben, dass das Problem auf rein administrativem Weg und in Rückbezug auf „wissenschaftliche Wahrheiten" gelöst werden kann. Dies bedeutet auch, dass die Notwendigkeit einer öffentlichen Problembearbeitung für die politische Meinungsbildung anerkannt wird. Diese Prozesse der Meinungsbildung und die Mitgestaltungsmöglichkeiten sollten deliberativen Charakter haben.

Deliberative Endlager-Governance steht damit für einen Problembearbeitungsmechanismus, in dem eine Vielzahl kollektiver Akteure deliberativ alterna-

---

41 Teilweise werden mikro-deliberative Ereignisse als gefährlich oder zumindest nicht nützlich für die demokratische Entscheidungsfindung angesehen. Es bestünde beispielsweise die Gefahr, dass der Fokus von einer Massendemokratie zu einer Demokratie der Wenigen verschoben würde (Chambers 2009). Dryzek (2011) stimmt dem nicht zu und begründet dies damit, dass Erkenntnisse über die Deliberationsfähigkeit von Laien sehr wohl auf die Makroebene übertragen werden könnten. Er verweist auf Hendriks (2006), die argumentiert, dass jede Form des Austauschs ihre spezifische Rolle in einer Demokratie hat und dass die Nachteile jeder einzelnen Ebene nur durch deren Zusammenspiel ausgeglichen werden können.

tive Governance-Netzwerke mitgestaltet, an der Definition fairer Verfahren teilhat und deren Umsetzung kritisch begleitet sowie Strukturen für eine effiziente Lösung sucht.

Konfliktverständnis

Hinter der Annahme, dass durch Deliberation Konflikte bearbeitet werden können, steht ein spezifisches Konfliktverständnis. Eine Voraussetzung für die erfolgreiche Konfliktbearbeitung durch rationalen Diskurs ist laut Habermas (1988: 39), dass Konflikte auf unterschiedliche Wahrnehmungen der Welt zurückzuführen seien. Dies bedeutet, dass durch Deliberation herausgearbeitet werden kann, auf welchen Ebenen der Endlagerkonflikt liegt, also ob es um Normen oder Interessen geht, oder ob die Wahrhaftigkeit eines Akteurs angezweifelt wird, und um was es bei den Konflikten geht, d.h. der konkrete Gegenstand, wie bspw. die Technik. Fände ein solcher Diskurs statt, würde auch Pluralität im Sinne der herrschafts-technologischen Governance-Perspektive geschaffen.

Unterschiedliche Wahrnehmungen der Welt können auf unterschiedlichen Interessen beruhen (Coser 1973). Zusätzlich können Konflikte aber auch durch eine Suche nach Anerkennung entstehen (Honneth 1992). Honneth bezieht sich damit auf Erfahrungen von Missachtung in den Bereichen Recht und soziale Wertschätzung.

Der Bereich des Rechts bezieht sich kurz zusammengefasst auf die rechtlich festgelegten Freiheiten des Individuums, darunter auch das Recht auf demokratische Partizipation und die dafür notwendigen sozialen und ökonomischen Ressourcen. Der Bereich der sozialen Wertschätzung bezieht sich auf die Anerkennung des Beitrags des Einzelnen zu gesellschaftlich erwünschten Zielen, wobei diese Ziele durchaus Änderungen unterworfen sein können (Nierling 2013). Im Fall von Technologiekonflikten sind Erfahrungen von Missachtung in beiden Bereichen möglich. Im Bereich des Rechts können Gefühle der Missachtung dadurch entstehen, dass Akteure das Gefühl haben, in der Ausübung ihrer demokratischen Rechte eingeschränkt zu werden, was auch bei als unprofessionell empfundenem Handeln von Behörden der Fall sein kann. Im Bereich der sozialen Wertschätzung können Konflikte dadurch entstehen, dass ganz konkret die Anerkennung eines verantwortungsvollen Umgangs mit radioaktiven Abfällen als gesellschaftliches Ziel eingefordert wird, was bedeuten würde, dass dieser nicht mehr nur als Behördenaufgabe angesehen wird. Damit zusammenhängend würde dann auch die empfundene Missachtung gegenüber dem eigenen Beitrag zur Erreichung dieses Ziels konfliktfördernd wirken.

Interpretiert man den Endlagerkonflikt mit Honneth, würde dieser zusammenfassend auf verschiedenen Wertvorstellungen und damit zusammenhängenden Vorstellungen der weiteren gesellschaftlichen Entwicklung basieren. Dazu gehört auch, dass verschiedene Akteure unterschiedliche Vorstellungen davon haben, welche Rolle neue Technologien in der Gesellschaft spielen sollten und welche Arten von Problemen mit dem Einsatz einer Technologie verbunden sein dürfen (Wynne 2006). Technik selbst kann also auch in diesem Ansatz Konfliktgegenstand sein, wenn sie in verschiedenen Umsetzungsformen (inkl. Nicht-Einführung) für verschiedene Wertemodelle und Leitbilder steht. Bereits zu Beginn der Nutzung der Kernenergie waren beispielsweise manche Autoren der Meinung, dass durch die Langlebigkeit der Abfälle der Bau von Kernkraftwerken nicht mit dem Grundgesetz vereinbar sei (Hofmann 1981: zitiert in Streffer et al. 2011). Auch die Frage, ob ein Risiko mit geringem Eintrittspotential, aber hohem Schadensmaß vertretbar ist („Risikoklasse Damokles": Klinke und Renn 2001), wird unterschiedlich bewertet.

Diskurs

In der deliberativen Endlager-Governance wird in der Öffentlichkeit (der makrodiskursiven Ebene) über die Endlagerpolitik der repräsentativ legitimierten Entscheidungsträger, aber auch über die Forderungen und Argumente anderer kollektiver Akteure sowie Argumente und Deutungen von Endlagerpolitik diskutiert. Durch diese Reflexion auf der Makroebene kann im Idealfall politische Meinungsbildung in der Gesellschaft stattfinden und der Konflikt aufgearbeitet werden (Gamson und Modigliani 1989). Es können Möglichkeitsräume für eine Problembearbeitung und damit auch alternative Governance-Netzwerke diskutiert werden. Charakteristisch für den Makro-Diskurs in einer deliberativen Endlager-Governance ist, dass eine Pluralisierung der Akteure, die an der Endlagerdebatte beteiligt sind, und der Problemaspekte, die benannt werden, zu beobachten ist. Zusätzlich zu dieser Pluralisierung in den themenorientierten Debatten können verschiedene Akteure an der diskursiven Gestaltung von Governance-Netzwerken teilhaben und sind befähigt, anerkannte Alternativentwürfe zur momentanen Ausgestaltung der politischen Entscheidungsfindung einzubringen. Zudem wird in der Öffentlichkeit diskutiert, was als legitime Entscheidung angesehen wird (Input-Legitimität) und was ein gutes Ergebnis wäre (Output-Legitimität).

Argumente, Kompromisse und Konsens, die in den mikro-deliberativen Ereignissen vorgebracht bzw. erreicht wurden, werden im Makrodiskurs sichtbar. Dies sollte nicht so verstanden werden, dass in der Öffentlichkeit keine Auseinandersetzungen mehr möglich sein sollen, aber neben diesen für eine lebendige Demokratie notwendigen Auseinandersetzungen sollten auch in der politischen Entscheidungsfindung entworfene Lösungsansätze ihren Raum in der öffentlichen Debatte finden, um einen Entscheidungsstillstand zu verhindern (Martinsen 2009).

Deliberation auf der Mikroebene, die auf die Makroebene hinauswirkt, würde in der deliberativen Endlager-Governance folglich zu einem Mehr an Pluralismus im Makrodiskurs führen. Dies würde eine Verschiebung von Machtkonstellationen mit sich bringen, da es bedeuten würde, dass Außenseiterpositionen von den Entscheidungsträgern als anerkennenswert eingestuft würden.

3.2 Konzeptioneller Ansatz

In dieser Arbeit wird davon ausgegangen, dass weder in der Schweiz noch in Deutschland eine Reinform eines der oben vorgestellten Idealtypen vorliegt. Ziel dieser Arbeit ist, durch die empirische Analyse festzustellen, ob durch die stattgefundene Organisation mikro-deliberativer Ereignisse Bewegungen von Endlager-Management hin zu deliberativer Endlager-Governance stattgefunden haben, d.h. ob diese Ereignisse Effekte im Sinne einer Bewegung hin zu deliberativer Endlager-Governance hatten, welche Art von hemmenden Faktoren einem solchen Wandel entgegen stehen und welche Faktoren einen solchen Wandel fördern.

Wenn Veränderungen stattgefunden haben, wird dies nicht umfassend geschehen sein, d.h. es wird kein kompletter Wandel stattgefunden haben, sondern dieser wird nur in einzelnen Aspekten und möglicherweise sogar nur zeitweise geschehen. Ein Wandel wird auch nicht sofort komplett vollzogen, sondern er wird getestet und auch wieder verworfen. Solche „Tests" sind beispielsweise Versuche der politischen Entscheidungsträger, in einen Dialog mit der interessierten Öffentlichkeit zu treten. Diese können zu einem weiteren Wandel führen („Effekte" haben) oder „ins Leere" verlaufen, wenn kein weiterer Wandel vollzogen wird. Solche „Tests" geschahen in Deutschland und der Schweiz durch die Organisation mikro-deliberativer Ereignisse zur Endlagerproblematik. Um Teil eines deliberativen Konfliktlösungsansatzes sein zu können, müssen diese Ereignisse selbstverständlich so organisiert sein, dass sie den Anforderungen gerecht werden, die eine Diskussion erfüllen muss, um als Deliberation zu gelten (z.B. Webler 1995). Es wurde bereits argumentiert, dass ein einfaches Organisieren mikro-deliberativer Ereignisse nicht ausreichend für einen Wandel hin zu deliberativer Endlager-Governance ist. Die Ereignisse müssen dafür an die politische Entscheidungsfindung angebunden werden und zu Änderungen in der Pluralität des Diskurses führen. Um die theoretischen Unterschiede zwischen Endlager-Management und deliberativer Endlager-Governance, die im vorherigen Unterkapitel aufgezeigt wurden, für die empirische Beobachtung zugänglich zu machen, bedarf es eines konzeptionellen Modells, in dem die Interaktionen verschiedener kollektiver Akteure in der Problembearbeitung und der politischen Entscheidungsvorbereitung beschrieben werden. Eine empirische Analyse eines Wandels von Endlager-Management zu deliberativer Endlager-Governance kann über eine systematische Beobachtung von Interaktionen zwischen kollektiven und Einzel-Akteuren auf den Handlungs- und Diskursebenen stattfinden. Da ein Wandel hin zu deliberativer Endlager-Governance einen Einbezug nicht-staatlicher kollektiver Akteure in die Endlagerpolitik bedeutet, bedarf es für die Analyse eines empirisch fassbaren Modells der Interaktionen zwischen diesen verschiedenen Akteuren und einer Beobachtungsebene.

3.2.1 Das konzeptionelle Governance-Modell

Ein Modell kann helfen, den Wandel in einzelnen Ländern zu analysieren. Ein solches Modell zeigt die Unterschiede zwischen Endlager-Management und deliberativer Endlager-Governance in Bezug drei Punkte: die Interaktionen zwischen formeller und informeller Ebene, der Diskurs-Ebene sowie die Pluralität in den jeweiligen Ebenen. Modelle sind im Gegensatz zu einer Theorie nicht falsifizierbar und sollen auch nicht erklärend wirken, sondern helfen, Ereignisse strukturiert darzustellen (Renn 1998, Jaeger et al. 2001). Es handelt sich dabei gewissermaßen um „Denkhilfen".

Vor diesem Hintergrund sind für die Analyse der Endlagerpolitik die Bedingungen interessant, unter denen nach einer Lösung für die Entsorgungsproblematik gesucht wird. Diese unterscheiden sich, je nachdem ob die aktuelle Endlagerpolitik eher dem Idealtyp „Endlager-Management" ähnelt oder dem Idealtyp „deliberative Endlager-Governance". In Verhandlungsdemokratien, zu denen auch Deutschland und die Schweiz gehören, stehen beispielsweise einige bestimmte kollektive Akteure in direktem kommunikativen Austausch mit den politischen Entscheidungsträgern und verhandeln Gesetzesentwürfe vorab, d.h. haben direkten Einfluss auf diese (Grimm 2003, Schmidt 2003). Im Falle der

Endlagerung ist dies klassischerweise die Industrie (vgl. Kitschelt 1980). Aber auch staatliche Akteure wie die zuständigen Bundesämter zählen dazu, da sie nicht die eigentlichen Entscheidungsträger sind, durch ihre Expertise jedoch starken Einfluss auf die letztendlichen Entscheidungen haben können (vgl. Kriesi 2003). Sie sind keine klassischen Interessenvertreter und spielen damit in den Verhandlungen eine andere Rolle als beispielsweise die Industrie. Durch die ihnen zugewiesenen Aufgaben, wie die Bewertung oder auch Produktion wissenschaftlicher Aussagen bis hin zur Ausarbeitung von Gesetzesentwürfen, sind sie insbesondere bei Entscheidungen, die eine starke Wissensbasis voraussetzen, wie dies bei der Endlagerung der Fall ist, in einer starken Verhandlungsposition gegenüber den politischen Entscheidungsträgern. In der deliberativen Endlager-Governance werden diese starken Verbindungen aufgebrochen.

Abbildung 1 zeigt ein konzeptionelles Modell der Interaktion zwischen verschiedenen kollektiven Akteuren. Dort sind die diese nach Kriesi (2003) in zwei „Typen" unterteilt: die „etablierten kollektiven Akteure" und die „weiteren kollektiven Akteure" (bei Kriesi: Außenseiter). Sowohl im Endlager-Management als auch in der deliberativen Endlager-Governance nehmen die politischen Entscheidungsträger am Makrodiskurs teil. In diesem wird die aktuelle Endlagerpolitik diskutiert und kommentiert. Die politischen Entscheidungsträger haben in repräsentativen Demokratien durch ihre Entscheidungsmacht eine Sonderstellung. Sie haben einen leichteren Zugang zum Makrodiskurs, d.h. sie können ihre Positionen und Themen dort leichter platzieren als die anderen kollektiven Akteure. Auch in der halb-direkten Demokratie der Schweiz haben die Politiker eine Sonderstellung, da sie Gesetze vorbereiten und vorschlagen und diese nur unter bestimmten Bedingungen durch einen Volksentscheid angefochten werden können. Dies gilt sowohl für das Endlager-Management als auch für die deliberative Endlager-Governance.

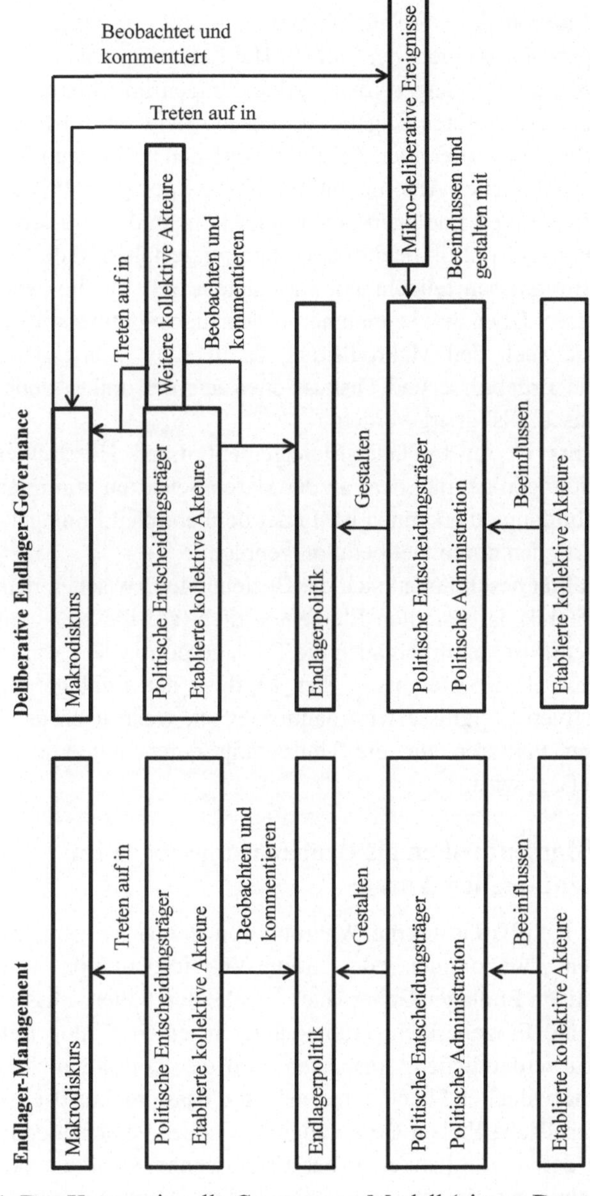

Abbildung 1 Das Konzeptionelle Governance-Modell (eigene Darstellung)

In der deliberativen Endlager-Governance nehmen die „weiteren kollektiven Akteure" am Makrodiskurs teil. Es ist also eine größere Pluralität gegeben, als dies im Endlager-Management der Fall ist. Bei Letzterem haben sie keinen, oder nur sehr erschwerten, Zugang zu den Verhandlungen im Makrodiskurs. Weiterhin verfügen sie über keinen Zugang zu den inoffiziellen Aushandlungen zwischen den „etablierten kollektiven Akteuren" und den politischen Entscheidungsträgern und der politischen Administration, die die Endlagerpolitik gestalten.

In der deliberativen Endlager-Governance können die „weiteren kollektiven Akteure" die Endlagerpolitik beeinflussen und mitgestalten, indem sie an mikro-deliberativen Ereignissen teilnehmen. Das gleiche gilt für die „etablierten kollektiven Akteure". Über die Teilnahme an den mikro-deliberativen Ereignissen beeinflussen sie auch den Makrodiskurs, da in einer deliberativen Endlager-Governance die Ergebnisse und Diskussionen aus den mikro-deliberativen Ereignissen in diesem diskutiert werden.

Der Diskurs ist im Endlager-Management durch Hierarchien und Top-down-Entscheidungen geprägt, was an der klaren Selektion von Interaktionspartnern in der Abbildung zu erkennen ist. In der deliberativen Endlager-Governance sind die Interaktionen durch Deliberation geprägt.

In der Realität beschränken sich die Beziehungen zwischen den verschiedenen, in der Graphik dargestellten Elementen nicht auf die hier genannten. Beispielsweise beeinflusst natürlich auch die Endlagerpolitik den Makrodiskurs und die mikro-deliberativen Ereignisse. Der Einfluss der Endlagerpolitik auf die mikro-deliberativen Ereignisse wird dann relevant, wenn nach den hemmenden und fördernden Faktoren für die Umsetzung einer deliberativen Endlager-Governance gefragt wird.

3.2.2 Die Massenmedien als Beobachtungsebene im konzeptionellen Ansatz

Egal ob es bei Konflikten um die Wahrung von Interessen geht, wie im Endlager-Management angenommen, oder um die Verteidigung von Weltsichten, wie in der deliberativen Endlager-Governance – in beiden Fällen müssen verschiedene kollektive und Einzel-Akteure miteinander in einen Dialog treten, um ihre Standpunkte zu verdeutlichen. Ansonsten wird der Konflikt nicht sichtbar und verbleibt auf individueller Ebene. Dies bedeutet, dass die Auslöser sozialer Konflikte in den gesellschaftlichen Beziehungen zwischen verschiedenen kollektiven Akteuren und deren Möglichkeiten der Einflussnahme auf die politische Entscheidungsfindung zu finden sind (Bühl 1972). Wenn Einzelerfahrungen zu kollektiven Erfahrungen werden, kann ein sozialer Konflikt entstehen. Dies kann geschehen, wenn es für kollektive und Einzel-Akteure Möglichkeiten gibt, diese Erfahrungen zu teilen. Artikulationen, die der Verbreitung von Einzelerfahrungen, auch in Form von Interessen, dienen, werden deshalb öffentlich getätigt. Zur Öffentlichkeit zählt jede Art von Äußerung, die nicht an einen bestimmten Adressaten gerichtet ist, also auch öffentliche Reden. Eine besondere Rolle nehmen aber die Massenmedien ein. Sie erreichen, wie der Name schon sagt, die Massen, also eine größere Anzahl an Adressaten als andere öffentliche Räume, wie z.B. öffentliche Versammlungen, und tun dies über einen langen Zeitraum sowie über eine große Bandbreite an Themen hinweg (Gerhards und Neidhardt 1993).

Die Interaktionen zwischen den kollektiven und Einzel-Akteuren sind u.a. im Makrodiskurs beobachtbar. Welche politischen Entscheidungen von der Öffentlichkeit als legitim angesehen werden, wird in diesem definiert und unterliegt Änderungen (Voltmer 2007: 32, Koch-Baumgarten und Voltmer 2009: 305-306). Die Herstellung von Legitimität findet u.a. in den Massenmedien statt. *„Politikherstellung im Verfahren und Politikherstellung im Diskurs sind untrennbar miteinander verwoben"* (Koch-Baumgarten und Voltmer 2009: 302, auch: Häussler 2006). Dies bedeutet, dass die Massenmedien über die Handlungen und Aussagen der kollektiven Akteure, die an der Gestaltung der Endlagerpolitik und an der Endlagersuche beteiligt sind, berichten; sie stellen aber auch Interpretationsmuster für die Deutung der Handlungen zur Verfügung und gestalten diese dadurch indirekt mit, indem sie Möglichkeitsräume für politische Handlungen mitdefinieren.

Die Massenmedien dienen nicht nur der Verbreitung von Einzelerfahrungen, sondern sind auch Vermittler zwischen der Bevölkerung und den politischen Entscheidungsträgern. Sie ermöglichen der Politik eine Beobachtung ihrer selbst im Spiegel der Gesellschaft sowie einzelnen politischen und gesellschaftlichen Akteuren die Beobachtung des Handelns (anderer) politischer Akteure (Berka 1993, Gerhards 1994, Habermas 2006, Häussler 2006, Martinsen 2009). Als zentraler Akteur in der Öffentlichkeit sind Massenmedien einerseits Vermittler von Informationen und Interessenartikulationen, handeln aber andererseits auch als eigenständiger kollektiver Akteur, der Informationen filtert und aufbereitet (Gerhards 1994, Häussler 2006). Damit erfüllen sie in modernen Gesellschaften drei Funktionen: sie erstatten Bericht, verteilen Aufmerksamkeit und tragen zur politischen Meinungsbildung bei (Gerhards, 1994; Habermas, 2006). Durch die Art und den Umfang der Berichterstattung können sie weitere politische Handlungen in der Öffentlichkeit auslösen. Wird das Thema eines Berichts beispielsweise von einer Vielzahl von kollektiven Akteuren als sehr wichtig angesehen, kann es zu Protesten in Form von Demonstrationen oder Unterschriftensammlungen kommen. Gerade in Entscheidungsfeldern, die mit Unsicherheiten, Ambivalenzen und Risiken behaftet sind, wie der Endlagerung, ist die Politik auf die Massenmedien als Quelle von Legitimation angewiesen (Gerhards und Neidhardt 1993, Martinsen 2009).

Eine starke Positionierung der jeweils eigenen Themen ist also einerseits für kollektive und Einzel-Akteure wichtig, die ihre Erfahrungen zu einer kollektiven Erfahrung machen möchten, andererseits aber auch für Politiker, die Legitimation für ihre Handlungen erreichen wollen. *„Die Öffentlichkeit für sich zu gewinnen, ist offensichtlich ein wichtiges Ziel gesellschaftlichen und vor allem politischen Handelns"* (Gerhards und Neidhardt 1993: 52).

Die Massenmedien als Beobachtungsebene haben den Vorteil, dass kollektive und Einzel-Akteure versuchen, ihre zentralen Argumente und Problemdeutungen dort unterzubringen. Die diskursiven Elemente von deliberativer Endlager-Governance sollten hier also sichtbar werden, wenn ein Wandel stattfindet. Dasselbe gilt für die funktionale Handlungsebene, da davon ausgegangen werden kann, dass die politischen kollektiven Akteure versuchen werden, für neue Netzwerke zu „werben", wenn diese entstehen. Wird ein Wandel hin zu deliberativer Endlager-Governance vollzogen, müsste sich weiterhin die Qualität des Makrodiskurses ändern („Deliberation").

Der Nachteil einer Beobachtung über die Massenmedien ist, dass diese nicht nur berichten, sondern mitgestalten. Dies bedeutet, dass die Beobachtung der verschiedenen Perspektiven durch die „Brille" der Massenmedien eingeschränkt wird. Da die Massenmedien aber eine zentrale Rolle im Konflikt einnehmen („Vermittlerrolle"), eignen sie sich dennoch gut als Beobachtungsebene, insofern deren Einschränkungen in der Analyse mitberücksichtigt werden. Die Ausgestaltung der „Brille" der Massenmedien ist Thema des nächsten Unterkapitels.

Rahmenbedingungen für die Interpretation von Wandel im Makrodiskurs

Der Zugang verschiedener kollektiver Akteure zu den Medien wird durch deren jeweilige Machtposition und ihren Ressourcenzugriff bestimmt, was bedeutet, dass politische Entscheidungsträger und Parteien den größten Zugang haben (Habermas 2006, Höglinger 2008). Auch für die Selektion von Ereignissen werden in der Literatur Selektionskriterien der Massenmedien genannt, die sich teilweise mit den von Habermas und Höglinger genannten Kriterien überschneiden. Die „News Bias"-Forschung untersucht Zusammenhänge zwischen der Nachrichtenauswahl und der politischen Einstellung der Journalisten; die Nachrichtenwert-Forschung geht dagegen davon aus, dass die Ereignisse anhand aufgrund spezifischer Eigenschaften selektiert werden (Staab 1990). Ob über ein Ereignis berichtet wird, hängt von den Nachrichtenwert-Faktoren ab, die das Ereignis erfüllt, und von dem Wert, den die Journalisten diesen Faktoren zuschreiben. Die Selektion der Ereignisse kann sich zwischen verschiedenen Medien und insbesondere verschiedenen Medientypen unterscheiden (Kepplinger und Ehmig 2006).

Maier (2003) stellt in einer Literaturübersicht zur Nachrichtenwerttheorie fest, dass sich für die deutsche Medienberichterstattung besonders die Faktoren „Etablierung des Themas", „Reichweite", d.h. wie groß ist der Kreis der Betroffenen, „Kontroverse" und „Prominenz" der involvierten Akteure über verschiedene Studien hinweg als bedeutsam herausgestellt hätten.[42] Für die Schweiz konnte keine ähnliche Studie gefunden werden. Da die Medien in Deutschland und der Schweiz eine ähnliche Entwicklungsgeschichte vorweisen und eine ähnliche Funktion im demokratischen System erfüllen (Hallin und Mancini 2004), wird im Folgenden davon ausgegangen, dass hier kein grundlegender Unterschied besteht.[43] Auch Voltmer (2007) sieht Konflikt als zentralen Nachrichtenwert und argumentiert, dass Medien dadurch Kontroversen auch als konfliktreicher darstellen würden, als sie es eigentlich sind.

In einer weiteren Literaturübersicht stellt Maurer (2009) fest, dass ein Wandel in der Medienberichterstattung zu mehr Personalisierung, d.h. Berichte über Personen statt Sachthemen, Negativismus, d.h. zunehmend negative Berichter-

---

42 Staab (1990) kommt allerdings zu dem Schluss, dass die Nachrichtenwerttheorie keine Selektionskriterien nachweisen könne, da man nicht wisse, über welche Ereignisse nicht berichtet wurde. Vielmehr würden Journalisten bei Ereignissen, die sie beispielsweise aufgrund ihrer politischen Haltung selektiert hätten, die Aspekte herausheben, die die Nachrichtenfaktoren bedienen. Über Ereignisse, bei denen dies gut möglich sei, würde ausführlicher berichtet, als über solche, die zwar selektiert wurden, bei denen die Nachrichtenfaktoren aber schwer zu bedienen sind. Andere Autoren betonen dagegen, dass die Nachrichtenfaktoren auch Selektionskriterien seien. Koch-Baumgarten und Voltmer (2009: 303-304) schreiben, dass „technische und routinierte Themen" erst „im Konflikt, in der Krise oder anlässlich eines Skandals" interessant werden. Für die Charakterisierung der Berichterstattung über die Endlagerung in Deutschland und der Schweiz ist diese Uneinigkeit (Nachrichtenwert als Selektionskriterium oder als Kriterium für den Umfang der Berichterstattung) von geringer Relevanz, da in beiden Fällen das Konflikthafte, sofern vorhanden, stärker betont wird als das weniger Konflikthafte.

43 Besteht doch ein Unterschied, so sollte dieser in der empirischen Analyse sichtbar werden und müsste dann entsprechend aufgegriffen und interpretiert werden.

stattung beispielsweise über Politiker, und Boulevardisierung, d.h. Vereinfachung der Botschaften, geführt habe. Weiterhin neigten Politiker eher zu Kritik an Gegnern, als Sachargumente zu verwenden oder auf andere Art ihre eigene Agenda vorzustellen, und nähmen dabei extremere Positionen ein, als sie in nicht-öffentlichen Räumen vertreten würden. Auch konfliktbetonende Außenseiterpositionen würden in den Medien als stärker und wichtiger dargestellt, als sie dies de facto seien (Voltmer 2007, Maurer 2009). Komplexe, langwierige Prozesse mit einer Vielzahl von beteiligten Akteuren haben dagegen einen geringeren Nachrichtenwert. Dasselbe gilt für kleine Verhandlungsrunden, die oft selber auch wenig Interesse an öffentlicher Resonanz haben (Koch-Baumgarten und Voltmer 2009: 309-310).

Ragaly (2007) bescheinigt dem Konflikt um die Atomkraft generell eine hohe Erfüllung der Nachrichtenfaktoren. Die starke Konfliktbetonung der Medien bedeutet, dass die Endlagerfrage dann für die öffentliche Arena unsichtbar werden müsste, wenn der Konflikt zwischen den verschiedenen kollektiven Akteuren durch einen Wandel hin zu deliberativer Endlager-Governance soweit abgeschwächt worden wäre, dass die politische Bearbeitung der Endlagerproblematik für die Medien keinen Nachrichtenwert mehr hätte. Für die in dieser Arbeit durchgeführte Medienanalyse bedeutet dies, dass Hinweise auf einen Wandel dann zu finden wären, wenn sie immer noch in einem konflikthaften Kontext stattfinden oder indirekt über das Verschwinden von Themen aus dem Makrodiskurs.

Aus der Rolle des Mittlers zwischen Peripherie und Zentrum folgt, dass die Massenmedien eine Reihe von weiteren Funktionen innehaben, die über einen bloßen Austausch von Argumenten hinaus reichen. Eine zentrale Wirkung ist die Zuweisung von Status zu Akteuren (Lazarsfeld und Merton 1964). Je häufiger ein Akteur in den Medien auftaucht oder auf andere Weise als wichtig identifiziert wird, als desto wichtiger wird seine Meinung von der Öffentlichkeit auch für die Debatte angesehen. Für den Fall der Endlagerung ist dies zentral, da damit aufgrund von Änderungen in der Häufigkeit des Auftretens von kollektiven Akteuren Änderungen in deren Wichtigkeit für die Debatte vermutet werden können.

3.2.3   Was wird wie beobachtet?

Im Fokus dieser Arbeit stehen mikro-deliberative Ereignisse, die von politischen Entscheidungsträgern organisiert oder zumindest initiiert wurden. Deren Potential, die Argumente der Außenseiter für die politischen Entscheidungsträger sichtbar zu machen, scheint größer als das Potential von mikro-deliberativen Ereignissen, die von Außenseitern selbst organisiert werden. Das Entstehen von Effekten im Sinne eines weiteren Wandels hin zu deliberativer Endlager-Governance ist damit wahrscheinlicher.

Hätten die mikro-deliberativen Ereignisse Effekte auf den Makrodiskurs (Makroebene) oder auf die Endlagerpolitik, so müsste dies auch in der massenmedialen Debatte sichtbar sein, da die Massenmedien Teil der Öffentlichkeit und damit des Makrodiskurses sind und als Verbindungsglied zwischen Politik und Öffentlichkeit fungieren. Aus diesem Grund wurde als empirischer Zugang zur Forschungsfrage eine Medienanalyse durchgeführt. Weiterhin kann davon ausgegangen werden, dass im Makrodiskurs auch Argumente für und gegen einen Wandel hin zu deliberativer Endlager-Governance genannt und damit hemmende und fördernde Faktoren sichtbar werden. Dazu gehören auch verschiedene Konfliktverständnisse, die einen Wandel verhindern können. Durch die Selektionsmechanismen der Massenmedien wird in diesen aber nur ein eingeschränkter Teil des Makrodiskurses sichtbar. Insbesondere Änderungen, die nur von temporärer Dauer sind oder nur einzelne Akteure betreffen, werden sicherlich schwieriger zu beobachten sein. Aus diesem Grund wurden zusätzlich semistrukturierte Interviews mit Vertretern verschiedener kollektiver Akteure, die sich öffentlich für dialogische Ansätze aussprechen, durchgeführt (zum empirischen Design s. Kap. 4).

Der Wandel hin zu deliberativer Endlager-Governance, der potentiell von mikro-deliberativen Ereignissen ausgeht, wurde anhand der in Kapitel 3.1 aufgestellten Kriterien untersucht. Deren Operationalisierung wird in Tabelle 3 dargestellt. Effekte bezüglich Deliberation wurden auf der Ebene von „deliberativen drifts" untersucht (Mclaverty und Halpin 2008). Dies bedeutet, dass nach Hinweisen gesucht wurde, ob und inwiefern der Wille zur Deliberation einzelner Akteure sich verändert hat und ob es in Debatten mit verhärteten Fronten zu einzelnen Momenten von Deliberation kommt.

Tabelle 3   Operationalisierung der in Tabelle 1 genannten Teilkriterien (außer Deliberation)

Kriterium	Teilkriterien	Operationalisierung
Form des Governance-Netzwerks	Gesetzgebung (formelle Strukturen)	Änderungen in der Gesetzgebung.
	Beratungskontexte (informelle Strukturen)	Änderungen in Beratungskontexten und weiteren informellen Kontakten zwischen verschiedenen kollektiven Akteuren.
Pluralität	Pluralität in den formellen und informellen Strukturen	Anzahl (quantitativ) und Verschiedenheit (qualitativ) der kollektiven Akteure, die beteiligt werden.
	Pluralität im Diskurs	Anzahl (quantitativ) und Verschiedenheit (qualitativ) der kollektiven Akteure, die im Makrodiskurs auftreten.
	Pluralität in der Problemdefinition	Verschiedenheit der im Makrodiskurs vorkommenden und von kollektiven und Einzel-Akteuren in der Endlagerpolitik geäußerten Aspekte der Problemdefinition.
Output-Legitimität	Debatte über ein „gutes Ergebnis"	Thematisierung der Frage, was als ein „gutes Ergebnis" angesehen wird im Makrodiskurs. Dazu gehört, was unter „Sicherheit" verstanden wird und ob neben dem Sicherheitskriterium weitere Kriterien für die Standortsuche gelten sollen.
	Zielsetzung	Ziel der momentanen Endlagerpolitik im Sinne der Frage nach dem „guten Ergebnis".

Ein möglicher Wandel hin zu deliberativer Endlager-Governance durch Effekte mikro-deliberativer Ereignisse wird über Aussagen von kollektiven und Einzel-

Akteuren in den Massenmedien und durch die Experteninterviews rekonstruiert. Dasselbe gilt für mögliche hemmende und fördernde Faktoren. Damit sind für die Analyse drei Ebenen relevant. Erstens Aussagen von kollektiven Akteuren (ihre Positionen, Stellungnahmen, Gesprächsangebote und Berichte über Deliberation und Entscheidungsfindung sowie die Art ihrer Aussagen), zweitens Ereignisse als „Fakten", über die berichtet wird (potentiell deliberative Ereignisse), und drittens der Duktus der Berichterstattung der Medien über die Akteure und Ereignisse (Medien als Akteure). Die Aussagen und Fakten werden daraufhin interpretiert, was sie über den generellen Grad an Deliberation in der Debatte aussagen und inwiefern sie eine Änderung in der Endlagerpolitik bedeuten, bzw. inwiefern sie als hemmende oder fördernde Faktoren für einen Wandel hin zu deliberativer Endlager-Governance interpretiert werden können. In Tabelle 4 ist dargestellt, welche Teile der Empirie wie in der Analyse verwendet werden.

Tabelle 4   Verwendung der Empirie in der Analyse

Medienanalyse	**Interviews**
Diskurs-bezogene Governance-Kriterien	Handlungs-bezogene Governance-Kriterien
Deliberation im Diskurs	Deliberation in der Endlagerpolitik
Prä-deliberative Anforderungen im Diskurs	Prä-deliberative Anforderungen auf der Handlungsebene

Die Bewertung von Deliberation kann im Makrodiskurs nicht auf die gleiche Art und Weise erfolgen wie eine Bewertung mikro-deliberativer Ereignisse, da die Interaktion zwischen den teilnehmenden Akteuren keine direkte ist. Außerdem werden in den Massenmedien selten ganze Reden oder Argumentationen abgedruckt, weshalb die in den Artikeln vorzufindenden, zusammenhängend argumentierenden Textpassagen sehr kurz sind. Folglich müssen Kriterien herangezogen werden, durch die Argumentationszusammenhänge und Problemwahrnehmungen trotz dieser Restriktionen aufgedeckt werden können. Größtenteils können dafür Kriterien übernommen werden, die für mikro-deliberative Ereignisse aufgestellt wurden. Diese müssen für den Makrodiskurs nur leicht abgeändert werden. Die hier verwendeten Kriterien stammen von Renn und Webler (1998) und Steenbergen et al. (2003) (s. Tabelle 5).

Es ist nicht nur unklar, ob Deliberation im Makrodiskurs stattfindet, sondern auch, ob überhaupt eine einheitliche Sicht auf den Konflikt vorhanden ist, welche eine Voraussetzung für eine Konfliktbearbeitung wäre. Deshalb werden auch Kriterien für eine Überprüfung des Grads der Erfüllung prä-deliberativer Anforderungen herangezogen (Grunwald 2010a). Während Änderungen in den Deliberations-Kriterien und zu den meisten Kriterien der Governance-Perspektiven qualitativ ausgewertet werden, werden Änderungen der Pluralität über die quantitative Auswertung der im Makrodiskurs vorkommenden Akteure und der quantitativen und qualitativen Analyse der im Makrodiskurs diskutierten Problemaspekte analysiert, d.h. die Analyse dieser Governance-Kriterien erfolgt in der Zusammenfassung der Erkenntnisse aus der Analyse der anderen

Tabelle 5 Operationalisierung des Kriteriums „Deliberation"

Teilkriterium	Operationalisierung
Konsens, dass alle unterschiedlichen Interpretationsmuster und Rationalitäten gleichberechtigt und alle eingebrachten Werte und Interessen legitim sind	Aussagen, die Anerkennung für spezifische Positionen / Werte / Interessen / Interpretationsmuster / Rationalitäten anderer ausdrücken
	Explikation von Werten.
	Aussagen, dass mit anderen Akteursgruppen Argumente ausgetauscht wurden.
	Aussagen, dass auf Argumente anderer Akteursgruppen reagiert wurde durch Gegenargumente.
	Aussagen darüber, wie andere Akteursgruppen auf das eigene Handeln, die eigene Aussage reagiert haben (Wirkung).
Anzeichen für Ergebnisoffenheit	Bericht über geänderte Meinung.
	Bericht über Ergebnisoffenheit in spezifischer Situation / zu spezifischem Thema.
	Aussagen, dass auf Argumente anderer kollektiver Akteure reagiert wurde durch Handlungen.
	Aussagen darüber, wie andere kollektive Akteure auf das eigene Handeln, die eigene Aussage reagiert haben (Wirkung).
	Vorwurf des interessengeleiteten Handelns.

Teilkriterium	Operationalisierung
Öffentlichmachung von Sachwissen über Folgen und Nebenfolgen von Optionen	Bericht über Veröffentlichung vorher zurückgehaltener Informationen.
	Bericht über Bereitschaft von Mitarbeitern der Atomwirtschaft oder der Behörden, Auskunft zu erteilen / ihr Wissen weiterzugeben / zu erklären.
	Berichte über Austausch über technische Details.
Lernbereitschaft bezüglich Argumenten und Evidenznachweisen anderer	Aussagen über Wissensbestände anderer und deren Legitimität (konkrete Beispiele).
	Aussagen, die erkennen lassen, dass Anerkennung besteht, dass es mehr als eine gut begründbare Art gibt, auf der Basis von Faktenwissen Handlungsoptionen auszuwählen (konkrete Beispiele).
	Erzählung von konkretem Fall, in dem vorhandene Interessen zurückgestellt und jemand überzeugt wurde.
Grad der Begründung von Aussagen	Begründung ja / nein.
Art und Bezug der Begründung	In der Begründung werden eigene Interessen vorangestellt / auf Allgemeinwohl verwiesen.
	Aussagen darüber, warum wie reagiert wurde (Ursache).
Konstruktive Vorschläge	Aussagen, die Kompromissvorschläge beinhalten / Vorschläge zum Aufbrechen der Entscheidungsblockade.

Fortsetzung   Tabelle 5 Operationalisierung des Kriteriums „Deliberation"

4. Empirisches Design

4.1 Forschungsansatz und Auswahl der Länder

Der hier verwendete Forschungsansatz orientiert sich am fallstudienbasierten Ländervergleich. Dieser ist in den Sozialwissenschaften fest etabliert (Mahoney und Rueschemeyer 2003, George und Bennett 2005, Gerring 2007). In der Politikwissenschaft, der politischen Soziologie, der komparativen historischen Analyse und den analytic narratives wird er zur Erforschung von Ursachen von Ereignissen verwendet (z.B. Bates et al. 1998, Mahoney und Rueschemeyer 2003, Blatter et al. 2007, Ebbinghaus 2009). Högselius (2009) untersucht beispielsweise mögliche Gründe für die Entstehung unterschiedlicher Politiken im Umgang mit hochradioaktiven Abfällen in verschiedenen Ländern.

In dieser Arbeit sollen ja nun nicht nur Gründe für die Nicht-Umsetzung deliberativer Endlager-Governance gesucht, sondern auch der deliberative Charakter der Endlagerpolitik Deutschlands und der Schweiz sowie die Effekte deliberativer Verfahren hinsichtlich einer Änderung hin zu deliberativer Endlager-Governance explorativ empirisch analysiert werden. Dass dieser Forschungsansatz auch für diesen Zweck verwendet werden kann, zeigen die generellen Eigenschaften, die ihm zugesprochen werden.

Die empirische Analyse, wie sie in dieser Arbeit vorgenommen wird, ist Hypothesen generierend. Der Wandel hin zu deliberativer Endlager-Governance bzw. die Gründe für einen nicht-stattfindenden Wandel können am besten durch theoretisch gerahmte Annäherungen untersucht werden. Ist das Forschungsdesign gut angelegt, kann ein fallstudienbasierter Ländervergleich dem Aufstellen neuer Theorien, der Überprüfung bestehender und dem Gewinn neuer Erkenntnisse in Form von Hypothesen dienen (Rueschemeyer 2003). Zu diesem Zweck sind durch ihren systematischen Ansatz insbesondere theoriegeleitete Ansätze geeignet (Bates et al. 1998, Rueschemeyer 2003). Im Vergleich können „*die*

Ergebnisse (...) systematisch über mehrere wenige Fälle hinweg auf ihre logische Konsistenz von Bedingungen und Effekten" (Ebbinghaus 2009: 486) hin überprüft werden.

Der fallstudienbasierte Ländervergleich zeichnet sich durch eine tiefgehende Analyse der einzelnen Fälle und das Interesse für ein kontextuales Verständnis aus (Lamnek 2005, Ebbinghaus 2009). Es wird ein multi-methodischer Ansatz zur Analyse verschiedener Aspekte des Falls verfolgt, aber auch zur Vermeidung der Erhebung von Artefakten (vgl. Lamnek 2005). Im Gegensatz zur Einzelfallstudie, wie z.B. von Lamnek (2005) beschrieben, werden aufgrund des theoriegeleiteten Ansatzes und des Typus der Forschungsfrage hier aber nicht eine möglichst offene Exploration des Falls angestrebt, sondern teilweise geschlossene Methoden, wie semi-strukturierte Interviews, insbesondere Experteninterviews (Gläser und Laudel 2009, Meuser und Nagel 2009) angewendet. Für die Auswertung der Interviews und der Medienanalyse wird auf die Methoden der quantitativen und qualitativen Inhaltsanalyse zurückgegriffen (Hocke-Bergler et al. 2003, Gläser und Laudel 2009, Früh 2011).

Die zu untersuchenden Länder in einem fallstudienbasierten Ländervergleich werden häufig entweder so ausgesucht, dass sie einen Sonderfall darstellen, oder prototypisch für ein bestimmtes Phänomen stehen (Ebbinghaus 2009). Ein erhebliches Vorwissen über den Forschungsgegenstand kann zu einer strukturierten Auswahl führen (Blatter et al. 2007).[44]

An potentiellen Kandidaten für einen Ländervergleich mangelt es nicht. Allein in Westeuropa planen Schweden, Finnland, Frankreich, Belgien, Deutschland, die Schweiz und Spanien, ein Endlager für hochradioaktive Abfälle in tiefengeologischen Schichten zu bauen. Dazu kommen noch die USA und Kanada, mehrere Staaten in Osteuropa, wie z.B. Russland, die Slowakei und Rumänien, sowie Süd-Korea und Japan.

Durch die sehr individuelle Herangehensweise der Länder an die Endlagerfrage könnte man eigentlich alle Fälle als Sonderfälle bezeichnen. Grob können die Länder allerdings aufgeteilt werden in solche, die noch keinen Versuch ein Endlager zu bauen unternommen haben, dies aber planen, solche, die einen Versuch unternommen haben und gescheitert sind, und solche, die gescheitert sind, aber einen Neustart unternommen haben. Neustart bedeutet hier die Implemen-

---

44   Diese Art von Vorwissen war für die Autorin durch die langjährige Forschungstätigkeit des Instituts für Technikfolgenabschätzung und Systemanalyse (ITAS) am Karlsruher Institut für Technologie (KIT) im Gebiet der sozialwissenschaftlichen Endlagerforschung zugänglich.

tierung eines neuen Standortsuchverfahrens und damit einhergehend neuer Entscheidungsfindungsstrukturen, die der Durchführung des Verfahrens dienen.

Für eine adäquate Beantwortung der Forschungsfrage können Fälle, in denen noch kein Versuch vorgenommen wurde, ein Endlager zu bauen, ausgeschlossen werden, da hier selbst wenn ein Konflikt besteht, dieser nicht auf die gleiche Weise institutionalisiert ist wie in Ländern, in denen bereits ein konkreter Standort bestimmt wurde. Weiterhin können in diesen Ländern Veränderungen in für die Endlagerfrage spezifischen politischen Entscheidungsfindungsstrukturen nur schwer untersucht werden, da diese noch nicht im gleichen Maße institutionalisiert sind wie in den Ländern, die sich schon über einen längeren Zeitraum hinweg mit dieser Thematik befassen.

Ein Vergleich zwischen einem Fall, in dem ein Scheitern, aber kein grundlegender Neustart, und einem Fall, in dem auf das Scheitern hin ein solcher Neustart stattfand, scheint die interessantesten Ergebnisse zu versprechen. So können die Effekte von deliberativen Verfahren in unterschiedlichen Kontextstrukturen untersucht werden, was insbesondere für die Analyse von hemmenden und fördernden Faktoren für einen Wandel interessant ist.

Deutschland und die Schweiz, die beiden hier ausgesuchten Länder, verfügen über einige wichtige Gemeinsamkeiten, aber auch Unterschiede, durch die über den deliberativen Charakter und die potentiellen Effekte von Deliberation auf die Entscheidungsfindungsstrukturen gelernt werden kann (s. auch Kuppler 2016).

Beide Länder liegen in Zentraleuropa und haben eine lange Geschichte der Nutzung von Kernkraft zur Energiegewinnung, wurden aber auch einem ähnlichen gesellschaftlichen Wandel unterworfen, der eine Institutionalisierung von Umweltbewegungen beinhaltet (Hocke und Kuppler 2011). Weiterhin scheiterten beide Länder in ihrem Versuch, Erkundungen für ein Endlager an einem konkreten Standort durchzuführen. Die deutsche Regierung verfolgte während des Untersuchungszeitraums weiterhin eine Politik des „Hindurchlavierens" (Hocke et al. 2012). Die Schweizer Regierung entschied sich dagegen für die Einführung eines Standortsuchverfahrens, in dem verschiedene Standorte auf ihre Eignung als Endlagerstandort hin verglichen werden sollen (BFE 2008a). Beide Länder verfolgen eine geologiegeleitete Standortauswahl (s. Kap. 2.1).

Die Suche nach einem Endlager begann in beiden Ländern bereits vor mehreren Jahrzehnten. Bezüglich der Fragen nach Governance und Deliberation ist nur die Zeit nach dem Jahr 2000 von Interesse. Ungefähr zu dieser Zeit begann die Debatte über Bürgerbeteiligung in der Entscheidungsfindung Resonanz bei den für die Endlagerung zuständigen Entscheidungsträgern zu finden. Um einen guten Überblick über die Entwicklung der Debatten zu erhalten, aber gleichzeitig die Menge der Daten in einem praktikablen Rahmen zu halten, wird in dieser Arbeit der Zeitraum von 2001 bis 2010 betrachtet.

4.2   Medienanalyse

Die Inhaltsanalyse dient der Analyse des Verlaufs des Makrodiskurses (Makroebene), der Analyse des Einflusses der Diskurse in den mikro-deliberativen Verfahren auf diese Makroebene und der Identifikation von hemmenden und fördernden Faktoren. Es wird davon ausgegangen, dass über die Massenmedien, als Beobachter des Makrodiskurses und als Vermittler zwischen der peripheren Öffentlichkeit und den zentralen Entscheidungsträgern, Konfliktlinien und gesellschaftliche Konfliktbearbeitung feststellbar und in Grundzügen darstellbar sind. Damit wäre auch ein Wandel hin zu deliberativer Endlager-Governance beobachtbar.

Die Inhaltsanalyse wird anhand der in Kapitel 3.1 vorgestellten Kriterien durchgeführt. Sie besteht aus einem quantitativen (Themen-Frequenz-Analyse) und einem qualitativen Teil (Gläser und Laudel 2004, Früh 2011). Für den hier intendierten Zweck scheint eine relativ kleine Auswahl an überregionalen Printmedien als Gegenstand der Analyse hinreichend. Zwar soll die Analyse den gesellschaftlichen Diskurs möglichst in seiner gesamten Breite erfassen, jedoch erlauben der explorative Charakter der Arbeit und der multimethodische Ansatz, die Fallzahl bei guter Auswahl gering zu halten. Für den deutschen Fall wurden die Frankfurter Rundschau und die Frankfurter Allgemeine Zeitung ausgewählt, für den schweizerischen Fall die Neue Zürcher Zeitung und der Tagesanzeiger.[45] Die zu untersuchenden Artikel wurden durch eine Suche in den Online-Zeitungsarchiven mit dem Stichwort „Endlager*" ausgewählt. Diese wurden nach erstmaligem Durchlesen weiter eingeschränkt auf nur die Artikel, in denen substantielle Aussagen zur Endlagerung hochradioaktiver Abfälle gemacht wer-

---

45   Die Analyse wurde auf Qualitätsmedien beschränkt, da sie in der Hierarchie der Printmedien als meinungsleitend gelten (Habermas 2006, Höglinger 2008). Die Wahrscheinlichkeit, Hinweise auf Deliberation zu finden, ist in Qualitätsmedien höher, da hier eher verschiedene Positionen aufgezeigt und in Kommentaren diskutiert werden, während die Boulevardpresse stark auf Skandale oder Sensationen und Absatzzahlen fokussiert ist (Dulinski 2006). In einem Pre-Test stellte sich die Frankfurter Rundschau als ertragreicher als die Süddeutsche Zeitung heraus.

den. Insgesamt wurden 559 Artikel in die Analyse miteinbezogen (Schweiz: 234, Deutschland: 332).

In der quantitativen Inhaltsanalyse wurde eine Frequenzanalyse der Themen- und Akteursnennungen durchgeführt (Früh 2011). Dies bedeutet, dass die Themen des öffentlichen Konflikts erfasst wurden und die Häufigkeit ihrer Erwähnung über den Zeitverlauf dargestellt wird. Weiterhin werden die Einzel- und kollektiven Akteure erfasst, die in den Artikeln als Sprecher mit einer Aussage zur Endlagerung auftreten. Von Interesse sind dabei nur direkte Aussagen zur Endlagerung an sich. Berichte über Proteste gegen Castor-Transporte interessieren dagegen beispielsweise nicht. Zu diesem Zweck wurde eine offene Codierung nach Themen und Akteuren durchgeführt. Die Datenbank für die quantitativen Erhebungen wurde mit Microsoft Access erstellt und mit Microsoft Excel ausgewertet.

Die quantifizierende Darstellung dient zunächst der Charakterisierung des gesellschaftlichen Konflikts, d.h. einer Darstellung der Konfliktlinien und der Hauptakteure im Konflikt. Weiterhin ist interessant, inwiefern die mikro-deliberativen Ereignisse genannt werden und auch inhaltlich Eingang in den Makrodiskurs finden. Diese Erhebung erfolgt über eine einfache Erfassung der Erwähnungen der mikro-deliberativen Ereignisse und die Bewertung derselben in der Berichterstattung (positiv/negativ/neutral). Die im ersten Schritt erfassten Themen können in einem zweiten Schritt mit den in den mikro-deliberativen Ereignissen behandelten Themen sowie mit den getätigten politischen Entscheidungen verglichen werden, um zeitliche Parallelitäten von Themenkarrieren in den verschiedenen Ebenen darzustellen.

Die quantitative Erhebung von Themen dient zusammenfassend der Erfassung von Effekten mikro-deliberativer Ereignisse im Sinne der Beeinflussung von Themensetzungen im Makrodiskurs und der Öffnung und Schließung von Konfliktlinien. Die quantitative Erfassung der Akteure, die ihre Interessenartikulationen in den Medien platzieren können, ist vor allem hinsichtlich eines potentiellen Wandels über den Zeitverlauf hinweg interessant. Aus beiden Erhebungen werden Schlüsse über das (Nicht-)Vorhandensein von Pluralität im Makrodiskurs gezogen und, im Zusammenhang mit der qualitativen Erhebung, analysiert, ob ein Dialog über Input- und Output-Legitimität und den gewünschten Ressourceneinsatz stattfindet.

Die qualitative Medienanalyse dient einer Analyse des Konfliktverhaltens der verschiedenen kollektiven Akteure in Bezug auf die Endlagerproblematik und der Qualität des Makrodiskurses, d.h. ob verhandelt wird oder Positionen bezogen werden und ob sich dies im Zeitverlauf ändert. Ziel ist, Veränderungen im Duktus der Diskursbeiträge (Konflikt vs. Deliberation) einzelner und kollektiver Akteure aufzudecken, zentrale politische Entscheidungen zu beobachten und den Makrodiskurs auf Veränderungen in den Diskurskriterien hin zu analysieren (s. Kap. 3).[46]

Die qualitative Inhaltsanalyse wurde in Anlehnung an Gläser und Laudel (2009) durchgeführt. Die Zeitungsartikel wurden zunächst nach Stellen durchsucht, die inhaltlich zu den in Kapitel 3 vorgestellten Kategorien passen. Die relevanten Passagen wurden in MAXQDA entsprechend markiert und extrahiert. In einem zweiten Schritt wurden diese Passagen nach Hinweisen auf Änderungen im Zeitverlauf hin analysiert. Diese Änderungen konnten sich entweder auf die Positionierung eines bestimmten kollektiven Akteurs oder die Darstellung eines Themas im öffentlichen Konflikt beziehen.

Weiterhin von Interesse ist, ob und wie die mikro-deliberativen Ereignisse im Makrodiskurs aufgegriffen werden. Dazu wurden die entsprechenden Stellen im Hinblick auf Bewertungen aber auch beschriebene Verwendungen der Ergebnisse dieser Ereignisse extrahiert und analysiert.
Deutschland

4.3   Interviews

Zur Vertiefung der durch die Medienanalyse gewonnenen Erkenntnisse wurden Experteninterviews durchgeführt (Gläser und Laudel 2009, Meuser und Nagel 2009). Von besonderem Interesse war die Einschätzung der interviewten ExpertInnen, inwiefern die momentanen Problembearbeitungsstrukturen deliberativen Charakter haben und was ihrer Meinung nach hemmende und fördernde Faktoren auf dem Weg zu einer deliberativen Konfliktbearbeitung sind. Die Interviews wurden als notwendige Ergänzung zu der Medienanalyse gesehen, da davon ausgegangen wird, dass nur „Spuren" von Wandel festgestellt werden können. Solche „Spuren" werden teilweise nicht im Makrodiskurs sichtbar sein, sondern nur von den beteiligten Einzel-Akteuren wahrgenommen. Es wurde „Betriebswissen" und „Kontextwissen" abgefragt. „Betriebswissen" bezieht sich auf das „*eigene Handeln und institutionelle Maximen und Regeln*", „Kontextwissen" auf

---

46   In der Analyse muss beachtet werden, dass kollektiven und Einzel-Akteure die Massenmedien zur Artikulation von stark interessengeleiteten Aussagen verwenden können, auch wenn sie in anderen Arenen verhandlungsbereit sind. Da hier aber der Makrodiskurs betrachtet wird, der durch diese Positionierungen gestaltet wird, behindert diese Tatsache die Analyse nicht.

Informationen *„über die Kontextbedingungen des Handelns anderer"* (Meuser und Nagel 2009: 470-471). In den Experteninterviews wurde also nach eigenen Handlungspraktiken und nach dem Handeln anderer Akteure gefragt, wie es von dem jeweiligen Interviewpartner erlebt wurde. Auch spezifische Fachfragen, wie z.B. zur Technik der Endlagerung, wurden gestellt.

Als ExpertInnen gelten dabei nicht nur Personen, die sich beruflich mit der Endlagerung befassen, aber auch nicht jeder, der sich für das Thema interessiert. „ExpertInnen" im Sinne von Meuser und Nagel (2009: 468) sind alle, deren *„Expertise (...) sozial institutionalisiert und an einen spezifischen Funktionskontext gebunden [ist]"*. Dies bedeutet, dass sie über Fachwissen verfügen, dass sie durch eine bestimmte Tätigkeit erhalten. Neben berufsgebundenem Wissen schließt dies auch Wissen mit ein, dass z.B. durch Tätigkeiten in Bürgerinitiativen o.ä. erworben wurde (Meuser und Nagel 2009: 467-468). Ein/e Experte/in steht im Interview für *„eine Problemperspektive, die typisch ist für den institutionellen Kontext, in dem er sein Wissen erworben hat und in dem er handelt. Er repräsentiert eine typische Problemtheorie, einen typischen Lösungsweg und typische Entscheidungsstrukturen"* (Meuser und Nagel 2009: 469). Jede/r Experte/in steht also für eine bestimmte Sicht auf das vorliegende Problem. Bei der Auswahl der Interviewpartner wurde deshalb darauf geachtet, die Bandbreite der bestehenden Problemdefinitionen durch die Auswahl der ExpertInnen abzubilden.

Zur Durchführung der Interviews wurde ein semi-strukturierter Leitfaden verwendet (Kvale und Brinkmann 2009, Meuser und Nagel 2009). Von Interesse waren dabei Aussagen der verschiedenen InterviewpartnerInnen zu bestimmten Themen, nicht die InterviewpartnerIn an sich. Dies bedeutet, dass themenbezogen, nicht personenbezogen ausgewertet wurde (Meuser und Nagel 2009: 476-477). Die Experteninterviews wurden ebenfalls nach der Methodik der qualitativen Inhaltsanalyse in Anlehnung an Gläser und Laudel (2009) ausgewertet.

Insgesamt wurden in Deutschland fünf und in der Schweiz sechs Interviews durchgeführt; jeweils mit einer Vertreterin der Abfallverursacher, zwei Vertreterinnen von Regierungsbehörden, ein bis zwei Vertreterinnen der betroffenen Öffentlichkeit vor Ort und einer Wissenschaftlerin, die den Prozess beobachtet.[47] Die Interviews wurden digital aufgezeichnet und im Nachhinein vollständig transkribiert. Die InterviewpartnerInnen wurden aufgrund der Vorkenntnisse über die Fälle ausgewählt und angeschrieben. Ein weiterer Auswahlfaktor war

---

47 Zum Zwecke der Anonymisierung wird für alle InterviewpartnerInnen, unabhängig vom realen Geschlecht, die weibliche Form verwendet.

ihre Offenheit gegenüber anderen kollektiven Akteuren. Es wurden solche InterviewpartnerInnen ausgewählt, die in der Vergangenheit bereits an deliberativen Ereignissen teilgenommen haben, einerseits um sicherzustellen, dass sie das notwendige Fachwissen über den jeweiligen politischen Prozess haben, andererseits aber auch, da angenommen wird, dass dies VertreterInnen der kollektiven Akteure sind, bei denen das Finden von Hinweisen auf Effekte am wahrscheinlichsten ist. Würden solche Hinweise gefunden werden, könnte daraus also nicht geschlossen werden, dass der jeweilige kollektive Akteur in seiner Gesamtheit beeinflusst wurde, sondern dass dessen „Speerspitze" bezüglich der Offenheit gegenüber deliberativen Ansätzen beeinflusst wurde. Diese Vorgehensweise erhöht die Wahrscheinlichkeit eines positiven Befundes, wird aber als notwendig angesehen, da Interviews mit VertreterInnen, die deliberativen Ansätzen stark ablehnend gegenüberstehen, keinen Erkenntnisgewinn erwarten lassen. Sollte sich selbst bei den relativ offenen VertreterInnen keine Hinweise auf Effekte zeigen, so könnte die gut begründete Hypothese aufgestellt werden, dass bei dem gesamten kollektiven Akteur keine Effekte zu finden sind.

In der Schweiz wurden die Vertreterinnen der Nagra und des ENSI über das BFE vermittelt. Dabei wurden der vermittelnden Person beim BFE Rahmenkriterien für die Auswahl an die Hand gegeben. Auch die Vertreterinnen der lokal Betroffenen in der Region Zürich wurden von einem Dritten empfohlen, alle angeschriebenen Personen erklärten sich zu einem Interview bereit.

Die Abweichungen in der Zusammensetzung der InterviewpartnerInnen sind den nationalen Strukturen geschuldet. Während in der Schweiz die Nagra von den Abfallverursachern als Betreiber des Endlagers gegründet wurde, ist der Betrieb in Deutschland Aufgabe des Bundes und wird vom Bundesamt für Strahlenschutz wahrgenommen, das gleichzeitig die atomrechtliche Aufsicht übernimmt. In der Schweiz nimmt die Aufsicht das ENSI als unabhängige Behörde wahr.

In der Schweiz wurden zwei Vertreterinnen der lokalen Bevölkerung, die sich schon über einen langen Zeitraum hinweg mit dem Thema beschäftigen, interviewt, um die Expertenmeinung einer Gegnerin und einer neutral bis eher positiv eingestellten Person zu erfassen, da letztere im Schweizer Verfahren eine durchaus starke Stimme haben. In Deutschland wurde nur eine Gegnerin interviewt, da das Verfahren in Deutschland stärker durch den Konflikt definiert und auf einen Dialog mit Gegnern ausgelegt ist, die neutral bis eher positiv eingestellten Parteien also keine größere Rolle im Konflikt und dessen Bearbeitung spielen.

5.   Einführung in die Fallstudien

Um Effekte mikro-deliberativer Ereignisse analysieren zu können, ist es notwendig, den Kontext zu kennen, innerhalb dessen sie implementiert werden und Effekte zeigen sollen. Da in dieser Arbeit unter anderem Effekte auf die Endlagerpolitik untersucht werden sollen, besteht dieser Kontext aus dem nationalen politischen System und den jeweils relevanten, klassischen Regulierungsverfahren. Das politische System eines Landes ist mitentscheidend für die Art und Weise, wie die mikro-deliberativen Ereignisse organsiert werden und wie sie in die formelle Entscheidungsfindung eingebunden sind (Biegelbauer und Hansen 2011). Die politischen Systeme Deutschlands und der Schweiz werden im Folgenden charakterisiert. Die spezifischen Endlagerpolitiken sind Teil der Fallstudien (Kap. 6.1 und 7.1).

5.1   Deutschland

5.1.1   Das politische System Deutschlands

Deutschland ist eine repräsentative Demokratie ohne Erfahrungen in direkter Demokratie auf nationaler Ebene (Geissel 2009). Je nach Fokus werden zur Beschreibung des demokratischen Systems in Deutschland verschiedene Begriffe verwendet. Der Begriff „Kanzlerdemokratie" weist auf die starke Stellung des Bundeskanzlers hin, der durch die Richtlinienkompetenz gegenüber dem Kabinett die Regierungstätigkeit theoretisch steuern kann (Helms 2005: 62-63,134). Eine weitere Charakterisierung hebt auf die starke Rolle der Parteien ab, die sich u.a. daran zeigt, dass politische Führungskräfte Parteien oft sogar in führenden Rollen zugehören. Dementsprechend wird die Demokratie in Deutschland auch von vielen Autoren als *„Parteiendemokratie"* bezeichnet (s. Helms 2005: 77, Geissel 2009). Dazu gehört auch eine starke *„Parteipolitisierung"* des Führungspersonals in den Ministerien (Helms 2005: 131).

Zentral für die Frage der politischen Entscheidungsfindung ist neben der Charakterisierung als „Kanzlerdemokratie", die sich auf die Entscheidungskompetenzen in den großen Fragen der Regierungsrichtlinien bezieht, auch die Charakterisierung als „Verhandlungsdemokratie". Diese bezieht sich auf konkrete Entscheidungssituationen und bedeutet, dass intransparente Verhandlungen mit einflussreichen Verbänden eine starke Rolle in der Gesetzgebung spielen (Grimm 2003, Schmidt 2003, Helms 2010). So hat die Energiewirtschaft traditionell einen starken Einfluss auf die Energiepolitik (Mez 2007). Positiver formuliert kann man dies als eine *„Wertschätzung von Kompromiss und Kooperation"* deuten, die Helms (2005: 67) in der Zusammenarbeit von Regierung und Opposition ausmacht.

> *„Die Bundesrepublik gehört zu jenen parlamentarischen Systemen, die in verfassungs- und geschäftsordnungsrechtlicher Hinsicht das Ziel einer größtmöglichen Stabilität der Regierung mit einem hohen Maß an Machtbeteiligung der parlamentarischen Opposition verbinden"* (Helms 2005: 135).

Diese Wertschätzung von Kooperation lässt sich, wie die enge Zusammenarbeit mit der Energiewirtschaft zeigt, in bestimmten Kontexten auch auf Verhandlungen mit regierungs-externen kollektiven Akteuren übertragen.

Unter der Regierung Schröder wurde die *„prominente Rolle von mit externen Spezialisten besetzten Regierungskommissionen"* kritisiert, da sie zu einer Entmachtung des Parlaments führe (Helms 2005: 142-143). Es besteht in Deutschland im Gegensatz zur Schweiz kein offizielles Anhörungsrecht für Spitzenverbände im Gesetzgebungsverfahren. Allerdings hat sich hier ein Gewohnheitsrecht gebildet, dem es an der Transparenz des schweizerischen Pendants, der „Vernehmlassung", mangelt (Helms 2005: 164, von Beyme 2010: 228). Diese Intransparenz zeigt sich auch an der Beobachtung, dass in Deutschland wenige wissenschaftliche Gutachten, die für die Exekutive erstellt werden, veröffentlicht werden (von Beyme 2010: 350).

Einflussversuche von Verbänden finden hauptsächlich auf der Exekutivebene und hier insbesondere auf der Ebene der Ministerien statt (Helms 2005: 164, von Beyme 2010: 225). Insbesondere Verbände, die *„Statuspolitik"* betreiben, also eine bestimmte Bevölkerungsgruppe mit ihren Interessen vertreten, versuchen aber auch Einfluss auf Parlamentsebene zu gewinnen, da sie weniger über öffentliche Auseinandersetzungen Einfluss nehmen können, im Gegensatz zu beispielsweise Wirtschaftsverbänden und Gewerkschaften (von Beyme 2010: 223-224). Während demnach etablierte Verbände in Deutschland gute Einflussmöglichkeiten haben, rechnet Dryzek (1996a) Deutschland zu den passiv exklusiven Staaten, also denen, die Vertretern nicht etablierter Verbände keinen Zugang zu Problembearbeitungs- und Entscheidungsfindungsstrukturen ermöglichen. Zu diesen zählen auch die Umweltverbände, denen von Beyme (2010: 225) eine schwache Stellung attestiert, da sie der Gesellschaft keine wichtigen Leistungen verweigern können. Wirtschaftsinteressen hätten hingegen aufgrund des Arbeitsplatzarguments gute Durchsetzungsfähigkeiten. Die Grünen sind dagegen ein Beispiel für eine Umweltbewegung, die sich durch Institutionalisierung Zugang zu den etablierten Machtstrukturen verschaffen hat (vgl. Raschke 1993).

Ein weiterer wichtiger Aspekt der deutschen Demokratie ist der Föderalismus. Er ist durch eine starke Vertretung der Länder auf der Bundesebene in Form des Bundesrats geprägt, was die Möglichkeit von Entscheidungsblockaden fördert, deren Abbau durch Verhandeln zwar möglich, aber oft mit hohen Kosten verbunden ist (Grande 2002). Lehmbruch (2002: 103, sic!) bezeichnet den deutschen Föderalismus als *„Exekutivföderalismus mit der ‚funktionale' Aufteilung von Gesetzgebungs- und Verwaltungskompetenzen auf Bund und Länder"* und einer starken Position des Bundesrats. Ein hoher Anteil der Gesetze ist zustimmungspflichtig, d.h. sie müssen durch den Bundesrat bewilligt werden (über 50%). Dies gilt, wenn durch sie *„Einrichtungen der Behörden und das Verwaltungsverfahren der Länder"* betroffen sind (von Beyme 2010: 371). Real scheitern aber nur ca. 1% aller Gesetzesvorhaben an der endgültigen Ablehnung des Bundesrats (Helms 2005: 154-155). Sehr oft werden Bund-Länder-Streitigkeiten als Streitigkeiten zwischen Parteien ausgetragen (von Beyme 2010: 373).

5.1.2 Zulassungsverfahren für Großbauvorhaben

Allgemein

Für die Zulassung vieler Großbauvorhaben technischer und nicht-technischer Natur ist ein Planfeststellungsverfahren notwendig. Im Verwaltungsverfahrensgesetz (VwVfG) ist das grundlegende Konzept des Planfeststellungsverfahrens festgelegt, in welchen Fällen es Anwendung findet in den jeweils anzuwendenden Fachplanungsgesetzen (Ipsen 2012: 234, BeckOK VwVfG/Kämper 2015: VwVfG § 72-77). Planfeststellungsverfahren werden hauptsächlich in solchen Fällen gesetzlich verlangt, in denen über komplexe Vorhaben, die raumplanerische Bedeutung haben und eine Vielzahl von Stakeholdern betreffen, entschieden werden soll (Ipsen 2012). Planfeststellungsverfahren haben eine „Konzentrationswirkung", d.h. ein Planfeststellungsbeschluss ist ein abschließender Beschluss über das Bauvorhaben, dem keine weiteren Genehmigungen mehr folgen müssen (Ipsen 2012, BeckOK VwVfG/Kämper 2015: VwVfG § 75). Weitere genehmigungsrelevante Bereiche, wie Wasserrecht und Naturschutz, werden mit dem Planfeststellungsbeschluss abgedeckt. Eine Umweltverträglichkeitsprüfung (UVP) kann Bestandteil eines Planfeststellungsverfahrens sein (BeckOK VwVfG/Kämper 2015: VwVfG § 72 Rn. 53-53.1). Nicht vorhergesehene Auswirkungen des Vorhabens können Änderungen in den Schutzvorschriften nach sich ziehen; der Planfeststellungsbeschluss kann aber nicht aufgrund dieser im Nachhinein wieder aufgehoben werden (BeckOK VwVfG/Kämper 2015: VwVfG § 75 Rn. 37-40). In den meisten Fällen besteht ein gewisses Planungsrecht der Behörden, d.h. sie dürfen private und öffentliche Belange abwägen und folglich auch bei Einreichung aller erforderlichen Unterlagen und Erfüllung aller Vorschriften Planfeststellungsbeschlüsse nicht oder nur unter Auflagen erteilen (BeckOK VwVfG/Kämper 2015: VwVfG § 74 Rn. 68-70). Je nachdem, ob die Genehmigungsbehörde auf Bundes- oder Länderebene liegt, findet das Bundes- oder das jeweilige Landes-VwVfG Anwendung (BeckOK VwVfG/Kämper 2015: VwVfG § 72 Rn. 36-37). Auf Bundesebene gibt es kein Raumordnungsprogramm, sodass es keine bundeseinheitlich verbindlichen Regelungen für Standortfestlegungen von Großbauvorhaben gibt (Gaßner und Neusüß 2009).

Bei diesen klassischen Verfahren sind Informations- und Beteiligungsmöglichkeiten rechtlich geregelt. Generell besteht ein Recht auf Einsicht der Akten, die den Behörden vorliegen und die dort durch die Vorhabenträger angelegt wurden. Darüber hinaus sind Umweltinformationen für jeden einsehbar, wozu „auch die in einer Datenbank enthaltenen, aus den gesamten Einwendungen und Stellungnahmen zusammengefassten Argumente gegen ein geplantes Großvorhaben" zählen (BeckOK VwVfG/Herrmann 2015: VwVfG § 29 Rn. 41-41.1).

Die Beteiligungsrechte der BürgerInnen am Planfeststellungsverfahren sind, je nachdem welches Fachplanungsgesetz Anwendung findet, sehr unterschiedlich. Generell gilt aber ein Anhörungsrecht für diejenigen, die von dem beantragten Vorhaben betroffen sind (Böhm 2011).

Der Beteiligungsprozess wird als dreiteilig beschrieben mit einer Auslegungs-, einer Einwendungs- und einer Erörterungsphase (Böhm 2011). Ausgelegt werden die Pläne, nachdem sie bei der Planfeststellungsbehörde vollständig eingereicht wurden (BeckOK VwVfG/Kämper (2015): VwVfG § 73 Rn. 30-30.1). Dies bedeutet, dass sie nach Abschluss der Planungen durch den Vorhabenträger und damit zu einem Zeitpunkt durchgeführt werden, zu dem schon erhebliche Ressourcen in die Planungen geflossen sind und Alternativen zu bestimmten Verfahrensaspekten aufgrund von gesetzten Rahmenbedingungen nur noch unter erheblichem Aufwand durchgeführt werden können. Auch deutet das Format der Anhörung darauf hin, dass die Anhörung eher in Form einer „Frage und Antwort"-Beteiligung stattfindet und nicht einer Diskussion über verschiedene Aspekte des Vorhabens. Darauf weist auch die Anmerkung des zuständigen Vorsitzenden Richters Gaentzsch hin, dass seine Erfahrung als Verhandlungsleiter des Erörterungstermins zur Erweiterung des Frankfurter Flughafens gezeigt hätte, dass *„allenfalls 10 % [der Einwendungen] überhaupt rechtlich relevant gewesen"* seien (Böhm 2011: 615). Die Relevanz der in der Erörterung aufgebrachten Themen wird damit anhand nur eines Indikators gemessen, nämlich der rechtlichen Relevanz, was eine starke Einschränkung der als relevant anerkannten Themen mit sich bringt. Konflikte können aber durchaus ihren Ursprung in rechtlich nicht relevanten Themen haben, gerade wenn Eingriffe in die „Lebenswelt" stattfinden.

In der Literatur wird festgestellt, dass viele BürgerInnen mit dieser späten Einbindung nicht mehr zufrieden sind. Bereits 1980 konstatiert Conradt einen Wandel von einer eher passiv orientierten politischen Kultur hin zu einer kritischen, partizipationswilligen Kultur, die sich u.a. in der Gründung von Bürgerinitiativen u.ä. ausdrückt. Aktuelle Beobachtungen zu Protesten bei Infrastrukturmaßnahmen schließen sich dem an (Böhm 2011, Brettschneider 2013).

Endlager-spezifisch

Der Abwägungsgrundsatz gilt im Fall der Endlagerung nicht. Dies bedeutet, dass der Planfeststellungsbeschluss erteilt werden muss, wenn die gesetzlichen Anforderungen erfüllt sind. Im Fall des Endlagers für nicht-wärmeentwickelnde Abfälle Schacht Konrad urteilte das Bundesverwaltungsgericht, dass es dabei allein um die Feststellung der Eignung eines bestimmten Standorts ginge. Eine Untersuchung von Standortalternativen könne nicht als Teil des Planfeststellungsverfahrens gefordert werden (BVerwG 7 B 72.06).[48]
Für die Bürgerbeteiligung gilt nicht das VwVfG, sondern die Verordnung über das Verfahren bei der Genehmigung von Anlagen nach § 7 des Atomgesetzes (AtVfV). Dieses schreibt ebenfalls ein dreiteiliges Vorgehen mit Bekanntma-

---

48 Ramsauer (2008) setzt sich kritisch mit dieser Entscheidung auseinander und kommt zu dem Schluss, dass eine Verpflichtung zur Alternativenprüfung durchaus rechtlich begründbar ist.

chung, Einwendung und Erörterung vor. Die Anforderungen an die jeweilige Phase sind aber wesentlich detaillierter ausformuliert. Beispielsweise werden verbindliche Inhalte der Bekanntmachung vorgeschrieben sowie Bedingungen festgelegt, unter welchen Bekanntmachungen wiederholt werden müssen. Auch die Auslage der Pläne ist genauer geregelt. So müssen die Pläne nur zu Dienstzeiten der Ämter zugänglich sein.

5.2 Schweiz

5.2.1 Das politische System der Schweiz

Die schweizerische Demokratie lässt sich nach Linder als *„halbdirekte Demokratie"* bezeichnen, die sich durch eine klare Aufteilung der Entscheidungskompetenzen zwischen Parlament, Regierung und Stimmvolk auszeichnet (Linder 2005: 242-243). Gesetzesinitiativen gehen meist vom Bundesrat aus. Er hat eine in der Verfassung festgeschriebene Pflicht zur Information über seine Tätigkeiten, die auch als Pflicht zur Information über Planungen und Beurteilungen verstanden wird (Klöti 2006). Verpflichtend sind Referenden nur für Verfassungsänderungen; Gesetze werden vom Parlament verabschiedet, jeder Gesetzesentwurf unterliegt jedoch dem fakultativen Referendum; Verordnungen und Einzelentscheide werden von der Regierung getätigt und können nicht durch direktdemokratische Mittel angegriffen werden (Linder 2005: 243, Cottier und Liechti 2008: 43). Generell wird den Instrumenten direkter Demokratie eine hohe Bedeutung zugemessen; sie werden als wichtiger erachtet als Wahlen (Linder 2005: 244). Problematisch ist, dass teilweise für die Bevölkerung wichtige Entscheide, wie z.B. die Genehmigung eines Endlagerstandorts, klassischerweise unter die dritte Kategorie der nicht angreifbaren Entscheide fallen (Linder 2005: 247). Für die Endlagerung wurde dies aber mit dem Kernenergiegesetz von 2005 behoben (KEG, s.u.).

Generell gilt, dass *„alle staatlichen Aufgaben, die nicht explizit dem Bund zugeordnet werden, automatisch in die Kompetenz der Kantone fallen"* (Vatter 2008: 21-22). Neue Bundesaufgaben müssen in der schweizerischen Bundesverfassung festgeschrieben werden und unterliegen damit dem obligatorischen Referendum (Vatter 2006). Im Fall der Atomenergie fand bereits 1957 eine entsprechende Verfassungsänderung statt (Art. 90).

Das fakultative Referendum, mit dem jeder Gesetzesentwurf angegriffen werden kann, erlangt seinen Einfluss nicht nur, wenn es zustande kommt. Bereits die Androhung, dass es zum Referendum kommen könnte, verändert den Entscheidungsfindungsprozess, der einer Gesetzesvorlage vorausgeht. Zwar werden nur 7% aller Gesetze durch ein solches Referendum angegriffen, kommt es aber zum Referendum so hat es eine Erfolgschance von über 50% (Linder 2005: 250). Allerdings ist die Tendenz hier sinkend (Kriesi und Trechsel 2008: 123). Es liegt also im Interesse von Parlament und Regierung, dass es nicht zum Referendum kommt. Dies bedeutet oft, dass in die Vorverhandlungen schon alle referendumsfähigen Interessengruppen, die möglicherweise gegen das Gesetz sein und dagegen mobilisieren könnten, einbezogen werden (Linder 2005: 246, Kriesi und Trechsel 2008: 58). Dies *„bewirkt eine pragmatische Politik der kleinen Schritte; es wird verhandelt und es werden praktikable Kompromisse gesucht"* (Cottier und Liechti 2008: 46). Konkret wird ein Gesetzesentwurf zunächst durch eine vom Bundesrat eingesetzte Expertenkommission beraten, um dann interessierten kollektiven Akteuren zur Stellungnahme vorgelegt zu werden (Vernehmlassungsverfahren) (Hempel 2010: 293). Bevor die Gesetzesvorlage ins Parlament gegeben wird, versucht der Bundesrat, sie mit allen kollektiven Akteuren (inkl. der Parteien) abzustimmen, um so die Wahrscheinlichkeit eines Referendums zu senken (Hempel 2010: 293). Die öffentliche Meinung und damit einhergehend die Darstellung der jeweiligen Thematik in den Medien spielen dabei eine wachsende Rolle, insbesondere da die Medien zunehmend auch politischen Themen ihre Rationalität von *„Massenattraktivität"* (Marcinkowski 2006: 396) auferlegen können und dadurch *„move from the periphery to the centre stage of the political process"* (Kriesi und Trechsel 2008: 131)

Insbesondere in Umweltfragen spielen neue soziale Bewegungen in diesen Vorberatungen eine wichtige Rolle. So wurde, wie auch in Deutschland, die Partei der Grünen in der Schweiz aus der Umweltbewegung heraus gegründet (Linder 2005: 131). Andere Bewegungsorganisationen haben starken Einfluss auf den Entscheidungsvorbereitungsprozess (Kummer 1997). Dabei haben die sozialen Bewegungen gelernt, dass die Anzahl der Stimmen an der Wahlurne wichtiger ist als kurzfristiger Protest und dass diese zwei nicht automatisch zusammenhängen (Linder 2005: 135). In der Schweiz sind soziale Bewegungen weiter verbreitet als in Deutschland (Kriesi 1995), diese scheinen aber aus deutscher Sicht weniger aktiv, da die öffentlichen Protestkundgebungen wesentlich kleiner und medial weniger sichtbar sind.

Während die schweizerische Demokratie in Lijpharts berühmter Typologie verschiedener Demokratien (1999) noch als Extremfall bezeichnet wird, scheint sie sich seit Ende der 1990er Jahre durch Reformen auf verschiedenen Ebenen zu einem „Normalfall" einer mitteleuropäischen Konsensusdemokratie entwickelt zu haben (Vatter 2008). Dies bedeutet unter anderem, dass der Grad der Polarisierung zwischen den Regierungsparteien zugenommen hat, was sich auch aus häufiger auseinanderdriftenden Wahlempfehlungen im Vorfeld direktdemokratischer Abstimmungen ableiten lässt (Linder 2009: 219-220, 2010b: 608).

Diese Entwicklung fällt mit einer Stärkung der SVP zusammen, die bei den Parlamentswahlen 2003 viele Wählerstimmen gewinnen konnte und daraufhin einen zusätzlichen Sitz im Bundesrat erhielt, der vorher von der CVP besetzt wurde. Damit verschob sich zum ersten Mal seit 1959 das Parteiengleichgewicht im Bundesrat (Vatter 2008: 11). Durch einen gleichzeitigen Wahlgewinn der Grünen führte dies zu einer stärkeren Polarisierung in der Regierung (Vatter 2008: 10). Die Wahlempfehlungen der Parteien bei direktdemokratischen Abstimmungen sind entscheidend dafür, ob ein Thema im Volk konfliktreich oder konsensual behandelt wird (Kriesi 2005, Kriesi und Trechsel 2008: 58, Linder 2010a: 424).[49]

Vor diesem Hintergrund ist die zunehmende Polarisierung der Regierungsparteien auch für die Interpretation der Entwicklungen in der Endlagerfrage relevant. Insbesondere die Polarisierung der Parteien entlang der Spaltung zwischen Ökologie und Ökonomie, die als neuere Spaltung („Cleavage"[50]) in der Kernenergiefrage eine wichtige Rolle spielt (Linder 2009: 6), trägt zur Polarisierung des Endlagerkonflikts bei. Die Kernenergiefrage wird dabei zwar als „neuere Spaltung" betitelt, führt aber schon seit den 1980ern zu einer bis heute andauernden Spaltung der schweizerischen Gesellschaft (Linder 2009: 6).

---

49   Klassischerweise bereiten die Regierungsparteien einen Konsens vor, der von der Mehrzahl der Parteien getragen werden kann. Dies ist notwendig, da durch die direktdemokratischen Mittel, die das Volk ergreifen kann, Gesetzesvorschläge der ständigen „Gefahr" der Ablehnung durch das Volk ausgesetzt sind (Linder 2010b: 600).

50   Die klassischen Cleavages wurden von Lipset und Rokkan beschrieben (Lipset und Rokkan 1967). „Cleavages beruhen erstens auf dauerhaften Wert- oder Interessengegensätzen, die zweitens eine sozial-strukturelle Basis (Schicht oder Milieu) haben und drittens durch politische Akteure, vor allem Parteien, organisiert und mobilisiert werden" (Linder 2010b: 599, nach Bartolini/Mair 1990 und Mair/Katz 1994). Die klassischen Cleavages waren für die Schweiz von großer Bedeutung und lassen sich folgendermaßen formulieren: „Katholizismus-Protestantismus", „Zentrum-Peripherie", „Stadt-Land" und „Arbeit-Kapital" (Lipset und Rokkan 1967, Linder 2010a: 412-413).

5.2.2 Zulassungsverfahren für Kernanlagen

Für Bau und Betrieb einer Kernanlage in der Schweiz wird seit 1978 eine Rahmenbewilligung benötigt (Kupper 2004). Aktuell werden Grundlagen und Inhalt der Rahmenbewilligung im Kernenergiegesetz in Art. 12, KEG festgelegt, vor Inkrafttreten des KEG im Jahr 2005 durch dessen Vorgänger, das Atomgesetz (AtG).

Nach Art. 13, KEG müssen folgende Kriterien erfüllt werden, damit eine solche Bewilligung erteilt werden kann:

> *a. der Schutz von Mensch und Umwelt sichergestellt werden kann;*
>
> *b. keine anderen von der Bundesgesetzgebung vorgesehenen Gründe, namentlich des Umweltschutzes, des Natur- und Heimatschutzes und der Raumplanung, entgegenstehen;*
>
> *c. ein Konzept für die Stilllegung oder für die Beobachtungsphase und den Verschluss der Anlage vorliegt;*
>
> *d. der Nachweis für die Entsorgung der anfallenden radioaktiven Abfälle erbracht ist;*
>
> *e. die äussere Sicherheit der Schweiz nicht berührt wird;*
>
> *f. keine völkerrechtlichen Verpflichtungen entgegenstehen;*
>
> *g. bei geologischen Tiefenlagern zudem, wenn die Ergebnisse der erdwissenschaftlichen Untersuchungen die Eignung des Standortes bestätigen* (Art. 13, KEG).

In der Rahmenbewilligung werden die Grundzüge des Bauvorhabens bewilligt, beispielsweise der Standort, der Zweck und die zugelassene Strahlenexposition (Art. 14, KEG). Innerhalb eines bestimmten Zeitraums nach Erteilung der Rahmenbewilligung muss ein Baugesuch gestellt werden (Art. 14, KEG).

Kupper (2009)[51] weist auf große Unterschiede zwischen der Regelung im AtG und im KEG hin. So sei die Unterteilung in Rahmenbewilligung und Bau- und Betriebsbewilligung neu, was bedeute, dass der politische Entscheid (Rahmenbewilligung) von den technischen Entscheiden (Bau- und Betriebsbewilligung) getrennt worden sei. Zweitens sei die kommunale Ebene völlig aus den Genehmigungsverfahren ausgeschlossen worden. Drittens seien aber mehr Möglichkeiten für Beteiligung geschaffen worden. *„Vernehmlassung, Mitwirkung, Anhörung, parlamentarische Behandlung, fakultatives Referendum, sowie Mög-*

---

51 Neben Kupper 2009 konnte keine weitere Literatur zur Beurteilung des KEG gefunden werden.

lichkeiten der Einwendung, Einsprache und Beschwerde" seien neu hinzugekommen (Kupper 2009: 11). Mit der Konzentration der Verfahrensverantwortung auf Bundesebene orientiere sich das KEG am Bundesgesetz über die Koordination und Vereinfachung von Entscheidverfahren (Koordinationsgesetz, 1999), welches für nationale Infrastrukturbauten gelte. Eine weitere Neuerung sei, dass es keinen Rechtsanspruch auf die Erteilung der Rahmenbewilligung gebe und diese auch nur begrenzt gültig sei. Auch seien neue Rechtsmittel zugelassen, dafür würden aber die vorher auf Kantonsebene vorhandenen wegfallen.

Eine Besonderheit im Verfahren für die Genehmigung eines Endlagerstandortes ist die Vorgabe, dass diese nach in einem Sachplan festgelegten Regeln erfolgen muss. *„Sachpläne sind Planungen im Sinne des Bundesgesetzes über die Raumplanung"* (BfR 1997: 8). Diese werden im Folgenden allgemein vorgestellt. Auf die Spezifika des „Sachplan Geologische Tiefenlager" wird in Kapitel 7.1 eingegangen.

Sachpläne des Bundes

Die rechtlichen Grundlagen für Sachpläne finden sich in Art. 13, Bundesgesetz über die Raumplanung (RPG). Sie dienen der Planung und Koordination der *„raumverändernden und -erhaltenden Tätigkeiten"*, für die der Bund zuständig ist, und müssen in *„enger und frühzeitiger Zusammenarbeit mit den Kantonen"* erarbeitet werden (BfR, 1997: 8). Für welche Arbeitsbereiche Sachpläne notwendig sind, werde laut BfR (1997) zu Anfang jeder Legislaturperiode festgelegt und orientiere sich am jeweiligen Koordinierungsbedarf innerhalb eines bestimmten Aufgabengebiets. In ihnen werden keine rechtlichen Vorgaben geändert, sondern sie geben *„Handlungsanweisungen"* (VLP-ASPAN 2014: 4). Diese sind für die ausübenden Behörden verbindlich (VLP-ASPAN 2014: 8). Der Bund muss im Sachplan zeigen, *„wie und mit welchen Mitteln er diese Aufgaben umsetzt"* (VLP-ASPAN 2014: 5). Inhaltlich enthält jeder Sachplan einen Konzeptteil und einen Umsetzungsteil mit „Objektblättern", die bestimmte Maßnahmen o.ä. festlegen (VLP-ASPAN 2014: 6). Im Sachplan können ökologische, soziale und wirtschaftliche Interessen berücksichtigt werden, d.h. verbindlich in die Interessenabwägung einfließen (VLP-ASPAN 2014: 10). Diese Interessenabwägung ist ein essentieller Teil des Sachplans und muss öffentliche und private Interessen berücksichtigen.

Für die Erarbeitung der Sachpläne sind die jeweils zuständigen Bundesinstitutionen hauptverantwortlich. Weitere relevante Bundesinstitutionen, die Kantone und Nachbarländer müssen in die Planung einbezogen werden. Dasselbe gilt für Personen des öffentlichen oder privaten Rechts, die öffentliche Aufgaben wahrnehmen (RPV Art. 18). Weiterhin muss eine Anhörung organisiert werden. Der Kanton ist dafür zuständig, die regionalen und lokalen Verwaltungen anzuhören und die Bürgerbeteiligung zu organisieren. Eine Mindestanforderung ist die Organisation einer Anhörung. Nachdem der Sachplan mindestens 20 Tage zur Anhörung auslag, werden die Einwände ausgewertet und der Sachplan überarbeitet und auf die Einwände wird schriftlich geantwortet. Die Verabschiedung erfolgt durch den Bundesrat (RPV Art. 19 – 21, VLP-ASPAN 2014: 14).

Momentan gibt es acht Sachpläne (Stand Juli 2014): den Sachplan Fruchtfolgeflächen, das Landschaftskonzept Schweiz, den Sachplan Verkehr, den Sachplan Übertragungsleitungen, den Sachplan Geologische Tiefenlager, den Sachplan Rohrleitungen, den Sachplan Militär und das Nationale Sportanlagenkonzept. Von diesen hat nur der Sachplan Geologische Tiefenlager ein erweitertes, mehrstufiges Beteiligungskonzept, welches gerade bei komplexen Planungsaufgaben im Rechtskommentar der VLP-ASPAN als zweckmäßig angesehen wird (VLP-ASPAN 2014: 14).

5.3 Zwischenfazit

Das politische System und der Regulierungsansatz für hochradioaktive Abfälle unterscheiden sich in Deutschland und der Schweiz stark. Da diese Unterschiede sich auf den Grad der Verhandlung von Regierungsentscheidungen mit der Öffentlichkeit und die Ausgestaltung des Verfahrens, das zu einer Genehmigung eines Endlagerstandorts führen soll, beziehen, kann ein Vergleich der beiden Länder zu differenzierteren Aussagen über fördernde und hemmende Faktoren für Effekte mikro-deliberativer Ereignisse führen, als es durch die Analyse nur eines Landes möglich wäre.

6. Fallstudie Deutschland

Bevor in die empirische Analyse eingestiegen wird[52], wird im Folgenden die institutionalisierte Endlagerpolitik im Untersuchungszeitraum eingeführt sowie die in ihrem Rahmen organisierten mikro-deliberativen Ereignisse. Dies ist nicht Teil der empirischen Erhebung, bildet aber den Hintergrund, vor dem die beobachteten Diskussionen im Makrodiskurs und in der Endlagerpolitik stattgefunden haben. Weiterhin werden zur Einführung in die empirische Erhebung einige zentrale Eckdaten vorgestellt und generelle Merkmale der Medienberichterstattung in Deutschland diskutiert. In diesem Zusammenhang werden auch die Ergebnisse der quantitativen Erhebung der im Diskurs vorkommenden kollektiven Akteure und der bestehenden Konfliktlinien dargestellt und diskutiert. Diese dienen einer ersten Charakterisierung des Makrodiskurses. Die Ergebnisse dieser Erhebungen werden in der Diskussion über Wandel problemorientiert aufgegriffen.

6.1 Mikro-deliberative Ereignisse in der Endlagerpolitik

6.1.1 Endlagerpolitik in Deutschland 2001-2010

In Folge eines vielschichtigen, aus heutiger Perspektive teilweise nicht mehr nachvollziehbaren Auswahlverfahrens wurde 1977 auf Vorschlag des niedersächsischen Ministerpräsidenten der Standort Gorleben als potentieller Standort für ein Endlager für wärmeentwickelnde Abfälle ausgewählt (Hocke und Renn 2009). 1979 wurde mit der obertägigen Erkundung des Standorts begonnen, 1986 mit der untertägigen (BfS 2015c).

---

52 Der Aufbau der Analyse orientiert sich an den beiden Forschungsfragen, die in Kapitel 1 eingeführt und in Kapitel 3 operationalisiert wurden. Es wird davon ausgegangen, dass Effekte nur auf der Ebene von „Spuren" gefunden werden können. Deshalb werden im Folgenden auch die Momente von Wandel mit in die Analyse einbezogen, die nicht eindeutig als Effekt mikro-deliberativer Ereignisse eingestuft werden können.

In der untertägigen Erkundung kam es seitdem regelmäßig zu Verzögerungen und Planänderungen, sodass von einem „messy muddling through", also einem unkoordinierten „Durchwurschteln", gesprochen werden kann (Hocke und Renn 2009: 9). Beispielsweise wurde bisher nur ein Erkundungsbereich (EB1) von den geplanten neun Erkundungsbereichen aufgefahren.[53] Rechtlich wurde die Erkundung auf Basis einer Genehmigung nach Bundesberggesetz durchgeführt. Der ursprüngliche Rahmenbetriebsplan von 1983 war unverändert bis 2013 gültig, die Hauptbetriebspläne wurden sukzessive angepasst.[54]

Im Zeitraum von 2001 bis 2010 gab es in der Endlagerfrage verschiedene Phasen, die durch das Verfolgen unterschiedlicher Konzepte der verschiedenen Regierungsparteien für ein Vorankommen in der Endlagerfrage geprägt waren.[55] Von 1998 bis 2005 regierte eine rot-grüne Koalition unter Bundeskanzler Gerhard Schröder. Bundesumweltminister in dieser Zeit war Jürgen Trittin. Diese setzten den Arbeitskreis Auswahlverfahren Endlagerstandort (AkEnd) ein, dessen Aufgabe es war, ein neues, faires Auswahlverfahren für einen Endlagerstandort inklusive der an den Standort anzulegenden Sicherheitskriterien vorzuschlagen (AkEnd 2002, Hocke-Bergler und Gloede 2006). Damit wurde mit der

---

53   „Auffahren" wird im Bergbau für das Anlegen von Tunneln (im Bergbau: Strecken) verwendet.

54   „Der Rahmenbetriebsplan dient der längerfristigen Absicherung des Betriebes und deckt in der Regel den Zeitraum vom Aufschluss bis zur abschließenden Wiedernutzbarmachung der in Anspruch genommenen Flächen ab. Wenn ein Vorhaben der Umweltverträglichkeitsprüfung bedarf, ist der Rahmenbetriebsplan obligatorisch. Über die Zulassung eines obligatorischen Rahmenbetriebsplans wird im Gegensatz zu den sonstigen Betriebsplänen im Planfeststellungsverfahren entschieden, also in einem Verfahren mit Öffentlichkeitsbeteiligung. Jeder Bergbaubetrieb darf nur auf Grund eines zugelassenen Hauptbetriebsplans geführt werden. Der Hauptbetriebsplan wird in der Regel alle zwei Jahre zur Führung des Betriebes aufgestellt" (Regierungspräsidium Darmstadt 2014). Zum Zeitpunkt der Genehmigung des Rahmenbetriebsplans für Gorleben bestand noch keine Pflicht zu einem Planfeststellungsverfahren und damit auch nicht zur Beteiligung der Öffentlichkeit. Vor diesem Hintergrund forderten verschiedene kollektive Akteure in der Vergangenheit immer wieder die Aufhebung des Rahmenbetriebsplans und eine Weitererkundung unter Atomrecht, welches ein Planfeststellungsverfahren vor Weitererkundung festschreiben würde. Im September 2013 wurde der Rahmenbetriebsplan für Gorleben vom niedersächsischen Landesamt für Bergbau, Energie und Geologie (LBEG) aufgehoben (Niedersächsisches Ministerium für Umwelt und Klimaschutz 2013b). Das BMU klagte zunächst dagegen, zog die Klage dann aber zurück (Niedersächsisches Ministerium für Umwelt und Klimaschutz 2013a, contrAtom 2014).

55   Eine Analyse der Endlagerpolitik dieser Zeit findet sich bei Hocke und Renn (2009). Eine ausführliche historisch-wissenschaftliche Ausarbeitung der Endlagerpolitik in der Frühphase (ab 1960er) kann bei Tiggemann (2004) und Möller (2009) gefunden werden. Die Jahre von 2010 bis 2015 werden in Hocke und Kallenbach-Herbert (2015) analysiert.

bisherigen Strategie gebrochen, alleinig den Standort Gorleben zu erkunden. Über dessen Erkundung wurde gleichzeitig ein Moratorium verhängt, das für ein Minimum von drei Jahren und ein Maximum von 10 Jahren gelten sollte (Bundesregierung und EVU 2000). Die Zusammensetzung des AkEnd war pluralistisch, d.h. es wurden sowohl Experten berufen, die die Nutzung der Kernenergie ablehnten, als auch solche, die sie befürworteten (Hocke und Renn 2009).[56] Eine Vorgabe an den AkEnd war, von dem bisherigen Zwei-Endlager-Konzept abzuweichen und ein Ein-Endlager-Konzept zu erarbeiten, d.h. davon auszugehen, dass wärmeentwickelnde und nicht-wärmeentwickelnde Abfälle gemeinsam in einem Endlager untergebracht werden sollten.

In seinem Endbericht schlug der AkEnd ein Auswahlverfahren für einen Endlagerstandort vor, in dem von einer „weißen Landkarte" ausgehend potentielle Standortregionen ausfindig gemacht und sukzessive anhand vorab festgelegter Eignungskriterien gefiltert werden sollten, bis letztendlich nur noch ein Standort übrig blieb. Zusätzlich hob der AkEnd auch die Bedeutung von Bürgerbeteiligung im Auswahlverfahren hervor und machte Vorschläge zu deren Ausgestaltung (AkEnd 2002, Hocke und Renn 2009). Der Terminus der „weißen Landkarte" ist aber insofern irreführend, als dass auf Basis geologischer Untersuchungen erstellte Karten über potentiell geeignete Wirtsgesteine bereits vorhanden sind (s. BGR 2007). Die Vorschläge des AkEnd wurden nicht umgesetzt. Zentrale politische kollektive Akteure sowie die Energiewirtschaft lehnten einen Neustart ab mit Verweis auf den sich bereits in Erkundung befindenden Standort Gorleben (Hocke und Renn 2009).

Von 2005 bis 2009 regierte eine Große Koalition unter Bundeskanzlerin Angela Merkel. Bundesumweltminister war Sigmar Gabriel. Gabriel verfolgte ebenfalls die Vorschläge des AkEnd nicht weiter. Er setzte stattdessen auf ein Auswahlverfahren, in dem Gorleben einen Sonderstatus haben sollte. Sollte sich in dem Auswahlverfahren herausstellen, dass es einen besser geeigneten Standort als Gorleben gäbe, so sollte an diesem ein Endlager errichtet werden. Wären alle anderen Standorte aber entweder weniger oder auch gleich gut geeignet wie Gorleben, so sollte Gorleben zum Endlagerstandort werden (BMU 2006). 2008 begann das BMU mit einer Überarbeitung der Sicherheitsanforderungen für Endlager. Diese wurden auch mit der Öffentlichkeit diskutiert. Die Endfassung wurde erst nach den Wahlen 2010 veröffentlicht. Umgesetzt wurde der Standortvergleich nicht, unter anderem aufgrund der Weigerung von CDU/CSU, FDP

---

56   Siehe Kapitel 6.1.3.

und der Atomwirtschaft, die Erkundung weiterer Standorte zu unterstützen. Nachdem 2009 Vorwürfe der Manipulation von wissenschaftlichen Gutachten zur obertägigen Erkundung des Standorts Gorleben aufkamen, bezeichnete Gabriel ein nur auf Gorleben setzendes Endlagerkonzept als *„gescheitert"* und äußerte Zweifel an der weiteren Erkundung des Standorts (BMU 2009a, 2009b).

Nach der Bundestagswahl 2009 übernahm eine schwarz-gelbe Koalition die Regierung, wiederum unter Bundeskanzlerin Angela Merkel. Bundesumweltminister wurde Norbert Röttgen. Dieser ordnete 2010 eine Beendigung des Gorleben-Moratoriums und damit eine Wiederaufnahme der Erkundungen an, die *„wissenschaftliche Diskussion zu alternativen geologischen Formationen"* solle aber parallel vorangetrieben werden (BMU 2010a). Nach Fertigstellung der überarbeiteten Sicherheitsanforderungen wurde eine „Vorläufige Sicherheitsanalyse Gorleben" (VSG) in Auftrag gegeben, die den bisherigen Kenntnisstand zum Standort zusammenfassen und bewerten sollte. Diese sollte auch einer internationalen Begutachtung („peer review") unterworfen werden. Die Zielsetzung der VSG wurde mit der Verabschiedung des StandAG geändert. Nun steht der Standortvergleich im Mittelpunkt der Untersuchungen, d.h. es wird u.a. geprüft, ob die Methodik der VSG für Bewertungen im Standortvergleich eingesetzt werden kann (GRS 2014).

Die Bundesländer spielen von Beginn an eine starke Rolle in der Endlagerpolitik. Der Standort Gorleben wurde beispielsweise vom damaligen Ministerpräsidenten von Niedersachsen, Ernst Albrecht, vorgeschlagen (Tiggemann 2004). Die CDU- bzw. CSU-regierten Bundesländer Baden-Württemberg und Bayern waren traditionell Befürworter des Endlagerstandorts Gorleben und Gegner eines neuen Auswahlverfahrens, in das potentielle Standorte in diesen Bundesländern eingeschlossen wären. Niedersachsen, in dem der Standort Gorleben liegt, wurde von 1998 bis 2003 von einer reinen SPD-Regierung geführt. Ministerpräsident war ab 1999 Sigmar Gabriel, Innenminister Heiner Bartling und Umweltminister Wolfgang Jüttner. Nach den Wahlen übernahm eine schwarz-gelbe Koalition die Regierung mit Christian Wulff (CDU) als Ministerpräsident, Uwe Schünemann (FDP) als Innenminister und Hans-Heinrich Sander (FDP) als Umweltminister. Auch in der darauffolgenden Wahlperiode blieb die schwarz-gelbe Koalition an der Macht. Mitte 2010 wurde Christian Wulff von David McAllister (CDU) als Ministerpräsident abgelöst, die anderen Minister blieben im Amt. Im Gegensatz zum Bund war damit im von der Endlagerfrage am stärksten betroffenen Bundesland von 2001 bis 2010 eine hohe Kontinuität in der

Regierung gegeben, die teilweise in Opposition zu den auf Bundesebene regierenden Parteien stand.

6.1.2 Regulierungsstruktur

Das Auswahlverfahren für ein Endlager für wärmeentwickelnde Abfälle in Deutschland ist staatlich organisiert. Dies bedeutet, dass sowohl die Konzeptfindung, d.h. die Auswahl eines geeigneten Standorts in Verbindung mit einem geeigneten Endlagerkonzept, als auch der Betrieb des Endlagers in staatlicher Hand liegen. Zentraler kollektiver Akteur im Auswahlverfahren ist das Bundesamt für Strahlenschutz (BfS), das als Bundesoberbehörde für die *„Entlastung der Ministerien von gesetzesausführender und ‚nichtministerieller Tätigkeit' zuständig ist"* (von Beyme 2010: 336).[57] Es ist für die Konzeptfindung, die Antragstellung, den Betrieb und auch die Überwachung des Endlagers verantwortlich. Während Konzeptfindung, Antragstellung und Betrieb in einem logischen Zusammenhang stehen, liegt durch die Kombination mit der Aufgabe der Endlagerüberwachung eine Ämterhäufung vor. Dies wird auch von internationalen Stellen kritisiert (BMU 2012). Innerhalb des BfS wird dies als weniger problematisch angesehen, da eine Trennung der beiden Abteilungen gegeben ist und die Aufgabenteilung im Sinne einer innerbetrieblichen Qualitätsüberwachung verstanden wird.[58] Das BfS untersteht der Fach- und Rechtsaufsicht des Bundesministeriums für Umwelt, Naturschutz und Reaktorsicherheit (BMU) (s. Abb. 2).[59]

---

57 Im Folgenden wird die Regulierungsstruktur dargestellt, wie sie während des Untersuchungszeitraums war, da diese den Kontext für die untersuchten mikro-deliberativen Ereignisse bildete. Mit der Verabschiedung des StandAG wurden diese Strukturen geändert. Es wurde das Bundesamt für kerntechnische Entsorgung (BfE) als neue Genehmigungsbehörde gegründet. Die Kommission Lagerung hoch radioaktiver Abfallstoffe am Deutschen Bundestag, welche unter anderem mit der Evaluation des StandAG betraut war, schlägt in ihrem Abschlussbericht eine abermals geänderte Struktur vor, in der eine Bundes-Gesellschaft für kerntechnische Entsorgung (BGE) als Vorhabenträger fungiert und nicht mehr das BfS (Kommission Lagerung hoch radioaktiver Abfallstoffe 2016).

58 Quelle: persönliches Gespräch, durchgeführt im November 2011.

59 Diese Ämterhäufung sollte durch die Gründung des BFE beendet werden. Problematisch bliebe dabei aber, dass sowohl das BfE als Aufsichtsbehörde als auch das BfS als Betreiber der fachlichen Oberaufsicht des BMU (seit 2013: BMUB) unterliegen. Mit dem Vorschlag der Kommission würde dieses Problem nicht mehr bestehen.

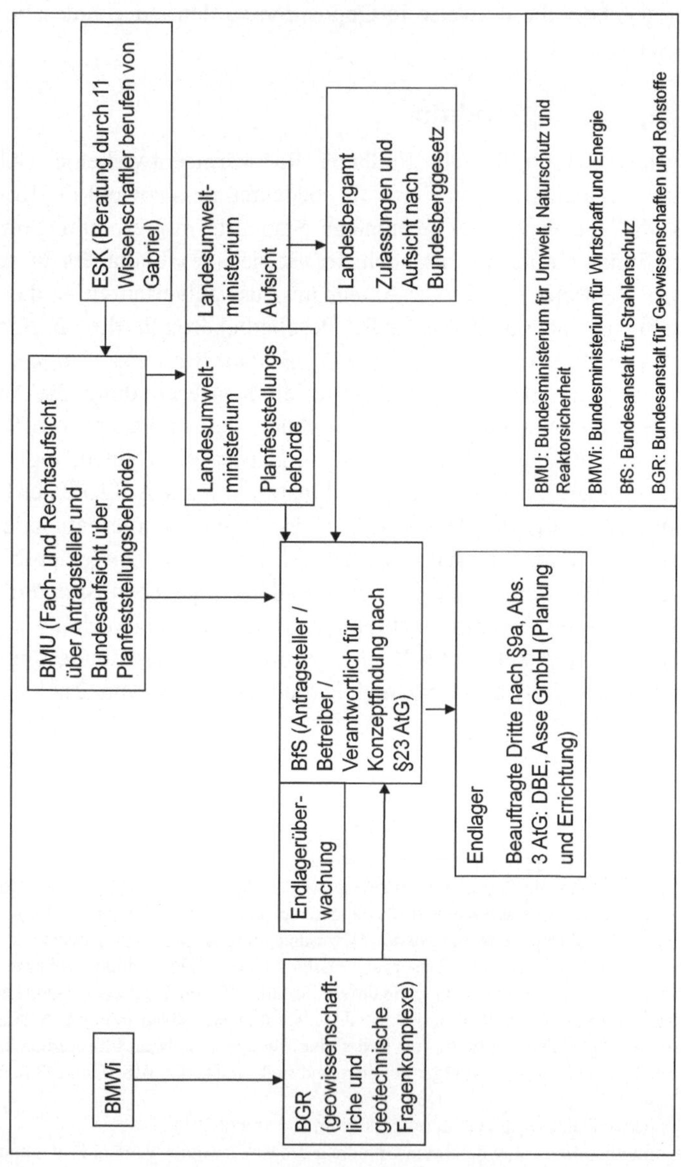

Abbildung 2 Zuständigkeiten, Deutschland (eigene Darstellung, basierend auf BfS 2014b)

Beraten wird das BfS durch die Bundesanstalt für Geowissenschaften und Rohstoffe (BGR), welche der Aufsicht des Bundesministeriums für Wirtschaft und Energie (BMWi) unterliegt. Das BfS ist laut Atomgesetz dazu berechtigt, die Planung und Errichtung des Endlagers an einen Dritten zu übertragen. Momentan ist die DBE (Deutsche Gesellschaft zum Bau und Betrieb von Endlagern für Abfallstoffe mbH) mit dem Betrieb des Erkundungsbergwerks Gorleben beauftragt. Dies beinhaltet je nach Verfahrensstand die Offenhaltung oder auch die Erkundung. Die DBE gehört zu 75% der GNS, deren Gesellschafter sind zu 100% die großen Stromkonzerne (E.ON, RWE, EnBW, Vattenfall) (GNS o. J.). Die restlichen 25% gehören der Energiewerke Nord GmbH, welche sich in Bundeseigentum befindet (Deutscher Bundestag 2008, Drucksache 16/11454).

Das BMU entscheidet unter anderem über das vom BfS vorgeschlagene Endlagerkonzept. In seinen Aufgaben wird es seit dem 30. Juni 2008 von der Entsorgungskommission (ESK) beraten.[60] Die ESK besteht aus 11 WissenschaftlerInnen, die vom BMU für zunächst drei Jahre berufen werden. Die Mitglieder der ESK sollen dabei laut Satzung *„die gesamte Bandbreite der nach dem Stand von Wissenschaft und Technik vertretbaren Anschauungen"* repräsentieren (ESK 2008: §3). Die dort behandelten Themen wurden vor der Gründung von einer Untergruppe der Reaktorsicherheitskommission (RSK) behandelt. Die Einberufung der ESK sollte die Wichtigkeit des Endlagerthemas hervorheben (BMU 2008).

Die zuständige Planfeststellungsbehörde ist das Landesumweltministerium des Bundeslandes, in dem der Standort liegt, für den die Genehmigung beantragt wird. Die Landesumweltministerien unterliegen der Bundesaufsicht durch das BMU (s. Abb. 3).

6.1.3 Mikro-deliberative Ereignisse im Untersuchungszeitraum

Da der Standort Gorleben bisher unter dem Rahmenbetriebsplan von 1983 erkundet wurde und nach damaligem Bergrecht kein Planfeststellungsverfahren vorgesehen war, gab es bis zur Verabschiedung des StandAG keine rechtlich verbindliche Bürgerbeteiligung zu den dortigen Erkundungen. Einladungen zu einzelnen Beratungen oder Anhörungen wurden aber immer wieder ausgesprochen. In dieser Hinsicht war die Endlagerpolitik als „Normalfall" zu bezeichnen, da Partizipation im deutschen politischen System außerhalb von Wahlen nur sporadisch und von Einzelpersonen abhängig stattfindet (Geissel 2009).

---

60   Siehe http://www.entsorgungskommission.de/.

Im Folgenden werden die Veranstaltungen in chronologischer Reihenfolge vorgestellt, die im Zeitraum von 2001 bis 2010 stattfanden, von der Bundesregierung oder in deren Auftrag durchgeführt wurden und die der Bürgerbeteiligung zu mindestens einem Aspekt der Endlagerung dienen sollten. Die Veranstaltungen, die diese Bedingungen erfüllen, werden als „mikro-deliberative Ereignisse" klassifiziert. Diese Voraussetzungen erfüllen vier Veranstaltungen bzw. Veranstaltungsgruppen: die Bürgerbeteiligung im Rahmen des AkEnd, das Endlagersymposium, das Forum Endlager-Dialog und der Workshop Sicherheitsanforderungen. Die Effekte dieser vier Veranstaltungen / Veranstaltungsgruppen werden in diesem Kapitel untersucht.

Der AkEnd wurde Anfang 1999 eingesetzt, sein Abschlussbericht 2002 veröffentlicht. Unter den Mitgliedern fanden sich sowohl Kritiker als auch Befürworter der Nutzung der Kernenergie. Der AkEnd war als Expertengremium konzipiert. Die Erarbeitung des Abschlussberichts sollte aber im Dialog mit der Öffentlichkeit stattfinden. Vor diesem Hintergrund wurden verschiedene partizipative Elemente durchgeführt, die für ein solches Expertengremium durchaus innovativ waren (Hocke-Bergler et al. 2003). Im Abschlussdokument des AkEnd selbst findet sich keine detaillierte Beschreibung dieser partizipativen Elemente. Es ist lediglich eine Stichpunktliste mit der allgemeinen Aussage zu finden, dass im Rahmen der Bürgerbeteiligung

> *„drei öffentliche Workshops veranstaltet, Gespräche, z. B. mit Bundestags- und Landtagsabgeordneten, Verbänden, Kirchen, Gewerkschaften, Bürgerinitiativen, Medienvertretern und anderen Interessenverbänden (Stakeholders), geführt [wurden], auf seiner Homepage (www.akend.de) im Internet über seine Arbeitsfortschritte informiert [wurde] und über eine dort eingerichtete E-Mail-Adresse Anregungen aufgenommen [wurden] sowie in zwei Zwischenberichten und zwei AkEnd-Foren über aktuelle Themen informiert und Gästen eine Plattform zur Darstellung persönlicher Meinungen gegeben [wurde]"* (AkEnd 2002: 9).

Die Arbeit des AkEnd wurde von Hocke-Bergler et al. (2003) ausgewertet, wobei die Workshops weitestgehend positiv bewertet wurden. Obwohl von TeilnehmerInnenseite aus teilweise ein Mangel an Zeit für inhaltliche Gespräche angeführt wurde, hätte sich eine Bereitschaft des Expertengremiums zum Dialog beobachten lassen, die sich u.a. darin zeigte, dass auf den Workshops Anregungen von TeilnehmerInnen zu bestimmten Themen, insbesondere der zukünftigen

Öffentlichkeitsbeteiligung, gesucht worden wären (AkEnd 2002: 261-262). Bezüglich der Qualität der Öffentlichkeitsarbeit sei ein Lernprozess von Seiten des AkEnd zu beobachten gewesen, da in den ersten 1,5 Jahren seiner Arbeit der Dialog mit der Öffentlichkeit eher mangelhaft gewesen sei, sich aber mit der Durchführung des zweiten Workshops bereits verbessert hätte. Auch über den Workshop und die Stakeholder-Gespräche hinaus sei der AkEnd an einer transparenten und nachvollziehbaren Arbeitsweise interessiert gewesen und habe es auch geschafft, dies durchzuhalten. Dadurch sei auch die interessierte Öffentlichkeit über das gesamte Verfahren hinweg interessiert und aktiv beteiligt geblieben.

Auch innerhalb des Expertengremiums scheint dialogorientiert gearbeitet worden zu sein. Trotz der Pluralität des Gremiums und der eingangs unterschiedlichen Positionen zu verschiedenen Themen wurde der Endbericht ohne Minderheitsvotum abgegeben (AkEnd 2002: 266). Bemängelt wurde ein mangelndes Werben für ein vergleichendes Standortauswahlverfahren bei für die politische Entscheidungsfindung zentralen Einzel-Akteuren (Hocke-Bergler et al. 2003: 247). Die abschließenden Empfehlungen des AkEnd wurden nicht umgesetzt und das Verfahren nicht offiziell weiterverfolgt.

Die nächste Möglichkeit für die interessierte Öffentlichkeit, sich an einem Dialog zu beteiligen, der im Auftrag des BMU durchgeführt wurde, war das Internationale Endlagersymposium, das vom 30.10. bis 01.11.2008 in Berlin stattfand. Organisiert wurde es von einem Programmkomitee im Auftrag des BMU. Neben BMU-Vertretern waren darin zivilgesellschaftliche Einzel-Akteure, Industrievertreter sowie Lokal- und Landespolitiker vertreten. Auf dem Endlagersymposium sollte der Dialog mit der interessierten Öffentlichkeit zu Fragen der Sicherheitsanforderungen und der Verfahrensgestaltung in der Endlagersuche nach der langen *„Kommunikationslücke"*, die mit Abschluss der Arbeiten des AkEnd entstand, wieder aufgenommen werden (Arens und Paul 2010, Hocke 2010). Es wurde im Nachhinein eine Tagungsdokumentation erstellt (Hocke und Arens 2010), aber keine Evaluation des Symposiums publiziert.

Im Anschluss an das Symposium wurde ein Workshop für die interessierte Öffentlichkeit veranstaltet, auf dem konkrete Empfehlungen für die Neugestaltung der Sicherheitsanforderungen für ein Endlager für wärmeentwickelnde Abfälle erarbeitet werden sollten. Diskussionsgrundlage sollte ein schriftlicher Entwurf des BMU sowie eine Stellungnahme der ESK sein (Hocke 2009b) Die Teilnehmerzahl bei dieser Veranstaltung war begrenzt. Es wurden Verfahrensfehler (bspw. mangelnde Vorbereitungszeit) beklagt, die Bereitschaft zu einem konstruktiven Dialog sei aber bei allen Teilnehmern und Teilnehmerinnen vorhanden gewesen (Hocke 2009b: 4 ff). Von Seiten des BMU wurde im Anschluss nicht kommuniziert, wie mit den Empfehlungen, die im Workshop erarbeitet wurden, umgegangen wurde, d.h. ob diese Einfluss auf die weiteren Überarbeitungen der Sicherheitsanforderungen hatten (Kuppler 2012).

Aus dem Programmkomitee, welches das Endlagersymposium und den Workshop Sicherheitsanforderungen organisierte, entwickelte sich das Forum Endlager Dialog (FED 2010c). Es verstand sich als *„Vordenker"* und *„Sondierungsgruppe"* und wollte die Möglichkeiten eines zukünftigen Dialogs zwischen der interessierten Öffentlichkeit und den zentralen politischen und wissenschaftlichen kollektiven Akteuren ausloten (FED 2010b). Das FED beendete 2010 seine Arbeit, da das Institut für Technikfolgenabschätzung und Systemanalyse am Karlsruher Institut für Technologie als Moderator und das BMU als Finanzgeber sich nicht auf einen weiteren Vertrag einigen konnten, mit dem beide Seiten zufrieden gewesen wären (FED 2010a). Bereits im Vorfeld war eine Vertreterin einer Gorlebener Bürgervereinigung aus Protest gegen die politischen Begleitumstände ausgetreten (von Oppen 2010).

6.2 Übersicht über die Medienberichterstattung zur Endlagerung in Deutschland

In diesem Unterkapitel werden die „Kontextbedingungen" für die empirische Analyse diskutiert. Dies bedeutet, dass erstens die Grunddaten der Medienanalyse vorgestellt werden, d.h. neben der Anzahl der Artikel auch die Ressorts, in denen sie erschienen, und der Autorentyp. Zweitens wird ein analytischer Überblick über die Rolle der Journalisten in der Medienberichterstattung gegeben. Die Theorien zu Selektionsmechanismen von Medien[61] werden durch eigene Beobachtungen zum Verhalten der Journalisten in der Berichterstattung ergänzt. Analysiert wurde beispielsweise, inwiefern Journalisten das Geschehen selbst kommentieren, oder ob sie versuchen, verschiedene Standpunkte aufzuzeigen. Drittens wird in diesem Unterkapitel die quantitative Medienanalyse vorgestellt. Diese dient an diesem Punkt ebenfalls einer Kontextualisierung, da durch sie sichtbar wird, wer überhaupt am Makrodiskurs beteiligt ist, zu welchen Themen berichtet wird und ob es im Zeitverlauf diesbezüglich Änderungen gab. Die

---

61   Siehe Kapitel 3.2.

Ergebnisse werden weiterhin im nächsten Unterkapitel zu Effekten problemorientiert aufgegriffen und analysiert.

Insgesamt wurden 332 Zeitungsartikel in die Medienanalyse aufgenommen. Davon entfallen 174 auf die FR und 158 auf die FAZ. Die Anzahl der Artikel pro Jahr stieg gegen Ende des Untersuchungszeitraums an. Nur in zwei Jahren, 2006 und 2008 übertraf die FAZ die FR in der Anzahl der Artikel (s. Abb. 3).

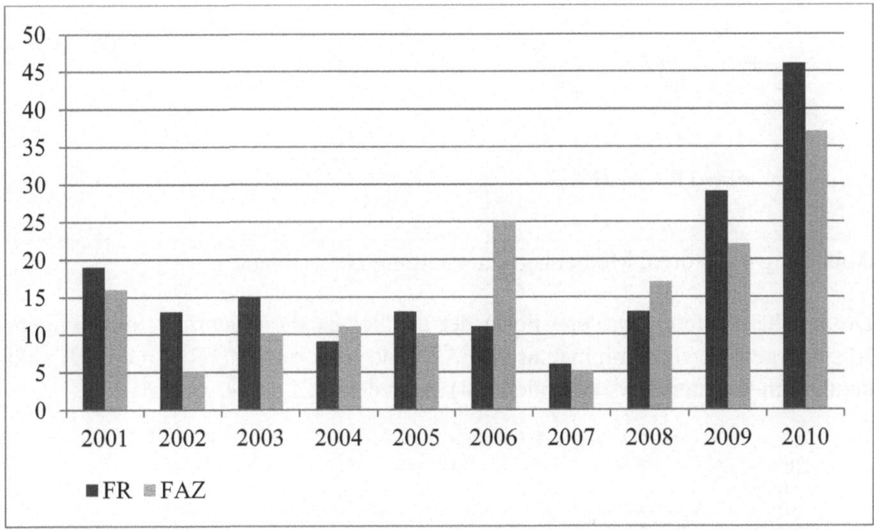

Abbildung 3 Anzahl Artikel pro Jahr, Medienberichterstattung Deutschland

Die meisten Artikel wurden in beiden Zeitungen von eigenen Redakteuren geschrieben. Die Anzahl der direkt von Nachrichtenagenturen übernommenen Artikel liegt an zweiter Stelle, ist aber deutlich geringer. Bei der FAZ kommen immerhin 11 Gastautoren zu Wort, bei der FR drei (s. Abb. 4).

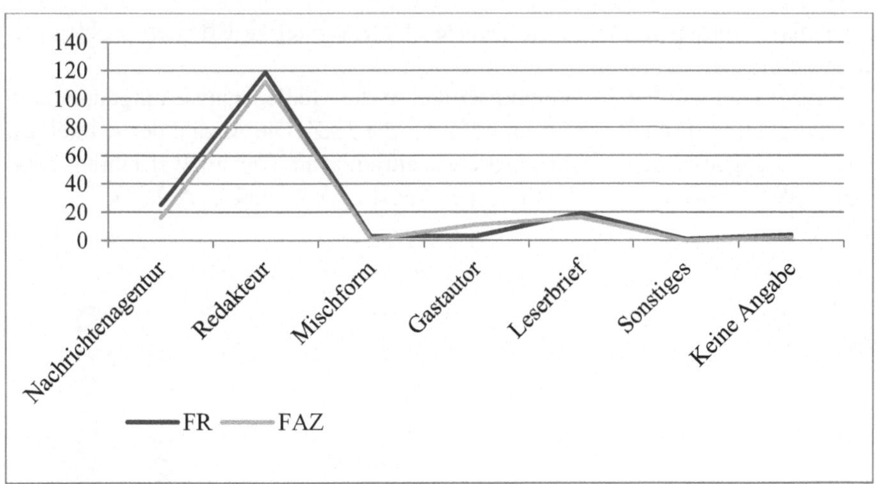

Abbildung 4 Autoren, Medienberichterstattung Deutschland

Die am häufigsten vertretene Form der Artikel ist die Nachricht, mit einigem Abstand gefolgt von Kommentaren (FAZ) und Reportagen (FR). In der FR sind deutlich mehr Interviews zu finden (14) als in der FAZ (3) (s. Abb. 5).

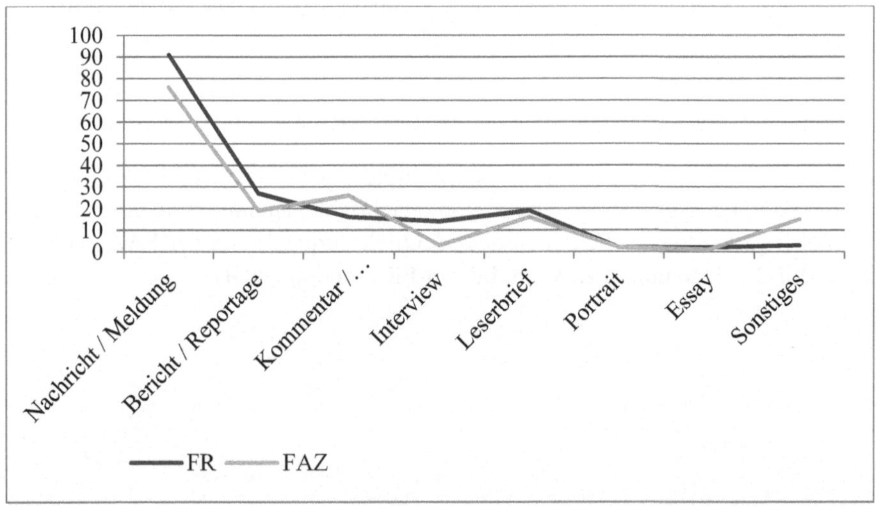

Abbildung 5 Journalistische Form der Artikel, Medienberichterstattung Deutschland

Die meisten Artikel erscheinen im Ressort „Politik Inland". Bei der FR folgt an zweiter Stelle, wiederum mit großem Abstand, die Meinungsseite, bei der FAZ der Wirtschaftsteil. Immerhin 10 (FR) bzw. 12 (FAZ) Artikel erschienen auf der Titelseite (s. Abb. 6).

In beiden Zeitungen waren viele Artikel jeweils ganz der Endlagerthematik gewidmet. An zweiter Stelle folgen Artikel, an denen die Endlager-Thematik nur einen Anteil von bis zu 25% hat. Insgesamt überwiegen die Artikel mit einem höheren Anteil der Endlagerproblematik (d.h. über 50% des jeweiligen Artikels) (s. Tab. 6).

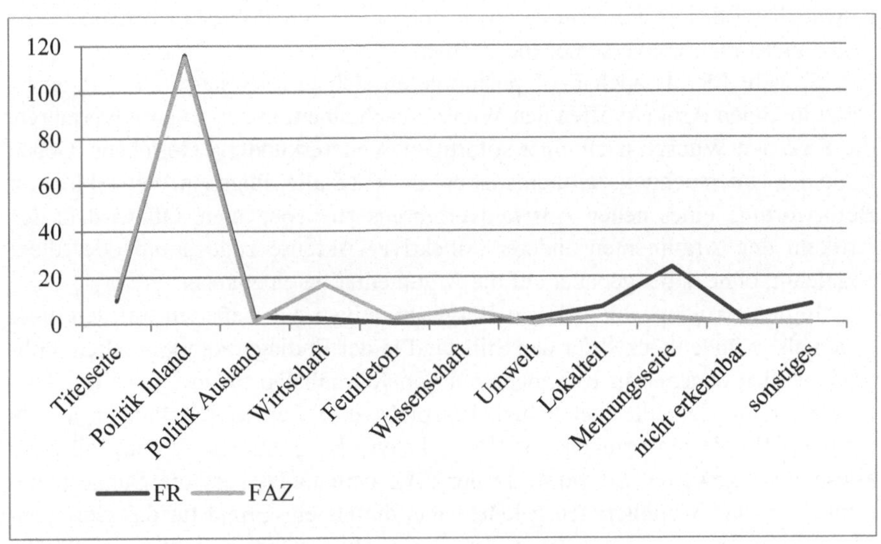

Abbildung 6 Ressorts, Medienberichterstattung Deutschland

Tabelle 6   Prozentanteil der Berichterstattung über Endlagerung pro Artikel, Deutschland

	bis zu 25%	bis zu 50%	bis zu 75%	bis zu 100%
FR	49	30	35	60
FAZ	47	24	22	65

6.2.1 Die Rolle der Journalisten im Makrodiskurs

Insgesamt fokussiert die Berichterstattung in beiden Zeitungen stark auf politisches Handeln. Dies ist nach der Nachrichtenwerttheorie als „normal" einzustufen.[62] Die Politiker stehen im Zentrum der Macht und eine Beilegung des Endlagerkonflikts ist damit stark von einer Einigung auf der politischen Ebene abhängig. Trotzdem kommen auch Bürgerinitiativen und andere „Außenseiter" mit Positionierungen zu Wort. Während Politiker oft nur mit Einzelaussagen zitiert werden, dürfen einzelne „Außenseiter" sogar ganze Gastartikel verfassen oder können in längeren Interviews, in denen ausschließlich das Thema Endlagerung behandelt wird, ihre Position darlegen. Interviews mit Politikern behandeln dagegen meist mehrere verschiedene Themen.

Sowohl FR als auch FAZ positionieren sich jeweils stark. Die FR unterstützt in vielen Artikeln offen den Wunsch nach einem neuen Auswahlverfahren, die FAZ den Wunsch nach einer sofortigen Weitererkundung Gorlebens. Gegen Ende des Untersuchungszeitraums ist bei der FAZ allerdings ein Wandel hin zur Befürwortung eines neuen Auswahlverfahrens zu beobachten. Oft wird in den Artikeln den Argumenten anderer kollektiver Akteure zugestimmt oder diese abgelehnt, ohne dabei genauer auf die Argumentation einzugehen.

In den Artikeln, die sich mit Bürgerinitiativen o.ä. befassen, werden diese selten als „Sündenböcke" für den Stillstand in der Endlagerpolitik gesehen. Politiker werden dagegen in Kommentaren von Journalisten für ihre jeweilige Haltung oder ihr Handeln angegriffen. Beispielsweise werden Handlungen der jeweiligen Bundesregierungen von Journalisten als Meinungsänderung oder Inkonsequenz gewertet. So wurde in der FAZ bemängelt, dass die Bundesregierung zwar die Zweifelsfragen geklärt habe, die als ein Grund für das Gorleben-Moratorium angegeben worden waren, dieses aber trotzdem nicht beende.[63] Die Ankündigung Röttgens, es würden alternative Wirtsgesteine erkundet werden, wurde ebenfalls in Frage gestellt, da *„der Gorleben-Etat verdoppelt und das Geld für andere Endlager-Forschungen weiter gekürzt"* worden sei (FR zitiert in FAZ 15.09.2010), d.h. der Journalist zweifelte die Ernsthaftigkeit der Meinungsänderung Röttgens an.

---

62   Siehe Kapitel 3.2.2.
63   FAZ 24.01.2006, FAZ 01.03.2006, FAZ 10.03.2006, FAZ 02.11.2006, FAZ 23.07.2009, FAZ
     18.11.2010.

Zu Themen, bei denen verschiedene Meinungen im Makrodiskurs zu finden sind, wird von einer Zeitung meist eine Seite stark betont, entweder durch Berichterstattung über nur eine Interpretation oder über eine eindeutige Positionierung durch die Journalisten. Dies gilt für die oben genannte Frage des Auswahlverfahrens, aber auch für die Frage, ob die Wahl von Gorleben als Endlagerstandort Ergebnis eines Auswahlverfahrens ist oder nicht. Die verschiedenen Interpretationen werden nicht gegenübergestellt und sind somit für den Leser nur einer Zeitung nicht nachvollziehbar.

Eigene Interpretationen der Geschehnisse oder eigene Beiträge zu Fragen der Input- oder Output-Legitimität sind nicht zu finden. Beispielsweise folgen die Journalisten der Rahmung, dass nur wissenschaftliche Argumente in der Standortbestimmung zulässig sein sollten.[64] Sie erfüllen die Aufgabe nicht, eigene Interpretationsmuster anzubieten.

6.2.2   Kollektive Hauptakteure

Die Menge der Wortmeldungen, mit denen ein kollektiver Akteur in den Medien abgebildet wird, ist ein Hinweis auf seine jeweilige Machtposition im Makrodiskurs zur Endlagerung (s. Kap. 3). Änderungen in der Menge der Wortmeldungen pro kollektivem Akteur könnten deshalb ein Hinweis auf Änderungen in den Machtverhältnissen sein.

Nennenswerte Änderungen dieser Art sind nicht festzustellen (s. Abb. 7). Insbesondere die Regierungsorganisationen dominieren die Debatte über den gesamten Zeitraum hinweg. Auffällig ist, dass die Bürgerinitiativen im Zeitraum 2001-2003 häufiger zitiert werden als in den folgenden Jahren. Wissenschaft und Wirtschaft spielen insgesamt eine kleinere Rolle. Im Folgenden werden die Ergebnisse in den Kategorien „Regierungsorganisationen", „Parteien" und „Bürgerinitiativen" detaillierter betrachtet. „Regierungsorganisationen" und „Parteien" sind die kollektiven Hauptakteure im Makrodiskurs um die Endlagerung und von daher von besonderem analytischem Interesse. Unter den „Außenseitern" sind die Bürgerinitiativen und sonstigen Protestgruppen am stärksten vertreten.

---

64   Siehe Kapitel 8.3.2 „Uneinigkeit über die zugelassenen Argumentationstypen".

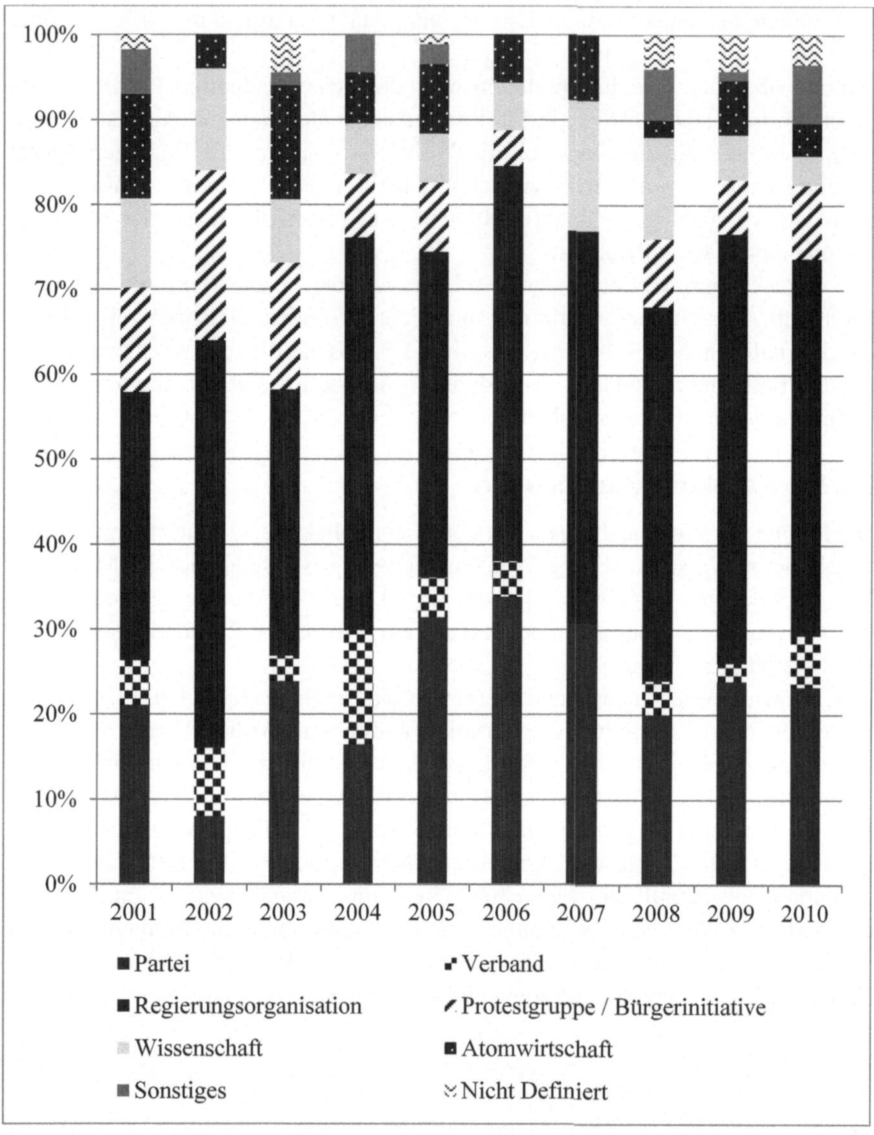

Abbildung 7   Kollektive Akteure, Medienberichterstattung Deutschland

Regierungsorganisationen

Innerhalb der Kategorie „Regierungsorganisationen" werden hauptsächlich Sprecher der Bundesebene mit Aussagen zitiert (s. Abb. 8). In den Zeiträumen 2001-2003 und 2008-2010 spielt auch die Landesebene eine wichtige Rolle. Die Regionalebene ist praktisch nicht sichtbar.

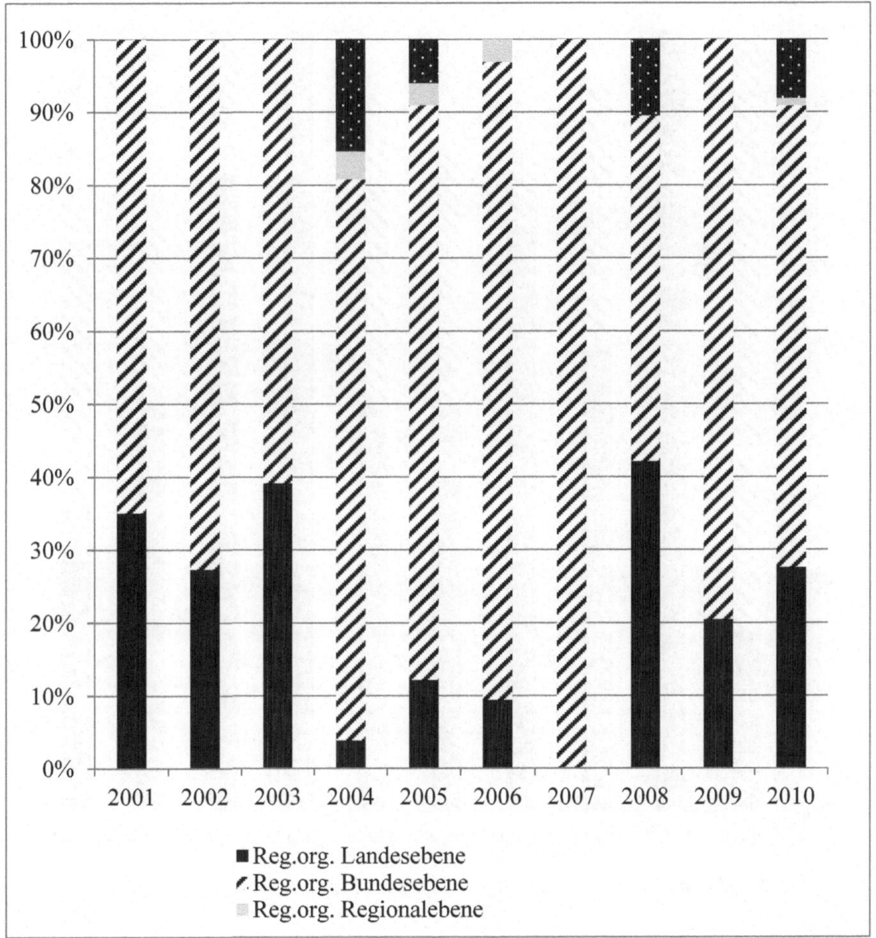

Abbildung 8   Regierungsorganisationen, Medienberichterstattung Deutschland

Partei

Unter den Parteien sind CDU/CSU etwas stärker vertreten als die SPD; die Grünen viel stärker als die FDP (s. Abb. 9). Die Linke erscheint 2009 das erste Mal mit einer Äußerung zur Endlagerung. Auffällig sind die starke Fokussierung auf SPD und Grüne 2001 sowie die Dominanz der CDU/CSU 2002.

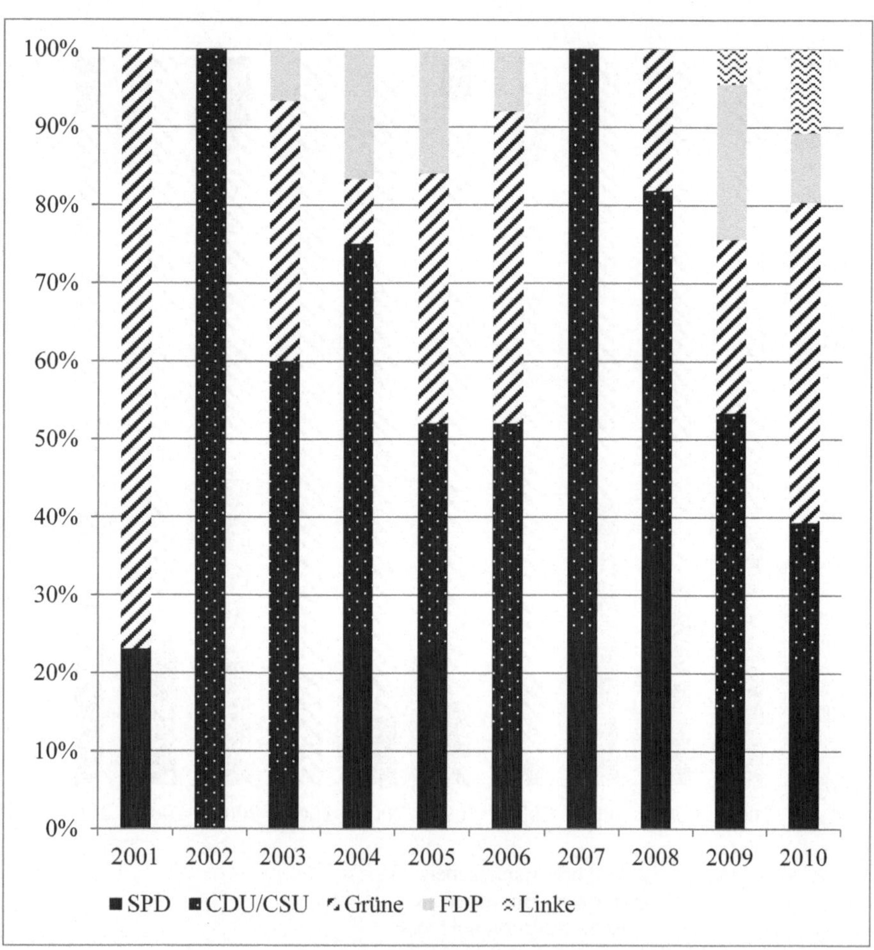

Abbildung 9   Parteien, Medienberichterstattung Deutschland

Protestgruppe / Bürgerinitiative

Bei den Protestgruppen und Bürgerinitiativen dominieren die Bürgerinitiative (BI) Lüchow-Dannenberg und nur allgemein benannte Demonstranten oder Gegner (s. Abb. 10) 2010 wird eine größere Anzahl an verschiedenen Initiativen zitiert als in den vorherigen Jahren. 2007 ist keine Initiative oder Protestgruppe mit einer Aussage zu finden.

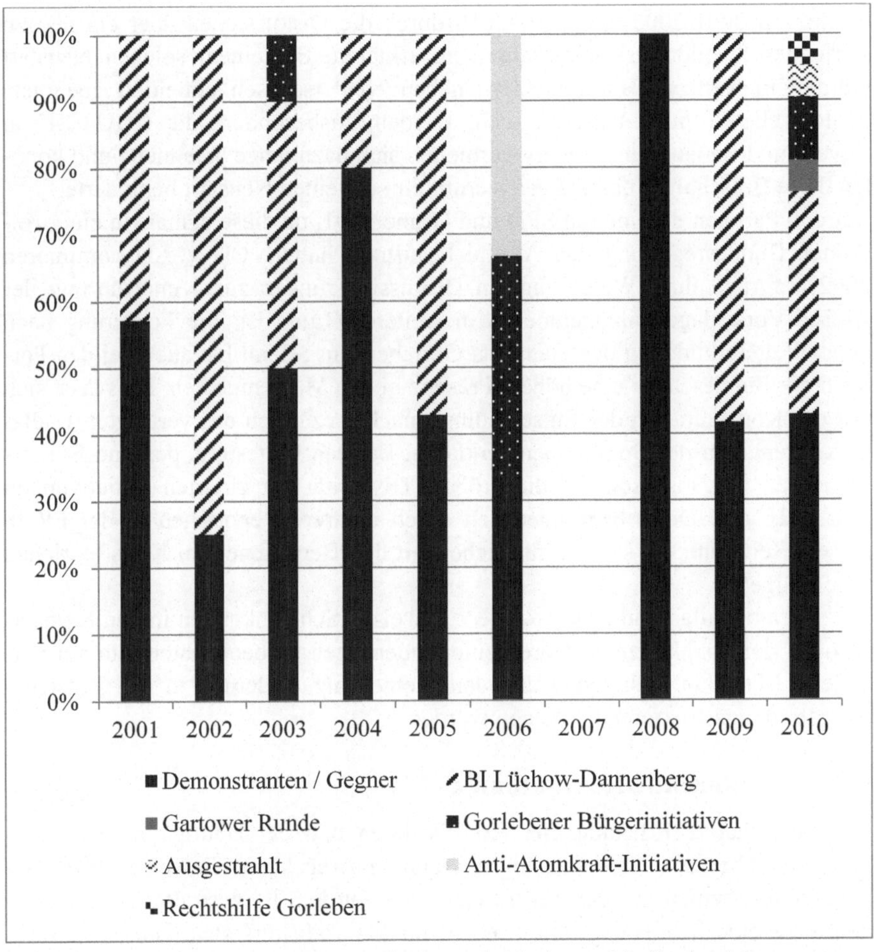

Abbildung 10   Protestgruppen und Bürgerinitiativen, Medienberichterstattung Deutschland

Diskussion

Auf der aggregierten Ebene ist bei der relativen Zusammensetzung der kollektiven Akteure, die in der Medienberichterstattung mit einer Aussage zur Endlagerung zitiert werden, keine Veränderung über den Untersuchungszeitraum hinweg zu beobachten. Sieht man sich die einzelnen kollektiven Akteure genauer an, jedoch schon.

Bei den Regierungsorganisationen ist die stärkere Bedeutung der Länderebene von 2001-2003 und 2008-2010 durch die Diskussionen über ein neu zu startendes Standortauswahlverfahren zu erklären. Bei einem solchen Neustart würden in weiteren Bundesländern neben Niedersachsen potentiell geeignete geologische Formationen untersucht werden. Insbesondere die CDU/CSU in Bayern und Baden-Württemberg verhielten sich dazu lange ablehnend und konnten diese Botschaft in einer Weise vermitteln, die einen Neustart behinderte.

Bei den Parteien dominieren SPD und Grüne 2001, da diese damals in einer rot-grünen Bundesregierung den AkEnd beauftragt hatten; CDU/CSU dominieren 2002 aufgrund ihrer Weigerung, an Diskussionsrunden zur Weiterführung der AkEnd-Vorschläge teilzunehmen. Ein weiterer Grund ist ihre Forderung nach einer Weitererkundung des Standorts Gorleben. Insgesamt hat auch bei den Parteien die Bundesebene eine höhere Präsenz in den Massenmedien. Dies lässt sich mit der Konzentration der Entscheidungsmacht bezüglich des verfolgten Endlagerkonzepts auf der Bundesebene erklären. Bei den Protestgruppen und Bürgerinitiativen fällt insbesondere die größere Diversität der zitierten Initiativen im Jahr 2010 auf. Diese begründet sich durch mehrere Reportagen in der FR in diesem Zeitraum, die sich ausführlicher mit den Betroffenen im Kreis Gorleben beschäftigen.

Zusammenfassend sind trotz der zeitweisen Schwankungen in den Konstellationen der kollektiven Akteure keine Änderungen zu beobachten, die auf veränderte Machtkonstellationen und damit eine eine Änderung in den Entscheidungsfindungsstrukturen hindeuten würden.

6.2.3   Bestehende Konfliktlinien

Eine quantitative Erhebung der Konfliktlinien und der Häufigkeit ihres Vorkommens über den Untersuchungszeitraum hinweg kann Hinweise liefern, ob bestimmte Themen mit der Zeit geschlossen wurden. Es wird davon ausgegangen, dass eine Schließung von Themen im Makrodiskurs sich dadurch ausdrücken würde, dass die Themen nicht mehr benannt werden, da sie für die Medienberichterstattung nicht mehr interessant wären. Wenn diese Schließungen in thematischem und zeitlichem Zusammenhang mit mikro-deliberativen Ereignissen stehen, kann dies ein Hinweis auf Effekte sein.

Übersicht über die Konfliktlinien

Die bestehenden Konfliktlinien wurden quantitativ erhoben, indem alle Themen, die in den untersuchten Zeitungsartikeln thematisiert wurden, mit einem Code versehen wurden (s. Kap. 4.3). Durch die offene Kodierung zeigte sich eine Vielzahl an Themen, die als Konfliktlinien gedeutet werden können. Gruppiert man diese thematisch, so können 14 Felder ausgemacht werden. Es werden sowohl Fragen der technisch-naturwissenschaftlichen Umsetzung eines Endlagervorhabens, Grundsatzfragen der Entsorgungsproblematik, Fragen der politischen Festlegung eines Auswahlverfahrens, sozioökonomische Folgen als auch der Konflikt in seiner Manifestation in Protesten und Kooperationsverweigerungen thematisiert. Die Konfliktlinien umfassen damit eine sehr große Bandbreite, d.h. der öffentliche Konflikt ist komplex.

Abbildung 11 zeigt die relative Häufigkeit, mit der die Konfliktlinien in den Jahren 2001-2010 thematisiert werden. Die Prozentwerte stehen in Relation zu der Gesamtzahl der Nennungen von Konfliktlinien pro Jahr. Im Verhältnis besonders häufig diskutiert werden Verfahrensfragen und Verhalten, das Konflikte fördert oder zur Konfliktbewältigung beiträgt. Auch die Forderung nach Unabhängigkeit und wissenschaftlichem Dialog wird häufig genannt.

Trotz gewisser Schwankungen sind keine grundlegenden Veränderungen in den oben genannten Konfliktlinien erkennbar. Im Folgenden wird die meistdiskutierte Konfliktlinie, „Verfahrensfragen", beispielhaft aufgegriffen, um die Themen, die darunter diskutiert wurden, genauer auf eventuelle Veränderungen zu untersuchen.

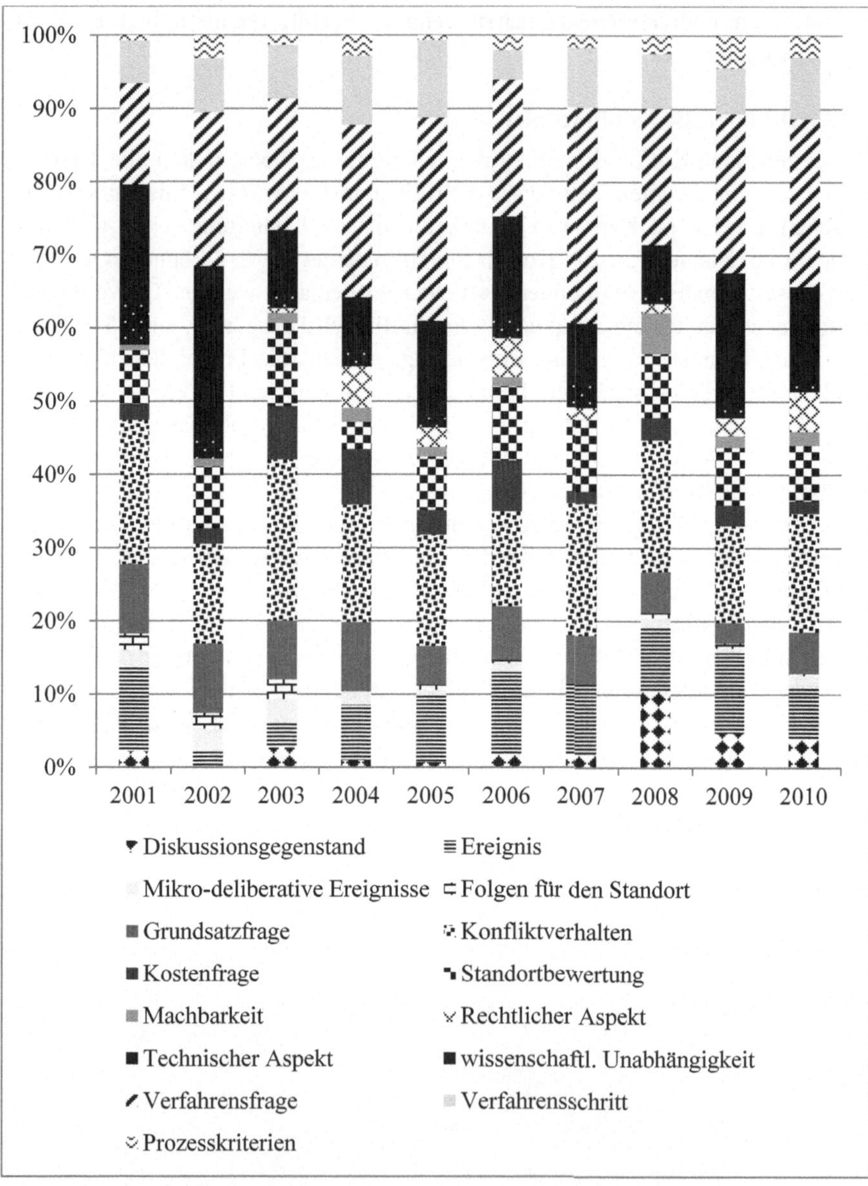

Abbildung 11 Konfliktlinien, Medienberichterstattung Deutschland

Verfahrensfrage

Innerhalb der Konfliktlinie „Verfahrensfrage" lassen sich drei hauptsächliche Themen ausmachen (s. Abb. 12).[65] Erstens die Frage, wie es mit dem Standort Gorleben weitergehen soll, zweitens die Frage des Zeitrahmens bis zur Inbetriebnahme eines Endlagers und drittens Diskussionen über einen Standortvergleich (auch hier sind die Angaben in Prozent der Gesamtnennungen von Verfahrensfragen angegeben). Die Forderung nach Bürgerbeteiligung spielt dagegen beinahe keine Rolle. Sie ist aber das einzige Thema, bei dem eine nennenswerte Änderung in Form einer kontinuierlichen Zunahme an Nennungen über den Untersuchungszeitraum hinweg zu beobachten ist. Die relative Anzahl der Nennungen der anderen Themen ändert sich nicht.

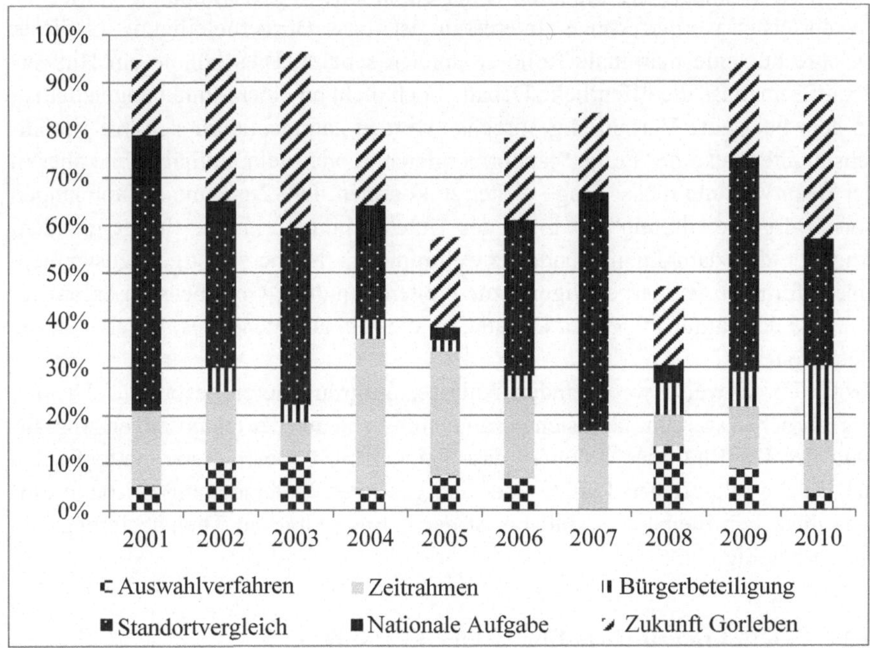

Abbildung 12   Verfahrensfrage, Medienberichterstattung Deutschland, insg. 361 Nennungen

---

65   Bei den fehlenden Nennungen zu 100% handelt es sich um Themen, die nur eine sehr kleine Rolle spielen und zur besseren Übersichtlichkeit nicht dargestellt werden.

Diskussion

Da alle Themen über den gesamten Untersuchungszeitraum hinweg immer wieder als immer noch konfliktbehaftet in den Medien genannt werden, kann davon ausgegangen werden, dass es keine nennenswerte „Schließung" von Themen gab. Es fand demnach keine Bearbeitung im Makrodiskurs statt.

Die Zukunft Gorlebens wurde im Rahmen der über den gesamten Zeitraum andauernden Debatte, ob ein neues Standortauswahlverfahren gestartet werden solle und wenn ja, ob Gorleben einer der zu vergleichenden Standorte sein könne, debattiert. Die Debatte über den Zeitrahmen kam auch in diesem Kontext auf. Die zentrale Frage war, ob man noch genug Zeit für einen neuen Standortvergleich habe, oder ob eine rechtzeitige Inbetriebnahme eines Endlagers und damit eine sichere Entsorgung des Abfalls nur durch eine Weitererkundung Gorlebens gewährleistet werden könne. Interessant ist, dass Bürgerbeteiligung in dieser Debatte nur eine marginale Rolle zu spielen scheint. Dies könnte ein Hinweis darauf sein, dass die öffentliche Debatte noch nicht an einem Punkt angelangt ist, an dem über gute Verfahren gesprochen werden kann, sondern sich mit Verfahrensinhalten, also der Frage Standortvergleich ja oder nein, aufhält, ohne aber in der Beantwortung dieser Frage weiter zu kommen. Die Zunahme an Nennungen von „Bürgerbeteiligung" zu Ende des Untersuchungszeitraums hängt mit dem Angebot des damaligen Bundesumweltministers Norbert Röttgen zusammen, eine informelle Bürgerbeteiligung zur Weitererkundung Gorlebens zu organisieren, und der darauf folgenden Debatte, ob dies ein ausreichendes Angebot an die Betroffenen sei.

Trotz der teilweise wechselnden Anlässe, aufgrund derer bestimmte Themen angesprochen werden, lässt sich zusammenfassend aus der quantitativen Auszählung der Konfliktlinien ableiten, dass keine Konfliktbearbeitung stattgefunden hat, da die inhaltlichen Punkte über den gesamten Untersuchungszeitraum hinweg dieselben bleiben. Auffallend ist der geringe Grad an Thematisierung von Bürgerbeteiligung.

6.3   Effekte mikro-deliberativer Ereignisse

In diesem Kapitel wird nach Hinweisen dafür gesucht, ob ein Wandel der deutschen Endlagerpolitik hin zu deliberativer Endlager-Governance als Effekt mikro-deliberativer Ereignisse stattfindet. Zu diesem Zweck wurde die Medienberichterstattung nach den in Kapitel 3 aufgeführten Kriterien analysiert. Insgesamt spielen für Einschätzungen auf der Ebene der Endlagerpolitik die Interviews eine wichtige Rolle, da die interviewten Expertinnen den durch die Selektion in der Medienberichterstattung erzeugten eingeschränkten Blick zumindest teilweise erweitern können. Für die Analyse des Makrodiskurses (Makroebene) ist eine Ergänzung der medialen Sicht nicht vonnöten, da dabei von Interesse ist, wie die Medien berichten und nicht, ob die Berichterstattung die stattgefundenen Ereignisse vollständig widerspiegelt.

Die Arten von Hinweisen auf Effekte, die in dieser Arbeit für den Fall der deutschen Endlagerpolitik identifiziert wurden, sind: (a) ein direkter verbaler Bezug auf die mikro-deliberativen Ereignisse; (b) ein verbales Aufgreifen von Ergebnissen oder Formulierungen aus Berichten von mikro-deliberativen Ereignissen, wenn diese vorher im Makrodiskurs nicht präsent waren; (c) eine Handlung, die auf Ergebnissen oder Formulierungen aus Berichten von mikro-deliberativen Ereignissen beruht; (d) ein Umsetzen eines Kompromisses, der im Rahmen eines mikro-deliberativen Ereignisses gefunden wurde und (e) das Auftreten eines kollektiven oder Einzel-Akteurs im Makrodiskurs in direkter Funktion als Beteiligter an einem mikro-deliberativen Ereignis. Während bei Effekt (c) eine Umsetzung der Ergebnisse nicht notwendigerweise stattfindet, ist dies bei Effekt (d) eine Voraussetzung. In beiden Fällen ist es möglich, dass der Bezug auf das mikro-deliberative Ereignis verbal hergestellt wird (c1 / d1) oder nicht (c2 / d2).

6.3.1 Endlagerpolitik

Gesetzesänderungen können als Institutionalisierungen von Änderungen in der Endlagerpolitik verstanden werden, die Hinweise auf einen Wandel hin zu deliberativer Endlager-Governance geben können. Sie setzen den Rahmen für die formalen Interaktionen zwischen den politischen Entscheidungsträgern und der Öffentlichkeit. Weiterhin ist für eine Bewertung von Wandel eine zentrale Frage, wer bei welchen Entscheidungen mitentscheiden darf oder zumindest angehört wird. Sicherlich wird in der medialen Berichterstattung nicht über alle Beraterverhältnisse berichtet; Berichte über zentrale Absprachen sind aber durchaus zu erwarten. Weiterhin werden für eine Beurteilung von potentiellem Wandel die Interviews herangezogen. Als Vorstufen von Wandel wäre einzuordnen, wenn sich die Vorstellungen davon, was eine effiziente Problembearbeitung ist, bei verschiedenen kollektiven Akteuren ändert. Auch zur Beantwortung dieser Frage werden neben den Ergebnissen der Medienberichterstattung die Interviews hinzugezogen. Viertens wird anhand der Experteninterviews analysiert, inwiefern eine Änderung in der Pluralität im Diskurs festzustellen ist, die als Effekt mikro-deliberativer Ereignisse eingestuft werden kann. Ein fünfter Aspekt ist die Frage, ob Deliberation in der Endlagerpolitik zu finden ist. Da hier der Fokus der Analyse nicht die Medienberichterstattung über die Endlagerpolitik ist (diese wird unter „Makrodiskurs" diskutiert), sondern die Endlagerpolitik an sich, d.h. beispielsweise die Beratungskontexte, werden zur Beantwortung dieser Frage hauptsächlich die Interviews herangezogen.

Es werden im Folgenden auch Hinweise für einen Wandel beschrieben, bei denen kein Bezug zu mikro-deliberativen Ereignissen hergestellt werden kann. Dies dient einer Einschätzung, inwiefern ein genereller Wandel von Endlager-Management zu deliberativer Endlager-Governance in Deutschland stattfindet.

Form des Governance-Netzwerks

Gesetzgebung

Als Ansatz einer Bewegung hin zu deliberativer Endlager-Governance, welcher als direkter Effekt des AkEnd interpretiert werden kann, ist die 2004 bis 2005 stattgefundene Diskussion über eine gesetzliche Festlegung eines Auswahlverfahrens mit Bürgerbeteiligung (FAZ 23.07.2004, FR 21.11.2005). Der damalige Bundesumweltminister Jürgen Trittin (Grüne) legte 2005 einen Gesetzesentwurf vor, der auf den Empfehlungen des AkEnd basierte (FR 05.11.2010). Er versuchte damit, einen im AkEnd gefundenen Kompromiss direkt umzusetzen. Das Gesetz wurde aber nicht verabschiedet. Laut Medienberichterstattung wurde der Entwurf weder von Seite der Betroffenen vor Ort noch vom Wirtschaftsministerium und dem Kanzleramt gutgeheißen.[66]

> *„Der von der Bundesregierung eingesetzte «Arbeitskreis Endlager» hat seinen Abschlußbericht vor einem Jahr vorgelegt. (...) Eine Verhandlungsgruppe aus Umweltschützern und Vertretern der Energiewirtschaft sollte den Vorschlag anschließend prüfen, wurde aber von beiden Seiten boykottiert"* (FAZ 16.11.2003).

Der Wandel hin zu deliberativer Endlager-Governance, der dadurch stattfand, dass der AkEnd als plural besetztes Beratungsgremium die Endlagerpolitik beeinflussen konnte, war durch die mangelnde Implementierung nicht von Dauer. Folglich kann ein Effekt von Typ (c1) festgestellt werden.

---

66   FR 15.03.2005, FR 23.07.2005, FR 21.11.2005, FR 05.11.2010.

Beratungskontexte

Zwar war der Einfluss des AkEnd auf die Endlagerpolitik nicht von Dauer, er ist aber dennoch als, wenn auch temporärer, Wandel in den Beratungskontexten einzustufen. Über diesen Wandel wurde auch in den Medien berichtet. Hier wird er als Beratungsgremium eingestuft, in dem Atomkraftbefürworter und -gegner zusammenarbeiteten. *„Neben den traditionellen Atom-Kritikern, etwa dem Öko-Institut aus Darmstadt, sind Wissenschaftler dabei, die bereits seit vielen Jahren Forschungsarbeiten für ein Endlager durchführen"* (FR 05.03.2002). Diese Eigenschaft des AkEnd wird mehrfach von Journalisten positiv hervorgehoben.[67]

Die positive Einschätzung des AkEnd durch manche kollektive Akteure zeigt sich auch an der in späteren Jahren immer wieder auftauchenden Kritik an der mangelnden Umsetzung des Gesetzesentwurfs durch Journalisten, Wissenschaftler und Vertreter der Grünen.[68] Ein Journalist bemängelt beispielsweise, dass Jürgen Trittin sich vom *„«Arbeitskreis Endlager» (...) einen Vorschlag zur Endlagersuche mit Bürgerbeteiligung modellieren lassen [hat] – zur Gesetzesreife hat der es nie gebracht. Gereicht hat es nur für Verzögerungen und Verunsicherungen"* (FAZ 18.11.2010).

In den Interviews wird diese These teilweise bestätigt. Die Vertreterin der Betroffenen D äußert sich hinsichtlich des vom AkEnd vorgeschlagenen Verfahrens sehr positiv. Dieses sei fair gewesen und der AkEnd ein *„absolutes Erfolgsprojekt"* (Betroffene D). Die Vertreterin der Regierungsbehörde 2 D bescheinigt dem AkEnd Langzeiteffekte: *„Und der AKEnd hat ja auch eigentlich erst nach zwei Jahren so Anerkennung bekommen"*. Obwohl dieser Erfolg hinsichtlich seiner direkten Beeinflussung der Endlagerpolitik also temporär stark begrenzt war, hat er im Diskurs über die Endlagerpolitik einen bleibenden Effekt, da er von einigen kollektiven Akteuren wiederholt als gutes Beispiel genannt wird. Dies gilt sowohl für den medialen Diskurs über Endlagerpolitik als auch für die interviewten Expertinnen, die eher zu den „weiteren kollektiven Akteuren" zählen (Effekt Typ (a)).

Als weiterer möglicher Effekt des AkEnd auf Beratungsebene (Effekt Typ (b)) kann die Organisation des Endlager-Symposiums interpretiert werden. Teil des AkEnd-Vorschlags war, Sicherheitskriterien zu definieren, bevor geologische Erkundungen an einem bestimmten Standort durchgeführt werden. Die

---

67 FR 05.03.2002, FAZ 07.11.2002, FR 04.09.2003, FR 15.03.2005, FR 21.09.2009, FR 22.09.2009, FR 07.11.2009.

68 FR 16.09.2006, FR 21.09.2009, FR 22.09.2009, FR 07.11.2009, FR 05.11.2010, FR 09.11.2010, FAZ 18.11.2010.

Wirkungsmächtigkeit dieses Gedankens wurde in der Organisation des Endlager-Symposiums und des darauffolgenden Workshops zu Sicherheitsanforderungen wieder evident. Zwar wird von der Vertreterin von Regierungsbehörde 1 D und der Betroffenen D bemängelt, dass in der endgültigen Version der Sicherheitsanforderungen, die infolge des Workshops erstellt wurden, nicht nachvollziehbar gewesen sei, warum welche Kommentare berücksichtigt wurden oder nicht.[69] Trotzdem können diese beiden Ereignisse als Versuch gewertet werden, den Gedanken der Vorab-Definition von Sicherheitskriterien in einem Beratungskontext wieder aufzunehmen, der „weitere kollektive Akteure" mit einschließt. Dies bedeutet, dass kein Effekt der Veranstaltungen selbst gefunden, die Veranstaltungen aber als Effekt der Arbeit des AkEnd eingestuft werden können (Effekt (c1)).

Darüber hinaus sind in begrenztem Ausmaß Wandel in Beratungskontexten zu beobachten, die sich aber nicht in einem direkten Zusammenhang mit einem mikro-deliberativen Ereignis bringen lassen. Ein solcher Fall ist der Wandel in den bereits etablierten Beratungsgremien und in Beratungsaufträgen des BMU. Insbesondere in der FAZ wird von Journalisten bemängelt, dass unter Bundesumweltminister Jürgen Trittin Untersuchungsaufträge des BfS und BMU an Gorleben-Gegner vergeben und die Reaktorsicherheitskommission und die Strahlenschutzkommission aufgelöst und bei der *„Neubesetzung mit ausgewiesenen Atomkraftgegnern [aufgemischt]"* worden seien (FAZ 13.05.2005, FAZ 24.01.2006). Trotz der kritischen Einstellung des Journalisten kann das Ereignis, über das berichtet wird, als Wandel zu deliberativer Endlager-Governance interpretiert werden, da eine neue Interaktion zwischen den kollektiven Akteuren der Endlagerpolitik und „weiteren kollektiven Akteuren" geschaffen wurde. Die Ausgestaltung dieser Interaktion weist darauf hin, dass die involvierten „weiteren kollektiven Akteure" damit Einfluss auf die Endlagerpolitik gewonnen haben.[70]

Die Expertinnen berichten in den Interviews von der Offenheit einzelner Akteure gegenüber informellen Gesprächen mit „weiteren kollektiven Akteu-

---

69 „(…) das muss man irgendwie erklären, aber das kann man nicht so stehen lassen, OK wird alles berücksichtigt und nachher ist es dann doch nicht drin. Dann fällt es weg, das ist dann irgendwie so, so eine Sache, die dann etwas, ja unglaubwürdig wird." (Fachbehörde D 1).

70 In der 2008 vom Bundesumweltministerium gegründeten Entsorgungskommission ist momentan (Stand 04.10.2016) Michael Sailer (Öko-Institut) Vorsitzender. Michael Sailer war bereits Mitglied des AkEnd. Da das Öko-Institut im Endlager-Management den „weiteren kollektiven Akteuren" zugeordnet werden muss, könnte hier ein Effekt des AkEnd vorliegen, der aber nicht über die eingangs genannten Kriterien „belegt" werden kann.

ren". Beispielsweise zeigten einzelne Personen von Seiten der Verfahrensträger durchaus Interesse an Gesprächen mit der interessierten Öffentlichkeit und den Betroffenen: *„(...) also wir können zum Beispiel mit den jeweiligen Kanzlern, Ministerpräsidenten oder so, die kommen gerne, weil das dann nicht so formalisiert ist"* (Betroffene D). Auch darüber hinaus wird in den Interviews deutlich, dass es innerhalb der verschiedenen kollektiven Akteure durchaus Einzel-Akteure gibt, die an einem Dialog interessiert sind, auch wenn sie unterschiedliche Randbedingungen für die Umsetzung eines solchen hervorheben. Diese teilweise Dialogbereitschaft kann als Ansatz eines Wandels hin zu deliberativer Endlager-Governance gedeutet werden, da ohne eine solche Dialogbereitschaft keine neuen Interaktionen zwischen etablierten und „weiteren kollektiven Akteuren" und den kollektiven Akteuren der Endlagerpolitik entstehen können („prä-deliberative" Anforderung). Konkret berichten alle Expertinnen von Situationen, in denen sie in kleineren Kreisen, sei es in den Pausen bei einer Veranstaltung oder in einer von einer Gorlebener Gruppe organisierten Gesprächsrunde, Argumente mit Personen ausgetauscht hätten, die eine andere Position als sie selbst vertreten. Weiterhin berichten die Vertreterinnen der Abfallverursacher D und von Regierungsbehörde 1 und 2 D von Veranstaltungen der Betroffenen, zu denen sie fahren, um dort mitdiskutieren zu können.[71] Ebenfalls berichten sie von ihrer generellen Bereitschaft, auf Anfragen aus der Bevölkerung Antworten zu geben, die verständlich formuliert sind: *„Und – ich denke – das ist schon der Anspruch, dass man also Fragen grundsätzlich bedienen muss und aufklären muss, darstellen muss und das geht – denke ich – auch. Das ist zwar aufwendig, aber es geht"* (Regierungsbehörde 1 D). Dass diese Treffen und Momente des Austauschs stattfinden, ist nicht als direkter Effekt des AkEnd erkennbar, sie bieten aber die Gelegenheit für die Unterstützer der Ideen des AkEnd, diese mit anderen kollektiven Akteuren zu diskutieren.

Zusammenfassend sprechen diese konkreten Anlässe, bei denen Argumente ausgetauscht werden und Beratungen zwischen etablierten und weiteren kollektiven Akteuren stattfinden, für Ansätze von deliberativer Endlager-Governance in der Endlagerpolitik. Diese sind teilweise als Effekte mikro-deliberativer Ereignisse einzustufen (Typ (a), (b) und (c1)). Gleichzeitig sind es nicht mehr als Ansätze, da diese Ereignisse sporadisch und stark informell sind.

---

71 „Das muss aber auch sein. Also ich, ich scheue mich auch nicht ähm zu einer Veranstaltung zu gehen, die Herr Kleemann jetzt in Wendland hatte, das war von der Rechtshilfe Gorleben organisiert." (Abfallverursacher D).

Pluralität – Pluralität in den formellen und informellen Strukturen

Der AkEnd, das Endlager-Symposium und der Workshop zu den Sicherheitsanforderungen führten alle zu einer erhöhten Pluralität auf der Handlungsebene. Im Fall des Endlager-Symposiums und des Workshops war diese erhöhte Pluralität stark temporär begrenzt. Bei den Veranstaltungen kamen dafür „weitere kollektive Akteure", „etablierte kollektive Akteure", Vertreter der politischen Administration und der politischen Entscheidungsträger ins Gespräch. Beim AkEnd war die zeitliche Beschränkung etwas weniger stark, dafür kamen aber auch hauptsächlich nur „weitere kollektive Akteure" mit „etablierten kollektiven Akteuren" ins Gespräch. Im Fall des FED war die Pluralität der Teilnehmer wiederum erhöht, er fand aber keinerlei Resonanz bei den politischen Entscheidungsträgern.

Input-Legitimität

Definition alternativer Governance-Netzwerke

Ein weiteres Merkmal eines Wandels hin zu Endlager-Governance wäre die Möglichkeit für „weitere kollektive Akteure", an der Definition von Governance-Netzwerken mitzuwirken bzw. alternative Governance-Netzwerke zu definieren und zur Debatte zu stellen. Auch in dieser Kategorie kann ein Effekt des AkEnd festgestellt werden.[72] Dieser kann selbst als alternatives Governance-Netzwerk interpretiert werden, das unter deliberativen Bedingungen und zumindest zeitweiliger Mitarbeit von „weiteren kollektiven Akteuren" definiert wurde.

Problemdefinition (Konfliktverständnis)

Die Problemdefinition der Bundesregierung als kollektiver Akteur hat sich in ihrer Darstellung in den Medien geändert. Die Änderungen hängen jeweils mit Regierungswechseln zusammen. Die Bundesregierungen treten hauptsächlich über die Bundesumweltminister in der öffentlichen Arena auf. In den Jahren bis 2004 sind die Begründungen für das Moratorium der Hauptanlass für Äußerungen in diesem Gebiet. Als Gründe werden rechtliche Aspekte (Gorleben als „Schwarzbau") und Effizienzgründe vorgebracht – man wolle nicht ohne Endlager dastehen, wenn Gorleben nicht geeignet sei – sowie die Notwendigkeit, einen neuen Endlagerstandort nach wissenschaftlichen Kriterien auszuwählen (FR 11.11.2003, FAZ 23.07.2004, FAZ 25.09.2004, FR 15.11.2004).

---

72   Dieser Effekt wurde bereits in Kuppler (2012) benannt.

Aus diesen Gründen sei laut Jürgen Trittin (Bundesumweltminister) ein Auswahlverfahren, *„das Alternativen prüft, die Öffentlichkeit umfassend beteiligt, und (...) wesentliche Fragen der Langzeitsicherheit berücksichtig[t]"*, notwendig (FAZ 23.07.2004). In den Jahren 2006 bis 2009, also unter Umweltminister Sigmar Gabriel (SPD), werden Transparenz, das Primat wissenschaftlicher Kriterien, Ergebnisoffenheit und die Notwendigkeit einer Suche nach dem bestgeeigneten Standort hervorgehoben (FAZ 04.09.2006, FR 04.09.2006, FR 12.09.2006). Wie vorher bereits auch werden rechtliche Aspekte, hier Rechtssicherheit, betont (FAZ 04.09.2006, FAZ 14.07.2009). In späteren Jahren steht vor allem die Unabhängigkeit der Gutachter im Zentrum der Wahrnehmung; Anlass ist der Verdacht einer politischen Einflussnahme auf Gutachten zum Standort Gorleben (FAZ 10.09.2009, FAZ 13.09.2009). Auch Effizienz spielt in dieser Zeit immer noch eine Rolle, Bundeskanzlerin Angela Merkel verwendet es als Argument pro Gorleben, da man schon viel Geld investiert habe (FAZ 06.09.2008). Verantwortung spielt sowohl bei Sigmar Gabriel als auch, nach dem Regierungswechsel Ende 2009, bei Norbert Röttgen eine Rolle. Allerdings wird sie unterschiedlich interpretiert. Sigmar Gabriel sieht es als verantwortungslos an, nur Gorleben zu erkunden; Norbert Röttgen sieht es als verantwortungslos an, Gorleben nicht weiter zu erkunden (FR 16.07.2009, FAZ 16.03.2010). Anstelle einer Suche nach dem bestgeeigneten Standort wird bei Norbert Röttgen die Frage der Eignung betont, d.h. die Frage ob ein Standort geeignet ist oder nicht (FAZ 16.03.2010). In diesem Zusammenhang wird auch von Röttgen Ergebnisoffenheit hervorgehoben, allerdings wird daraus keine Notwendigkeit zur Fortsetzung des Moratoriums abgeleitet, sondern *„einer wissenschaftlichen Diskussion über Alternativen"* (FR 16.03.2010). Dies war im Sinne eines Vergleichs „auf dem Papier", also nicht im Sinne von Erkundungen an verschiedenen Standorten, gemeint. Das „Recht auf Wissen", d.h. „Klarheit und Sicherheit" für die Bevölkerung vor Ort, wird als weiterer Grund für eine Weitererkundung Gorlebens genannt (FAZ 16.03.2010). Die Notwendigkeit eines gesellschaftlichen Konsenses, der zu Akzeptanz führen soll, sei Grundbedingung (FAZ 16.03.2010). Der zu beobachtende Effekt des AkEnd ist hier die Bewegung hin zu einem Auswahlverfahren mit Bürgerbeteiligung in der Problemdefinition (Effekt Typ (b)).

Diese Bewegung bleibt allerdings laut den Expertinnen nur sehr verhalten. Bürgerbeteiligung werde zwar durchgeführt, habe aber oft keine Konsequenzen, und es sei *„schlimmer einen groß angekündigten Prozess so den Bach runter gehen zu lassen, es macht ja mehr Vertrauen kaputt als gar nichts anzukündigen* *und gar nichts zu machen"* (Abfallverursacher D und, mit einer ähnlichen Aussage, Beobachterin D) oder werde durch *„Festlegungen im politischen Raum (...) überflüssig"* gemacht (Regierungsbehörde 1 D).

Output-Legitimität – Zielsetzung

In den Interviews wird deutlich, dass die Expertinnen Bürgerbeteiligung als Teil einer effizienten Konfliktbearbeitung sehen, da sie alle, zumindest im Interview, eine große Offenheit gegenüber der Beteiligung von BürgerInnen im Verfahren zeigen. Es besteht aber Uneinigkeit, was effiziente Bürgerbeteiligung wäre. Die Expertinnen betonen unterschiedliche Aspekte, die auf Differenzen hindeuten. Ein Beispiel dafür ist die Forderung der Vertreterin der Abfallverursacher D, dass Beteiligung in Form von Beratung organisiert werden müsste und nicht in Form einer Mitbestimmung, um Planungssicherheit sicherzustellen[73], sowie die Sicht der Vertreterin der Betroffenen D, dass ein Rückfall auf frühere Verfahrensschritte nach Rücksprache mit allen Akteuren jederzeit möglich sein müsse.[74] Ein solches schrittweises Verfahren wird auch vom AkEnd gefordert (AkEnd 2002: 68-71). Die Vertreterin der Betroffenen D ist der Meinung, dass ein Auswahlverfahren Teil einer effizienten Konfliktbearbeitung sei. Auch die Vertreterin der Abfallverursacher D nennt die Notwendigkeit von Vorabuntersuchungen anderer Standorte, bezieht sich aber auf ein informelles Treffen in Loccum als Ursache für diese Ansicht, d.h. kein mikro-deliberatives Ereignis nach der eingangs formulierten Definition.

Folglich kann die These aufgestellt werden, dass ein Wandel hin zu deliberativer Endlager-Governance zumindest bei einem Teil der involvierten Einzel-

---

73   „(…) der nächste Punkte wäre dann halt, wo gibt es eine Mitentscheidungsmöglichkeit und das – hat man ganz am Anfang diskutiert – sehe ich begrenzt. (…) Wenn mein Gegenüber mein Argument hört und ob er sagt oder nicht und für sich bewertet, na ja so ganz unrecht hat der nicht. Dann wird er beim nächsten Mal vielleicht etwas anders machen. Das heißt, das ist auch eine Art von Mitwirkung. Ist natürlich nicht die Art, die man sich wünscht (…) und ich muss auch immer sehen, wo hat das Grenzen und ich muss auch ein Projekt vernünftig führen können und ich brauche auch eine vernünftige Investitionssicherheit. Das sind Dinge, die man bedenken muss, die man abwägen muss, muss man gucken, wie kann ich dann trotzdem eine gewisse Mitwirkung zugestehen, ohne dass ich ganz aufgebe meine Projektsicherheit." (Abfallverursacher D).

74   „(…) in verschiedenen Abstimmungsrunden müssten Dinge überprüft werden und im Zweifelsfall zurückgegeben werden. Und da kann man nicht, da gibt es nicht so ein Rezept wie man so einen Prozess durchläuft, sondern das muss immer wieder rückgekoppelt werden mit den verschiedenen Akteuren in diesem, dann doch relativ komplexen System, wie es in der Schweiz ja auch ist" (Betroffene D).

Akteure stattfindet, der sich in der Ansicht manifestiert, dass Bürgerbeteiligung und ein Standortvergleich Teil einer effizienten Problembearbeitung sein müssten. Allerdings besteht keine Einigkeit darüber, wie die Bürgerbeteiligung an die offiziellen Entscheidungsfindungsstrukturen angebunden werden sollte. Ein Effekt des AkEnd kann nur vermutet werden, da keine der interviewten Expertinnen direkte Bezüge herstellte (Effekt Typ (b)). Eine Ausnahme ist die Beobachterin D, welche der Meinung ist, *„dass die ganze Diskussionslandschaft und das gegenseitige Verständnis auch irgendwie über diese verschiedenen Lager hinweg heute schlechter wären, wenn man den AkEnd nicht gehabt hätte"*. Da ein Wille zum Dialog eine Voraussetzung für Bürgerbeteiligung ist, wäre dies ein Argument für einen Effekt des AkEnd.

Deliberative Drifts

Von den Expertinnen werden in den Interviews verschiedene Beispiele für Aspekte genannt, die für „deliberative Drifts" in der Endlagerpolitik sprechen. Ein durchgängiger Wandel hin zu Deliberation hat sich aber nicht manifestiert. Strenggenommen sind es sogar nur „Drifts" in einzelnen Deliberations-Kriterien.

Es gibt nur einen „Drift", bei dem ein Bezug zu einem mikro-deliberativen Ereignis festgestellt werden kann. Die Beobachterin D sieht zwar einen Mangel an Anerkennung, ist aber der Meinung, dass die Lage ohne den AkEnd noch schlechter wäre, da dort gezeigt worden sei, dass auch Einzel-Akteure, die unterschiedliche Positionen vertreten, zusammen arbeiten können (Effekt Typ (a)). Die Vertreterin der Abfallverursacher D ist gleichzeitig der Meinung, dass die Bedenken der Betroffenen seit Anfang der 2000er Jahre ernster genommen würden, bezieht sich aber nicht auf den AkEnd.[75] Als konkretes Beispiel berichtet sie, dass sie im Anschluss an die Vorstellung der Kleemann-Studie (Kleemann 2011) einen wissenschaftlichen Austausch zwischen dem Autor und der BGR begrüßt hätte.[76]

---

75 „Das ist ein Punkt, der in der Vergangenheit, also vor 2000, sehr vernachlässigt wurde. Man hat Publikationen gemacht, man hat Broschüren gedruckt, aber man hat nicht mit den Leuten gesprochen und das ist absolut unerlässlich, wenn sie Menschen irgendwie mitnehmen wollen. Man muss ja auch die Menschen irgendwo ernst nehmen, haben schon ein Recht darauf, dass man noch mal kommt und einfach auch mit ihnen redet. Und ihnen nicht nur eine Broschüre in die Hand drückt und sagt, da ist alles drauf" (Abfallverursacher D).

76 „Ja, aber dann wäre es auch angemessen mal in einen wissenschaftlichen Disput einzutreten und das auch mal miteinander und vielleicht auch öffentlich miteinander zu diskutieren. Und in der Veranstaltung hat Kleemann dem auch zugestimmt, nur danach kam leider nichts mehr, die BGR übrigens, die waren auch da" (Abfallverursacher D).

Im Folgenden werden weitere „Drifts" vorgestellt, bei denen kein Bezug zu einem mikro-deliberativen Ereignis festgestellt werden konnte. Ein solches Kriterium ist die Bereitschaft zur Meinungsänderung. Jede der Expertinnen nennt Beispiele von Problemaspekten oder Diskussionsgegenständen, bezüglich derer sie ihre Meinung geändert hat. In allen Fällen, mit einer Ausnahme, kamen die Argumente, die zu der Meinungsänderung führten, von der „Gegenseite". Der Auslöser für die Meinungsänderung der Vertreterin der Abfallverursacher D ist, dass eine ausschließliche Erkundung von Gorleben als Vorfestlegung gewertet werden kann. „(...) im Nachgang zu dieser Veranstaltung ist uns, in der Bewertung ist uns deutlich geworden, dass in jedem Fall die Frage nach Alternativen zu Gorleben berechtigt ist, zumindest für den Fall der Nichteignung muss in jedem Fall ein vernünftiger Plan B vorliegen" (Abfallverursacher D). Die Vertreterin der Abfallverursacher D und die Vertreterin von Regierungsbehörde 2 D nennen weiterhin jeweils ein Beispiel einer Meinungsänderung, die sie bei anderen kollektiven Akteuren beobachtet hätten.[77]

Ein weiteres Kriterium ist, dass Handlungen aufgrund von Argumenten anderer vollzogen werden. Zwei der Expertinnen berichteten jeweils von einem Ereignis, bei dem entweder sie selbst oder andere aufgrund von Argumenten anderer gehandelt haben (Abfallverursacher D, Betroffene D). Allerdings wurden diese Handlungen nicht verstetigt und sie führten auch nicht zu einem Auflösen des Kernkonflikts. Beispielsweise wurde das Endlagersymposium auf Anregung der Betroffenen hin durchgeführt; die Bürgerbeteiligung wurde aber nicht verstetigt.

Auch das Kriterium der Informationsbereitschaft wird in Teilen als erfüllt angesehen. Die Vertreterin der Abfallverursacher D hält Transparenz generell für wichtig. Sie ist der Meinung, dass alle Dokumente, die sie kennt, nach außen gegeben werden könnten. „(...) es gibt Dokumente, die werden zur Verfügung gestellt, komplett, (...) das ist auch schon passiert, Herr Meyer[78] (...) ist zweimal – glaube ich – sogar bei uns gewesen und hat in bestimmte Dokumente Einsicht genommen" (Abfallverursacher D). Allerdings würden einige Dokumente der Geheimhaltung unterliegen, da sie anderen Firmen gehörten, dadurch könne ein Eindruck von Intransparenz entstehen. Auch persönliche Kontakte seien sehr

---

77   Zum Beispiel: „Andere Kritik wieder, die von außen kommt, die aber eigentlich nur auf Gerüchten von, das entbehrt jeglicher Grundlage diese Kritik. Gut und dann erläutere ich natürlich den Leuten warum das eigentlich gar keine Grundlage hat, dann sehen die das meistens auch ein" (Regierungsbehörde 2 D).

78   Name geändert.

wichtig, weshalb sie selbst zu vielen, auch von den Betroffenen organisierten Veranstaltungen fahren würde. Die Vertreterin von Regierungsbehörde 1 D sieht Kommunikation als wichtig an, allerdings sei Handeln noch wichtiger, damit die Kommunikation nicht inhaltsleer bleibe.[79] Die Vertreterin von Regierungsbehörde 2 D sieht ihren Informationsauftrag im Erläutern politischer Entscheide und in diesem Kontext der Bereitstellung *„nüchterner Fakten"*, die nicht politisch gefärbt sind (Regierungsbehörde 2 D). Diesem positiven Bild der Informationsbereitschaft widerspricht die Betroffene D, die sich insbesondere eine stärkere Präsenz des Abfallverursachers bei Veranstaltungen wünschen würde.

Zusammenfassung

In der deutschen Endlagerpolitik sind Wandel hin zu deliberativer Endlager-Governance bezüglich der formellen und informellen Arbeits- und Beratungskontexte und bezüglich „deliberativer Drifts" zu beobachten, die aber meist nur temporären Charakter haben. Die Momente von Wandel bezüglich der Arbeitskontexte sind darüber hinaus oft nur informell oder verbleiben auf der vorbereitenden Ebene, d.h. es fand nur insofern ein Wandel statt, als dass einzelne kollektive und Einzel-Akteure der Meinung sind, dass Bürgerbeteiligung und ein Standortvergleich Teil einer effizienten Problembearbeitung sein müssten. Damit hat auch ein Wandel in der Zielsetzung der Endlagerpolitik und in der Problemdefinition stattgefunden. Effekte auf diese Entwicklung hatte nur der AkEnd als mikro-deliberatives Ereignis. Sein Abschlussbericht diente als Grundlage für einen Gesetzesentwurf, der aber nicht umgesetzt wurde, und dient manchen Einzel-Akteuren bis Ende des Untersuchungszeitraums immer wieder als Beispiel für einen effizienten Problembearbeitungsansatz, sowohl im Makrodiskurs als auch teilweise unter den interviewten Expertinnen. Die Effekte sind teilweise eindeutig, wie beim Gesetzesentwurf und bei Kommentaren, dass es ein Versäumnis sei, dass dieser nicht umgesetzt wurde. Teilweise können Effekte nur vermutet werden, wie bei der Nennung von Aspekten eines Standortvergleichs als Teil einer effizienten Problembearbeitung durch Einzel-Akteure, die zu einem kollektiven Akteur gehören, der einen Standortvergleich bis dahin abgelehnt hatte.

---

79 „Man kommuniziert, aber Kommunikation kann ja nicht nur ein Selbstzweck sein, man muss ja auch was sagen (…), ich will eine Botschaft rüberbringen und dann muss ja auch was passieren. Das (…) ist ja der eigentliche Punkt" (Fachbehörde D 1).

6.3.2 Makrodiskurs

In diesem Abschnitt wird diskutiert, inwiefern ein Wandel hin zu deliberativer Endlager-Governance im Makrodiskurs als Effekt mikro-deliberativer Ereignisse stattfand. Weiterhin wird diskutiert, inwiefern im Makrodiskurs „deliberative Drifts" zu beobachten sind. Für diese Diskussionen werden ausschließlich die Beobachtungen aus der Medienanalyse herangezogen, da es sich hier um eine Bewertung des Wandels im öffentlichen, d.h. auch medialen Diskurs handelt. Wie im vorherigen Unterkapitel werden auch Hinweise für einen Wandel beschrieben, bei denen kein Bezug zu mikro-deliberativen Ereignissen hergestellt werden kann. Dies dient einer Einschätzung, inwiefern ein genereller Wandel von Endlager-Management zu deliberativer Endlager-Governance in Deutschland stattfindet.

Medienberichterstattung über die mikro-deliberativen Ereignisse

Der direkteste Effekt von mikro-deliberativen Ereignissen ist ihre Nennung im Makrodiskurs (Effekt (a) oder (b)). Diese Nennung ist eine Voraussetzung für einen Wandel hin zu deliberativer Endlager-Governance. Die bisher durchgeführten mikro-deliberativen Ereignisse können als „Tests" für einen solchen Wandel eingestuft werden. Über Berichterstattung in den Massenmedien können die Erfahrungen aus diesen „Tests" Verbreitung finden und werden Teil des politischen Möglichkeitsraums.

Schaut man auf die Anzahl der Nennungen des AkEnd in der Medienberichterstattung, so entsteht der Eindruck, dass er keine Auswirkungen auf den Makrodiskurs hatte, denn im gesamten Zeitraum 2001-2010 wird er nur in 20 Artikeln genannt. Zwei Aspekte werden vergleichsweise stark betont: die Neuerung im Verfahren, die vom AkEnd durch die Festlegung von Kriterien vor der Standortauswahl vorgeschlagen wurde, und die mangelnde Umsetzung seiner Vorschläge.[80] Spezifischere inhaltliche Aussagen zu der Arbeit des AkEnd werden nur in zwei Artikeln gemacht. Im ersten wird der vom AkEnd getätigte Verfahrensvorschlag knapp zusammengefasst und das Auswahlkriterium der gesellschaftlichen Akzeptanz benannt (FR 12.11.2003). Im zweiten wird eine Passage aus dem AkEnd-Bericht als Beweis dafür genannt, dass das Ein-Endlager-Konzept unter wissenschaftlichen Gesichtspunkten nicht die beste Lösung sei (FAZ 06.03.2006).

---

80   FAZ 30.03.2001, FR 24.07.2002, FR 14.11.2002, FAZ 30.07.2003, FR 04.09.2003, FAZ
     01.07.2004, FAZ 25.09.2004, FAZ 27.11.2006, FR 21.09.2009, FR 05.11.2010.

Die anderen mikro-deliberativen Ereignisse werden in der öffentlichen Arena praktisch nicht aufgegriffen. Nur in einem Artikel berichtet ein Teilnehmer über seine Erfahrung mit dem Einfluss des FED auf die Endlagerpolitik in Person des damaligen Umweltministers (FR 10.11.2010).[81] Eine zweite Ausnahme ist ein Artikel über das Endlagersymposium 2008. Der Journalist integriert seinen Bericht über das Symposium in eine kurze Abhandlung über Geschichte und Probleme der Endlagerung in Deutschland. Darin greift er Aussagen verschiedener Vortragender auf. Er schließt mit einer positiven Bemerkung ab, in der er die inhaltliche Auseinandersetzung mit konträren Positionen lobt (FAZ 03.11.2008).

Input-Legitimität

Debatte über Input-Legitimität

Die Bewertungen von Verfahrensvorschlägen durch verschiedene kollektive oder Einzel-Akteure hinsichtlich ihres Konfliktbearbeitungspotentials geben Hinweise auf die Existenz und die Inhalte einer Diskussion über Input-Legitimität, welche sich durch ein als angemessen empfundenes Verfahren auszeichnet. Intensiviert sich eine solche Debatte zumindest zeitweise, muss diskutiert werden, inwiefern dies als Wandel hin zu deliberativer Endlager-Governance zu werten ist und ob dieser Wandel als Effekt mikro-deliberativer Ereignisse eingestuft werden kann.

Eine Definition eines fairen Verfahrens, die im Makrodiskurs von verschiedenen kollektiven und Einzel-Akteuren als Referenzpunkt verwendet wird, wurde vom AkEnd geliefert. Es wird diskutiert, ob eine Weitererkundung Gorlebens ohne Standortvergleich oder ein neuer Standortvergleich das bessere Verfahren wäre.[82] Dabei wird u.a. der Aspekt der Konfliktbearbeitung hervorgehoben. Die alleinige Weitererkundung Gorlebens wird von Betroffenen vor Ort, den Grünen, einzelnen Wissenschaftlern und Journalisten als zur Konfliktschlichtung ungeeignet dargestellt. So urteilt die FR 2010:

> *„Sie gefährdet mit dem Beschluss zur Laufzeitverlängerung und dem Durchmarsch in Gorleben, wo sie den Salzstock ohne Alternative fertig untersuchen lassen will, sogar bewusst den gesellschaftlichen Frieden – in der Region und darüber hinaus"* (FR 20.09.2010).

---

81   Siehe 6.3.2 „Pluralität im Diskurs und in der Problemdefinition".

82   FR 16.09.2006, FAZ 27.11.2006, FR 21.09.2009, FR 22.09.2009, FR 07.11.2009, FR 05.11.2010, FR 09.11.2010, FAZ 18.11.2010.

Dasselbe Argument ist auch positiv gewendet zu finden. So sagt beispielsweise der Präsident der Deutschen Umwelthilfe (Flasbarth) 2009 in einem Interview mit der FR, dass *„nur eine neue, offene Endlagersuche mit einem Vergleich von Standorten (...) das heilen"* kann (FR 18.09.2009). Zu Anfang des Untersuchungszeitraums findet man insbesondere Warnungen vor einer Vorfestlegung auf Gorleben, vor allem durch die Grünen und Betroffene vor Ort (Bürgerinitiativen) (FAZ 11.11.2002, FR 29.09.2003, FAZ 10.11.2003, FR 14.11.2003).

Die entgegengesetzte Bewertung, nämlich dass ein Standortvergleich nicht gewünscht sei, findet sich ebenfalls über den gesamten Untersuchungszeitraum, hauptsächlich aber 2006/07, als der damalige Bundesumweltminister Sigmar Gabriel in der großen Koalition einen solchen Standortvergleich durchsetzen wollte. Diese Bewertung wird hauptsächlich von Vertretern der CDU, CSU, der Energiewirtschaft sowie der CDU-geführten niedersächsischen Landesregierung vertreten (FAZ 31.05.2006, FR 08.03.2007, FR 22.03.2010). Beispielsweise äußert der Vize-CSU-Landesgruppenchef (Straubinger) 2010 die Meinung, dass ein Standortvergleich nicht zur Konfliktlösung beitragen kann.[83] Auch der Zeitaufwand einer vergleichenden Suche wurde kritisiert (FR 24.09.2005, FAZ 31.05.2006).

> *„Im Koalitionsvertrag sei klar vereinbart, bei der Endlagersuche in dieser Legislaturperiode zu einer Lösung zu kommen [sagte die stellvertretende Fraktionsvorsitzende der Unionsfraktion, Katherina Reiche (CDU)]"* (FAZ 31.05.2006).

Weitere ablehnende Aussagen werden damit begründet, dass bisher nichts gegen eine Eignung Gorlebens spreche, oder sie werden gar nicht begründet (FR 15.03.2005, FR 11.09.2006, FR 08.03.2007, FR 09.03.2007).

Es wurde also von Beginn an über Aussagen zu einem guten Verfahren berichtet, allerdings verbleiben diese Debatten reaktiv, d.h. wenn ein einzelner Akteur eine Aussage trifft, z.B. in Bezug auf die Frage, ob Gorleben weitererkundet oder ein Standortauswahlverfahren durchgeführt werden soll, wird diese Aussage bezüglich der Frage bewertet, ob geeignet oder nicht geeignet. Dies gilt

---

83 „Diese Aussagen empörten den CSU-Landesgruppenchef Hans-Peter Friedrich. Der CSU-Mann zu Röttgen: «Norbert, so geht das nicht. Ich bitte dich, das nicht in der Fraktion zu wiederholen.» Friedrichs Vize Max Straubinger wird so zitiert: «Keine Diskussion über alternative Standorte, sonst zünden wir die ganze Republik an.»" (FR 22.03.2010).

auch für andere Themen.[84] Nicht diskutiert werden Fragen wie die Ausgestaltung eines neuen Auswahlverfahrens oder der weiteren Erkundung, d.h. es werden auch keine inhaltlichen Erwartungen an die politischen Entscheidungsträger und die politische Administration diskutiert.

Zwar kann keine Debatte über Input-Legitimität festgestellt werden, d.h. kein Austausch von Argumenten, wohl werden aber einzelne Forderungen an Input-Legitimität gestellt, d.h. einzelne kollektive und Einzel-Akteure benennen Kriterien. Zu diesen Kriterien gehören das Anstreben eines gesellschaftlichen Konsenses, Transparenz im Auswahlverfahren, Mitsprachemöglichkeiten in den Regionen, Bürgerbeteiligung, Ergebnisoffenheit in der Erkundung, Fairness und eine Gewährleistung von Unabhängigkeit der Wissenschaftler.[85] Ein Anwohner aus Gorleben fordert beispielsweise: *„Die Politik müsse einsehen, dass ein End-lager nur im breiten gesellschaftlichen Konsens gefunden wird"* (FR 10.11.2010) und von einer Vertreterin der Grünen heißt es: *„Harms (...) bezeichnet sich mitt-lerweile als ‚engagierteste Verfechterin eines atomaren Endlagers', so lange der Weg dorthin fair ist und nicht der von Atomindustrie und niedersächsischer Landesregierung favorisierte Standort Gorleben feststeht"* (FR 14.11.2003) Unter den Vertretern dieser Positionen finden sich weiterhin die Bundesregierung und das BMU. Die Aspekte „Ergebnisoffenheit" und „Transparenz" werden auch vom AkEnd angesprochen. Im Abschlussdokument wird als Anforderung an ein faires Verfahren u.a. Unvoreingenommenheit gefordert und dass es *„für fachlich Außenstehende nachvollziehbar sein"* müsse (AkEnd 2002: 7 & 26).

Eine weitere mögliche inhaltliche Referenz zum AkEnd, die als Diskussionsbeitrag zur Input-Legitimität gelten kann, ist eine Aussage von Bundesumweltminister Jürgen Trittin, mit der er in den Medien zitiert wird, dass mindestens zwei Standorte unterirdisch untersucht werden sollen (FR 15.11.2004). Im Zitat bezieht er sich zwar nicht direkt auf den AkEnd, die Forderung nach der

---

84 Die 2010 wieder eingeführte Möglichkeit der Enteignung der Salzrechtebesitzer wird von Betroffenen als nicht geeignet eingestuft (FR 16.09.2010). Auch die 2006 diskutierte Möglichkeit eines privaten Betreibers wird von Teilen der Grünen als ungeeignet abgelehnt (FR 17.03.2006). Die Mehrheit der Grünen befürwortet allerdings einen von Jürgen Trittin eingebrachten Gesetzesentwurf, der einen privaten Betreiber vorsieht (z.B. FR 17.03.2006, FAZ 21.03.2006).

85 Zum Beispiel FR 02.11.2002, FR 21.05.2003, FR 14.11.2003, FR 25.11.2003, FAZ 17.09.2004, FR 15.11.2004, FAZ 20.11.2005, FAZ 21.11.2005, FAZ 04.09.2006, FR 12.09.2006, FAZ 03.11.2008, FR 30.05.2009, FAZ 11.09.2009, FR 22.09.2009, FR 09.11.2010, FR 10.11.2010.

unterirdischen Erkundung von zwei Standorten steht aber in dessen Abschlussbericht (AkEnd 2002: 64).

Definition alternativer Governance-Netzwerke

Das vom AkEnd definierte alternative Governance-Netzwerk hatte die Durchführung eines schrittweisen Standortauswahlverfahrens zum Ziel.[86] Diese Idee konnte durch den AkEnd im Makrodiskurs Relevanz erlangen und wurde von verschiedenen kollektiven Akteuren, insbesondere aber Journalisten, kontinuierlich zitiert (i.S.v. „der AkEnd hat das schon getan").[87] Die Außenseiter-Idee eines erneuten Auswahlverfahrens wurde damit zu einem Bestandteil des Makrodiskurses, mit dem sich alle Akteure im Folgenden auseinanderzusetzen hatten und der für die Endlagerpolitik der darauffolgenden Jahre prägend war, obwohl die Vorschläge nicht umgesetzt wurden. Dies ist folglich ein Beispiel für ein zumindest teilweises Auflösen der Kommunikations-Barrieren, die normalerweise „Außenseiter" von etablierten Akteuren und politischen Entscheidungsträgern trennen, durch ein mikro-deliberatives Ereignis, das mit hinreichend, wenn auch für die Umsetzung nicht ausreichend, Deutungsmacht versehen wurde.

Zusammenfassend kann festgestellt werden, dass eine Debatte zu Verfahren vorhanden ist, diese aber nicht als Debatte über Input-Legitimität eingestuft werden kann. Oben wurde bereits argumentiert, dass diese Debatte zumindest indirekt als Effekt des AkEnd gewertet werden kann.[88] Bei der Benennung einzelner Kriterien für Input-Legitimität im Makrodiskurs kann kein direkter Zusammenhang mit einem mikro-deliberativen Ereignis festgestellt werden, allerdings werden einige der genannten Aspekte auch vom AkEnd in seinem Abschlussbericht benannt. Es könnte sich also um einen Effekt vom Typ (b) handeln. Da es sich aber um sehr allgemeine Anforderungen handelt, kann nicht davon ausgegangen werden, dass hier ein Effekt vorliegt. Die Tatsache, dass solche Kriterien benannt werden, ist als Vorstufe zu einer Debatte über Input-Legitimität zu werten und damit als ein möglicher Schritt in Richtung deliberativer Endlager-Governance.

---

86   Siehe auch Kapitel 6.3.2 „Definition alternativer Governance-Netzwerke".
87   Siehe Kapitel 6.3.2 „Debatte über Input-Legitimität".
88   Siehe Kapitel 6.3.1 „Output-Legitimität – Zielsetzung".

Problemdefinition

Wie in Kapitel 6.3.1 „Input-Legitimität" dargelegt wurde, hat sich die Problemdefinition der Bundesregierung im Makrodiskurs von einer alleinigen Erkundung Gorlebens hin zu einem Auswahlverfahren mit Bürgerbeteiligung gewandelt. Dies kann als ein Effekt des AkEnd von Typ (b) interpretiert werden. Weitere Änderungen in der Problemdefinition sind im Makrodiskurs nicht zu beobachten.

Output-Legitimität

Debatte über Output-Legitimität

Aussagen verschiedener kollektiver oder Einzel-Akteure, in denen thematisiert wird, welche Anforderungen ein Endlager erfüllen müsste, d.h. welches Ziel mit der Endlagerung erreicht werden soll, können ein Hinweis für eine Debatte über Output-Legitimität sein. Intensiviert sich eine solche Debatte zumindest zeitweise, muss diskutiert werden, inwiefern dies als Wandel hin zu deliberativer Endlager-Governance in Folge mikro-deliberativer Ereignisse zu werten ist.

Ein Effekt mikro-deliberativer Ereignisse, der bezüglich der Debatte über Output-Legitimität festgestellt werden kann, ist die Präsenz der Begriffe „geeignet" und „bestgeeignet" in der Diskussion darüber, welche Art von Standort gesucht werden soll. Der Begriff „bestgeeignet" wurde vom AkEnd in seinem Abschlussbericht geprägt, welcher bedeutet, dass unter allen Standorten, die nach den Sicherheitskriterien geeignet sind, der Standort ermittelt werden soll, der diese am besten erfüllt. Sigmar Gabriel griff diesen Begriff auf und sprach sich auch im Makrodiskurs für die Suche nach dem „bestgeeigneten" Standort aus: *„Noch sei nicht erwiesen, daß der Salzstock im niedersächsischen Gorleben «der bestgeeignete Standort für ein Endlager ist oder ob es einen besseren gibt», sagte Gabriel"* (FAZ 04.09.2006, ebenso FR 04.09.2006, FR 12.09.2006). Die beiden Begriffe „bestgeeignet" und „geeignet" wurden dadurch im Makrodiskurs zu Schlagwörtern, die für eine zentrale Divergenz in der Problemdefinition stehen. „Geeignet" steht für die Sichtweise, dass es hinreichend ist, einen Standort zu finden, der die Sicherheitsanforderungen erfüllt. Er wird hauptsächlich verwendet, um für eine Weitererkundung Gorlebens zu argumentieren.

> *„Das niedersächsische Landesamt für Bergbau hatte am Dienstag den «Sofortvollzug» des Rahmenbetriebsplans für das Erkundungs-Bergwerk angeordnet. (...) Niedersachsens Umweltminister Hans-Heinrich Sander (FDP) rechtfertigte dies: «Es müsse endlich Klarheit geschaffen werden,*

ob Gorleben geeignet sei oder nicht»" (FR 11.11.2010, auch FAZ 16.03.2010).

Der AkEnd hat folglich insofern einen Einfluss auf den Makrodiskurs gehabt, indem er die größte Divergenz in der Problemdefinition mit einem Begriff versah. Dass dies die größte Divergenz ist, zeigt sich u.a. daran, dass die Diskussion um Input-Legitimität auf der Ebene von „Auswahlverfahren ja oder nein" verbleibt (s.o.) und dass ein Auswahlverfahren das zentrale Thema in der Debatte um Verfahrensfragen ist (s. Abbildung 13).

Ein weiteres Thema, das im Makrodiskurs thematisiert wird und das eine Debatte über Output-Legitimität darstellen könnte, sind Sicherheitskriterien. Mit einer Ausnahme beschränkt sich die Diskussion jedoch auf Forderungen von Journalisten nach einer Definition von Sicherheitskriterien anhand wissenschaftlicher Kriterien oder die Feststellung, dass diese doch bereits definiert seien, *„von der Politik jedoch bisher nicht ernsthaft aufgegriffen"* wurden (FR 16.09.2006).[89] Vom Endlagersymposium wird zwar berichtet, jedoch wird über die inhaltliche Debatte nur erwähnt, dass *„über den Stand der Sicherheitsforschung"* berichtet worden sei (FAZ 03.11.2008). Die einzige Ausnahme einer inhaltlichen Berichterstattung ist ein Artikel, in dem im Anschluss an die Veröffentlichung der neuesten Version der Sicherheitskriterien 2010 Stefan Wenzel (Grüne) mit inhaltlicher Kritik an diesen in einem Zeitungsartikel zu Wort kommt.

> *„«Diese extrem schwammigen Formulierungen öffnen der Willkür Tür und Tor», kritisiert Niedersachsens Grünen-Fraktionschef Stefan Wenzel. So würden für «unwahrscheinliche Entwicklungen» sämtliche Grenzwerte gestrichen. Aber was unter «unwahrscheinlich» falle, bleibe völlig offen"* (FR 27.09.2010).

Auch der verfassende Journalist kritisiert die Sicherheitsanforderungen inhaltlich, indem er Änderungen benennt, die seiner Meinung nach Verschlechterungen im Vergleich mit einer früheren Version darstellen (FR 27.09.2010). Dieser Artikel stellt einen stark punktuellen Wandel dar und zeigt vor allem, dass eine Debatte über Output-Legitimität im Makrodiskurs durchaus möglich wäre.

---

89   Auch: FAZ 31.03.2006, FAZ 24.01.2006.

Zusammenfassend findet keine Debatte zu Output-Legitimität in Deutschland statt. Als Effekt des AkEnd wurde aber eine zentrale Konfliktlinie, nämlich ob ein Auswahlverfahren benötigt wird oder nicht, mit einschlägigen Begriffen belegt (Effekt Typ (b)). Durch die inhaltliche Berichterstattung über die Sicherheitskriterien konnte zusätzlich eine stark punktuelle, nämlich auf einen Artikel begrenzte Erfüllung des Kriteriums beobachtet werden.

Debatte über die Zielsetzung

Effizienz ist ein Aspekt, der in den Problemdefinitionen der im Makrodiskurs auftretenden kollektiven und Einzel-Akteure vorkommt. Der Effizienzaspekt wird als Argument sowohl für als auch gegen ein Auswahlverfahren mit Bürgerbeteiligung verwendet. In den Medien wird der AkEnd selbst mit dieser Forderung zitiert (FR 04.09.2003). Angela Merkel verwendete 2009 das Effizienzargument, um sich gegen ein neues Auswahlverfahren auszusprechen (FAZ 06.09.2008). Obwohl „Angriffe" auf die politische Linie der eigenen Partei in der Endlagerfrage von anderen Parteimitgliedern auch im Makrodiskurs stark verurteilt werden[90], sprach die baden-württembergische Landesumweltministerin Tanja Gönner 2009 erstmals von einer solchen Möglichkeit, nachdem Baden-Württemberg sich jahrelang geweigert hatte, einem Standortvergleich zuzustimmen (FAZ 14.09.2009, FR 14.09.2009, FR 22.09.2009). Darauf folgte auch Bundeskanzlerin Angela Merkel mit der Äußerung, dass sie *„die Suche nach anderen Endlagerstandorten – in Frage kämen auch Bayern und Baden-Württemberg – (...) nicht ausschließen [wolle]"* (FAZ 19.09.2009). Mit einer ähnlichen Äußerung wurde der hessische Ministerpräsident Volker Bouffier zitiert (FR 12.11.2010, FR 16.11.2010, FAZ 18.11.2010). Auch Bundesumweltminister Norbert Röttgen sah es als notwendig an, andere Standorte als Gorleben zumindest auf dem Papier zu bewerten und Bürgerbeteiligung durchzuführen.

„«Es geht um geeignet oder nicht geeignet», sagte der CDU-Politiker. Deshalb werde man parallel die wissenschaftliche Diskussion zu alternativen geologischen Formationen wie Ton- und Granitgestein als Endlager vorantreiben. (...) Er biete den Bürgern in Gorleben an, «gemeinsam mit

---

90   Siehe Fußnote 83.

ihnen zu überlegen, wie dieser Prozess am sinnvollsten zu organisieren ist»" (FAZ 16.03.2010).[91]

Auch wenn dies keine weitreichenden Angebote sind, stehen sie doch für die Anerkennung der Notwendigkeit von Alternativen zu Gorleben, um die Ergebnisoffenheit der dortigen Erkundungen glaubwürdig vermitteln zu können. Ob diese Einzel-Akteure tatsächlich von der Effizienz dieser Ansätze überzeugt sind, wird von Betroffenen, Umweltverbänden, Grünen und SPD angezweifelt, die berichten, dass die Bevölkerung willentlich ausgeschlossen werde.[92]

Bürgerbeteiligung und ein neues Standortauswahlverfahren gewannen damit als ein Element effizienter Konfliktbearbeitung im Makrodiskurs an Bedeutung. Der Effekt des AkEnd war, dass seine Vorschläge als effiziente Art der Bereitstellung einer Problemlösung anerkannt wurden. Damit wurde der Fokus von Effizienz und damit auch die Zielsetzung des Regierungshandelns von „Gorleben erkunden" auf die Durchführung eines Auswahlverfahrens und somit auf die Input-Legitimität verschoben (Effekt Typ (b)).

Da von keinem der Einzel-Akteure, die in den Medien mit einem Ruf nach Bürgerbeteiligung oder der Zusage eines Standortvergleichs auftreten, ein direkter Bezug zum AkEnd hergestellt wird, ist kein eindeutiger Effekt feststellbar. Dafür, dass der AkEnd zumindest zu diesem Wandel beigetragen hat, spricht weniger der Bezug auf Bürgerbeteiligung – bereits in den Anfangsjahren der Erkundung wurden verschiedene Beteiligungsereignisse organisiert –, sondern der Bezug auf einen Standortvergleich. Mit dem von Norbert Röttgen getätigten Versprechen greift ein Vertreter eines kollektiven Akteurs (CDU), der zuvor strikt gegen einen Standortvergleich war, diesen als Ansatz für eine effiziente Problemlösung auf. Der AkEnd hatte mit seinem Abschlussbericht als erster einen Standortvergleich als Alternativkonzept zur alleinigen Weitererkundung Gorlebens in den Diskurs um Endlagerpolitik eingebracht und diese Möglichkeit damit für den Diskurs in der Endlagerpolitik zugänglich gemacht. Die Alternativlosigkeit des Standorts Gorleben wurde aufgehoben. Auch wenn hier kein direkter Bezug zu den Arbeiten des AkEnd sichtbar ist, kann argumentiert werden, dass dieser durch die Einführung der alternativen Problemdefinition „Standortvergleich" eine Debatte „im Zentrum der Macht" ermöglicht hat, die basierend auf der Ausgangssituation „Standortvergleich als Außenseiterposition"

---

91   Siehe auch FR 16.03.2010, FR 10.11.2010, FR 08.11.2010.
92   FR 22.09.2009, FR 15.03.2010, FR 16.03.2010, FR 16.09.2010, FR 10.11.2010, FR 05.11.2010, FR 27.11.2010.

nicht möglich gewesen wäre. Auch die Benennung eines schrittweisen Vorgehens als Teil einer effizienten Problembearbeitung durch die Vertreterin der Betroffenen D könnte eventuell ein Effekt von Typ (b) sein.

Pluralität im Diskurs und in der Problemdefinition

Durch Pluralität im Diskurs wird sichergestellt, dass keine unterkomplexe Problemwahrnehmung als Ausgangsbasis für die Suche nach einer Lösung für das Endlagerproblem genommen wird. Dadurch können bestehende Machtkonstellationen aufgebrochen werden. Ein Wandel würde stattfinden, wenn zumindest punktuell eine Zunahme an Pluralität auf einer oder beiden der folgenden Ebenen beobachtet werden könnte: (1) Vielfalt der kollektiven Akteure, die in den Massenmedien zu Wort kommen, (2) Vielfalt in den Problemwahrnehmungen.

Ein Hinweis auf einen direkten Effekt mikro-deliberativer Ereignisse auf Pluralität im Makrodiskurs kann festgestellt werden, ebenso ein indirekter Effekt. Dies gilt, obwohl ein Wandel in den Machtkonstellationen in der quantitativen Erhebung nicht zu finden ist. Die Zusammensetzung der kollektiven Akteure, die in den Massenmedien mit Aussagen auftreten, ändert sich im Verlauf des Untersuchungszeitraums nicht (s. Kap. 6.2.2). Die Behörden und Parteien auf Bundesebene dominieren die Debatte, da sie Entscheidungsträger sind. Verbände, Bürgerinitiativen, Wissenschaft und Wirtschaft treten nur mit wenigen Wortmeldungen auf (s. Kap. 6.2.2, Abb. 8).

Der direkte Effekt (Typ (e)) zeigt sich daran, dass ein Mitglied des FED in seiner Position als Mitglied in einem Zeitungsartikel mit einer Aussage direkt zitiert wird.

> *„Als Vertreter des Forums Endlagerdialog, wo das Ministerium seit 2008 mit Lokalpolitikern und Anwohnern die Streitfragen verhandelt, luden sie Röttgen ins Wendland ein. «Das hätte aber geschehen müssen, bevor die Laufzeiten verlängert und neue Castoren nach Gorleben gebracht wurden», kritisiert Kruse. Da es bisher jedoch bei Röttgens Ankündigungen von Transparenz und Bürgerbeteiligung geblieben sei, seien inzwischen der Kreistag Lüchow-Dannenberg und andere prominente Vertreter der Bürgerinitiativen aus dem Forum ausgestiegen"* (FR 10.11.2010).

In der qualitativen Analyse der Problemdefinitionen, die die kollektiven Akteure in den Medien vertreten, lässt sich dagegen eine große Vielfalt beobachten. Dasselbe gilt für die quantitative Erhebung der Konfliktlinien (s. Kap. 6.2.3, Abb. 12).

In der qualitativen Medienanalyse konnten insgesamt 38 verschiedene Aspekte identifiziert werden, die als Teil einer Problemdefinition verstanden werden können. Diese können wiederum zu acht verschiedenen Teilproblemen zusammengefasst werden. In Tabelle 7 sind diese dargestellt und angegeben, welche kollektiven Akteure welche Problemaspekte betonen. Wie dort zu sehen ist, ist das Spektrum der Problemaspekte, die in den Zeitungsartikeln vorkommen, in seiner Gesamtheit groß. Sie reichen von Verfahrensaspekten über die Art der zugelassenen Argumente bis hin zu rechtlichen Aspekten. Die Problemwahrnehmung in der öffentlichen Debatte ist also durchaus komplex. Bestimmte kollektive Akteure heben jedoch jeweils nur einzelne Problemaspekte hervor. Im Zusammenhang mit den Ergebnissen der quantitativen Akteursanalyse bedeutet dies, dass weiterhin davon ausgegangen werden kann, dass die Problemaspekte der „weiteren kollektiven Akteure" weniger stark in den Massenmedien vertreten sind. Der mögliche indirekte Effekt des AkEnd zeigt sich darin, dass die zentrale Forderung der Umweltverbände und Bürgerinitiativen, d.h. die Durchführung eines Standortauswahlverfahrens, und eine zentrale Forderung der Atomindustrie, d.h. die Weitererkundung Gorlebens, in der öffentlichen Debatte von den politischen Entscheidungsträgern vertreten werden. Wie oben beschrieben stammen die dafür verwendeten Begriffe „bestgeeignet" und „geeignet" vom A-kEnd.[93] Diese Debatte ist aber insofern nicht plural, als dass nur über diese zwei „Pole" diskutiert wird.

Zusammenfassend ist generell eine hohe Pluralität an thematisierten Konfliktlinien und Problembeschreibungen zu finden. Allerdings schaffen es die politischen Entscheidungsträger viel häufiger mit ihren Problemdefinitionen in die Medien als andere kollektive Akteure. Ein indirekter Effekt des AkEnd könnte darin liegen, dass zentrale Forderungen von „weiteren kollektiven Akteuren" und „etablierten kollektiven Akteuren", die sonst selten im Makrodiskurs vorkommen würden, von politischen Entscheidungsträgern vertreten werden. Ein direkter, aber nur auf einen Artikel beschränkter Effekt ist das Auftreten eines Mitglieds des FED in einem Zeitungsartikel, in dem er mit einer Bewertung der Endlagerpolitik zu Wort kommt.

---

93   Zur Verwendung dieses Begriffes siehe FR 11.11.2003, FAZ 23.07.2004, FAZ 25.09.2004, FR 15.11.2004, FAZ 04.09.2006, FR 04.09.2006, FR 12.09.2006, FAZ 10.09.2009, FAZ 13.09.2009, FAZ 06.09.2008, FR 16.07.2009, FAZ 16.03.2010, FAZ 16.03.2010.

Tabelle 7 Analytisch feststellbare Teilprobleme und thematisierte Aspekte der Problemdefinitionen verschiedener kollektiver Akteure

Analytisch feststellbares Teilproblem	Thematisierte Aspekte	Kollektive Akteure
Art des zugelassenen Wissens	wissenschaftliche Kriterien	Betroffene vor Ort, Atomkraft-Gegner, Demonstranten und Bürgerinitiativen, Bürgerinitiativen, Umweltverbände, Wissenschaftler
Auswirkungen auf die Gesellschaft	regionale Entwicklung; Recht auf Wissen	Bundesregierung, Länderregierungen, Grüne Bundestags- und Landtagsfraktion Niedersachsen, Wissenschaftler
Effizienz	Effizienz; getätigte Investitionen	Bundesregierung, Länderregierungen, Bundesrechnungshof, CDU/CSU und FDP Bundestagsfraktionen, Industrie
Kontextbedingung	AKW-Laufzeiten; Endlager benötigt; Generationengerechtigkeit; Geologie Deutschland; internationale Standards; Langlebigkeit des Abfalls; Nicht-Wissen; Sankt Florian; Verantwortung; Vertrauen; Zeitproblem	zuständige Bundesämter, BMU, Bundesregierung, Landesminister, Länderregierung, Länderregierungen, CDU/CSU und FDP Bundestagsfraktionen
Parteipolitische Interessen	Angst vor Protest; Endlagerung als politisches Thema; Wählbarkeit	Journalisten

Analytisch feststellbares Teilproblem	Thematisierte Aspekte	Kollektive Akteure
Rechtlicher Aspekt	Legitimation; Rechtssicherheit; Salzrechte, Schwarzbau	Betroffene vor Ort, Atomkraft-Gegner, Demonstranten und Bürgerinitiativen, Bundesregierung
Sicherheitsanforderungen	Wasser; Bestgeeignet; Eignung; Rückholbarkeit; Sicherheit, Ergebnisoffenheit zur Gewährleistung eines sicheren Endlagers, Sorgfalt im Auswahlverfahren, Unabhängigkeit der Wissenschaftler, um Sicherheit zu gewährleisten	Betroffene vor Ort, Atomkraft-Gegner, Demonstranten und Bürgerinitiativen, Bundesregierung, BMU, Länderregierungen, , Grüne Bundestags- und Landtagsfraktion Niedersachsen, Grüne Bundestags- und Landtagsfraktion Niedersachsen, SPD-Bundestagsfraktion, Umweltverbände
Verfahrensaspekt	Bürgerbeteiligung; Fairness; Gesellschaftlicher Konsens; Sorgen ernst nehmen; Transparenz, Ergebnisoffenheit, Gewährleistung von Unabhängigkeit der Wissenschaftler; Standortvergleich	Betroffene vor Ort, Atomkraft-Gegner, Demonstranten und Bürgerinitiativen, Bundesregierung, BMU, Länderregierungen, Bundesrechnungshof, Grüne Bundestags- und Landtagsfraktion Niedersachsen, Wissenschaftler, Journalisten

Fortsetzung Tabelle 7 Analytisch feststellbare Teilprobleme und thematisierte Aspekte der Problemdefinitionen verschiedener kollektiver Akteure

Deliberative Drifts

In diesem Abschnitt wird analysiert, ob und inwiefern es im Makrodiskurs zu „deliberativen Drifts" aufgrund von Effekten mikro-deliberativer Ereignisse gekommen ist, d.h. es wird nur das mediale Bild des Diskurses analysiert. Wie in Kapitel 4 erläutert, beinhaltet der Begriff des „deliberativen Drifts" bereits die zeitliche Beschränktheit des Auftretens von Deliberation. Es kann sogar davon ausgegangen werden, dass die Einhaltung deliberativer Gesprächskriterien nicht nur zeitlich, sondern auch auf einzelne Kriterien beschränkt sein wird.

Direkte Effekte mikro-deliberativer Ereignisse können nicht festgestellt werden, d.h. es gibt keine Häufung von „deliberativen Drifts" in zeitlicher Nähe zu mikro-deliberativen Ereignissen oder in der Debatte über Themen, die in diesen bearbeitet wurden.

Die „deliberativen Drifts", die festgestellt werden konnten, werden im Folgenden vorgestellt. (1) Ein zentrales Kriterium für Deliberation ist die nachvollziehbare Begründung von Argumenten. Trotz der geringen Argumentationstiefe bleiben zentrale Aussagen im Gesamtbild des Makrodiskurses nicht ohne Begründung, d.h. ein Kriterium für Deliberation im Makrodiskurs könnte erfüllt sein. Die meisten Begründungen weisen einen Bezug zum Allgemeinwohl, d.h. zur „besten Lösung", auf. Was als „beste Lösung" angesehen wird, hängt von der jeweiligen Problemdefinition des Sprechers ab. Beispielsweise wird die Forderung nach einer Weitererkundung des Salzstocks Gorleben damit begründet, dass nur eine Erkundung Gorlebens zur Inbetriebnahme eines Endlagers innerhalb eines vertretbaren Zeitraums führen könne sowie mit den bereits für die Erkundung investierten Geldern.[94] *„Als Röttgen im März den rot-grünen Erkundungsstopp aufhob, nannte er lediglich die bereits investierten 1,5 Milliarden Euro als Grund dafür, dass «Gorleben Priorität genießt»"* (FR 09.11.2010). Das Erkundungsmoratorium in Gorleben wird damit begründet, dass es der Konfliktbefriedung dienen solle, dass die Sicherheitskriterien veraltet wären und Untersuchungen erwünscht seien, ob andere Wirtsgesteine besser geeignet wären als Salz. *„Den beratenden Wissenschaftlern waren im Laufe der Jahre Zweifel an der Eignung Gorlebens gekommen."* (FAZ 10.11.2003 und FR 08.11.2005, FAZ 24.01.2006, FR 22.09.2009) Genauso finden sich fachpolitische und wissenschaftlich-technische Begründungen. Eine wissenschaftlich-technische Begründung äußert beispielsweise die Bürgerinitiative Lüchow-Dannenberg, welche ihre Einschätzung, dass Gorleben nicht geeignet sei, mit einem Bezug auf vor-

---

94   Zum Beispiel FR 29.09.2003, FR 12.11.2003, FR 25.11.2003, FR 30.05.2009, FR 09.11.2010.

handene Laugennester und -zuflüsse im Salzstock begründet. *„Die BI verweist darauf, dass andere Experten die ‚Laugen-Nester' durchaus für problematisch hielten."* (FR 11.03.2009)[95] Zusammenfassend kann festgestellt werden, dass Begründungen für Positionen im Makrodiskurs zu finden sind, dass aber keine besondere zeitliche Häufung auszumachen ist.

(2) Ein weiteres Deliberations-Kriterium ist, dass die Wissensbestände anderer als legitim erachtet werden. Eine Erfüllung dieses Kriteriums ist nur an zwei Stellen im Makrodiskurs erkennbar. Erstens in einem Artikel, der davon berichtet, dass das BfS, auf den oben genannten Hinweis der BI Lüchow-Dannenberg zu den Laugennestern hin, dieses Thema in einer Publikation thematisiert habe (FR 11.03.2009). Zweitens im Bericht eines Journalisten über das Endlagersymposium, in welchem er ein Zuhören und Anerkennen der Wissensbestände und Positionen anderer vermutet. Allerdings wird dies nicht über direkte Zitate o.ä. belegt.

> *„Obwohl die höchst akademischen Vorträge über den Stand der Sicherheitsforschung viele Teilnehmer überforderten, war auch für Laien zu erkennen, dass keine Seite den Verstand für sich gepachtet hat"* (FAZ 03.11.2008).

Beide Fälle kennzeichnen eine Teilerfüllung eines „deliberativen Drifts", da solche Momente der Anerkennung ansonsten nicht im Makrodiskurs zu finden sind. Der Bericht über den Austausch zu den Laugennestern stellt außerdem einen Austausch zu wissenschaftlich-technischen Details dar, der auch ein Deliberations-Kriterium ist. Da dies der einzige Fall ist, deutet er nicht auf einen Wandel hin, zeigt aber, dass ein Austausch zu wissenschaftlich-technischen Details im Makrodiskurs möglich wäre.

(3) Ein weiteres Deliberations-Kriterium ist, dass auf inhaltliche Aussagen mit anderen inhaltlichen Aussagen zur gleichen Thematik reagiert werden müsste. Auch auf dieser Ebene sind teilweise sehr sporadische Erfüllungen dieses Kriteriums im Makrodiskurs zu beobachten. Beispielsweise wurden in der Berichterstattung über den Untersuchungsausschuss fachliche Argumente gegenübergestellt. Die FR berichtet über die unterschiedliche Bewertung der Aussagen desselben Zeugen durch die SPD-Obfrau Ute Vogt und den CDU-Obmann Reinhard Grindel. Beide werden mit inhaltlichen Argumenten zitiert.

---

95   Unter „Laugennest" wird eine im Salz eingeschlossene Flüssigkeitsblase verstanden.

> *„So berichtet SPD-Obfrau Ute Vogt bei einer Pressekonferenz am Nachmittag, dass der damalige Leiter der Physikalisch-Technischen Bundesanstalt, Helmut Röthemeyer, bestätigt hat, auf Wunsch der Bundesregierung 1983 die Empfehlung aus seinem Gutachten entfernt zu haben, man solle auch Alternativ-Standorte erkunden. Grindel kontert, dass der Zeuge auch bestritten habe, seine wissenschaftlichen Aussagen über Gorleben verändert zu haben"* (FR 17.09.2010).

Auch in der 2010 stattfindenden Debatte zu Bürgerbeteiligung werden verschiedene kollektive Akteure jeweils mit fachlichen Argumenten zitiert. Die Bundestags-Fraktionsvorsitzende der Grünen, Bärbel Höhn, kritisierte die Erkundung Gorlebens nach Bergrecht, *„das keine Information und Bürgerbeteiligung erfordert"*; der damalige Bundesumweltminister Norbert Röttgen antwortete darauf, *„er werde sich der Debatte vor Ort stellen und Lokalpolitik und Bürgerinitiativen freiwillig einbinden"* (FR 16.03.2010). Asta von Oppen, Rechtshilfe Gorleben, wird mit dem Fachargument, man *„bleibe (...) weit hinter internationalen Standards zurück"*, als Reaktion auf Röttgens Entwurf eines Beteiligungskonzepts zitiert (FR 27.11.2010). Auch die Frage des Wasserzuflusses wird an einer Stelle mit den fachlichen Argumenten derjenigen, die darin ein Problem sehen, und derjenigen, die kein Problem darin sehen, dokumentiert (FR 09.03.2009, FR 11.03.2009). Allerdings wird ebenfalls berichtet, dass der Sprecher der Bürgerinitiative Umweltschutz Lüchow-Dannenberg, Wolfgang Ehmke, *„[d]ie Stellungnahmen des zuständigen Bundesamtes für Strahlenschutz (BfS) zu der Thematik (...) [als] «völlig unzureichend»"* bezeichnet hätte (FR 11.03.2009). Zusammenfassend ist ein Wandel hin zu einem Austausch von Argumenten im Makrodiskurs nicht festzustellen. Einzelne „Drifts" sind aber durchaus zu erkennen, die sich aber meist nur auf ein Argument und ein Gegenargument beschränken. Auch werden Argumente nicht immer als zufriedenstellend angesehen.

(4) Der Wandel der Position der jeweiligen Umweltminister zur Frage, ob ein neues Standortauswahlverfahren vonnöten ist, kann als Meinungsänderung interpretiert werden. Kurz zusammengefasst wandelte sich deren Strategie, wie sie in der öffentlichen Debatte dargestellt wurde, von einer Erkundung Gorlebens zu einem Standortvergleich ohne Gorleben[96] zu einem Standortvergleich mit Priorität Gorleben[97] zu einem Standortvergleich ohne Gorleben[98] zur Erkundung

---

96 FAZ 20.03.2001, FAZ 14.05.2001, FAZ 30.07.2003, FR 15.03.2005.
97 FAZ 31.05.2006, FAZ 04.09.2006, FR 04.09.2006, FAZ 30.11.2006, FAZ 11.07.2008, FAZ 12.07.2008, FAZ 14.07.2009.

Gorlebens mit Forschung zu Alternativen „auf dem Papier"[99]. Auf Parteienebene ist zumindest im Makrodiskurs eine Meinungsänderung bei Teilen der CDU über die Erkundung anderer Standorte als Gorleben zu beobachten.[100] Zusammenfassend können im Makrodiskurs grundlegende Meinungsänderungen festgestellt werden. Diese beziehen sich auf die Frage, ob ein neuer Standortvergleich durchgeführt werden sollte.

(5) Die im Laufe der Zeit geäußerten Verfahrensvorschläge können als Kompromiss-vorschläge gedeutet werden und damit als Erfüllung eines Deliberations-Kriteriums. Die Kompromisse, die in den Vorschlägen gemacht werden, beziehen sich auf die Rolle Gorlebens im Auswahlverfahren. Aus dem in der FR zitierten Papier des BMUs „Verantwortung übernehmen: Den Endlagerkonsens realisieren", in dem Grundprinzipien des Auswahlverfahrens dargelegt werden, geht beispielsweise hervor, dass nur ein Standort, der besser geeignet ist als Gorleben, den Vorzug erhalten sollte (FAZ 04.09.2006, FR 08.03.2007, FR 09.03.2007, FAZ 12.07.2008, FR 28.05.2009, FAZ 14.07.2009). Damit wurde ein Schritt auf diejenigen zugegangen, die den weit fortgeschrittenen Stand der Erkundungen in Gorleben als Argument für diesen Standort verwendet hatten. Die Aussage, dass Gorleben Vorrang habe, wenn andere Standorte gleichwertig seien, zog Gabriel 2009 aber wieder zurück.[101] Ein weiteres Beispiel ist das Angebot der baden-württembergischen Umweltministerin Tanja Gönner (CDU), die in der FAZ folgendermaßen zitiert wurde: *„Sollte sich herausstellen, dass der Salzstock in Gorleben nicht als Endlager geeignet sei, «brauchen wir einen neuen Suchlauf»"* (FAZ 13.09.2009). Dies ist als Kompromissvorschlag zu werten, da die Möglichkeit eines Auswahlverfahrens angesprochen wird; allerdings bleibt der Vorschlag mit der Vorgabe, dass Gorleben zunächst weiter erkundet werden müsse, nah bei den bisherigen Forderungen der Union nach einer Weitererkundung ohne Erkundung von alternativen Standorten. Da keiner dieser Verfahrensvorschläge je in die Tat umgesetzt wurde, ist ein Wandel hin zu Deliberation nicht festzustellen. Trotzdem scheint unter den Regierungsparteien eine gewisse Einigkeit zu bestehen, dass die Endlagerung ein Problem ist, das

---

98 Nach einer Diskussion um möglicherweise manipulierte Gutachten zum Standort Gorleben erklärte Gabriel diesen für „tot" (FAZ 10.09.2009, FR 10.09.2009, FAZ 11.09.2009, FAZ 22.09.2009). Bundeskanzlerin Angela Merkel lehnte zur gleichen Zeit eine Erkundung weiterer Standorte ab (FAZ 06.09.2008, FAZ 10.09.2009, FAZ 19.09.2009).

99 FAZ 16.03.2010, FR 16.03.2010, FR 22.03.2010, FAZ 22.09.2010, FAZ 04.11.2010, FAZ 13.11.2010, FR 27.11.2010.

100 Siehe Kap. 6.3.1 „Problemdefinition (Konfliktverständnis)".

101 Siehe Fußnote 98.

gelöst werden sollte und das man nicht ohne gewisse Zugeständnisse an die Standpunkte anderer kollektiver Akteure lösen kann.

Zusammenfassend sind die Änderungen hin zu Deliberation sehr stark zeitlich begrenzt. Allerdings kann bei einigen zentralen Kriterien wie der Notwendigkeit, Kompromissvorschläge zu machen und Meinungsänderungen zuzulassen, eine Erfüllung beobachtet werden, die zwar nicht umfassend ist, die aber erstens auf einen Wandel im Zeitverlauf schließen lässt und die zweitens die zentrale Konfliktlinie im deutschen Endlagerkonflikt betrifft, nämlich die Frage, ob Gorleben weitererkundet oder ein Standortauswahlverfahren durchgeführt werden soll.

Zusammenfassung

Im Makrodiskurs sind Änderungen hin zu einer deliberativen Endlager-Governance bezüglich Input- und Output-Legitimität, Pluralität im Diskurs und Deliberation nur in sehr begrenzter Anzahl und zeitlich sehr eingeschränkt zu beobachten. Oft handelt es sich nur um einzelne Zeitungsartikel, in denen ein Kriterium erfüllt wird. Dies ist beispielsweise bei der Debatte um Output-Legitimität der Fall und bei einzelnen Deliberations-Kriterien. Ebenfalls begrenzt sind die Effekte mikro-deliberativer Ereignisse. Diese sind hauptsächlich in Bezug auf die Frage zu finden, ob Gorleben weitererkundet oder ein neues Auswahlverfahren gestartet werden sollte, d.h. auch bezüglich der Debatte um die Zielsetzung und die Problemdefinition. In dieser Debatte fanden Meinungsänderungen bei politischen Entscheidungsträgern statt, die Teil eines vom AkEnd mitgestalteten Diskurses sind. Auch prägt der AkEnd über diese Mitgestaltung in Ansätzen die Debatte um Input-Legitimität. In der Debatte um Output-Legitimität wurde mit „bestgeeignet" ein vom AkEnd geprägter Begriff zu einem zentralen Schlagwort. Die Pluralität in der Debatte wurde durch den FED stark begrenzt erhöht, da eines seiner Mitglieder durch die Mitgliedschaft in einem Zeitungsartikel zitiert wurde. Es kann weiterhin vermutet werden, dass die Idee eines neuen Standortauswahlverfahrens ohne den AkEnd nicht so stark im Makrodiskurs zur Endlagerpolitik präsent gewesen wäre. Auch auf dieser Ebene wurde damit die Pluralität erhöht.

7. Fallstudie Schweiz

7.1 Mikro-deliberative Ereignisse in der Endlagerpolitik

Bevor die Auswertung der empirischen Analyse vorgestellt wird, wird im Folgenden ein kurzer Überblick über die Endlagerpolitik der Schweiz im Untersuchungszeitraum, die Regulierungsstrukturen, die offiziell mit der Endlagerfrage beauftragt sind und die stattgefundenen mikro-deliberativen Ereignisse gegeben. Dies dient als Hintergrund für die empirische Analyse, da in ihr politische Ereignisse der Zeit eine Rolle spielen. Die mikro-deliberativen Ereignisse, die in Kapitel 7.1.4 dargestellt werden, sind die Ereignisse, nach deren Effekten in diesem Kapitel gesucht wird.

7.1.1 Endlagerpolitik in der Schweiz 2001-2010

Das Atomgesetz von 1959 enthielt noch keine eindeutigen Regelungen zur Entsorgung nuklearer Abfälle (Schweizerischer Bundesrat 2001: 2740). Dies wurde erst mit dem Kernenergiegesetz (SR 732.1) (KEG) und der Kernenergieverordnung (SR 732.11) (KEV) geändert, die beide 2005 in Kraft getreten sind. Sie bilden das Kernstück des schweizerischen Atomrechts (Resele 2009, BFE 2011, Streffer et al. 2011). [102],[103]

---

102 Weitere relevante Regelwerke, auf die hier nicht näher eingegangen wird, sind das Strahlenschutzgesetz von 1991 (SR 814.50), die Strahlenschutzverordnung von 1994 (SR 814.501), das Bundesgesetz über die Raumplanung von 1979 (SR 700), das Bundesgesetz über den Umweltschutz (SR 814.01) und die Verordnung über die Umweltverträglichkeitsprüfung (SR 814.011) (Streffer et al. 2011: 396).

103 Das Kernenergiegesetz wurde vom Schweizerischen Bundesrat als Gegenvorschlag zu zwei bereits eingereichten Volksinitiativen entworfen (Schweizerischer Bundesrat 2001). Das Parlament beschloss letztendlich, die Initiativen zwar zur Abstimmung zuzulassen, den Stimmberechtigten aber die Ablehnung zu empfehlen. Die Wähler folgten dieser Empfehlung. Das Kernenergiegesetz wurde nach mehreren Überarbeitungsrunden vom Parlament beschlossen und die Referendumsfrist verstrich, ohne dass ein fakultatives Referendum beantragt wurde.

Vor Inkrafttreten des KEG war kein Standortauswahlverfahren festgeschrieben. Die „Nationale Genossenschaft für die Lagerung radioaktiver Abfälle" (Nagra) führte Untersuchungen zum Machbarkeits- und Sicherheitsnachweis für SMA- und HAA-Abfälle durch.[104]

Der Standort Wellenberg im Kanton Nidwalden war der erste Standort, für den in der Schweiz eine Rahmenbewilligung beantragt wurde. Er sollte für ein SMA-Lager genutzt werden. Dies wurde aber in einem kantonalen Referendum 1995 abgelehnt. Die Nagra hielt jedoch weiterhin am Wellenberg fest und beantragte einige Jahre später die Genehmigung für Probebohrungen. Diese wurde 2002 wiederum in einem Referendum abgelehnt (Krütli, Flüeler et al. 2010).

Ebenfalls im Jahr 2002 reichte die Nagra den Entsorgungsnachweis für die Endlagerung von HAA in Tongesteinen ein. Referenzstandort für diesen Nachweis war Benken in der Region Zürcher Weinland. Der Entsorgungsnachweis wurde vom Bundesrat angenommen. Gleichzeitig beschloss dieser, wohl auch unter dem Eindruck der Ablehnung des Standorts Wellenberg, dass dies noch kein Standortentscheid sei, sondern mehrere Standorte miteinander verglichen werden sollten. Da zu diesem Zeitpunkt auch die Verhandlungen zum Kernenergiegesetz liefen, konnte diese Vorgabe direkt in den neuen Gesetzestext eingehen. Auch das Streichen des kantonalen Referendums zugunsten eines fakultativen nationalen Referendums, wie es im Kernenergiegesetz festgeschrieben ist, kann mit den Erfahrungen in Nidwalden in Verbindung gebracht werden. Allerdings hatte in diesem Fall die zuständige Ständeratskommission den Vorschlag schon 2001 eingebracht. Im Nationalrat verhandelt wurde er aber erst nach dem Wellenberg-Referendum, welches in den Debatten dann auch eine zentrale Rolle spielte.

Durch die Einführung des Sachplanverfahrens wurde die Hoheit über den Gesamtprozess der Standortauswahl auf das Bundesamt für Energie (BFE) übertragen. Die Nagra ist nun nicht mehr für die Auswahl, aber immer noch für die Forschung und technische Umsetzung zuständig, d.h. sie führt geologische Untersuchungen durch und schreibt Berichte. Das KEG legt einige Grundsätze in zentralen Fragen der Entsorgung radioaktiver Abfälle fest. Dies sind insbesondere der Schutz von Mensch und Umwelt als Ziel der Endlagerung, das Verursacherprinzip, die nationale Verantwortung für die Entsorgung und die Entsorgung

---

104 Die Nagra wurde 1970 von den Kernkraftwerksbetreibern und der Schweizerischen Eidgenossenschaft gegründet. Sie ist somit teilweise in privatem Besitz und operiert als Privatunternehmen (Streffer et al. 2011: 397).

in tiefen geologischen Formationen (BFE 2011, NEA 2011).[105] Durch die Festschreibung in Form eines Gesetzestextes werden die mit diesen Grundsätzen verknüpften Fragestellungen aus der gesellschaftlichen Endlagerdebatte herausgelöst. Im Gegensatz zu anderen Fragen, deren „Antworten" noch nicht in Gesetzesform festgeschrieben sind, ist es ungleich schwieriger, diese Grundsätze noch einmal einer gesellschaftlichen Debatte zu unterwerfen und zu ändern. Es ist davon auszugehen, dass sie in den von der Regierung initiierten deliberativen Verfahren von den Veranstaltern nicht mehr zur Debatte gebracht werden.[106]

Die Kernenergieverordnung legt ebenso Verfahrensgrundsätze fest. Insbesondere hervorzuheben ist hier der Grundsatz, dass ein Sachplanverfahren zu Auswahl eines Endlagerstandortes verwendet und zentrale Sicherheitskriterien vorab festgelegt werden müssen (BFE 2011). Vor Inkrafttreten des KEG verfügten die Kantone über ein Mitspracherecht bei der Bestimmung des Endlagerstandorts, da sie durch das kantonal geregelte Bergrecht für die Genehmigung von zur Erkundung notwendigen Bergbauarbeiten zuständig waren. Solche Genehmigungen können einem kantonalen Referendum unterliegen (Streffer et al. 2011: 400). Diese Zuständigkeit wurde mit dem KEG auf die nationale Ebene verlagert. Das kantonale Referendum als direktdemokratisches Element in der Endlagerstandortbestimmung wurde damit abgeschafft. Stattdessen unterliegt jetzt die Rahmenbewilligung, sofern sie vorher vom Parlament erteilt wurde, einem fakultativen Referendum auf nationaler Ebene (BFE 2011). Ein solches Referendum findet statt, wenn genügend Unterschriften gesammelt werden (mindestens 50.000) oder wenn genügend Kantone dafür stimmen (mindestens acht).[107]

Der entscheidende Unterschied ist hier nicht nur die Verlagerung des Referendums von kantonaler auf nationale Ebene und damit die Abschaffung einer direkten Vetomöglichkeit der betroffenen Regionen. Auch wurde der Zeitpunkt im Auswahlverfahren, zu dem ein Referendum möglich ist, verlegt. In Nidwalden, wo ein Endlager für schwach- und mittelaktive Abfälle gebaut werden sollte, ist in der Verfassung festgelegt, dass bereits vorbereitende Handlungen einer obligatorischen Abstimmung unterliegen.[108] Laut KEG gibt es aber erst am

---

105   KEG Art. 34 Abs. 4 erlaubt aber die Ausfuhr von radioaktiven Abfällen zur Lagerung.

106   Fraglich ist aber, ob dies eine weitere gesellschaftliche Debatte zu diesen Themen ausschließt. Die Komplexität der Endlagerfrage und die Vielzahl der möglichen Problemdefinitionen macht dies unwahrscheinlich.

107   Laut Bundesverfassung der Schweizerischen Eidgenossenschaft vom 18. April 1999 (Stand am 14. Juni 2015).

108   Verfassung des Kantons Nidwalden §52 Art. 5.

Schluss des Auswahlverfahrens, wenn ein bestimmter Standort zum Endlager ausgebaut werden soll, die Möglichkeit eines Referendums auf Bundesebene. Diese Entscheidung fiel zeitlich mit der in Kapitel 3.2 erwähnten Stärkung der SVP zusammen. Diese unterstützte die Abschaffung des kantonalen Referendums, die von Nationalrat und Ständerat beschlossen wurde.[109] Der Bundesrat hatte dagegen in seinem Gesetzesentwurf von 2001 noch explizit das Erteilen der Baubewilligung durch den Kanton vorgesehen (Schweizerischer Bundesrat 2001: 2751).

Trotz der Änderung von Zeitpunkt, Ebene und Status des Referendums gab es keine starken Proteste durch die Kantone. Dies wird in der Literatur mit deren Selbstverständnis in der Schweizerischen Demokratie begründet (Braun 2003). Insbesondere das Prinzip der Machtverteilung, aber auch der Berücksichtigung von Minderheitsinteressen in einer Konsensusdemokratie werden aber durch diesen Entscheid der Machtzentrierung auf Bundesebene abgeschwächt (vgl. Vatter 2008: 5-6, nach Lijphart 1999). Als Ersatz für das kantonale Referendum wurde im KEG festgelegt, dass der Standortkanton sowie die angrenzenden Kantone und Nachbarländer in die Vorbereitung des Rahmenbewilligungsbescheids eingebunden sein sollen, *„soweit dies das Projekt nicht unverhältnismässig einschränkt. "* (KEG Art. 44) Die genaue Art der Einbindung wird aber nicht genauer spezifiziert, sondern über den entsprechenden Sachplan geregelt.

7.1.2 Die Regulierungsstruktur und der Sachplan Geologische Tiefenlager

Das Auswahlverfahren für ein Endlager für hochradioaktive Stoffe ist in der Schweiz in Teilen staatlich organisiert. Dies bedeutet, dass die Konzeption des Auswahlverfahrens und die Durchführung desselben in Behördenhand liegen. Die Forschungs- und Erkundungsarbeiten, die im Auswahlverfahren anfallen, sowie der Betrieb des Endlagers liegen in der Hand der Nationalen Genossenschaft für die Lagerung radioaktiver Abfälle (Nagra). Diese wurde 1972 von den Kernkraftwerksbetreibern und der Schweizerischen Eidgenossenschaft als Abfallverursacher gegründet (Nagra o. J.-d). Sie hat insgesamt sieben Genossenschafter, welche neben der Schweizerischen Eidgenossenschaft (vertreten durch das Department des Innern) Kernkraftwerke, Energieversorger und das Zwilag Würenlingen sind (Nagra o. J.-d). Die Aktien eines der Energieversorger, der Axpo Power AG, gehören zu 100% den Nordostschweizer Kantonen bzw. deren

---

Kantonswerken (Axpo Holding AG 2015). Die Axpo Holding AG wiederum hält Anteile von zwei Kernkraftwerken.

Die Nagra, das Bundesamt für Energie (BFE) und das Eidgenössische Nuklearsicherheits-Inspektorat (ENSI) sind die zentralen kollektiven Akteure im Schweizer Verfahren (Jost 2012).[110] Dies wird auch in Abbildung 13 deutlich, die von der Nagra veröffentlicht wurde. In der Kernenergieverordnung (KEV) ist die Verantwortung des Bundes in der nuklearen Entsorgung festgelegt: *„Der Bund legt in einem Sachplan die Ziele und Vorgaben für die Lagerung der radioaktiven Abfälle in geologischen Tiefenlagern für die Behörden verbindlich fest"* (KEV Art. 5). Im Konzeptteil des Sachplans geologische Tiefenlager wird fest-gelegt, dass entweder je ein Endlagerstandort für schwach- und mittelaktive (SMA) und ein Standort für hochaktive Abfälle (HAA) oder ein gemeinsamer Standort für alle Arten von Abfällen in einem Verfahren, das in drei Etappen auf-aufgeteilt ist, ausgewählt werden soll.

Das BFE leitet den Gesamtprozess, d.h. es ist zuständig für die Überprüfung der Einhaltung des im Sachplan vorgegebenen Verfahrens, es organisiert und begleitet die Bürgerbeteiligung in den Regionen und ist für die Veröffentlichung zentraler Dokumente zuständig. In der ersten Etappe des Auswahlverfahrens nach Sachplan werden potentiell geeignete geologische Standortgebiete identifiziert. Dieser Schritt basiert auf den im Sachplan festgelegten Sicherheitskriterien und Kriterien der technischen Machbarkeit. Es muss dabei aufgezeigt werden, welche geologischen Standortgebiete für welche Abfallarten potentiell geeignet sind. Dies ist Aufgabe der Nagra, welche dafür zuständig ist, die notwendigen geologischen Untersuchungen durchzuführen, die Ergebnisse zu dokumentieren und die Abschlussberichte zu der jeweiligen Etappe zu veröffentlichen. Basierend auf den Ergebnissen soll sie weiterhin einen oder mehrere Standorte vorschlagen und den Antrag auf die Rahmenbewilligung stellen.

---

110 Die Aufgabenfelder der einzelnen kollektiven Akteure wurden bereits im Detail in Hocke und Kuppler (2015) beschrieben. In diesem Unterkapitel werden nur die zentralen kollektiven Akteure vorgestellt, die eine Rolle im Makro-Diskurs spielen.

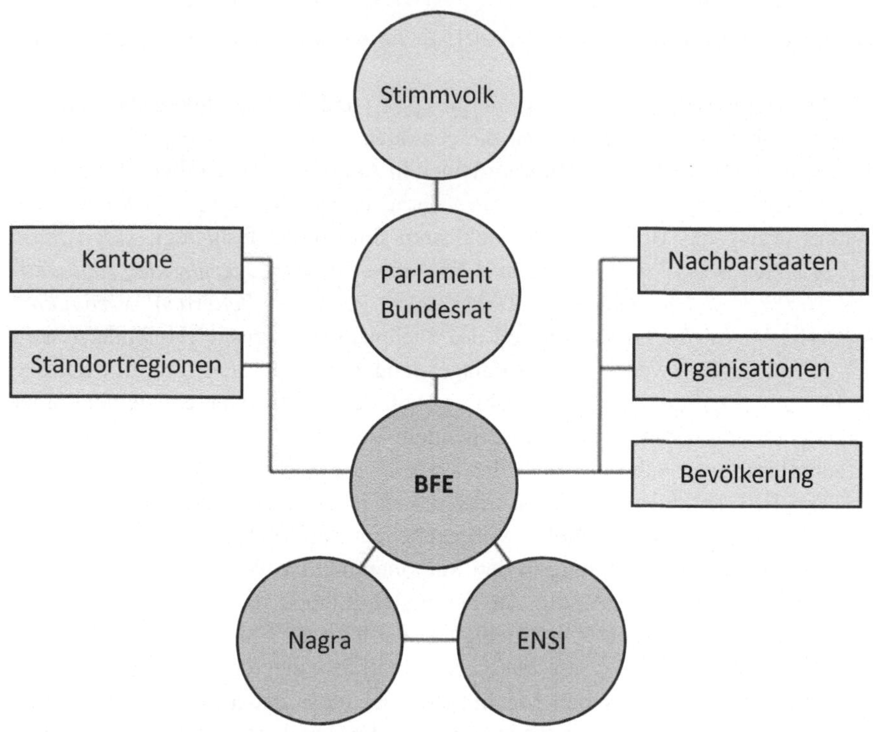

Abbildung 13 Beteiligte kollektive Akteure im Sachplanverfahren (Nagra o. J.-c)

Nach Information der Öffentlichkeit muss zudem eine raumplanerische Erfassung der Gebiete erfolgen. Daran anschließend werden der Ausschuss der Kantone eingesetzt und die betroffenen Gemeinden, die in die Beteiligungsverfahren eingebunden werden, definiert. Hervorzuheben ist, dass die betroffenen Gemeinden schon zu diesem frühen Zeitpunkt Unterstützung durch das BFE zugesagt bekamen sowie eine Ansprechstelle für sie im BFE geschaffen wurde.

Mitglieder im „Ausschuss der Kantone" sind die Kantone. Sie begleiten das Auswahlverfahren mit ihrer wissenschaftlichen und politischen Expertise und geben Stellungnahmen zu Berichten des BFE und der Nagra ab. Sie werden weiterhin problembezogen in die Untersuchungen einbezogen. Dem Ausschuss zur Seite gestellt ist eine „kantonale Expertengruppe Sicherheit", deren Zusammensetzung er selbst bestimmt und die ihn in der Bewertung sicherheitstechnischer Fragen und Unterlagen unterstützen soll. Sowohl der Ausschuss der Kantone als auch die Expertengruppe wurde in Reaktion auf Ergebnisse einer Anhörung zum Sachplanverfahren eingesetzt. Dadurch wird erstens der Forderung nach einer stärkeren Stellung der Kantone wie auch der Forderung nach unabhängiger wissenschaftlicher Expertise Rechnung getragen (vgl. BFE 2008b).

Zur wissenschaftlichen Unterstützung der offiziell zuständigen Behörden wurden verschiedene Kommissionen eingerichtet. Die Expertengruppe Geologische Tiefenlagerung (EGT) wurde 2012 gegründet. Sie unterstützt das ENSI in der Bewertung von Sicherheitsfragen. Sie ist weiterhin Mitglied des Technischen Forums Sicherheit.[111] Die EGT ist Nachfolgeorganisation der 2011 aufgelösten Kommission Nukleare Entsorgung (KNE). Die Kommission Nukleare Sicherheit (KNS) berät den Bundesrat, das Eidgenössische Departement für Umwelt, Verkehr, Energie und Kommunikation (UVEK), dem das BFE untersteht, und das ENSI. Der Beirat Entsorgung wurde 2009 vom UVEK gegründet. Er ist ein unabhängiges Beratungsgremium, dessen Aufgabe es ist, Konflikte und Risiken zu einem möglichst frühen Zeitpunkt aufzudecken und Lösungen vorzuschlagen.

Etappe 1 wurde im November 2011 abgeschlossen, die Vorschläge für die potentiellen Standortregionen aber schon im November 2008 veröffentlicht. Die Gebiete für HAA (Bözberg, Nördlich Lägern und Zürcher Weinland)[112] liegen alle in der Nähe der deutschen Grenze. Am Ende jeder Etappe steht eine behördliche Prüfung der jeweiligen Unterlagen sowie eine Anhörung und Bereinigung derselben. Daraufhin beschließt der Bundesrat, ob mit der nächsten Etappe fortgefahren werden kann.[113] Die Vernehmlassung zu dieser Etappe fand vom 1. September bis 30. November 2010 statt. Das ENSI ist für die Sicherheitsbewertung der von der Nagra eingereichten Unterlagen zuständig. Es bewertet am Ende jeder Etappe des Sachplans die Unterlagen bezüglich der Frage, ob alle in dieser Etappe zu beantwortenden Fragen auch hinreichend beantwortet wurden. Die Anforderungen an die technischen Berichte der Nagra sind im Sachplan so festgelegt, dass sie am Ende jeder Etappe zur dann anstehenden Einengung von potentiellen Standorten dienen können. Die generellen Kriterien für die Sicherheitsbewertung der Standorte und der Bewertung der technischen Machbarkeit

---

111 Ein Gremium, an welches die interessierte Öffentlichkeit sich mit Fragen wenden kann (siehe unten).

112 Das Gebiet „Bözberg" wurde später umbenannt in „Jura Ost", das Gebiet „Weinland" in „Zürich Nordost".

113 Der Bundesrat ist das Exekutiv-Gremium auf Schweizer Bundesebene. Er war für die Verabschiedung des Sachplans zuständig und entscheidet am Ende jeder Etappe, ob mit der nächsten Etappe fortgefahren werden kann.

sind im Sachplan festgelegt. Diese basieren auf nationalen und internationalen Richtlinien (BFE 2008b: 41).

In der zweiten Etappe wird die Organisation der regionalen Partizipation von den Gemeinden der Standortregion übernommen. Neben einer weiteren Konkretisierung der Lagerprojekte, z.B. bezüglich der benötigten Oberflächenanlagen sowie erster Sicherheitsanalysen, werden in dieser Etappe auch Raumplanungs- und Umweltaspekte bewertet. Diese Bewertung wird in Zusammenarbeit zwischen dem schweizerischen Bundesamt für Raumentwicklung (ARE) und den Standortkantonen durchgeführt. Basierend auf diesen Untersuchungen werden für jede Abfallart zwei Standorte ausgewählt. Dies soll auch in Zusammenarbeit mit den Standortkantonen geschehen. In der dritten Etappe werden die ausgewählten Standorte genauer untersucht, sowohl auf die geologische Eignung als auch auf die sozio-ökonomischen und ökologischen Auswirkungen hin. Zentral in dieser Etappe ist die Vorbereitung des Rahmenbewilligungsgesuchs. Das ENSI bewertet den Antrag auf Rahmenbewilligung hinsichtlich Sicherheitsaspekten. Nach dem Entscheid des Bundesrats am Ende dieser Etappe wird das Rahmenbewilligungsgesuch dem Parlament zur Abstimmung vorgelegt.[114] Der Parlamentsentscheid kann durch ein fakultatives Referendum angegriffen werden.

Der Rückgriff auf einen Sachplan als etabliertes Planungsinstrument war sicherlich ein Faktor, der zu seiner relativ konfliktfreien Einführung unter den Behördenmitarbeitern, aber auch bei der Bevölkerung, führte (Hocke und Kuppler 2011). Im Gegensatz zur Entscheidungsfindung im klassischen „decide-announce-defend" Ansatz kann die Bevölkerung nun Optionen nicht nur im Nachhinein bewerten, sondern schon in ihrer Entstehung begleiten. Auch die Ausgestaltung des Sachplans selbst war einer Vernehmlassung unterworfen, in der die Öffentlichkeit, Behörden und nationale und internationale Experten ihre Meinung zum Entwurf einbringen konnten. In der Anhörung wurde der Sachplan mehrheitlich positiv aufgenommen und als ein Zeichen der Übernahme von Verantwortung für die eigenen Abfälle gewertet. Insbesondere industrienahe Verbände sowie einige kantonale Gruppen der CVP und FDP, die JF und die SVP werteten das Beteiligungskonzept als zu weitgreifend; der Schweizerische Gemeindeverband sowie einige kantonale Gruppen der SP, der Grünen, aber auch die FDP und die CVP lobten es als angemessen, mahnten aber teilweise an, dass es nicht bei einer unverbindlichen Mitwirkung bleiben dürfe. Das BFE hielt

---

114 Das Schweizer Parlament setzt sich aus Ständerat (Vertreter der Kantone) und Nationalrat zusammen.

in seiner Antwort an dem vorgesehenen Beteiligungskonzept fest und betonte, dass es ohne ein erweitertes Beteiligungskonzept zu Widerständen kommen würde, die Wahl der Instrumente aber den zuständigen Behörden überlassen werden müsse (BFE 2008b).

Substantielle Partizipation findet laut Sachplan vor allem zu sozio-ökonomischen Fragestellungen statt. Zu wissenschaftlich-technischen Fragestellungen werden laufend Informationsveranstaltungen und zum Abschluss jeder Etappe auch Anhörungen, die in der Schweiz „Vernehmlassung" heißen, organisiert.[115] Die Gremien, in denen substantielle Partizipation stattfindet, sind die Regionalkonferenzen. Diese wurden im Rahmen des Sachplanverfahrens eingerichtet; je eine in jeder potentiellen Standortregion. Sie haben je rund 100 Mitglieder, die Vertreter regionaler Stakeholdergruppen sind oder der interessierten Öffentlichkeit angehören. Mitglieder sind beispielsweise Vertreter von Kommunen und NGOs, aber auch ungebundene Einzelpersonen. Ihre Aufgabe ist, Stellungnahmen zu den Berichten der Nagra zu verfassen und eine Strategie für die Regionalentwicklung vorzuschlagen. Betroffenheit wird im Sachplan über Raumverhältnisse definiert, nämlich einen Planungsparameter von 5 km. Diese Vorgabe wird allerdings nicht strikt angewendet. So können Gemeinden, die außerhalb dieses Parameters liegen, unter besonderen Umständen beteiligt werden (Barth et al. 2009). Beispielsweise wurde eine deutsche Gemeinde von außerhalb des Parameters zugelassen, da sie eine Verwaltungsgemeinschaft mit einer Gemeinde innerhalb des Parameters bildet. Die Regionalkonferenzen bestimmen Themen, die bearbeitet werden müssen, erstellen und verabschieden in Untergruppen Berichte und entscheiden über die Haltung der Region in zentralen Fragestellungen. Aus ihrer Mitte werden auch die Mitglieder der Leitungsgruppe gewählt, die für die Gesamtorganisation der regionalen Partizipation verantwortlich ist.

Das bereits vorgestellte schrittweise Vorgehen nach Sachplan erlaubt jederzeit ein Zurückfallen auf frühere Etappen, falls im Auswahlverfahren eine Sackgasse erreicht wird, d.h. die ausgewählten Standorte sich als nicht geeignet erweisen oder ein Neustart aus anderen Gründen notwendig werden sollte. Mit diesem Vorgehen knüpft die Schweiz an internationale Diskussionen zu Reversi-

---

115 Nach Arnsteins (1969)„Ladder of Citizen Participation" fallen Anhörungen unter „tokenism", während Partizipation unter „citizen power" fällt. Die Vernehmlassungen in der Schweiz fallen unter "tokenism", da die Argumente der interessierten Öffentlichkeit aufgenommen werden und die Verfahrensträger versprechen, sie zu berücksichtigen, es aber letztendlich unklar bleibt, wie genau sie berücksichtigt werden.

bilität und schrittweisen Entscheidungsfindungsverfahren an (NEA 1999, 2001, 2004). Die Entscheidung, ob das Verfahren mit der nächsten Etappe weitergeführt, die aktuelle Etappe besser ausgearbeitet oder in eine frühere Etappe zurückgegangen werden muss, fällt der Bundesrat. Dem Bundesratsentscheid geht eine Vernehmlassung voraus, in der die interessierte Öffentlichkeit, politische Parteien, Verbände, Nachbarstaaten u.a. Stellungnahmen zu den Berichten und Entscheidungen der aktuellen Etappe einreichen können. Diese Stellungnahmen werden nicht öffentlich verhandelt, es wird aber eine schriftliche Antwort verfasst und veröffentlicht und der Bundesrat gibt an, diese in seiner Entscheidung in Betracht zu ziehen. Diese Art der Vernehmlassung ist ein bewährtes Instrument in der schweizerischen Demokratie. Allerdings bleibt offen, wie die Stellungnahmen in Betracht gezogen werden. Es dürfte dabei auch eine Rolle spielen, wie groß die Gefahr der erfolgreichen Initiierung eines Referendums zum Ende des Gesamtverfahrens eingeschätzt wird.

Die Vorgaben zu Transparenz werden von der Regierungsseite und der Nagra großzügig ausgelegt, indem relevante Dokumente für die Öffentlichkeit zugänglich gemacht werden (Hocke und Kuppler 2011). Auch die Anzahl der Informationsveranstaltungen und ihre Durchführung, d.h. eine hohe Stellung der anwesenden Behördenvertreter und das Angebot, offen gebliebene Fragen im Nachhinein zu beantworten, deutet auf ein breites Verständnis von Transparenz und eine hohe Professionalität der Organisation hin. Ebenfalls als ein Instrument der Transparenz kann das Technische Forum Sicherheit (TFS) gewertet werden. Es wurde vom ENSI gegründet, wird auch von ihm geleitet und besteht aus Vertretern der Regionalkonferenzen, der Kantone, der Nagra, des BFE, des ENSI, dem Bundesamt für Landestopografie und Mitgliedern beratender Kommissionen. An das TFS können kollektive und Einzel-Akteure ihre technisch-wissenschaftlichen Fragen stellen. Diese werden dort diskutiert und beantwortet. Trotz dieser Öffnung für Außenseiter, die durch den hohen Grad an Transparenz verstärkt wird, verbleibt die Entscheidungsfindung in zentralen technischen und Sicherheitsfragen klassisch dominiert. Die Stärkung der nationalen Ebene und die gleichzeitige Schwächung der Rolle der Kantone bedeutet sogar eine gewisse Schließung des Prozesses.

7.1.3 Mikro-deliberative Ereignisse im Untersuchungszeitraum

In den Jahren 2001 bis 2010 fanden die Bekanntmachung des Entsorgungsnachweises, die Verabschiedung des Kernenergiegesetzes und Beratungen zum Sachplan geologische Tiefenlager sowie Etappe 1 des Sachplanverfahrens statt. Zum

Entsorgungsnachweis wurden diverse Informationsveranstaltungen organisiert. Während der Beratungen zum Sachplan veranstaltete das BFE verschiedene Arten von Bürgerbeteiligung: Erstens diverse Informationsveranstaltungen, zweitens Fokusgruppen, drittens informelle Beratungen mit Einzel-Akteuren und viertens die Vernehmlassung. In Etappe 1 des Sachplanverfahrens befanden sich die Regionalkonferenzen noch im Aufbau. Bürgerbeteiligung fand zu dieser Zeit hauptsächlich in der Form von Informationsveranstaltungen statt. Außerdem konnten von Beginn an Fragen an das Forum Technische Sicherheit gestellt werden.

Die gesamte Vorbereitungsphase des Sachplans mit den Informationsveranstaltungen, den Fokusgruppen, der Anhörung und den informellen Beratungen wird im Folgenden als mikro-deliberatives Ereignis gewertet, das Effekte auf die Endlagerpolitik und den Makrodiskurs haben könnte. Mit Ausnahme der Fokusgruppen sind diese Veranstaltungen keine klassischen mikro-deliberativen Ereignisse. Sie werden hier aber als solche gewertet, da sie als Teil einer gesellschaftlichen Meinungsbildung in einem deliberativen Konfliktbearbeitungsprozess verstanden werden können. Weiterhin sind sie Ausdruck einer verstärkten Bemühung des BFE um Kontakt zur interessierten Öffentlichkeit. Als ein weiteres mikro-deliberatives Ereignis kann das „Technische Forum Sicherheit" eingestuft werden, da hier „weitere kollektive Akteure" mit „etablierten kollektiven Akteuren", Behördenvertretern und Vertretern der politischen Entscheidungsträger zur Diskussion zusammentreffen.[116]

---

116 Im Technischen Forum Sicherheit sind „nebst den Bundesstellen und der Nagra auch die Kantone Schaffhausen, Thurgau und Zürich, das Bundesland Baden-Württemberg sowie die Weinländer Arbeitsgruppe Opalinuston und Klar! Schweiz vertreten" (TA 27.05.2005).

7.2   Übersicht über die Medienberichterstattung zur Endlagerung in der Schweiz

Insgesamt wurden 233 Artikel in die Medienanalyse aufgenommen. Davon entfallen 127 auf den Tagesanzeiger und 106 auf die NZZ. Die Anzahl der Artikel war Schwankungen unterworfen, allerdings ist bei keiner der beiden Zeitungen ein eindeutiger Trend zu vermehrter oder verringerter Berichterstattung über den Untersuchungszeitraum hinweg zu beobachten (s. Abb. 14).

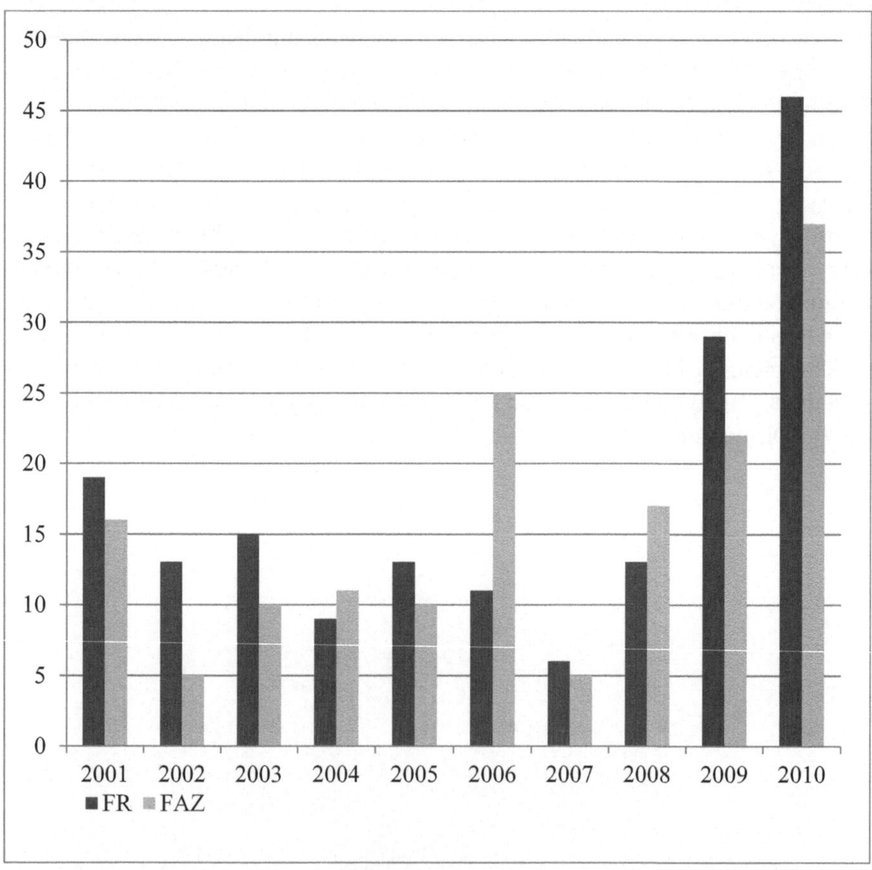

Abbildung 14 Anzahl Artikel pro Jahr, Medienberichterstattung Schweiz

Wie auch in Deutschland wird der größte Teil der Artikel von zeitungseigenen Redakteuren verfasst, gefolgt von Nachrichtenagenturen. Beim Tagesanzeiger folgen Leserbriefe direkt an dritter Stelle mit nur zwei Artikeln weniger als von Nachrichtenagenturen (s. Abb. 15). Die häufigste Artikelform ist die Nachricht, in größerem Abstand gefolgt von Reportagen (s. Abb. 16).

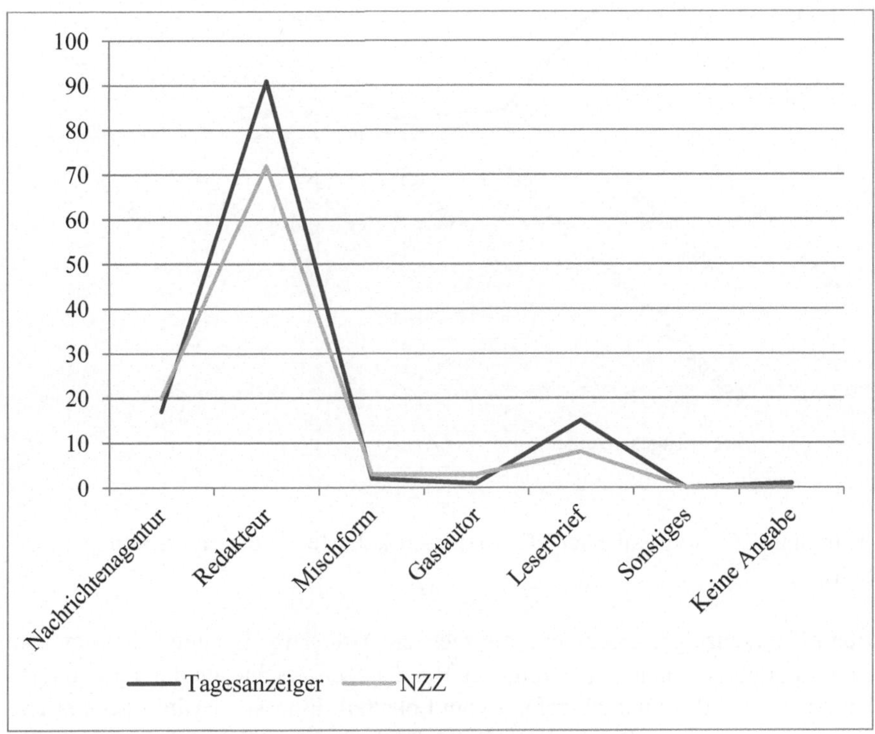

Abbildung 15 Autoren, Medienberichterstattung Schweiz

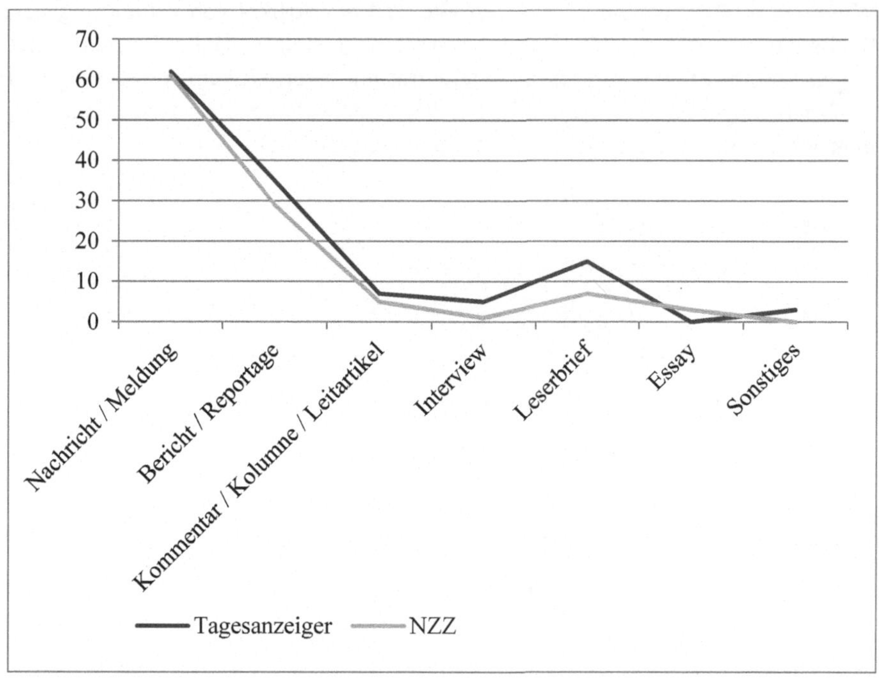

Abbildung 16   Journalistische Form der Artikel, Medienberichterstattung Schweiz

Beim Tagesanzeiger erschienen die meisten Artikel im Lokalteil, gefolgt vom Ressort „Politik / Inland" (s. Abb. 17). Bei der NZZ erschienen die meisten Artikel unter „Politik / Inland", gefolgt vom Lokalteil. Eine Sonderform der Berichterstattung stellen die Ratsberichte in der NZZ dar. In diesen wird aus den Sitzungen des Nationalrats und des Zürcher Kantonsrats berichtet. Dabei werden aus Debatten zu verschiedenen Themen die Positionen und Wortmeldungen verschiedener Mitglieder teilweise wörtlich wiedergegeben und Abstimmungsergebnisse veröffentlicht.

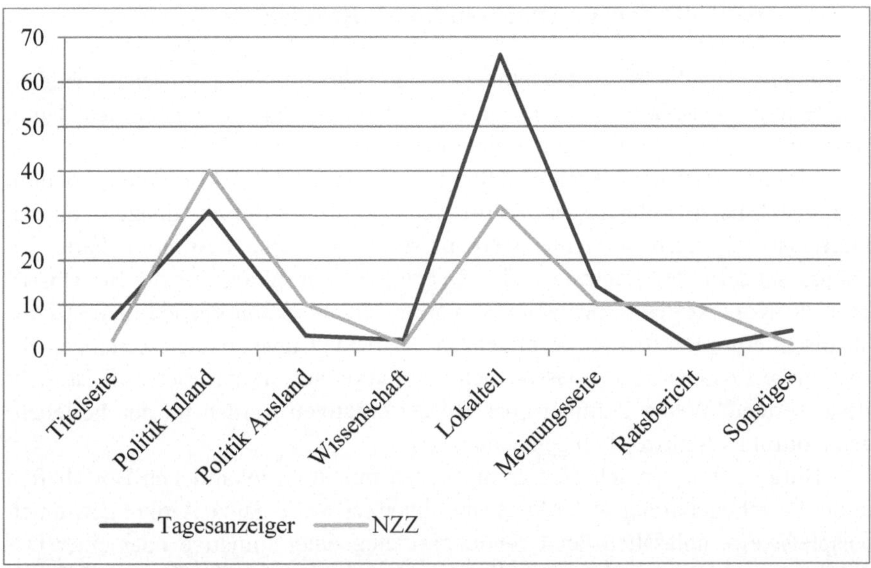

Abbildung 17   Ressorts, Medienberichterstattung Schweiz

Im Tagesanzeiger wird im Großteil der Artikel fast ausschließlich (75-100%) über die Endlagerung berichtet. Artikel mit unter 50% der Berichterstattung erschienen verhältnismäßig wenige (12 von 127). In der NZZ ist der Anteil der Artikel mit bis zu 25% Berichterstattung über die Endlagerung mit 21 von 106 höher. Dies ist hauptsächlich den Ratsberichten geschuldet, in denen über alle Themen berichtet wird, die an einem Sitzungstag verhandelt wurden. Den größten Anteil machen aber auch in der NZZ Artikel aus, die sich bis zu 100% mit der Endlagerung befassen (s. Tab. 8).

Tabelle 8   Prozentanteil der Berichterstattung über Endlagerung pro Artikel, Medienberichterstattung Schweiz

	bis zu 25%	bis zu 50%	bis zu 75%	bis zu 100%
Tagesanzeiger	5	7	24	91
NZZ	21	12	8	65

7.2.1 Die Rolle der Journalisten im Makrodiskurs

Hauptanlass für die Berichterstattung in der Schweiz sind politisches Handeln und zentrale Verfahrensschritte, wie beispielsweise Ankündigungen der Nagra, Untersuchungen an bestimmten Standorten durchzuführen.

Insgesamt ist die Berichterstattung recht wenig konfliktorientiert, sondern richtet sich nach Sachanlässen. Selbst wenn politische Entscheidungen von den Journalisten kritisch betrachtet werden, steht nicht eine bestimmte Partei im Fokus, sondern der Sachentscheid. Der wenig konfliktorientierte Berichtsstil kann im Kontext des in der Schweiz vorherrschenden konsensorientierten Politikstils interpretiert werden. Präferenzen der beiden untersuchten Zeitungen für bestimmte Lösungsansätze lassen sich nicht erkennen. Der Berichtsstil ist nicht stark wertend. Weder Politiker noch Bürgerinitiativen werden für den bestehenden Konflikt verantwortlich gemacht.

Bürgerinitiativen schaffen es nur selten mit ihren inhaltlichen Botschaften in die Berichterstattung. Allerdings sind ihnen teilweise ganze Artikel gewidmet, beispielsweise anlässlich der Gründungssitzung einer Initiative oder einer Demonstration. Mehr Beachtung findet eine Volksinitiative, d.h. ein nach Schweizer Recht von BürgerInnen gestellter Antrag auf eine Änderung der Bundesverfassung. Die Journalisten berichten relativ häufig von Informationsveranstaltungen und damit auch von Ereignissen, die zwar von zentralen kollektiven Akteuren wie dem BFE veranstaltet werden, deren Inhalt aber nicht nur von diesen geprägt wird. Sie machen die auf den Veranstaltungen zu beobachtenden Argumentabfolgen für den Makrodiskurs sichtbar, indem sie die von Mitgliedern der interessierten Öffentlichkeit vorgebrachten Argumente sowie die Reaktionen von Bund und Nagra wiedergeben.

Im Fall der Debatten über die Abschaffung des kantonalen Vetorechts zitiert insbesondere die NZZ die verschiedenen Positionen der Mitglieder des National-, Stände- und Zürcher Kantonsrats, sodass der/die LeserIn einen Überblick über die verschiedenen Positionen und damit verbundene Interpretationen der Sachlage erhalten kann. Auch Vertreter anderer kollektiver Akteure, beispielsweise des Initiativkomitees „Atomfragen vors Volk", kommen zu diesem Thema zu Wort.[117] Über die Zuständigkeiten für Standortauswahl und Entsorgung während des Entsorgungsnachweises, die durch das Kernenergiegesetz und die Kernenergieverordnung eingeführten neuen Zuständigkeiten sowie die aus dem Sachplan

---

117 NZZ 06.03.2001, NZZ 27.11.2002, NZZ 06.03.2003a, NZZ 06.03.2003b, NZZ 13.03.2003.

sich ergebende Aufgabenteilung informieren die Zeitungen ebenfalls im Detail, genauso wie über Informations- und Konsultationsversprechen von Seiten der formal Zuständigen an die betroffenen Kantone, Gemeinden und Nachbarländer.[118] Die Journalisten bringen dabei auch eigene politische Einschätzungen vor. Beispielsweise werden durch Journalisten zwei internationale Abkommen, die die Schweiz unterzeichnet hat, als für die Rolle der Nachbarländer im Auswahlverfahren relevant dargestellt.[119]

Trotz der wenig konfliktorientierten und stark informierenden Berichterstattung bewerten Journalisten durchaus auch einzelne Ereignisse oder Entscheidungen der politischen Entscheidungsträger. Die Informationsveranstaltungen werden beispielsweise in ihrem Verlauf und ihrer Struktur eher als ungenügend eingeschätzt.[120] Eine Teilnahme der kollektiven Akteure am Sachplanverfahren wird dagegen von Journalisten als demokratische Pflicht eingestuft (TA 13.09.2005, TA 07.11.2008, NZZ 10.11.2010).

> *„Der Schlüssel zur direkten Demokratie liegt in der Bereitschaft, Verantwortung mitzutragen und stets Kompromisse zu suchen. Ohne diese Attribute funktioniert sie nicht"* (NZZ 10.11.2010).

Auch zur Abschaffung des Vetorechts finden sich Kommentare von Journalisten. Beispielsweise bewertet ein Journalist der NZZ das neue Standortauswahlverfahren als Reaktion auf eine Haltung, bei der *„bei der Frage nach einem Standort in*

---

118   TA 26.09.2001, TA 25.09.2002, NZZ 12.11.2002, TA 04.03.2003, NZZ 19.03.2003, NZZ 22.03.2003, NZZ 28.03.2003, NZZ 06.05.2003, NZZ 29.09.2004, NZZ 01.09.2005, TA 09.09.2005, NZZ 13.09.2005, NZZ 01.09.2006, TA 16.03.2006, NZZ 16.03.2006, TA 03.07.2006, NZZ 31.01.2007, TA 22.09.2007, TA 14.07.2008, TA 05.11.2008, TA 07.11.2008, NZZ 07.11.2008, NZZ 13.01.2009, TA 02.03.2010.

119   Erstens, das internationale Übereinkommen über die Sicherheit der Behandlung radioaktiver Abfälle. „Darin werden grundsätzliche technische Kriterien definiert, vor allem ist aber die Möglichkeit eines internationalen Schiedsverfahrens vorgesehen, für den Fall, dass es wegen einer Entsorgungslösung zu Meinungsdifferenzen zwischen Vertragsstaaten kommt" (NZZ 26.11.2008). Zweitens, das „Übereinkommen über die Umweltverträglichkeitsprüfung (UVP) im grenzüberschreitenden Rahmen". „Im Kern geht es dabei darum, allfälligen Bedenken ausländischer Experten und der betroffenen Öffentlichkeit in Grenznähe rechtliches Gehör zu verschaffen. (...) In der Praxis werde also trotz der ausländischen Mitsprache die Schweiz schliesslich alleine entscheiden, wo sie ein Tiefenlager bauen werde (...). Es sei aber vorstellbar, dass der Bau durch ausländische Einsprachen verzögert werde" (NZZ 26.11.2008).

120   Die Vorträge seien teilweise zu kompliziert gewesen (TA 19.09.2005), es habe nur „unverbindliche Statements" gegeben (TA 25.11.2008) oder „manch eine Frage wurde gar nicht beantwortet, und vonseiten der Behörden kamen immer die gleichen Argumente" (TA 11.09.2010).

der eigenen Region nur leichte Akzeptanz" gezeigt wurde. Er impliziert also, dass insbesondere die Abschaffung des kantonalen Vetorechts zu einer Lösung der Blockade beitragen könnte (NZZ 11.11.2008).

Trotz der Kommentare und Meinungsäußerungen durch Journalisten in den beiden untersuchten Tageszeitungen findet keine tiefgreifende Diskussion der Schweizer Endlagerpolitik durch die Medien statt. Sie zeigen das Bild eines zivilen Konfliktbearbeitungsprozesses und hinterfragen nicht die Verfahrensgestaltung, wie beispielsweise die strikte Aufgabentrennung zwischen Behörden und Nagra (zuständig für Sicherheitsfragen) auf der einen und der interessierten Öffentlichkeit (zuständig für Fragen der Regionalentwicklung) auf der anderen Seite.

7.2.2 Kollektive Hauptakteure

Die Auszählung der kollektiven Akteure, die mit Positionierungen in den Medien vertreten sind, zeigt, dass es im Zeitverlauf keine Veränderungen in der Akteurskonstellation gegeben hat (s. Abb. 18). Regierungsorganisationen kommen am häufigsten zu Wort, gefolgt von Parteien. Die Atomwirtschaft steht an dritter Stelle mit einem relativ konstanten Anteil über den gesamten Untersuchungszeitraum hinweg. Protestgruppen und Bürgerinitiativen kommen von 2001 bis 2005 stärker zu Wort als in den späteren Jahren. Nur 2010 steigt der Anteil nochmals. Verbände kommen insgesamt wenig vor.

Im Folgenden werden die Ergebnisse der Auswertungen der kollektiven Akteure „Regierungsorganisationen", „Parteien" und „Protestgruppen / Bürgerinitiativen" im Detail dargestellt, um eventuelle Änderungen auf dieser Ebene ausmachen zu können. Diese Auswahl wurde getroffen, um die verschiedenen Konfliktbeteiligten abzubilden. Die Atomwirtschaft bedarf keiner genaueren Analyse, da es sich hierbei fast ausschließlich um Aussagen der Nagra als Verfahrensträger handelt.

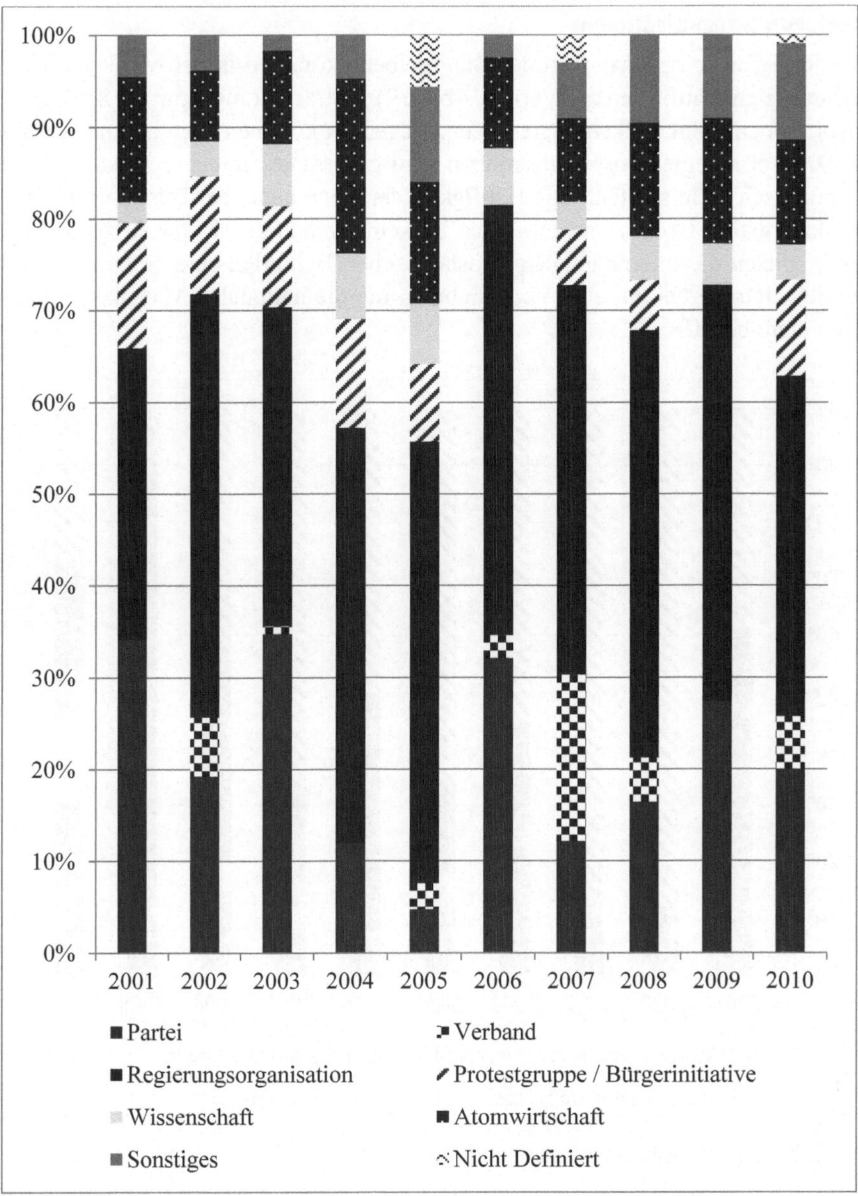

Abbildung 18 Kollektive Akteure, Medienberichterstattung Schweiz

Regierungsorganisationen

Die Regierungsorganisationen der Bundesebene kommen in der Medienberichterstattung am häufigsten zu Wort (s. Abb. 19). Betrachtet man nur die Schweizer
Institutionen, folgt die kantonale Ebene. Insgesamt kommen auch internationale /
ausländische Regierungsorganisationen häufig vor. Die regionale / lokale Ebene
ist praktisch nicht sichtbar. Die Häufigkeit der Nennungen der Bundesebene und
der kantonalen Ebene schwanken, es ist kein eindeutiger Trend auszumachen.
2009 spielen die internationalen / ausländischen Behörden eine große Rolle; es
handelt sich hierbei um eine Verschiebung, die die nationalen Machtkonstellationen nicht betrifft.

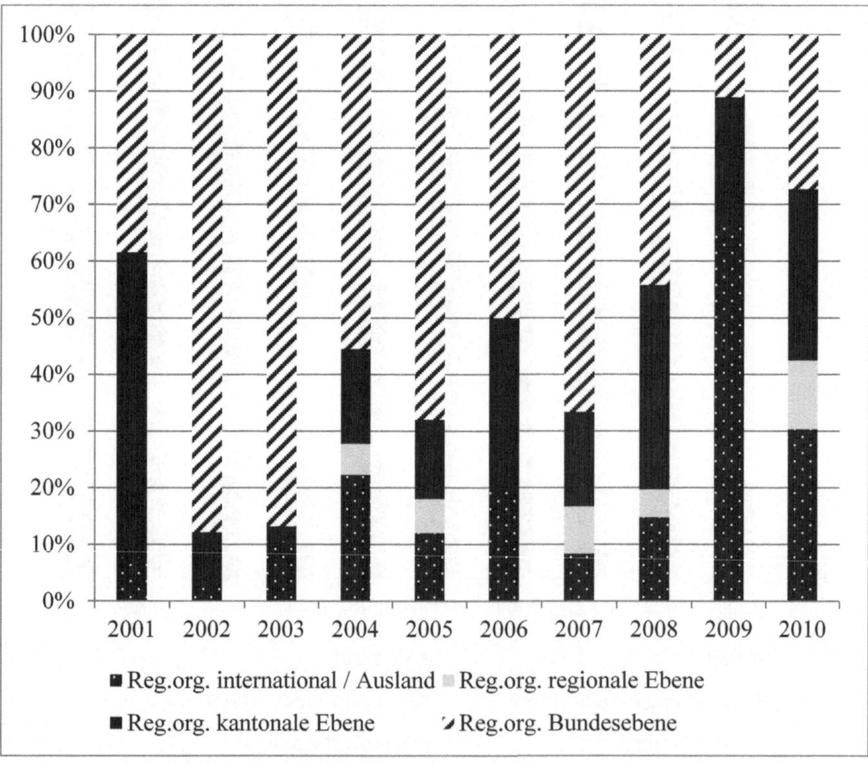

Abbildung 19 Regierungsorganisationen, Medienberichterstattung Schweiz

Parteien

Die Parteiorganisationen der Bundesebene dominieren die Debatte insbesondere bis 2005 deutlich (s. Abb. 20). Danach spielt, parallel zu den Regierungsorganisationen, die Kantonsebene zunehmend eine Rolle. Ebenfalls parallel zu den Regierungsorganisationen kommen ausländische Parteien insbesondere 2009 und 2010 zu Wort. Die Lokalebene taucht nur 2007 und 2008 auf. Trotz dieser Veränderungen ist kein eindeutiger Trend auszumachen.

Unter den Parteien sind SP und Grüne stark vertreten, insbesondere 2004-2005 und 2009-2010 (s. Abb. 21). Innerhalb dieser vier Jahre dominieren sie die Berichterstattung vollständig. Die SVP ist insbesondere 2007 vertreten, die FDP 2001-2003 und 2008. 2001-2003 tritt auch die CVP mit Stellungnahmen auf; ebenso 2008.

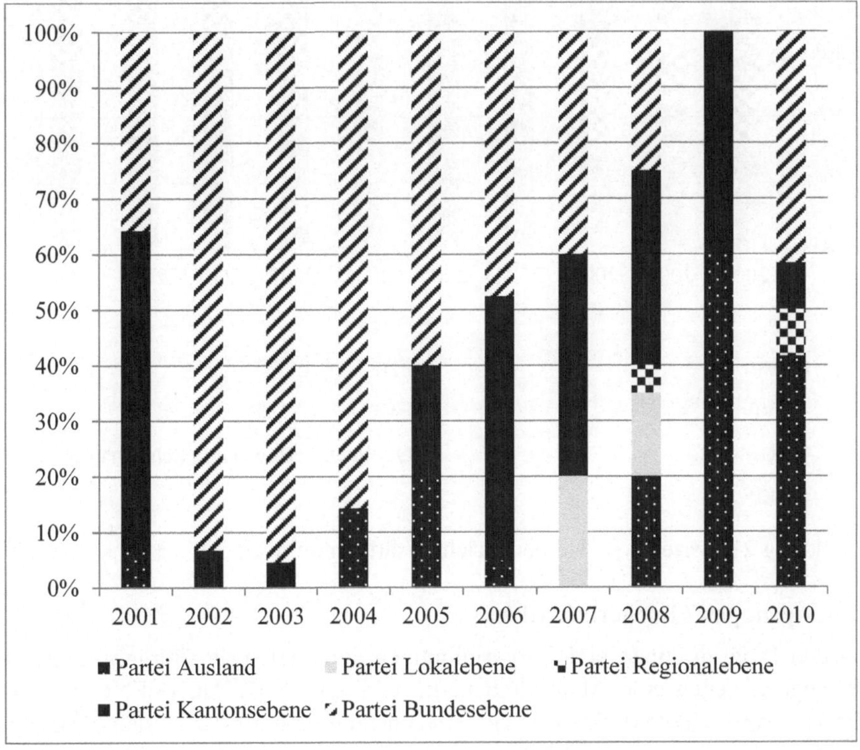

Abbildung 20 Parteien I, Medienberichterstattung Schweiz

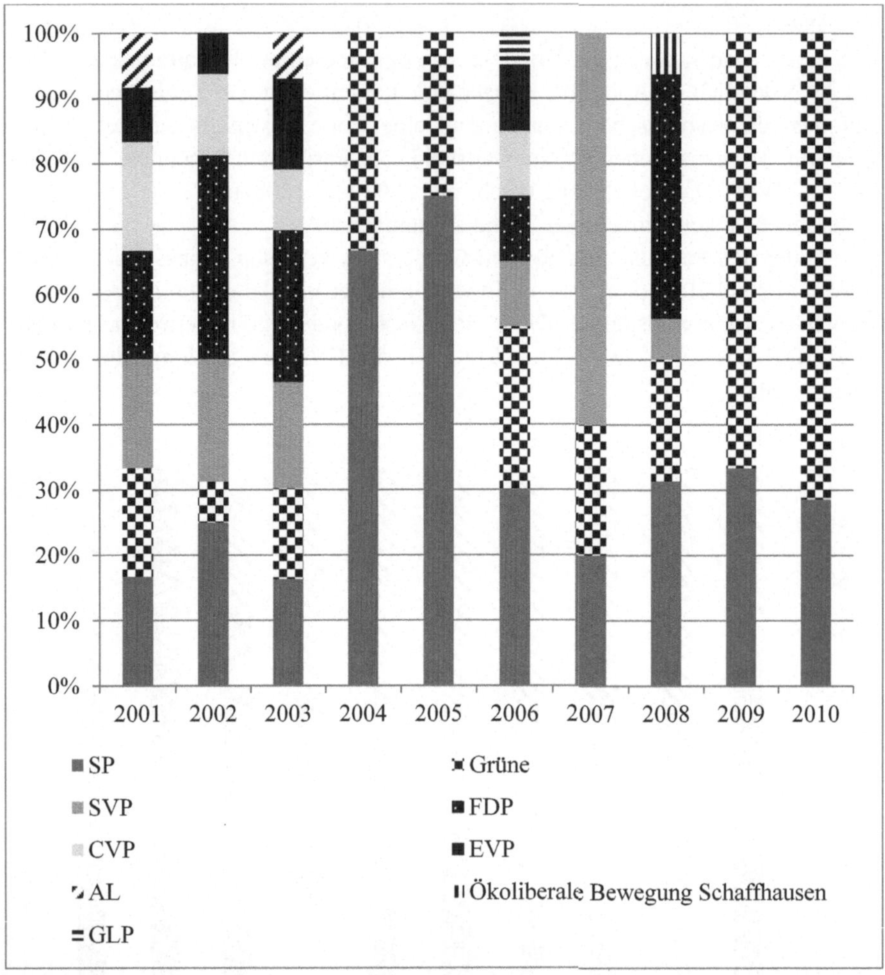

Abbildung 21 Parteien II, Medienberichterstattung Schweiz

Protestgruppen / Bürgerinitiativen

Bei den Protestgruppen und Bürgerinitiativen dominieren die Bürgerinitiativen „Bewegung gegen eine Atommülldeponie in Benken" (BEDENKEN) und die „Interessengemeinschaft Energie und Lebensraum" (IGEL), die sich 2003 zu KLAR! Schweiz zusammenschlossen. Weiterhin initiierten diese beiden Bürgerinitiativen die Volkinitiative „Atomfragen vors Volk", die 2001 bis 2005 in der

Berichterstattung zu Wort kommt. Weiterhin wird ab 2005 verhältnismäßig häufig über Standpunkte nicht weiter definierter Gegner / Kritiker berichtet. 2006 und 2009 tauchen Bürgerinitiativen in der Berichterstattung nicht auf. Eine eindeutige Veränderung im Zeitverlauf ist nicht zu erkennen.

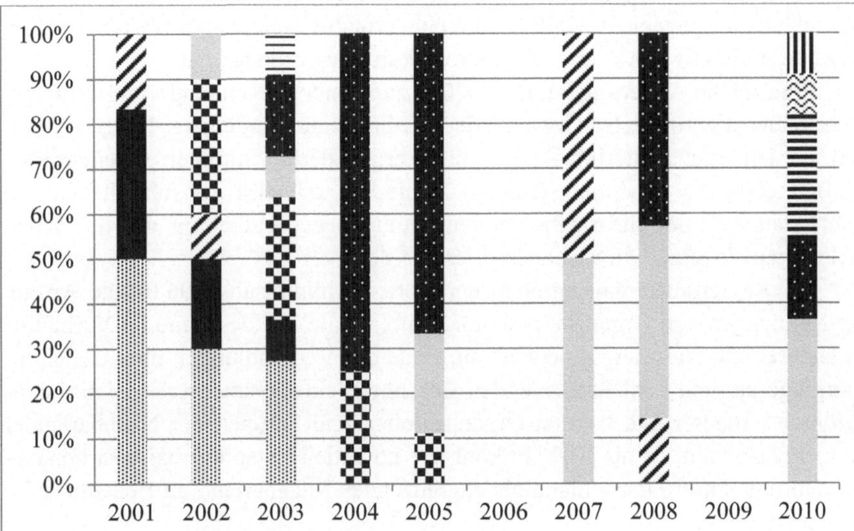

Abbildung 22 Protestgruppen und Bürgerinitiativen, Medienberichterstattung Schweiz

Diskussion

Auf der aggregierten Ebene sind keine Änderungen in den Konstellationen der kollektiven Akteure über den Untersuchungszeitraum hinweg zu beobachten. Innerhalb der einzelnen Gruppen können dagegen Veränderungen beobachtet werden. Diese lassen aber keine Schlüsse auf einen klaren Trend zu, d.h. es kann nicht davon ausgegangen werden, dass eine grundlegende Änderung der Position einzelner kollektiver Akteure im Makrodiskurs stattgefunden hat.

Eine solche Änderung ist die ab 2005 zunehmende Nennung von Positionen nicht näher identifizierter Gegner oder Kritiker eines Endlagers. Bürgerinitiativen werden zwar weiterhin zitiert, „nicht-organisierte" Stimmen scheinen aber an Bedeutung zu gewinnen. Dies ist zumindest teilweise der inhaltlichen Berichterstattung über Informationsveranstaltungen geschuldet, in der die Wortmeldungen einzelner Anwesender zitiert werden.

Bei Regierungsorganisationen und Parteien nimmt ab 2006/07 die Anzahl der Nennungen von Organisationen und Parteien auf Bundesebene im Verhältnis zu anderen ab. Dies liegt einerseits am Ende der Verhandlungen über das Kernenergiegesetz und dem feststehenden Beschluss, einen Standortvergleich durchzuführen. Andererseits werden Organisationen und Parteien der Nachbarländer vermehrt genannt, da ab 2008/09 konkrete potentielle Standortregionen benannt wurden und damit Deutschland als angrenzendes Nachbarland an Bedeutung im Diskurs gewinnt.

Auf der Parteienebene ist die zeitweise völlige Dominanz von SP und Grünen auffällig (2004/05 und 2009/10). In den Jahren 2004/05 dominiert der Entsorgungsnachweis die Berichterstattung. Parteien spielen in dieser generell eine geringe Rolle. SP und Grüne werden in diesem Zeitraum hauptsächlich mit Fraktionserklärungen oder Positionspapieren zitiert. Auch in den Jahren 2009/10 spielen Parteipositionen keine große Rolle, da zu dieser Zeit die Umsetzung des Sachplans mit der Bekanntgabe der potentiellen Standortregionen im Mittelpunkt der Berichterstattung steht. Über SP und Grüne wird auch hier im Zusammenhang mit Widerstand berichtet, da diese maßgeblich an der Gründung des Vereins LoTi beteiligt waren.
Wie diese Ausführungen zeigen, sind trotz der Schwankungen in der relativen Häufigkeit, mit der einzelne kollektive Akteure mit ihren Statements im Makrodiskurs vertreten sind, keine dauerhaften Änderungen in deren Konstellation zu beobachten.

7.2.3   Bestehende Konfliktlinien

Übersicht über die Konfliktlinien

In der Schweiz ist eine Vielzahl an Konfliktlinien zu beobachten. Wie auch im deutschen Fall, lassen sich diese in 14 thematische Felder einordnen.[121] Diese sind:

1. Diskussionsgegenstand (Problemabgrenzung)
2. Ereignis
3. Partizipative / Deliberative Ereignisse und Informationsveranstaltungen
4. Folgen für den Standort
5. Grundsatzfragen
6. Konfliktverhalten und -bewältigung
7. Kostenfrage
8. Standortbewertung
9. Generelle Machbarkeit
10. Rechtliche Aspekte
11. Technische Aspekte
12. Unabhängigkeit und wissenschaftlicher Dialog
13. Verfahrensfragen
14. Verfahrensschritte

Der Konflikt zeigt sich damit ähnlich komplex wie in Deutschland. Auch in der Schweiz werden neben wissenschaftlich-technischen Fragen Verfahrensfragen und sozio-ökonomische Folgen für den zukünftigen Endlagerstandort diskutiert und über Konfliktverhalten, wie Demonstrationen und die Verweigerung von Kooperation, berichtet.

---

121   Für eine Charakterisierung dieser Felder siehe Kapitel 6.2.3.

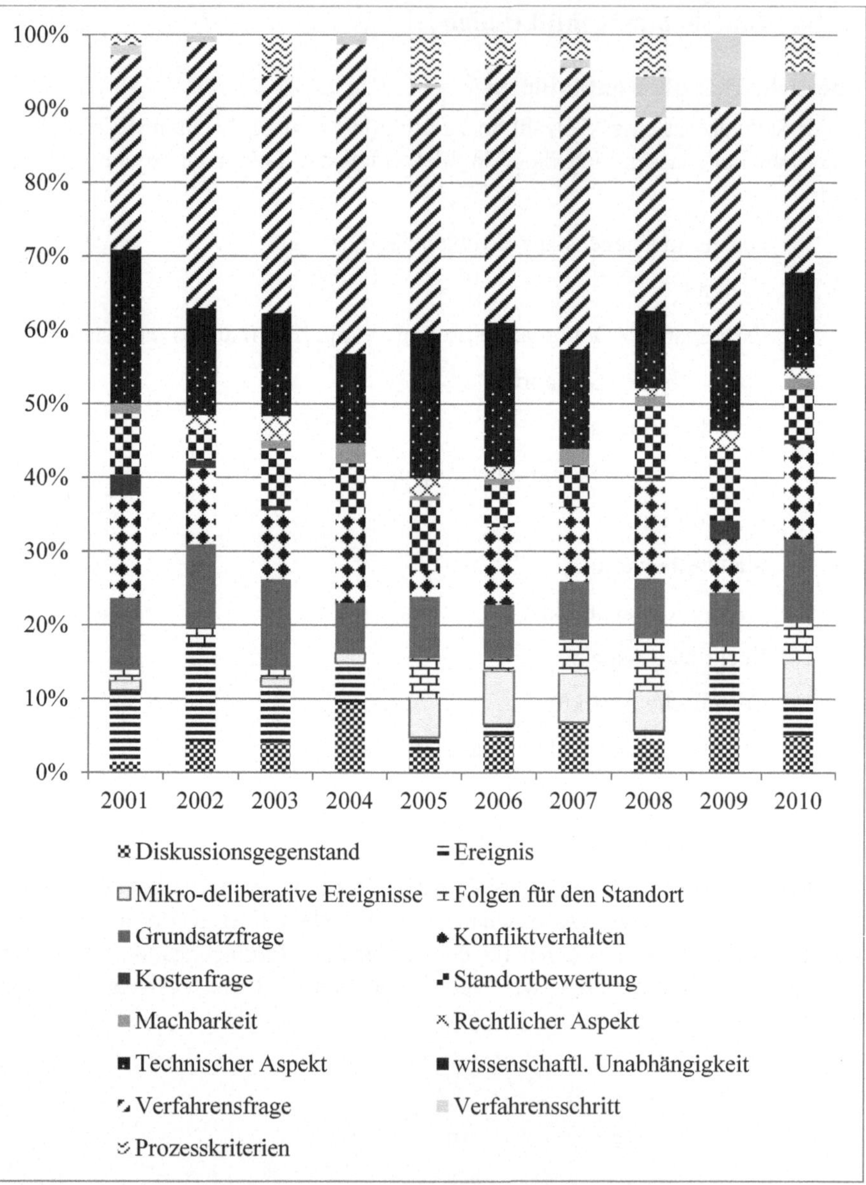

Abbildung 23 Konfliktlinien, Medienberichterstattung Schweiz

Abbildung 23 zeigt die relative Häufigkeit, mit der die Konfliktlinien in den Jahren 2001-2010 thematisiert werden. Die Prozentwerte stehen in Relation zu der Gesamtzahl der Nennungen von Konfliktlinien pro Jahr. Am häufigsten diskutiert wurden Verfahrensfragen. Diese machen jedes Jahr zwischen 25 und 45 Prozent der diskutierten Konfliktlinien aus. Bei den restlichen Themen ist kein eindeutiger zweiter Platz auszumachen. Grundsatzfragen, technische Aspekte, Standortbewertungen und Konfliktverhalten wurden zu etwa gleichen Anteilen diskutiert. Zwischen 2001 und 2004 sowie 2009 und 2010 wird hauptsächlich über Ereignisse berichtet, die nicht Teil des Auswahlverfahrens sind. Von 2005 bis 2008 sowie 2010 wird stärker über partizipative / deliberative Ereignisse und Informationsveranstaltungen berichtet. Von 2005 bis 2008 liefen die Vorbereitungen für den Sachplan; 2010 wurden die Regionalkonferenzen eingesetzt. Grundlegende Änderungen sind ansonsten keine erkennbar. Im Folgenden werden zwei zentral erscheinende Konfliktlinien (Verfahrensfragen und Grundsatzfragen) mit ihren Unterthemen vorgestellt, um auf dieser Ebene eventuelle Änderungen aufzuspüren.

Verfahrensfragen

In der Konfliktlinie „Verfahrensfragen" gibt es bei zwei diskutierten Themen Änderungen im Verlauf des Untersuchungszeitraums (s. Abb. 24). Von 2001 bis 2003 ist das Recht auf einen kantonalen Volksentscheid Hauptthema der Berichterstattung. In den darauffolgenden Jahren wird das Thema zwar weiterhin diskutiert, aber nicht mehr mit der Häufigkeit der Anfangsjahre. Das Thema des Standortvergleichs taucht erst ab 2003 auf. Insgesamt sind Einzelfragen der Verfahrensgestaltung zentral in der Debatte. Beispielsweise wird die Einbindung der Betroffenen auf deutschem Staatsgebiet insbesondere 2004 diskutiert; die Frage des Betroffenheitsradius um einen zukünftigen Endlagerstandort herum insbesondere 2004 und 2009. Letzteres schließt zumindest in geographischer Hinsicht die Frage des „wer" in Bezug auf Bürgerbeteiligung mit ein. Die Beteiligungsfrage wird 2003 besonders häufig thematisiert. Trotz der Schwankungen in Themen-Nennungen sind keine Schließungen von Themen zu erkennen.

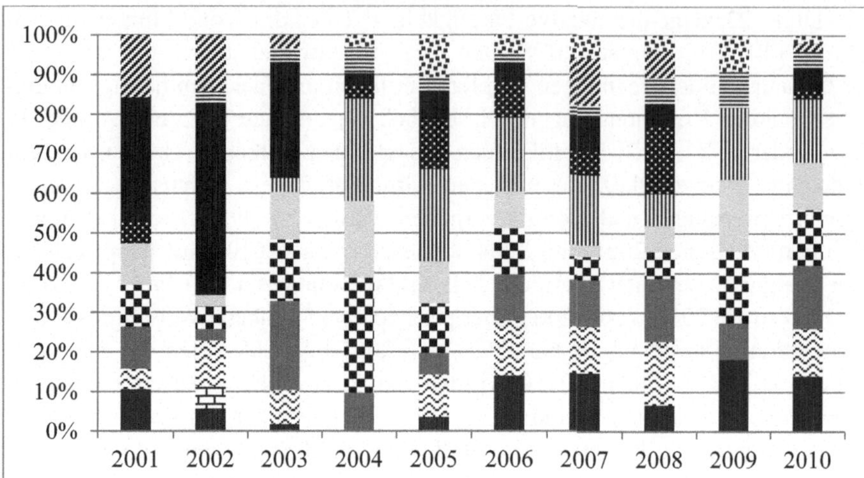

Abbildung 24 Verfahrensfragen in der Medienberichterstattung, Schweiz, insg. 412 Nennungen

Grundsatzfragen

In der Konfliktlinie „Grundsatzfragen" wird insbesondere diskutiert, ob eine nationale oder internationale Lösung gesucht werden sollte und ob der Bau eines Endlagers grundsätzlich machbar ist oder nicht (s. Abb. 25).

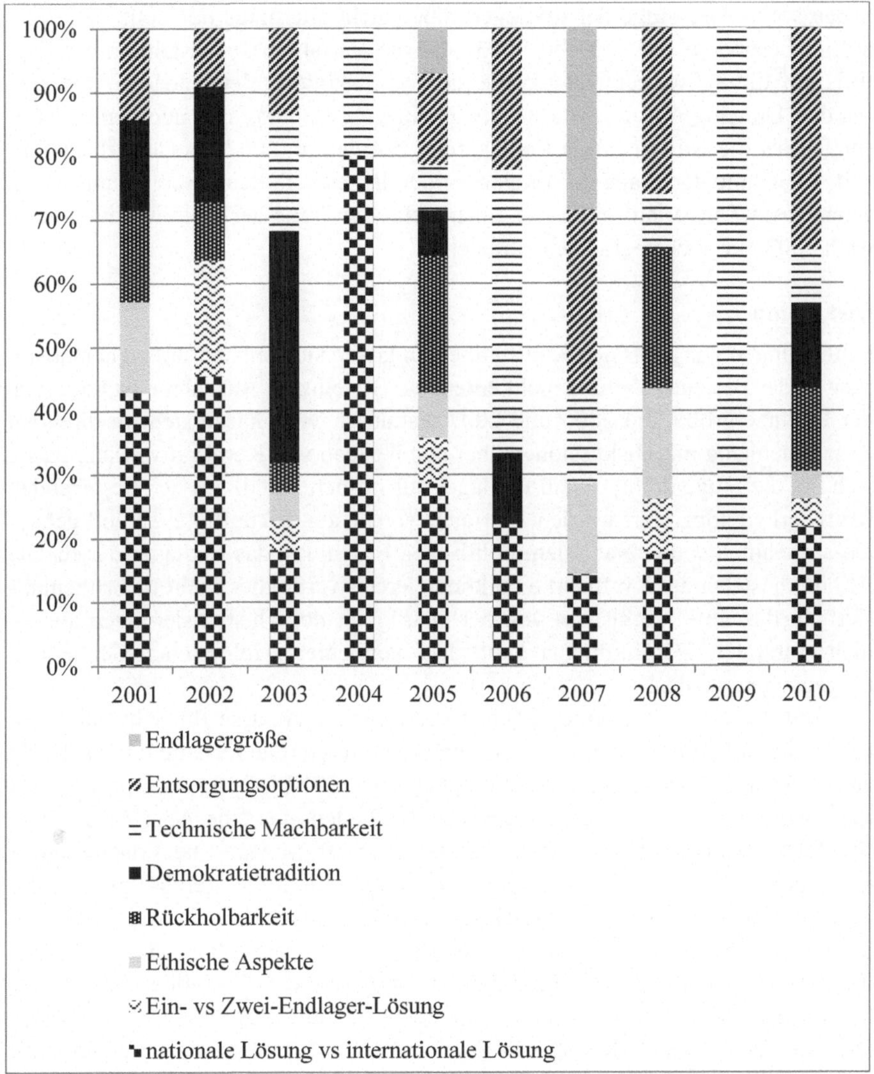

Abbildung 25 Grundsatzfragen in der Medienberichterstattung, Schweiz

Die Ausgestaltung des Endlagers wird ebenfalls diskutiert. Dabei werden verschiedene Fragen angesprochen, wie ob die Option zur Rückholbarkeit der Abfälle im Endlagerkonzept berücksichtigt werden und welche Größe ein Endlager haben sollte. Die Frage der Endlagergröße taucht allerdings nur 2005 und 2007 auf. Insbesondere von 2001 bis 2003 wird die Verfahrensausgestaltung mit Hinweis auf die Schweizer Demokratietradition diskutiert. Verschiedene Optionen für den Umgang mit den wärmeentwickelnden Abfällen, also auch andere Lösungen als die wartungsfreie Endlagerung, werden ab 2007 verstärkt diskutiert. Mit Ausnahme der Frage der Endlagergröße lassen sich keine Schließungen von Themen im Zeitverlauf erkennen, auch wenn die Frage der Demokratietradition nach 2003 nur noch sporadisch auftaucht.

Diskussion

Schließungen von zentralen Konfliktthemen lassen sich anhand ihrer Thematisierung in der Berichterstattung nicht erkennen. Die einzige Ausnahme ist die Frage der Endlagergröße, die 2005 und 2007 diskutiert wird. Diese steht in direktem Zusammenhang mit Diskussionen über den Neubau von Kernkraftwerken, da sie sich um die Frage dreht, ob ein Endlager nur für den Abfall aus den bestehenden Kraftwerken konzipiert werden oder auch solche aus zukünftig eventuell gebauten aufnehmen sollte. Nach dem politischen Beschluss, das Endlager nur für die Abfälle bestehender Kraftwerke zu konzipieren, wurde dies nicht mehr thematisiert. In diesem — geht man von der Häufigkeit der Thematisierungen aus — nicht zentralen Konfliktthema kann also von einer erfolgreichen Schließung ausgegangen werden.

Bei den anderen Themen können verschiedene Anlässe für Schwankungen in der Häufigkeit der Nennungen ausgemacht werden. Die Debatte um das Recht auf ein kantonales Veto fand hauptsächlich von 2001 bis 2003 statt, da in dieser Zeit Beratungen zum Kernenergiegesetz stattfanden, das eine Abschaffung dieses Rechts beinhalten sollte. Gegen diese Abschaffung war eine Volksinitiative im Kanton Zürich in der Planung, die dann aber durch die Verabschiedung des Gesetzes 2003 hinfällig wurde. Danach verschwand das Thema aus dem Makrodiskurs. Die vermehrte Diskussion zur Beteiligungsfrage 2003 hängt ebenfalls mit dem Kernenergiegesetz zusammen, da in diesem eine Formulierung verwendet wurde, die besagt, dass zwar kein Recht auf ein kantonales Veto bestehe, aber die Kantone und Betroffenen in zu treffende Entscheidungen eingebunden werden sollten.

Ein Standortvergleich wird ab 2003 thematisiert, da zu dieser Zeit der Entsorgungsnachweis der Nagra vom Bundesrat angenommen wurde, d.h. die Studie, die am Beispiel des Standorts Benken nachweist, dass ein Endlagerbau in der Schweiz machbar ist. Weiterhin wurde die Frage eines Standortvergleichs in der Vorbereitung und Umsetzung des Sachplans geologische Tiefenlager diskutiert. Bundesrat Moritz Leuenberger brachte 2004 erstmals offiziell die Idee vor, ein neues Auswahlverfahren zu starten. Von dieser Idee informierte er nicht nur die Kantone, sondern auch die an die Schweiz angrenzenden deutschen Landkreise. Zur selben Zeit fand die Prüfung des von der Nagra eingereichten Entsorgungsnachweises statt. Deutsche Politiker forderten in diesem Zusammenhang eine Berücksichtigung ihrer Interessen.

Zusammenfassend kann festgestellt werden, dass, jenseits der Schließung der Debatte um die Auslegungsgröße des geplanten Endlagers, keine Schließungen von Konfliktlinien zu beobachten sind. Auffällig ist, dass die Konfliktlinien unterschiedlich stark ausgeprägt sind. So wird beispielsweise ein Standortvergleich eingefordert und damit diese Frage als potentielles Konfliktthema präsentiert, gleichzeitig findet sich aber nur wenig Widerspruch – auch nicht aus Reihen der Nagra. Bei der Konfliktlinie „Demokratietradition" findet dagegen zunächst eine heftige Debatte statt, mit Verabschiedung des KEG verschwindet diese aber beinahe, ohne dass Konflikt inhaltlich gelöst worden wäre.

7.3   Effekte mikro-deliberativer Ereignisse

Wie in der Einleitung zu Kapitel 6.3 eingeführt und erläutert, zählen als Hinweise für Effekte (a) ein direkter verbaler Bezug auf die mikro-deliberativen Ereignisse; (b) ein verbales Aufgreifen von Ergebnissen oder Formulierungen aus Berichten von mikro-deliberativen Ereignissen, wenn diese vorher im Makrodiskurs nicht präsent waren; (c) eine Handlung, die auf Ergebnissen oder Formulierungen aus Berichten von mikro-deliberativen Ereignissen beruht; (d) ein Umsetzen eines Kompromisses, der im Rahmen eines mikro-deliberativen Ereignisses gefunden wurde und (e) das Auftreten eines kollektiven oder Einzel-Akteurs im Makrodiskurs in direkter Funktion als Beteiligter an einem mikro-deliberativen Ereignis. Auch als Effekt können (f) indirekte Effekte gelten. Dazu gehören beispielsweise eine allgemeine Zunahme von Deliberation oder neue Arbeitskontexte, die nicht durch die mikro-deliberativen Ereignisse vorgegeben sind, aber in deren Kontext entstehen.

7.3.1   Endlagerpolitik

Wie in Kapitel 6.3.2 beschrieben, werden in diesem Teil der Arbeit sechs Arten von Effekten mikro-deliberativer Ereignisse analysiert. Diese sind Effekte bezüglich

1) der formalen Interaktionen zwischen den politischen Entscheidungsträgern und der Öffentlichkeit (Gesetzesänderungen),

2) der informellen Interaktionen, d.h. der Frage, wer bei welchen Entscheidungen mitentscheiden darf oder zumindest angehört wird (Beratungskontexte),

3) der Pluralität in den formellen und informellen Strukturen,

4) der Input-Legitimität,

5) der Output-Legitimität,

6) des Grads der Deliberation in der Endlagerpolitik.

Für die Analyse dieser Effekte werden sowohl die Medienberichterstattung als auch die Experteninterviews herangezogen.
Weiterhin werden auch Hinweise für einen Wandel beschrieben, bei denen kein Bezug zu mikro-deliberativen Ereignissen hergestellt werden kann. Dies dient einer Einschätzung, inwiefern ein genereller Wandel von Endlager-Management zu deliberativer Endlager-Governance in der Schweiz stattfindet.

Form des Governance-Netzwerks

Gesetzgebung

Änderungen in der Gesetzgebung fanden im Untersuchungszeitraum statt. Diese sind aber nicht als Effekte mikro-deliberativer Ereignisse einzustufen. Vielmehr werden sie teilweise als Voraussetzung und teilweise als Hindernis für deren Umsetzung eingestuft und werden deshalb nicht an dieser Stelle, sondern in Kapitel 7.4 vorgestellt.

Die Einführung des Sachplans selbst kann als ein teilweiser Effekt mikro-deliberativer Ereignisse eingestuft werden. Die Expertinnen berichten in den Interviews, dass die Umsetzung eines Auswahlverfahrens auf die Forderung verschiedener kollektiver Akteure hin geschah.

> *„Das heißt, Kantone haben das gefordert, Gruppierungen haben das ge-*
> *fordert, dieses Forum hat das gefordert, (...) das wurde diskutiert dann,*
> *der Bundesrat hat das aufgenommen, hat diese Vorgaben gemacht, der*
> *Sachplan wurde erarbeitet.“* (Abfallverursacher CH)

Aus dieser Äußerung wird ersichtlich, dass die Forderungen eher auf informeller Ebene stattfanden, d.h. nicht unbedingt in einem organisierten mikro-deliberativen Ereignis (dass sie auch auf einer Informationsveranstaltung zum Entsorgungsnachweis geäußert wurden, ist aber nicht auszuschließen). Als teilweiser Effekt mikro-deliberativer Ereignisse wird die Umsetzung des Sachplans gezählt, da er nur deshalb unter Beteiligung aller zentralen Stakeholder umgesetzt werden konnte, weil in der Vorbereitungsphase Änderungen am Originalkonzept umgesetzt wurden, die beispielsweise in den informellen Beratungen und der Anhörung gefordert worden waren. Dazu gehört die Einrichtung einer Fachgruppe Sicherheit in den Regionalkonferenzen, d.h. eine Gruppe, in der Fragen zur technischen und wissenschaftlichen Sicherheit des geplanten Endlagers bearbeitet werden können. Zuerst hatte das BFE eine solche Gruppe nicht geplant, da die Zuständigkeit für die Sicherheitsfrage bei den zuständigen Behörden und der Nagra gesehen wird (Betroffene 2 CH, Beobachterin CH).[122] Es liegt damit ein Effekt von Typ (d) vor.

Beratungskontexte

Sowohl im Rahmen der Debatte als auch durch die Einführung des Sachplanverfahrens bildeten sich eine Zahl von neuen Entscheidungs-, Beratungs- und Arbeitskontexten auf unterschiedlichen Ebenen. Diese können als Elemente eines Wandels hin zu deliberativer Endlager-Governance gewertet werden, da in ihnen „weitere kollektive Akteure“ mit „etablierten kollektiven Akteuren“, politischen Entscheidungsträgern und Vertretern der politischen Administration zusammentreffen und inhaltlich debattieren.

Die von Bund und Nagra organisierten Informationsveranstaltungen sind selbst eine Form von mikro-deliberativen Ereignissen, d.h. auch Beratungskontexte, die im Rahmen des Sachplanverfahrens veranstaltet werden. Zwar gab es

---

122 „Es war vorgesehen vom BFE, dass man die Oberflächenanlagen als Arbeitsgruppe thematisiert und eben die sozialen und wirtschaftlichen Auswirkungen und so, das war es dann. Und dann haben wir als erstes gesagt, ja also, wenn wir keine Arbeitsgruppe Sicherheit haben, dann müssen wir gar nicht mehr länger miteinander diskutieren, das hat für uns die oberste Priorität“ (Betroffene 2 CH).

auch schon zum Entsorgungsnachweis Informationsveranstaltungen, jedoch beschränkten diese sich auf das Anhörungsverfahren und die Präsentation der Ergebnisse. Bei den Informationsveranstaltungen im Rahmen des Sachplanverfahrens werden auch Zwischenergebnisse vorgestellt und diskutiert.

> *„In der Mehrzweckhalle Eichhölzli in Glattfelden wollen Vertreter der Kantonsregierung, das Bundesamt für Energie, die Hauptabteilung für die Sicherheit der Kernanlagen (HSK) und die Nagra das Auswahlverfahren erläutern und die Fragen der Bürgerinnen und Bürger beantworten"* (TA 08.11.2008).[123]

Sie können hinsichtlich dieser Erweiterung der Themen also als Effekt des Sachplans eingestuft werden (Effekt Typ (d)). Neben den Informationsveranstaltungen für die interessierte Öffentlichkeit werden regelmäßig die betroffenen Kantone und Gemeinden sowie die Nachbarstaaten mit ihren Gemeinden informiert (NZZ 16.03.2006).

Über die Einrichtung eines politischen Gremiums, das die Fertigstellung und Einführung des Sachplans begleitet, wird berichtet, allerdings ohne einer genaueren Beschreibung der Aufgaben oder Mitglieder (NZZ 16.03.2006, TA 16.03.2006). Ein weiteres Gremium, das genannt wird, ist ein Beirat *„(...), dem auch Atomkritiker angehören"*. Dieser sei im Kontext der sozio-ökonomischen Studien gegründet worden (TA 13.09.2005). An anderer Stelle wird aber berichtet, er sei im Rahmen der Erarbeitung der Verfahren und Kriterien für die Standortauswahl eingesetzt worden (TA 09.09.2005). Der einzige Hinweis auf seine Funktion ist, dass er von Moritz Leuenberger als *„sein «Gewissensschärfer»"* bezeichnet wird (TA 09.09.2005). Im selben Artikel werden die Mitglieder namentlich benannt. Es handelt sich um Regierungsräte verschiedener Parteien sowie einen Vertreter der Industrie.

Auch die neuen Arbeitskontexte, die vom Regierungsrat des Kantons Zürich im Makrodiskurs genannt werden, können als Effekte des Sachplanverfahrens und als Teil eines Wandels hin zu deliberativer Endlager-Governance gewertet werden, da die Kantonsregierung in diesen mit „weiteren kollektiven Akteuren" zusammenarbeitet. Sie selbst fühle sich *„über verschiedene Organe in diese Prozesse [der Standortauswahl] eingebunden"* (TA 23.07.2010). Der Regierungsrat Markus Kägi berichtet in einem Interview, dass Vertreter des Regie-

---

123   Ebenso TA 18.11.2008, NZZ 20.11.2008, TA 22.11.2008, TA 27.11.2008, TA 27.05.2010

rungsrats unter anderem im Technischen Forum Sicherheit und der „Arbeitsgruppe Information" am Verfahren teilhätten (TA 07.11.2008). Die Arbeitsgruppe wird von Markus Fritschi, Vorstandsmitglied der Nagra, als Forum genannt,
in welchem Zweifelsfragen diskutiert werden können: *„Fritschi hofft, dass Klar!
Schweiz die (...) kritisierten Punkte im Technischen Forum einbringt"* (TA
27.05.2005). Neu ist auch die Zusammenarbeit zwischen Gemeinden und Kantonen zu diesem Thema. Der Regierungsrat nehme laut Kägi Kontakt mit potentiell
betroffenen Gemeinden auf und habe diese *„informiert und kommunikativ unterstützt"* (TA 07.11.2008). Im Ausschuss der Kantone, einem bereits vor dem
Sachplanverfahren bestehenden Gremium, sei durch das Verfahren nun auch
Deutschland vertreten.

Auch die Expertinnen berichten in den Interviews von neuen Arbeitskontexten, die sich durch die Implementierung des Sachplanverfahrens ergeben haben.
Die Vertreterinnen der Abfallverursacher CH und der Regierungsbehörden 1 und
2 CH berichten von neuen Arbeits- und Beratungskontexten, die entstanden sind,
wie die Regionalkonferenzen und deren Fachgruppen und kantonale Arbeitsgruppen. Weiterhin berichten sie von sporadischen neuen Kontakten zu den
potentiell betroffenen Gemeinden, z.B. im Forum Opalinus, und von Kontakten
mit Stakeholdern und Bürgerinitiativen. Bei Sicherheitsfragen und Fragen der
grundsätzlichen Verfahrensgestaltung beschränke sich die Zusammenarbeit aber
auf Dialog.

> *„Also ich finde es ganz, ganz heikel, wenn man sagt, die regionale Parti-
> zipation muss auch mitentscheiden können. Sie kann den Entscheid sehr
> stark beeinflussen. Wir werden das selbstverständlich sehr stark mit ein-
> beziehen, die Stellungnahme der Regionen, das ist selbstverständlich,
> aber wir sagen auch immer, das oberste Prinzip ist die Sicherheit und al-
> les andere ist nachrangig"* (Regierungsbehörde 2 CH).

Die Vertreterin von Regierungsbehörde 2 CH berichtet darüber hinaus über die
Fokusgruppen mit Teilnehmern aus der interessierten Öffentlichkeit, die in der
Erarbeitungsphase des Sachplans durchgeführt wurden, und über das Anhörungsverfahren (Vernehmlassung) zum Konzeptteil des Sachplans. Beide sind
als, wenn auch temporäre, neue Arbeitskontexte zu werten. Weiterhin sei die
durch das Sachplanverfahren entstandene Zusammenarbeit des Bundes mit den
Gemeinden etwas Besonderes, *„weil der Bund kann eigentlich nicht direkt mit
den Kommunen zusammenarbeiten, das gibt es nicht, da ist in den Kantonen das*

Bindeglied" (Regierungsbehörde 2 CH). Die Vertreterin der Betroffenen 2 CH berichtet, dass nun auch Gemeinden als *„Kollektivmitglied"* in die Bürgerinitiativen eintreten würden.

Zusammenfassend bildeten sich insbesondere im Zuge der Einführung und Umsetzung des Sachplanverfahrens verschiedene neue Beratungs- und Arbeitskontexte. Diese sind insbesondere auf Information und Diskussion ausgerichtet. Die beobachteten Effekte zählen zu den Kategorien (d) und (f).

Weiterhin bildeten sich neue Beratungs- und Arbeitskontexte, die sich nicht als Effekt mikro-deliberativer Ereignisse einstufen lassen, die aber im weiteren Verfahren Relevanz haben. Ein Beispiel dafür sind die Arbeitsgruppen, die sich in den betroffenen Regionen in Reaktion auf den Entsorgungsnachweis bildeten und in denen sich Vertreter potentiell betroffener Gemeinden zusammenschlossen, um ihre Interessen gemeinsam zu vertreten (NZZ 02.03.2010). Diese sind das Forum Opalinus (Gemeinden des Züricher Weinlands) und die AG TiZU (Tiefenlager im Zürcher Unterland). Sie waren nicht nur als Ansprechpartner tätig, sondern gaben auch selbstständig eine Studie zu sozio-ökonomischen Auswirkungen eines Endlagers in Auftrag, die von der Nagra finanziert wurde (NZZ 06.09.2005, TA 06.09.2005). Die fehlende Berücksichtigung dieser Aspekte hatte das Forum zuvor in einer Stellungnahme kritisiert (NZZ 27.09.2004).

Auch unter den Bürgerinitiativen kam es zu neuen Kooperationen. Der Verein „Klar!" wurde gegründet, *„von rund 100 Personen, zumeist Vertretern von Umweltverbänden, Bürgerinitiativen und Gemeinden"* (NZZ 20.01.2003), sowie der Verein „Nördlich Lägeren ohne Tiefenlager (LoTi)" (TA 08.09.2010). Als Vorstand von LoTi wurde eine Schweizer SP-Vertreterin gewählt sowie eine Vertreterin der süddeutschen Region.

Bei Informationsveranstaltungen anlässlich des öffentlichen Anhörungsverfahrens zum Entsorgungsnachweis saßen an den *„Tischen (...) auch Vertreter von kritischen bis ablehnenden Organisationen wie Klar! Schweiz (ehemals IGEL und BEDENKEN) und die Arbeitsgruppe Opalinus der Gemeinden Benken, Marthalen und Trüllikon"* (TA 03.09.2005). Käthi Furrer, Co-Präsidentin von Klar! Schweiz und SP-Kantonsrätin betont bereits zu Zeiten des Entsorgungsnachweises, *„dass Klar! Schweiz heute als Gesprächspartner von Nagra und Behörden akzeptiert ist"* (TA 19.09.2005). Auch bei der Bekanntgabe der durch die Untersuchungen für den Entsorgungsnachweis betroffenen Gemeinden war die Opposition bereits offiziell an den Informationsveranstaltungen beteiligt (TA 26.09.2001). Diese Verbindungen können also nicht als Effekt mikro-deliberativer Ereignisse angesehen werden, sondern eher als eine Vorbereitung derselben.

Pluralität – Pluralität in den formellen und informellen Strukturen

Die mikro-deliberativen Ereignisse in der Schweiz haben Effekte auf die Pluralität im Diskurs in der Endlagerpolitik. Durch die Durchführung von Fokusgruppen in der Vorbereitung des Sachplans wurden, wenn auch temporär beschränkt, „weitere kollektive Akteure" in die Ausgestaltung eines alternativen Governance-Netzwerks mit einbezogen. Sie konnten dadurch in einem begrenzten Rahmen die Endlagerpolitik mitgestalten.[124] Dasselbe gilt für die informellen Beratungsprozesse, die in der Vorbereitung des Sachplans durchgeführt werden. Beispielsweise berichtet die Vertreterin der Regierungsbehörde 1 CH davon, dass sie zur Ausgestaltung bestimmter Elemente des Sachplanverfahrens vorab einzelne Vertreter der lokalen Gemeinden zu Rate gezogen hätten. „*[Wir haben] diesen Leitfaden Regionale Partizipation mal vorgestellt, mal geschaut, wie das ankommt, wie es tönt, da haben wir viel auch noch abgeändert (...). Also da haben wir auch ad hoc nicht ständige Arbeitsgruppen, sondern Leute beigezogen.*" Auch diese Beratungen waren temporär und inhaltlich begrenzt. Wie oben beschrieben, wurden durch die Umsetzung des Sachplanverfahrens aber diverse neue Beratungs- und Arbeitskontexte gegründet, die es den „weiteren kollektiven Akteuren" erlauben, die Endlagerpolitik mitzugestalten. Allerdings ist diese Pluralität offiziell stark auf Beratung begrenzt (s. Zitat oben). Inoffiziell haben es die „weiteren kollektiven Akteure" aber bereits geschafft, dass Verfahren auch substantiell zu ändern.[125] Das Technische Forum Sicherheit habe durchaus „*leicht steuernden Einfluss*" auf die wissenschaftlich-technische Debatte (Abfallverursacher CH). Konkret bedeute dies beispielsweise, „*dass Nacharbeiten gemacht werden, Studien in Auftrag gegeben werden*". Sie beschreibt also einen

---

[124] „*Wir haben dann fünf Fokusgruppen durchgeführt, weil wir nicht nur die Experten und die Stakeholder anhören wollten, sondern auch, wie tönt das in der normalen Bevölkerung. Und da haben wir dann fünf Fokusgruppen mit zufällig ausgewählten, aber einigermaßen repräsentativ zusammengestellten Gruppen durchgeführt. Wir haben ihnen den Sachplan erklärt und dann hinterher mit ihnen dann diesen Sachplan diskutiert*" (Regierungsbehörde 2 CH).

[125] Siehe Kapitel 7.3.1 „Form des Governance-Netzwerks" zur Einrichtung der Fachgruppen Sicherheit. Weiterhin: „*Es gab den Marschhalt, also das Tempo nicht so hoch setzen, den Prozess nicht verkehrt machen, das war eine massive Kritik, das hat ihnen nicht gefallen, aber sie haben es jetzt trotzdem, die Mehrheit hat uns zugestimmt und jetzt gibt es diesen Marschhalt*" (Betroffene 2 CH).

direkten Effekt des Technischen Forums Sicherheit auf die Endlagerpolitik (Typ (c)).

Zusammenfassend kann festgestellt werden, dass die „weiteren kollektiven Akteure" durch das Sachplanverfahren eindeutig an Einfluss auf die Endlagerpolitik gewonnen haben und sich damit die Pluralität in den formellen und informellen Strukturen erhöht hat. Gleichzeitig wird der Einfluss und damit auch die Pluralität durch einen starken rechtlichen Rahmen eingegrenzt, in dem die Zuständigkeit für technische Fragen klar bei den Behörden und den Abfallverursachern gesehen und die Debatte auf technokratische Elemente fokussiert wird.

Input-Legitimität

Definition alternativer Governance-Netzwerke

Ein weiterer Hinweis für einen Wandel wäre die Möglichkeit für „weitere kollektive Akteure", sich an der Definition alternativer Governance-Netzwerke zu beteiligen. Der Sachplan selbst kann als ein solches alternatives Governance-Netzwerk verstanden werden. Es handelt sich dabei zwar um ein Bundes-Planungsinstrument, zu seiner Ausgestaltung werden aber verschiedene „weitere kollektive Akteure" mit einbezogen, wie Vertreter lokaler Behörden und die interessierte Öffentlichkeit. Die Einbindung dieser kollektiven Akteure erfolgte unterschiedlich stark und nicht zu allen Teilen des Sachplans.[126] Trotzdem bietet er ein alternatives Governance-Netzwerk im Vergleich zu dem vor seiner Einführung vorhandenen.

Problemdefinition

In der Problemdefinition des BFE, wie sie in den Medien dargestellt wurde, ist ein Wandel von Information hin zu Zusammenarbeit zu beobachten, der mit Beginn der Verhandlungen über das Sachplanverfahren 2006 einherging. Das Bundesamt für Energie spricht von Anfang an von der Notwendigkeit, potentiell betroffene BürgerInnen *„transparent und fair [zu] informieren"* (NZZ 13.09.2005, auch TA 04.03.2003), denn *„«Man kann nicht weiter am Volk vorbeiplanen. Der rein technokratische Ansatz funktioniert nicht mehr», erklärt Aebersold"* (TA 24.05.2005). Aussagen, dass darüber hinaus eine *„Zusammenarbeit mit allen Betroffenen"* notwendig wäre, finden sich erst ab Beginn der Verhandlungen über das Sachplanverfahren (NZZ 16.03.2006, auch NZZ

---

126 Siehe Kapitel 7.1.3.

20.11.2008, NZZ 26.11.2008). Dieser Wandel wurde nicht nur positiv gesehen. *„«Beteiligung lautet das neue Zauberwort. Wahlen und Abstimmungen genügen offenbar nicht mehr», sagte in Bern BfE-Direktor Walter Steinmann"* (NZZ 01.07.2005). Effekt und Ursache lassen sich bezüglich dieses Wandels nur schwer auseinanderhalten. Der Wandel war sicherlich eine Voraussetzung für die Durchführung der mikro-deliberativen Ereignisse in der Vorbereitung des Sachplans und damit eine Ursache. Gleichzeitig wurde er durch die Durchführung der mikro-deliberativen Ereignisse bestätigt und verstetigt, denn die Betroffene 1 CH betont im Interview, dass sich die Zusammenarbeit mit der Nagra und dem BFE seit Beginn der Verhandlungen über das Sachplanverfahren deutlich verbessert habe.[127] Damit würde ein Effekt von Typ (f) vorliegen.

Ein weiterer Effekt von Typ (f) ist die Erkenntnis, dass ein Auswahlverfahren in seinen Grundbedingungen stabil sein, aber innerhalb dieser flexibel bleiben sollte (Abfallverursacher CH, Regierungsbehörde 1 CH). Dass diese Flexibilität zumindest in Teilen besteht, habe sich bereits an konkreten Beispielen gezeigt (Betroffene 2 CH, Beobachterin CH).[128] Weitere Problemaspekte, die sich aus den Erfahrungen mit der Umsetzung des Sachplanverfahrens ergeben, sind Kriterien für ein „gutes Verfahren" und für „gute Bürgerbeteiligung". Ein gutes Verfahren bedeute, dass alle mit ihren Sorgen und Anliegen, auch positiven Äußerungen, zu Wort kommen könnten (Abfallverursacher CH, Regierungsbehörde 2 CH, Betroffene 1 CH, Beobachterin CH).[129] Bürgerbeteiligung bedeute, Lernprozesse bei allen Beteiligten anzustoßen. Laut den Vertreterinnen der Regierungsbehörden 1 und 2 CH, den Betroffenen 1 und 2 CH und der Beobachterin CH betrifft dies alle kollektiven Akteure. Die Behörden und die Nagra müssten lernen, komplexe Sachverhalten angemessen darzustellen und zu vermitteln;

---

127 „Ja, das hat sich meiner Meinung nach schon etwas verändert, also am Anfang waren die Welten sehr weit auseinander, die Basis, die das eigentlich vor Ort tragen musste, und das BFE, das gewisse Vorstellungen hatte wie das ablaufen kann und könnte, da war die Welt weit auseinander. Und im Lauf der Jahre kamen wir uns immer etwas näher, also das BFE spürte auch was wir brauchten und was wir brauchen, aber das hat auch einige Zeit gedauert, bis wir uns da wirklich einigermaßen gefunden haben" (Betroffene 1 CH).

128 Siehe Kapitel 7.3.1 „Form des Governance-Netzwerks".

129 „Also ich würde mir vielleicht stärker solche Informationspunkte, stärker solche Meinungsparcours oder Informationsparcours oder Informationsmärkte vorstellen. Falls man damit breitere Bevölkerungskreise ansprechen kann. Und zu einer echten Meinungsbildung auch Leute, die sich vielleicht so weniger mit dem Thema auseinander gesetzt haben, einbeziehen kann auf eine Art, die, die diesen Personen wirklich auch etwas bringt. Und nicht so im Sinne von, ach wir kennen das, lasst uns in Ruhe, wir haben sie schon lange streiten gehört, ich habe genug oder" (Abfallverursacher CH).

die interessierte Öffentlichkeit müsse bereit sein, sich in die wissenschaftlichen Problematiken der Endlagerung hinein zu denken. Die Vertreterin von Regierungsbehörde 1 CH und die Betroffene 2 CH sehen in einer wissenschaftlichen Fortbildung der interessierten Öffentlichkeit vor allem den Vorteil, dass diese durch ihre Nachfragen die Behörden vor Fehlern durch Routinehandlungen bewahren könne.

> „(...) das ist eine einfache Formel, die sagt, vier Augen sehen mehr als zwei. (...) Wenn ich es nicht gesehen habe, hat es vielleicht jemand anders gesehen und diese Information zu haben ist wertvoll. Egal von wem es ist (...), ob es eine Fachgruppe ist, die mir so etwas mitteilt oder ob es an einer Öffentlichkeitsveranstaltung ist. Es gibt ja eben auch die Gefahr, dass wir so anfangen auf unseren Prüfschritten in ausgetretene Pfade reinzurutschen. Das heißt, wir gucken nicht mehr so links und rechts, sondern wir wissen eigentlich, wir arbeiten das sozusagen nach Checkliste ab. Und wenn man anfängt Sachen nur noch so durchstrukturiert abzuarbeiten, dann tendiert man dazu wenig kreativ zu sein. Und es sind eigentlich diese spannenden Fälle, wo man mit unvorhergesehenen, nicht einordenbaren Situationen konfrontiert ist, wo das dann anfängt, jetzt muss man denken" (Regierungsbehörde 1 CH).

Bezüglich des Rechts auf ein kantonales Veto besteht keine Einigkeit. Die Vertreterin von Regierungsbehörde 2 CH sieht ein Problem darin, dass viele Akteure die Abschaffung des Vetorechts nicht akzeptierten. Da Endlagerung eine nationale Aufgabe sei, sei die nationale Volksabstimmung der richtige Weg (Regierungsbehörde 2 CH, Betroffene 1 CH). Die Vertreterin der Betroffenen 2 CH fordert dagegen ein kantonales Veto ein. Sie befürchtet, dass die momentane Mitbestimmung „Augenwischerei" sein könne. Bereitschaft zur Mitarbeit am Verfahren bestehe dann, wenn es um die „relevanten Fragen" ginge.

Zusammenfassend gab es in der Problemdefinition der Expertinnen und der politischen Entscheidungsträger Änderungen, die sich teilweise aus Erfahrungen mit dem Sachplanverfahren ergeben (Typ (a)). Diese beziehen sich vor allem auf Merkmale, die ein gutes Verfahren erfüllen muss, und Anforderungen an eine gute Bürgerbeteiligung.

Output-Legitimität – Zielsetzung

Die von den Expertinnen genannten inhaltlichen Gründe, weshalb der Sachplan als effizienter Konfliktlösungsansatz gesehen wird, liegen auf verschiedenen Ebenen, da ihre Ansprüche an das Verfahren leicht unterschiedlich sind. Die Ausgestaltung des Sachplans scheint eine Erfüllung all dieser Ansprüche zu ermöglichen. Ein genannter Grund für den Wunsch nach Dialog ist eine Verbesserung des Verfahrens. Durch einen Dialog mit der Öffentlichkeit könne die Nachvollziehbarkeit des Sachplans und von Argumenten verbessert und potentielle Lücken im Verfahren aufgedeckt werden (Regierungsbehörde 2 CH, Betroffene 1 und 2 CH)[130]. Dies gelte auch für die wissenschaftliche Debatte im Verfahren (Regierungsbehörde 1 CH)[131]. Die Vertreterin der Abfallverursacher CH beschränkt den Lerneffekt auf die Debatte um Entwicklungsziele der Regionen und potentielle Konflikte. Eine weitere Funktion von Deliberation soll die Bildung von Vertrauen sein (Regierungsbehörde 1 CH).[132] Das Technische Forum Sicherheit spiele eine wichtige Rolle als Ansprechpartner für die interessierte Öffentlichkeit; direkt an ihre Behörde würde sich diese eher seltener wenden, auch wenn dies durchaus gewünscht sei. Durch Deliberation könne man weiterhin als Anwohner seine Einflussmöglichkeiten ausnutzen und damit *„ein Gorleben verhindern. (...) wenn es schon zu uns kommen soll, soll es geordnet kommen und nicht in Opposition“* (Betroffene 1 CH). Auch hier handelt es sich um einen Effekt von Typ (d1), da der mit dem Sachplan ausgehandelte Kompromiss anscheinend so umgesetzt wird, dass eine Mitarbeit von allen interviewten Expertinnen als positiv angesehen wird.

Zusammenfassend sehen die Expertinnen vor allem die Verbesserung des Verfahrens im Sinne einer besseren Nachvollziehbarkeit und dem Aufdecken von Lücken als Ziel der Endlagerpolitik. Eine Änderung ist dabei nicht festzustellen, allerdings lässt sich der Wunsch der Vertreterin von Regierungsbehörde 2 CH, dass die Mitglieder der Regionalkonferenzen auch zur fachlichen Verbesserung des Verfahrens beitragen, auf die Implementierung des Sachplanverfahrens zu-

---

130 „(...) weil wir sind eigentlich eines der ersten Male so richtig konkret zur Bevölkerung gegangen und haben mal, verstehen sie das überhaupt und ist das nachvollziehbar? Und wo haben wir wirklich noch Lücken? Wo müssen wir den Sachplan noch verbessern?“ (Regierungsbehörde 2 CH).

131 Siehe Zitat in Kapitel 7.3.1 „Input-Legitimität“.

132 „(...) in dem ganzen Verfahren hat vieles mit Vertrauen zu tun. Vertrauen die Leute uns oder vertrauen sie uns nicht? Und Vertrauen kann ich am ehesten gewinnen, indem ich auch zeigen kann, wir haben uns das schon angeguckt“ (Regierungsbehörde 1 CH).

rückführen, da ein solcher Kompetenzaufbau im vorherigen Verfahren nicht vorgesehen war (Effekt Typ (f)).

Deliberative Drifts

Trotz des allgemeinen Wunschs nach Deliberation, der in der Schweiz beobachtet werden kann, berichten die Expertinnen nur in einzelnen Aspekten von „deliberativen Drifts".

(1) In einem direkten Zusammenhang mit dem Sachplanverfahren stehen Berichte der Expertinnen über einen Austausch von Argumenten, da dieser Austausch meist auf Veranstaltungen stattfindet, die im Rahmen des Sachplanverfahrens durchgeführt wurden (Effekt Typ (g)).[133]

(2) Auch Meinungsänderungen und Handlungen aufgrund von Argumenten Dritter fanden im Rahmen des Sachplanverfahrens statt. Die meisten Expertinnen nennen in den Interviews Problemaspekte oder Diskussionsgegenstände bezüglich derer sie schon einmal ihre Meinung geändert haben und Handlungen, die auf Argumenten Dritter basierten. Auch von Meinungsänderungen und Handlungen bei anderen kollektiven und Einzel-Akteuren wird berichtet. Durch die Handlungen konnten teilweise Konflikte ausgeräumt werden.

Ein Beispiel für eine Meinungsänderung in einem Detail ist der Bericht der Vertreterin von Regierungsbehörde 2 CH, dass sie nach einem Gespräch mit einem interessierten Bürger ihre Meinung bezüglich der Platzierung von Oberflächenanlagen in einem Wald geändert habe.[134] Die Vertreterin der Abfallverursacher berichtet von einem Fall, in dem ein Mitglied einer Bürgerinitiative ihre Meinung dahingehend geändert hätte, dass sie den Auswahlprozess zwar immer noch kritisch begleiten wolle, ihn aber nicht mehr per se schlecht fände.[135] Die Vertreterin von Regierungsbehörde 2 CH berichtet von ihrem Eindruck, dass

---

133   Siehe Kapitel 7.3.1 „Form des Governance-Netzwerks".

134   „Und da hat irgendjemand gesagt, ja gehen wir doch in den Wald. Weil in hundert Jahren ist dieser Wald, wenn das Lager verschlossen wird dann und die Gebäude abgebaut sind, kann dort wieder Wald wachsen. Das stimmt ja eigentlich, da hat er Recht, das hat mir mal einer gesagt so beiläufig, hab ich gesagt, ja stimmt, hast du eigentlich Recht" (Regierungsbehörde 2 CH).

135   „Ich habe mit einer Person gesprochen, die einer Organisation sehr nahe steht, einer gegnerischen Organisation (LOTI), es ist eine Umweltnaturwissenschaftlerin – glaube ich – ja, die war sehr kritisch und durch die Auseinandersetzung mit dem Prozess hat sie ihre Ansicht geändert. Nicht, dass sie jetzt einfach sagt, es ist alles richtig, was ihr tut, sicher nicht. Aber, ja ich verstehe jetzt warum es notwendig ist, warum die Konzepte so sind wie sie sind und meine Aufgabe wird sein euch genau auf die Finger zu schauen, was ihr da tut" (Abfallverursacher CH).

„[die Kritik am Partizipationsprozess] jetzt auch weniger [kommt], weil sie merken, sie haben wirklich auch Einfluss jetzt in diesem ganzen halben Jahr, haben – glaube ich – viele gemerkt, aha, wenn wir jetzt sagen (…) gebt uns mehr Zeit, dass wir da darauf eingehen" (Regierungsbehörde 2 CH).

Ein Beispiel für eine Handlung, die einen Kernkonflikt betraf, ist die Einführung der Fachgruppen Sicherheit in den Regionalkonferenzen auf Wunsch der Betroffenen hin.[136] Auch der „Marschhalt" ist ein solches Beispiel, d.h. eine verlängerte Frist für die Regionalkonferenzen, bestimmte Aufgaben abzuarbeiten, die aufgrund der Forderung aus einer Regionalkonferenz hinaus eingeräumt wurde (Betroffene 2 CH).[137]. Weiterhin wird von Handlungen berichtet, die aufgrund von Anfragen aus der betroffenen Bevölkerung, von Lokalbehörden oder regionalen Ausschüssen durchgeführt wurden (Abfallverursacher CH, Regierungsbehörde 1 CH, Betroffene 1 CH). Dabei handelt es sich um kleinere Änderungen in der Zusammenarbeit. Beispielsweise wurde eine „Image-Studie" aufgrund einer Forderung des Ausschusses der Kantone in Auftrag gegeben (Beobachterin CH). Diese Änderungen sind keine direkten Effekte der mikro-deliberativen Ereignisse wie den Fokusgruppen in der Vorbereitung des Sachplanverfahren. Vielmehr sind sie als „Effekt des Effekts" einzustufen, da sie eine Folge der Umsetzung des Sachplans sind, d.h. auch eine Folge der Ausgestaltung desselben, welche durch die mikro-deliberativen Ereignisse beeinflusst wurde (Effekt Typ (f)).

(3) In den Interviews benennen die Expertinnen selbst eine gesteigerte Informationsbereitschaft als Effekt des Sachplanverfahrens (Effekt Typ (f)). So ist die Vertreterin von Regierungsbehörde 2 CH der Meinung, dass die Informationsbereitschaft zu Zeiten des Entsorgungsnachweises noch nicht so gut war, wie sie heute sei[138] und die Vertreterinnen der Betroffenen 1 und 2 CH sind der Meinung, dass sich die Informationsbereitschaft der Nagra stark verbessert hätte.[139]

---

136 Siehe Kapitel 7.3.1 „Form des Governance-Netzwerks".

137 Siehe Fußnote 125.

138 „(…) beim Entsorgungsnachweis, da wurde uns auch gesagt, ihr seid viel zu spät gekommen, die Information ist viel zu spät zu uns gekommen, wir sind viel zu schlecht einbezogen. Und ich denke wir sind heute auf einem ganz anderen Level, das Bewusstsein, dass die Kommunikation ganz wichtig ist, dass wir vor Ort sein müssen, dass wir die Anliegen und Fragen ernst nehmen müssen, auf sie eingehen müssen, auch wenn sie das hundertste Mal kommen, dass wir uns Zeit nehmen müssen um die Fragen zu beantworten" (Regierungsbehörde 2 CH).

139 „(…) sie haben schon mittlerweile gelernt, jede Medienmitteilung, die heute verfasst wird von der NAGRA, vom BFE oder von irgendjemand wird zuerst an die Leitungsgruppe jetzt in der Regionalkonferenz oder ans Forum Opalinus mit einer Vorlaufzeit von zwei oder drei Tagen versandt mit Sperrfristen und so sind wir eigentlich immer frühzeitig informiert. Jetzt klappt das – glaube ich – schon gut, ja" (Betroffene 1 CH).

Inzwischen müsse man nur anfragen und ein Behördenvertreter oder Vertreter der Nagra würde die Frage beantworten, einen Vortrag zum angefragten Thema halten oder Informationsmaterial bereitstellen. Die Vertreterinnen der Abfallverursacher CH und von Regierungsbehörde 1 und 2 CH schätzen die Auskunftsbereitschaft ihrer eigenen Organisation jeweils als gut ein. Als Beispiel werden von allen die Informationsveranstaltungen genannt. Weiterhin genannt werden Kontakte zu den Regionalkonferenzen (Abfallverursacher CH). Auch die Beobachterin CH attestiert Nagra und Behörden eine gute Informationsbereitschaft und Kritikfähigkeit, auch wenn beispielsweise das ENSI sich als technische Behörde diesbezüglich noch im Lernprozess befände. [140]

(4) Von Austausch zu wissenschaftlich-technischen Details mit Vertretern von kollektiven Akteuren, mit denen sie nicht traditionell arbeitsbedingt zu tun haben, berichten vor allem die Vertreterinnen der Abfallverursacher CH, von Regierungsbehörde 1 CH und der Betroffenen 1 und 2 CH.[141] Die Vertreterin der Abfallverursacher CH berichtet von kontroversen Diskussionen über wissenschaftlich-technische Details mit Behördenvertretern und Kommissionsmitgliedern sowie innerhalb des Technischen Forums Sicherheit, das sich zu einer Plattform für Austausch unter Experten entwickelt habe (Abfallverursacher CH, Regierungsbehörde 1 CH). (Effekt Typ (h)).

> *„Da werden technische Fragen diskutiert, ursprünglich war es eigentlich gedacht, dass Fragen der Bevölkerung und vom Gemeinwesen durch Experten beantwortet würden. In der Zwischenzeit ist es eher ein Expertenaustausch, der beobachtet wird“* (Abfallverursacher CH).

Auch die Fachgruppen Sicherheit in den Regionalkonferenzen seien eine Plattform für den Austausch mit der interessierten Öffentlichkeit zu wissenschaftlich-technischen Details (Regierungsbehörde 1 CH, Betroffene 2 CH, Betroffene 1 CH).[142] (Effekt Typ (g))

---

140 „(…) das ENSI (…) – ich glaube – sie sind da intern auch noch am einen Zugang zu finden wie man mit der Öffentlichkeit eigentlich umgehen muss, (…) irgendwie aber auch gerade mit dem Fukushima-Ereignis, da haben sie sich sehr bemüht, da eine wirklich unabhängige und offene Information zu bieten. Also ich glaube, da hat sich schon etwas gewandelt“ (Beobachter CH).

141 Siehe auch Kapitel 7.3.1 „Form des Governance-Netzwerks“.

142 Die Fachgruppen der Regionalkonferenzen wurden erst nach dem Untersuchungszeitraum dieser Arbeit gegründet. Berichte der Expertinnen über diese Fachgruppen werden in die Analyse trotzdem mit einbezogen, da sie eine direkte Folge der Implementierung des Sachplanverfahrens sind.

(5) Als ein Kompromissvorschlag kann das Sachplanverfahren laut der Vertreterin von Regierungsbehörde 2 CH selbst gesehen werden. Sie beschreibt den momentan verfolgten partizipativen Ansatz als Kompromiss angesichts der Forderung einiger Akteure, keine Partizipation zuzulassen, und der Forderung anderer Akteure, das kantonale Vetorecht beizubehalten:

> *„Es gab beispielsweise bei der Partizipation solche, die sagen, das ist überflüssig und kostet viel zu viel, viel zu aufwendig und solche die sagten, das ist Alibiübung, weil man so, weil man nicht abstimmen kann darüber schlussendlich in der betroffenen Region. Und wir sind dann mit der Partizipation also einen Mittelweg gegangen (...)"* (Regierungsbehörde 2 CH).

(6) Ergebnisoffenheit kann insofern als ein Effekt mikro-deliberativer Ereignisse eingestuft werden, als dass durch das Sachplanverfahren, welches einen Standortvergleich vorschreibt, Möglichkeitsräume erst eröffnet wurden, die bei einer Untersuchung nur eines Standortes nicht gegeben gewesen wären (Effekt (d2) und (f)). Die Vertreterin der Abfallverursacher CH nennt die zum Zeitpunkt des Interviews aktuelle Debatte über Oberflächenstandorte als Beispiel für einen Prozess mit offenem Ausgang.

> *„(...) die Kantone sind gefordert ihre Sichtweise einzubringen und dann sollen diese verschiedenen Sichtweisen durchaus ausgetauscht werden und am Schluss gehe ich davon aus, oder ich schließe es mindestens nicht aus, dass wir ganz einen anderen Standort haben am Schluss für diese Oberflächeninfrastruktur"* (Abfallverursacher CH).

Die Vertreterin von Regierungsbehörde 1 CH sieht in der Konzeption der Auswahlkriterien Ergebnisoffenheit angelegt. Diese sind einerseits festgelegt, damit *„wir nicht unterwegs die Spielregeln ändern"*, andererseits aber so offen gehalten, dass sie kontinuierlich angepasst, d.h. beispielsweise ausgewählte Kriterien mit fortschreitendem Verfahren enger gefasst werden können. Die Ergebnisoffenheit besteht darin, auf Fehleinschätzungen reagieren zu können, ohne die Kriterien insgesamt überwerfen zu müssen.

(7) Die Aussagen der Expertinnen zeigen, dass Begründungen für Positionen und Entscheidungen als wichtig erachtet werden, der Umgang damit aber unterschiedlich ist. Für diese Sichtweise der Expertinnen kann kein direkter

Effekt mikro-deliberativer Ereignisse nachgewiesen werden. Die Vertreterin der Abfallverursacher CH beschreibt, wie sie auf Veranstaltungen versucht, dem Publikum zu erläutern, weshalb ein Endlager vonnöten ist, indem sie die Problematik der Abfallentsorgung und den Mangel an Alternativen deutlich macht, also inhaltlich argumentiert. Auch die Vertreterin von Regierungsbehörde 1 CH thematisiert ihre Bemühungen, gute Antworten zu finden, die verständlich und *„rund geschliffen"* sind, aber trotzdem der Gefahr zu entgehen, *„dass wenn man irgendwo eine fixfertige Antwort aus der Schublade zieht, dass sie nicht auf die Frage passt"* (ähnlich auch die Vertreterin von Regierungsbehörde 2 CH). Gleichzeitig betont sie die Notwendigkeit, in technischen Fragestellungen, die Konfliktpotential haben, möglichst alle vorhandenen Argumente zu sammeln und abzuwägen, bevor das Thema in der Öffentlichkeit diskutiert wird, d.h. den wissenschaftlichen Diskurs von der Debatte mit der Öffentlichkeit zu trennen. *„(...) die Kritik ist jetzt eher eine, dass, dass wir feststellen, dass unterschiedliche Meinungen da sind, ein Expertenstreit und den hätten wir vielleicht lieber vorher ausgetragen als jetzt in der Öffentlichkeit"* (Regierungsbehörde 1 CH). Eine gute Begründungskultur sieht die Vertreterin der Betroffenen 2 CH insofern als gegeben, als dass die zuständigen Mitarbeiter des BFE die aus den Regionalkonferenzen gestellten Fragen zuverlässig beantworteten. *„Aber man darf ihnen jetzt wirklich nicht irgendwie unterstellen, dass sie untätig sind oder nichts damit machen oder, oder uns irgendwie vertrösten, das geht auch nicht"* (Betroffene 2 CH). Zu Beginn des Untersuchungszeitraums sei dieser Kontakt nicht in diesem Ausmaß vorhanden gewesen, hier könnte also ein Effekt von Typ (f) vorliegen.

Zusammenfassend sind vor allem Effekte des Typs (f), d.h. indirekte Effekte beobachtbar. Die Kommunikationsbereitschaft und die Offenheit im Verfahren haben sich laut den interviewten Expertinnen seit Beginn der Implementierung des Sachplanverfahrens verbessert.

Zusammenfassung

In der Schweiz ist ein Wandel in Richtung deliberativer Endlager-Governance in formellen und informellen Beziehungen, in der Pluralität sowie bezüglich „deliberativer Drifts" in der Endlagerpolitik zu beobachten, die durch mikrodeliberative Ereignisse zumindest mit ermöglicht wurden. Diese sind teilweise von temporärer Natur, teilweise aber auch durch das Sachplanverfahren verstetigt. Dabei gilt zu beachten, dass die Umsetzung des Sachplanverfahrens selbst als Ergebnis mikro-deliberativer Ereignisse eingestuft werden kann (Typ (d1)). Die meisten weiteren Effekte sind „Effekte des Effekts", d.h. sind Effekte der

Umsetzung des Sachplanverfahrens. Dies gilt beispielsweise für die neuen Entscheidungs-, Beratungs- und Arbeitskontexte, die in dessen Rahmen gegründet wurden und sich teilweise auch verstetigt haben. Die Fachgruppen Sicherheit in den Regionalkonferenzen sind der einzige neue Beratungskontext, der in direkter Folge der mikro-deliberativen Ereignisse in der Vorbereitungsphase des Sachplans gebildet wurde. Alle anderen neuen Beratungskontexte wurden im Rahmen der Umsetzung des Sachplanverfahrens gegründet. Diese sind insbesondere auf Information und Diskussion ausgerichtet. Die beobachteten Effekte zählen zu den Kategorien (d2) und (f). Weiterhin gilt dies für einen vermehrten Austausch von Argumenten zwischen „etablierten kollektiven Akteuren" und „weiteren kollektiven Akteuren", da dieser meistens auf Veranstaltungen stattfindet, die im Rahmen des Sachplanverfahrens durchgeführt wurden (Effekt Typ (g)) („deliberativer Drift").

Die Pluralität in der Endlagerpolitik hat sich durch die mikro-deliberativen Ereignisse und die Umsetzung des Sachplanverfahrens erhöht. Durch das Technische Forum Sicherheit und die mikro-deliberativen Ereignisse in der Vorbereitungsphase des Sachplanverfahrens konnten „weitere kollektive Akteure" Einfluss auf die Endlagerpolitik gewinnen (Effekt Typ (c)). Ebenso konnten die „weiteren kollektiven Akteure" durch die Einbindung in der Vorbereitung des Sachplanverfahrens ein alternatives Governance-Netzwerk mitdefinieren (Effekt Typ (f)). Die Problemdefinition der Expertinnen und der politischen Entscheidungsträger änderte sich durch Erfahrungen in der Umsetzung des Sachplanverfahrens (Effekt Typ (a)). Auch die Zielsetzung der Endlagerpolitik, wie sie von den Expertinnen definiert wird, änderte sich durch das Sachplanverfahren hin zu einer Verbesserung des Verfahrens durch Bürgerbeteiligung (Effekt Typ (f)).

Auf der Ebene „deliberativer Drifts" gab es temporär begrenzte Effekte bezüglich Meinungsänderungen und Handlungen aufgrund von Argumenten Dritter (Effekt Typ (f)). Temporär unbegrenzte Effekte gab es bezüglich einer gesteigerten Informationsbereitschaft (Effekt Typ (f)) und bezüglich der Ergebnisoffenheit des Verfahrens (Effekt (d2) und (f)).

7.3.2 Makrodiskurs

In diesem Abschnitt werden Änderungen im Makrodiskurs bezüglich der in Kapitel 3 aufgestellten Kriterien analysiert, die als Effekte mikro-deliberativer Ereignisse gelten können. Da es sich um eine Analyse des Makrodiskurses handelt, basiert die Analyse in diesem Abschnitt nur auf der Auswertung der Mediendaten. Wie im vorherigen Abschnitt werden hier neben den Änderungen, die als Effekt gelten können, auch die beschrieben, bei denen kein Bezug zu mikro-deliberativen Ereignissen hergestellt werden kann. Dies dient einer Einschätzung, inwiefern ein genereller Wandel von Endlager-Management zu deliberativer Endlager-Governance in der Schweiz stattfindet.

Medienberichterstattung über die mikro-deliberativen Ereignisse

Die von Bund und Nagra organisierten Informationsveranstaltungen sind relevant für den massenmedialen Diskurs. Insgesamt wird 43-mal von solchen Veranstaltungen berichtet. Sie werden jedoch unterschiedlich bewertet. In den meisten Berichten von Journalisten werden Verlauf und Struktur als eher ungenügend eingeschätzt.[143] Nur ein Journalist bewertet eine Veranstaltung insofern als erfolgreich, als dass *„die Veranstaltung in Glattfelden vom Donnerstagabend in sehr gemässigtem Ton verlaufen [sei] (...). (...) und es sah so aus, als wolle sich das Publikum einfach sachlich über ein mögliches Atomendlager informieren"* (NZZ 22.11.2008). Von kollektiven Akteuren werden die Veranstaltungen im Makrodiskurs nicht bewertet.

Vielfach berichtet wird über Ankündigungen von Bundesrat, Behörden und Nagra, Informationsveranstaltungen zu verschiedenen Projektschritten ausrichten zu wollen. Dies beginnt mit der Information der Gemeinden, auf deren Gebiet Untersuchungen für den Entsorgungsnachweis stattfinden sollen, durch die Nagra im Jahr 2001. Bei den entsprechenden Veranstaltungen waren auch Bürgerinitiativen vor Ort (TA 26.09.2001). Auch zur Vorstellung des Entsorgungsnachweises, in Vorbereitung auf die dazugehörige Vernehmlassung sowie zur Auslage der entsprechenden Unterlagen der Nagra und externer Gutachten im Jahr 2005 wurden Informationsveranstaltungen durchgeführt.[144] Die Unterlagen der Nagra wurden von ihr bereits 2003 online veröffentlicht (NZZ 06.05.2003). Von einer dieser Informationsveranstaltungen wird berichtet, dass sie in Kooperation mit den lokalen Bürgerinitiativen organisiert wurde.[145] Im Kontext dieser Veranstaltungen wird auch über Antworten auf technische Fragen berichtet, insbesondere solche, in denen einzelne Akteure Probleme vermuten, wie beispielsweise eine mögliche Gasentwicklung durch Korrosion der Behälter (NZZ 19.09.2005).

---

143   Siehe Fußnote 120.
144   TA 09.09.2005, TA 24.05.2005, NZZ 01.09.2005, TA 03.09.2005, TA 13.09.2005, NZZ 13.09.2005, NZZ 19.09.2005.
145   Siehe Kapitel 7.3.1 „Form des Governance-Netzwerks".

Der erste Konzeptentwurf zum Sachplan wird 2007 vorgestellt (NZZ 13.01.2007). Bereits im Vorfeld wurde aber offen über das Verfahren gesprochen, beispielsweise versprach Michael Aebersold, BFE, dass das *„Sachplan-Verfahren (…) Transparenz [gewährleiste], die kontinuierliche Information der Öffentlichkeit und die Zusammenarbeit mit allen Betroffenen"* (NZZ 16.03.2006). Auch anlässlich der Vernehmlassung zum Konzeptteil des Sachplans organisieren die Behörden Informationsveranstaltungen (NZZ 13.01.2007, TA 13.01.2007, NZZ 30.01.2007, NZZ 31.01.2007). Diese werden in den Medien angekündigt, aber es wird nicht inhaltlich berichtet.[146]

Im Jahr 2008 wurden die Standortregionen bekanntgegeben, die im Rahmen des Sachplanverfahrens genauer untersucht werden sollen. Aus diesem Anlass wurden zahlreiche Veranstaltungen verschiedener Art durchgeführt. Von diesen wird teilweise auch inhaltlich berichtet. Der Großteil der Artikel informiert jedoch nur über die Ankündigung zu den Veranstaltungen oder dass diese stattgefunden haben.[147] Es wurden getrennte Veranstaltungen für die betroffenen Kantone und Gemeinden und die interessierte Öffentlichkeit durchgeführt (TA 01.11.2008, TA 05.11.2008, NZZ 17.09.2008). Neben reinen Pressekonferenzen zur Bekanntgabe der Standortregionen wurden auch Informationsveranstaltungen organisiert, in denen das Auswahlverfahren nach Sachplan erläutert und Fragen beantwortet wurden (TA 07.11.2008, TA 08.11.2008, NZZ 20.11.2008, NZZ 26.11.2008, TA 27.11.2008). Vertreter der Nagra nahmen auf Einladung hin an Versammlungen, beispielsweise der Planungsgruppe Zürcher Unterland (PZU), teil (TA 15.09.2008, TA 17.09.2008, NZZ 17.09.2008, TA 01.11.2008). Die Nagra selbst sagt aus, dass sie *„jede Gelegenheit [nutzen wolle], um die Bevölkerung und die Politiker aus erster Hand zu informieren"* (TA 01.11.2008). Dies gilt auch für die späteren Jahre (TA 02.03.2010). Einige der betroffenen Gemeinden veranstalteten selbst auch eine Pressekonferenz oder Informationsveranstaltungen mit Stellungnahmen zur Bekanntgabe der Standortregionen (TA 05.11.2008). Die Gemeinden wurden in ihrer Kommunikationsarbeit vom Kanton Zürich durch Informationen und die Beauftragung eines Kommunikationsbüros unterstützt (TA 07.11.2008a, TA 07.11.2008b).

---

146 „Am Freitag stellte Bundesrat Moritz Leuenberger, Vorsteher des Eidgenössischen Departements für Umwelt, Verkehr, Energie und Kommunikation (UVEK), in Bern einen Konzeptentwurf vor, der festlegt, wie sich das Auswahlprozedere für potenzielle Standorte gestaltet. (…) Das UVEK wird in den kommenden Wochen mit Inseraten und Veranstaltungen in Bern (…), Lausanne (…) und Zürich (…) auf die Anhörung aufmerksam machen" (NZZ 13.01.2007).

147 NZZ 17.09.2008, TA 05.11.2008, TA 07.11.2008, TA 07.11.2008.

Eine weitere Welle von Informationsveranstaltungen wurde 2010 von den Bundesbehörden und der Nagra organisiert, wieder zum Standortauswahlverfahren nach Sachplan und unter Beteiligung von Gemeindevertretern (TA 27.05.2010, TA 11.09.2010, TA 09.11.2010). Von einer solchen Veranstaltung wird berichtet, dass die Teilnehmerzahl aber eher gering gewesen sei, und von einer Gemeindevertreterin wird gemutmaßt, dass dies an der guten Informationspolitik der Gemeinden läge (TA 09.11.2010). Über eine andere Veranstaltung berichtet ein Journalist, dass die Informationen der einladenden Behörden nicht neu gewesen seien und diese keine zufriedenstellenden Antworten auf die gestellten Fragen gegeben hätten. Die Informationspolitik der Nagra wird in diesem Zusammenhang von Hanspeter Lienhart, Präsident des Forums Lägern-Nord, als zwar parteiisch, aber nicht unsachlich beschrieben.[148]

Die Regionalkonferenzen werden nicht bewertet. Nur an einer Stelle wird davon gesprochen, dass *„Partizipationsgremien"* eingerichtet werden sollen (NZZ 16.03.2006). An anderer Stelle wird berichtet, dass das *„Forum Lägern-Nord (...) nun dabei [ist], diese regionale Partizipation aufzubauen. In erster Linie wird es vor allem um die Frage gehen, wer eingebunden werden soll – und wann"* (TA 02.03.2010). Bewertungen über den Verlauf der regionalen Partizipation können im Untersuchungszeitraum keine gefunden werden, da diese erst zu dessen Ende aufgebaut wurde. Allerdings findet auch keine Bewertung von deren Planung statt, obwohl diese bereits 2006 ihren Anfang nahm. Das Technische Forum Sicherheit wird nur an zwei Stellen erwähnt, einmal von einem Zürcher Regierungsrat als Ort, an dem man Einfluss auf das Verfahren nehmen könne (TA 07.11.2008), und einmal von einem Vertreter der Nagra, der dort gerne an anderer Stelle vorgebrachte Kritikpunkte diskutieren würde (TA 27.05.2005).

Zusammenfassend wird über den Sachplan selbst nur wenig berichtet, wohl aber über einzelne Elemente wie Informationsveranstaltungen, die in seinem Rahmen organisiert werden. Eine Zunahme kann hier nicht verzeichnet werden. Durch die Berichterstattung ist jedoch die Möglichkeit gegeben, dass die mikrodeliberativen Ereignisse auch thematisch Eingang in den Makrodiskurs finden.

---

148 „Zum Beispiel habe er nie den Eindruck gehabt, die Nagra orientiere unsachlich., «Aber natürlich ist die Nagra Partei». Die Organisation habe den Auftrag, eine Lösung für die radioaktiven Abfälle zu finden, und verfüge über ein beachtliches Budget für die Öffentlichkeitsarbeit. So war sie etwa an der Gewerbeausstellung in Eglisau vertreten und informierte im letzten Sommer vor dem Bülacher Einkaufszentrum Sonnenhof" (TA 27.05.2010).

Input-Legitimität

Debatte über Input-Legitimität

Input-Legitimität bezieht sich auf die Frage, inwiefern die Art und Weise, wie zu einer politischen Entscheidung gefunden wird, als legitim anerkannt wird. Verfahrensvorschläge können somit als eine Explikation dessen angesehen werden, was kollektive Akteure als wichtig für Input-Legitimität einstufen. Intensiviert sich eine solche Debatte zumindest zeitweise, muss diskutiert werden, inwiefern dies als Wandel hin zu deliberativer Endlager-Governance zu werten ist.

Der Verfahrensvorschlag, der mit dem Kernenergiegesetz von 2003 und dem Sachplan Geologische Tiefenlager vorgelegt wurde, wird in den Medien bewertet, aber nicht tiefgreifend diskutiert. Insgesamt wird das Sachplanverfahren von mehreren kollektiven und Einzel-Akteuren als *„transparent"* und *„fair"* bezeichnet.[149] Zu einem fairen Verfahren gehöre ein ergebnisoffener Vergleich mehrerer Standorte, wie er im Sachplanverfahren gegeben ist.[150] Auch Bürgerbeteiligung wird als ein Kriterium genannt. Bundesrat *„Leuenberger sagte, dass es wichtig sei, eine möglichst breite Mitwirkung zu erreichen: «Je größer die Teilnahme, desto grösser ist die Legitimation für ein Tiefenlager.»"* (NZZ 13.01.2007). Die Kantone äußern sich positiv über ihre frühe Einbeziehung in die Erarbeitung des Sachplans (NZZ 02.11.2006). In einer Umfrage unter Schweizer BürgerInnen wird betont, dass *„die Bevölkerung frühzeitig einbezogen und umfassend informiert"* werden möchte (NZZ 21.09.2007). Die umfassende Information wird auch von Vertretern Schweizer Gemeinden als zentral benannt (TA 17.09.2008, TA 09.11.2010). Wichtig sei aber laut der Umfrage, dass die Verfahrensführung beim Bund läge (NZZ 21.09.2007). Dies sieht auch Markus Fritschi, Geschäftsführer der Nagra, so; er sieht die Führung durch den

---

149 Zum Beispiel von einem Journalisten, Schweizer BürgerInnen, kantonalen Regierungen und Räten, Wissenschaftlern, der Nagra, der baden-württembergischen Landesregierung und Vertretern deutscher und Schweizer Gemeinden (TA 12.05.2003, NZZ 06.09.2005, TA 16.03.2006, NZZ 02.11.2006, NZZ 21.09.2007, NZZ 16.05.2008, TA 19.05.2008, TA 17.09.2008, NZZ 07.11.2008, TA 16.11.2010).

150 Dieses Kriterium wurde beispielsweise von kantonalen Regierungen, einem angrenzenden deutschen Landkreis, mehreren deutschen Gemeinden, der baden-württembergischen Landesregierung, kantonalen Behörden, Bundesrat Moritz Leuenberger, der SES, Vertreterinnen Schweizer Gemeinden und einer deutschen Umweltgruppe, Klar! Schweiz und einem Journalisten genannt (TA 27.09.2004, NZZ 26.01.2005, NZZ 01.09.2005, TA 19.09.2005, TA 13.09.2005, NZZ 21.03.2006, NZZ 13.01.2007, TA 19.11.2008, TA 09.11.2010, TA 16.11.2010).

Bund durch die Einführung des Sachplans als gegeben an (TA 16.03.2006, NZZ 21.09.2007, TA 14.07.2008).[151]

Zusammenfassend findet eine Debatte zu Input-Legitimität in der Schweiz nur in sehr begrenztem Umfang statt. Es werden keine Details des Sachplanverfahrens oder der Anforderungen an ein „gutes Verfahren" diskutiert, sondern mit den Schlagworten „Auswahlverfahren", „fair", „transparent" und „Bürgerbeteiligung" nur einige gewünschte Charakteristika vorgebracht. Dass eine ausführlichere Debatte in den Medien durchaus möglich ist, zeigt die Kontroverse um die Abschaffung des Vetorechts im Parlament.[152]

Die Debatte im Makrodiskurs über Input-Legitimität kann nur insofern als Effekt des Sachplanverfahrens eingestuft werden, als dass die kollektiven und Einzel-Akteure die Auseinandersetzungen um das Sachplanverfahren als Anlass nehmen, sich zu Fragen der Input-Legitimität zu äußern (Effekt Typ (a)).

Definition alternativer Governance-Netzwerke

Neben der Möglichkeit, ein alternatives Governance-Netzwerk in der Endlagerpolitik aktiv mitzugestalten, besteht ein Hinweis auf einen Wandel auch darin, dass „weitere kollektive Akteure" an der Definition alternativer Governance-Netzwerke, wie dem Sachplan, im Makrodiskurs teilhaben können. Zur Ausgestaltung des Sachplans melden sich verschiedene „weitere kollektive Akteure" im Makrodiskurs zu Wort.[153] Damit wird auch die Idee eines Auswahlverfahrens mit Bürgerbeteiligung thematisiert. Obwohl Bundesrat Moritz Leuenberger die Idee eines Auswahlverfahrens schon vorher in den Makrodiskurs einbrachte, kann von einem indirekten Effekt der mikro-deliberativen Ereignisse, die im Zusammenhang mit der Erarbeitung und Umsetzung des Sachplans durchgeführt wurden, ausgegangen werden, da durch diese die Idee eines Auswahlverfahrens nicht nur von Behörden im Makrodiskurs diskutiert wurde, sondern auch von „weiteren kollektiven Akteuren" (Effekt Typ (a)).

---

151 „Eine andere Veränderung hat Fritschi festgestellt, eine Veränderung in der politischen Landschaft seit dem Scheitern des Endlager-Projekts am Wellenberg (NW). Damals sei die Nagra wahrgenommen worden als verlängerter Arm der Atomindustrie, die das Alibi liefern sollte, um den Leuten ein Endlager aufzwingen zu können. «Das hat sich gelegt, seit der Bund bei der Entsorgungsfrage und der Standortwahl die Führung übernommen hat», sagt Fritschi" (TA 14.07.2008).

152 Siehe Kapitel 7.3.1 „Form des Governance-Netzwerks".

153 Siehe auch Kapitel 7.3.2 „Debatte über Input-Legitimität".

Problemdefinition

Auffällig ist, dass die Problemdefinitionen der verschiedenen Akteure im Makrodiskurs sich mit wenigen Ausnahmen nicht widersprechen. Auch in den Ausnahmefällen entsteht aus den widersprüchlichen Ansichten kein langwieriger Konflikt. Vielmehr scheinen sich die kollektiven Akteure, die eine Minderheitsmeinung vertreten, der Mehrheit zu beugen. Beispielsweise äußern Vertreter der Nagra, des Industrieverbands Economiesuisse und der SVP die Ansicht, dass kein Standortvergleich notwendig wäre.[154] Dies wird aber nur einmalig geäußert und ein Vertreter der Nagra betont gleichzeitig, dass *„die Politik entscheiden [müsse], die Nagra liefere nur die geologische Einschätzung"* (TA 25.09.2002, ähnlich auch TA 16.03.2006).

Über den gesamten Untersuchungszeitraum hinweg bleibt der Aspekt „Berücksichtigung sozio-ökonomischer Auswirkungen in der Standortauswahl" ein Thema, insbesondere bei den potentiell Betroffenen, den Gemeinde- und Städtevertretern und den Kantonsregierungen.[155] Dieser wird von vielen Akteuren benannt und befürwortet. Kein Akteur spricht sich dagegen aus. Kern dieses Aspekts ist die Forderung nach der Berücksichtigung lokaler Interessen. Viele Akteure, die diesen Aspekt nennen, weisen gleichzeitig darauf hin, dass ihr Kanton schon genug Lasten zu tragen habe. Eine GP-Vertreterin betont dagegen, dass eine Berücksichtigung sozio-ökonomischer Aspekte nicht zu einer NIMBY-Haltung führen dürfe.[156] Der Problemaspekt „sozio-ökonomische Auswirkungen" wird also von allen Akteuren anerkannt, jedoch wird seine Bedeutung unterschiedlich ausgelegt. Diese Diskussion wird jedoch nicht vertieft geführt. Bis auf die oben genannte Wortmeldung werden keine Einwände gegen eine Argumentation, die sich auf bestehende Belastungen eines Kantons stützt, vorgebracht. Das Argument der Berücksichtigung sozio-ökonomischer Auswirkungen wird vom BFE aufgegriffen und unterstützt. Dieser Wandel in der Problemdefinition wurde nicht durch den Sachplan hervorgerufen, jedoch wird die Forderung

---

154 TA 18.03.2003, NZZ 21.03.2006, NZZ 13.01.2007, 21.01.2007, NZZ 31.01.2007.

155 TA 19.09.2005, NZZ 01.09.2006, NZZ 30.01.2007, TA 22.09.2008, NZZ 20.11.2008, NZZ 02.03.2010, TA 09.11.2010, NZZ 02.11.2006, NZZ 22.09.2008, TA 07.11.2008, TA 08.11.2008, NZZ 22.11.2008, NZZ 26.11.2010, TA 29.11.2010.

156 „Den grössten Beifall des Abends erntete jedoch Kantonsrätin Susanne Rihs (Grüne, Glattfelden). (…) Kägi wie Beyeler würden Parteien vertreten, die sich für Flughafenerweiterungen und Strassenprojekte einsetzten. Und jetzt, wo es um die Frage des Standorts eines Tiefenlagers geht, drückten sie sich davor, atomaren Abfall zu übernehmen – ausgerechnet mit dem Argument, die beiden Kantone würden unter Verkehr und Fluglärm leiden" (TA 22.11.2008).

in ihm aufgegriffen. Sie wurde dadurch zu einem festen Bestandteil des Auswahlverfahrens.

Die potentiell Betroffenen betonen anfangs insbesondere die Wichtigkeit der unabhängigen Überprüfung von Erkundungsergebnissen. Später wird dies nicht mehr thematisiert, sondern eher Angst vor Protesten artikuliert. Das Thema der Überprüfung wird also, zumindest momentan, nicht mehr als wichtig genug angesehen, um es in den Makrodiskurs einzubringen. Hier könnte ein Effekt des Sachplanverfahrens vorliegen, wenn dieses als hinreichend transparent und unabhängig betrachtet wird (Effekt Typ (f)). Wie in Kapitel 7.3.1 „Problemdefinition" aufgezeigt, fand in der Problemdefinition des BFE ein Wandel von Information hin zu Zusammenarbeit statt, der als Effekt der Verhandlungen über das Sachplanverfahren eingestuft werden kann.

Zusammenfassend fanden Änderungen in der Problemdefinition im Makrodiskurs statt, die eventuell ein Effekt des Sachplanverfahrens sein könnten. Es handelt sich dabei um indirekte Effekte, die sich in einer Schließung eines Konfliktthemas im Makrodiskurs und in der wachsenden Bedeutung von Partizipation im Verfahren zeigt.

Output-Legitimität

Output-Legitimität bezieht sich auf die Frage, ob das Ergebnis von politischem Handeln als ein gutes Ergebnis angesehen wird. Wie auch bei der Input-Legitimität muss bei einer zumindest zeitweisen Intensivierung einer solchen Debatte diskutiert werden, inwiefern dies als Wandel hin zu deliberativer Endlager-Governance zu werten ist.

Als Debatte über die Definition eines guten Ergebnisses kann die Forderung verschiedener Akteure interpretiert werden, sozio-ökonomische Aspekte in die Standortauswahl mit einzubeziehen.[157] Als gutes Ergebnis wird demnach ein Standort gesehen, der nicht nur die Sicherheitsbestimmungen erfüllt, sondern bei dessen Auswahl und Auslegung auch sozio-ökonomische Belange der Regionen berücksichtigt wurden. Eine inhaltliche Diskussion dazu findet aber nicht statt. In der Medienberichterstattung sind nur Aussagen zu finden, in denen Kantonsvertreter die bereits bestehenden Belastungen in ihrem Kanton hervorheben (TA 22.11.2008). Weiterhin wird an einer Stelle gefordert, dass der Bund diese Kriterien selbst definieren solle und nicht, wie beabsichtigt, in Absprache mit den Kantonen (NZZ 30.01.2007, TA 16.03.2006, NZZ 02.11.2006).

---

157 Siehe Kapitel 8.2.2 „Eine einheitliche Problemdefinition".

Direkt über Sicherheit als Output gesprochen wird nur über die an vielen Stellen geäußerte Aussage, dass Sicherheit generell vorgehe, d.h. wichtiger sei als sozio-ökonomische Kriterien.[158] Darüber hinaus wird Sicherheit indirekt thematisiert, indem über Diskussionen auf Informationsveranstaltungen berichtet wird, bei denen wissenschaftlich-technische Fragen gestellt wurden. Dabei berichten die Journalisten teilweise auch über die Antworten der Behörden oder der Nagra (NZZ 19.09.2005, NZZ 20.11.2008, TA 22.11.2008).[159] Diese Dialoge auf Informationsveranstaltungen können allerdings nur in einem sehr begrenzten Ausmaß als Diskussion über Output-Legitimität gewertet werden, da die Antworten von Nagra und Behörden nicht notwendigerweise auf die wissenschaftlich-technischen Fragestellungen eingingen, bzw. auf einem sehr allgemeinen Niveau verblieben.[160]

Weiterhin wird darüber berichtet, wie verschiedene Einzel-Akteure die Unterlagen wissenschaftlich bewerten, die die Nagra zum Entsorgungsnachweis oder der Bestimmung der Standortregionen eingereicht hat. Im Zusammenhang mit diesen Ereignissen werden teilweise inhaltlich die Auseinandersetzungen über wissenschaftlich-technische Fragestellungen aufgegriffen.[161] Auch über eine Diskussion zur Eignung von Tonstein wird berichtet (TA 25.09.2002, TA

---

158 NZZ 18.3.2003, TA 22.1.2008, TA 07.11.2008, NZZ 07.11.2008.

159 Siehe z.B. Kapitel 8.2.2. „Die Begründung zentraler Entscheidungen".

160 „Für Diskussionen sorgte auch das von den Fachleuten festgestellte Risiko, dass durch die Korrosion der Metallbehälter mit den radioaktiven Abfällen ein Gas entsteht, dass je nach Menge einen Einfluss auf den Opalinuston haben könnte. Die Nagra will darum Alternativen zum Metallbehälter prüfen. Solange diese Unsicherheit nicht geklärt sei, könne man den Entsorgungsnachweis nicht als erbracht betrachten, war aus dem Publikum zu hören. Die Fachleute widersprachen. Die grundsätzliche Machbarkeit sei wegen der Behälter nicht in Frage gestellt" (NZZ 19.09.2005 [sic!]).

161 „Die Eidgenössische Kommission für nukleare Sicherheit (KNS) hat am Donnerstag zum Gutachten des Eidgenössischen Nuklearsicherheitsinspektorats (Ensi) Stellung genommen, das seinerseits die Standortvorschläge der Nagra (...) bewertet hatte. Dieser bisherige Diskurs über Geologie und Technik stützt insgesamt das Vorgehen der Nagra zur Auswahl eines Standorts für die Tiefenlagerung radioaktiver Abfälle. Doch mit dem Argument, dass die Begrenzung der Tiefe auf 900 Meter «weder notwendig noch zweckmässig» sei, leitet die KNS zu Überlegungen, welche die bisherige Definition der vorgeschlagenen Standortgebiete in Frage stellen. (...) Die Nagra will aber auch aus bautechnischen Gründen an der geplanten Tiefe zwischen 400 und 900 Metern für hochaktive Abfälle festhalten. Für tiefere Lager wäre die Entwicklung von speziellen Beton-Abstützungen, aus denen keine chemischen Reaktionen mit der Bentonit-Verfüllung resultieren würden, bedeutend schwieriger" (NZZ 07.05.2010, auch: NZZ 30.03.2002, NZZ 13.09.2005, TA 13.09.2005, NZZ 21.03.2006, TA 09.01.2008, NZZ 26.11.2008, NZZ 13.01.2009).

09.01.2008).[162] Im Kontext einer Debatte um Spülverluste am Standort Wellenberg (NZZ 09.05.2003) wird das Technische Forum Sicherheit erwähnt, in dem
sich Behörden, Nagra, Vertreter von Kantonen, des Bundeslands Baden-
Württemberg sowie Bürgerinitiativen und Gemeindevertreter zu technischen
Fragen austauschen (TA 27.05.2005).[163]

Zusammenfassend ist die Debatte über Output-Legitimität im Makrodiskurs
nur sehr begrenzt. Indirekt wird sie über Berichte über wissenschaftlich-
technische Details geführt. Als Effekt mikro-deliberativer Ereignisse können
diese Berichte nicht eingestuft werden, da sie auch schon zu Zeiten des Entsorgungsnachweises zu finden sind, d.h. zwar zu Zeiten, als der Sachplan schon in
der Konzipierung war, aber noch nicht in den Medien präsent. Einzig das Technische Forum Sicherheit, welches an einer Stelle erwähnt wird, wurde im Rahmen der Vorbereitung zum Sachplan eingeführt. Dass es im Kontext einer Diskussion über technische Details genannt wird, zeigt, dass hier ein minimaler
Effekt auf die Debatte zur Output-Legitimität vorliegt (Effekt Typ (g)). Eine
Debatte über die Zielsetzung der Endlagerpolitik, wie beispielsweise Effizienz-
fragen, wird im Schweizer Makrodiskurs nicht thematisiert.

Pluralität im Diskurs und in der Problemdefinition

Durch Pluralität im Diskurs können bestehende Machtkonstellationen aufgebrochen werden. Ein Wandel würde stattfinden, wenn zumindest punktuell eine
Zunahme an Pluralität entweder in der Vielfalt der kollektiven Akteure, die im
Makrodiskurs zu Wort kommen, oder in der Vielfalt der Problemwahrnehmungen beobachtet werden könnte.

Die diversen Informationsveranstaltungen hatten einen direkten Effekt auf
die Pluralität im Makrodiskurs, da in der Berichterstattung über sie teilweise die
vorgebrachten Argumente der anwesenden interessierten Öffentlichkeit wieder-

---

162 „So sagt Geologe Walter Wildi, der im Auftrag des Bundesrates die Expertengruppe Entsor-
     gungskonzepte für radioaktive Abfälle (Ekra) leitete, man könne heute davon ausgehen, dass
     Benken ein Endlager bekomme. Es gebe in der Schweiz keinen besseren Standort. (…) Nagra-
     Präsident Hans Issler warnte jedoch gestern vor «voreiligen Schlüssen» und verwies auf den
     Schlussbericht des Projektes «Opalinuston», den die Nagra Ende Jahr dem Bund vorlegen
     wird. (…) Geologe Fredy Breitschmid, der im SES-Stiftungsrat sitzt, geht zwar mit den Nagra-
     Experten einig: Opalinuston hat ausgezeichnete Lagereigenschaften. (…) Allerdings, so Breit-
     schmid, sei die Schicht mit dem Opalinuston «nur» gut 100 Meter mächtig, das sei für die End-
     lagerung das absolute Minimum" (TA 25.09.2002).
163 Siehe Kapitel 8.2.2 Wunsch nach Deliberation".

gegeben wurden.[164] Die im Makrodiskurs sichtbaren Problemdefinitionen werden dadurch pluraler, obwohl die quantitative Zusammensetzung der kollektiven Akteure, die in den Massenmedien mit Aussagen auftreten, sich im Verlauf des Untersuchungszeitraums nicht ändert.[165] Auch wurde durch diese Berichterstattung ein Dissens zwischen verschiedenen kollektiven Akteuren besser im Makrodiskurs sichtbar – ein erster Schritt zu einer komplexeren Problemdarstellung, die für eine Konfliktbearbeitung notwendig ist.

Die Behörden und Parteien auf Bundesebene dominieren die Debatte, da sie Entscheidungsträger sind. Die Wirtschaft tritt auch relativ häufig auf, da sie anfangs noch Verfahrensträger ist und nach Einführung des Sachplanverfahrens für die Durchführung der wissenschaftlich-technischen Aspekte der Endlagersuche zuständig bleibt. Bürgerinitiativen und Wissenschaft treten nur mit wenigen Wortmeldungen auf, die Verbände fast gar nicht.

Zwar sind auch zu Ende des Untersuchungszeitraums immer noch hauptsächlich Regierungsbehörden, Parteien und die Industrie mit Aussagen im Makrodiskurs vertreten; sie greifen nun jedoch Aspekte auf, die von anderen kollektiven und Einzel-Akteuren in die Debatte eingebracht wurden. Ein Beispiel dafür ist der Einbezug sozio-ökonomischer Kriterien in die Standortauswahl.[166] Diese Pluralisierung kann als Effekt des Sachplanverfahrens verstanden werden, da das Aufgreifen der sozio-ökonomischen Kriterien während seiner Erarbeitung von „weiteren kollektiven Akteuren" eingefordert und daraufhin aufgenommen wurde.

Die Problemdefinitionen, die die kollektiven Akteure in den Medien vertreten, sind hingegen stark plural. Es werden insgesamt viele verschiedene Problemaspekte benannt und auch die einzelnen zentralen kollektiven Akteure äußern eine komplexe Problemsicht. In der qualitativen Medienanalyse wurden insgesamt 41 verschiedene Aspekte identifiziert, die Teil einer Problemdefinition sind. Diese können wiederum zu sieben verschiedenen Teilproblemen zusammengefasst werden. In Tabelle 9 sind diese dargestellt und angegeben, welche kollektiven Akteure welche Problemaspekte betonen.

---

164 Siehe Kapitel 7.3.2 „Output-Legitimität".
165 Siehe Kapitel 7.2.2.
166 Siehe Kapitel 8.2.2 „Eine einheitliche Problemdefinition".

Tabelle 9 Teilprobleme und Aspekte der Problemdefinition verschiedener kollektiver Akteure, Schweiz

Teilproblem	Aspekte	Akteure
Auswahlkriterien	wissenschaftlich-technische Aspekte; Grenznähe; Standortentscheid ist politische Entscheidung; Sozioökonomische Aspekte; Sicherheit	Kantonale Regierungen; Gemeindeverwaltungen; Wissenschaftler; Industrie; Nagra; Stadtverwaltungen; Arbeitsgruppen Schweizer Gemeinden; SP Kantons- und Nationalrat; GP Kantons- und Nationalrat; FDP Kantonsrat; FDP; CVP Kantonsrat; SVP kantonale Ebene; SVP Nationalrat; Bundesrat; Leser; Journalist; Protestgruppen und Bürgerinitiativen; Landesregierung Deutschland; Schweizer BürgerInnen; Betroffene; Umweltverbände; kantonale Behörden; BFE; BMU; Kommunalverwaltung Deutschland; Ortsverwaltungen Deutschland
Auswirkungen auf die Gesellschaft	Auswirkungen auf die Oberfläche; Sorge vor Protesten; Entschädigungen	Experten; Journalisten; Arbeitsgruppen Schweizer Gemeinden; Betroffene; Protestgruppen und Bürgerinitiativen; Behördenvertreter; Gemeindeverwaltungen; kantonale Regierungen
Grundsatzfragen	internationales Endlager in Betracht ziehen / ablehnen; Endlagerung technisch (nicht problemlos) machbar; Lagergröße nur für heutiges Abfallinventar; Endlager benötigt / geologisches Tiefenlager beste Option; Einfuhrverbot für Abfälle; Verknüpfung mit anderen politischen Fragestellungen	SP Nationalrat; GP Nationalrat; SVP Nationalrat; FDP Nationalrat; FDP; SP; SVP; Betroffene; Bundesrat; Schweizer BürgerInnen; Leser; kantonale Regierungen; Journalist; Parteilose Kantonsrat; Protestgruppen und Bürgerinitiativen; SES; Nagra; Wissenschaftler; Industrie; Stadtverwaltungen; BFE; Gemeindeverwaltungen

Teilproblem	Aspekte	Akteure
Kontextbedingungen	Neustart schwierig durch mangelnde Partizipation in der Vergangenheit; schnelle Meinungsänderungen in der Gesellschaft; Generationengerechtigkeit; Vertrauen / Anerkennung / Wertschätzung zwischen den Konfliktparteien; Sankt Florian; Zeitplan; Langlebigkeit des Abfalls; AKW-Laufzeiten	Nagra; kantonale Regierungen; SVP Nationalrat; SP Kantons- und Nationalrat; GP Kantons- und Nationalrat; FDP Kantonsrat; SVP Kantonsrat; CVP Kantonsrat; SP; FDP; SVP; GP; Freie Wähler Deutschland; SPD Deutschland; Wissenschaftler; Gemeindeverwaltungen; BFE; Journalist; Schweizer BürgerInnen; Industrieverbände Ortsverwaltung Deutschland; Betroffene; Protestgruppen und Bürgerinitiativen; SES; Stadtverwaltungen; Bundesrat; Nagra; Endlagergegner; Leser
Sicherheitsanforderungen	Transport; erdwissenschaftliche Untersuchungen notwendig; Rückholbarkeit; Entsorgungsnachweis; Lagerkonzept	Arbeitsgruppen Schweizer Gemeinden; Betroffene; Stadtverwaltung; Journalist; kantonale Geologen; kantonale Regierungen; SES; Nagra; Ortsverwaltung Deutschland; Kommunalverwaltung Deutschland; Leser, Nationalrat; Ständerat; GP Kantons- und Nationalrat; CVP Stände-, Kantons- und Nationalrat; SP National-, Stände- und Kantonsrat; EVP Nationalrat; SVP Kantons-, Stände- und Nationalrat; Linke Nationalrat; FDP Stände-, National- und Kantonsrat; lib Nationalrat; SVP; GP; SP
Verfahrensgestaltung	Güterabwägung zwischen direktdemokratischer Mitbestimmung und Verantwortung des Bundes für Kernanlagen / Rolle der Kantone im Verfahren; Gefahr der Vermischung von Exekutive und Legislative; Zuständigkeit für Entsorgungslösung; Standortvergleich (nicht) notwendig; Partizipation; Wissenstransfer; Einbezug deutscher Gemeinden	Umweltverband; BFE; Leser; Ortsverwaltung Deutschland; Wissenschaftler; Journalist; Protestgruppen und Bürgerinitiativen; BMU; Kommunalverwaltung Deutschland; Nagra; kantonale Regierungen; Landesregierung Ba-Wü; Bundesrat; Industrieverbände; Gemeindeverwaltungen; Stadtverwaltungen; Betroffene; Leser; EKRA; BFE; Leser; Schweizer BürgerInnen; BMU; Bundesrat; Kommunalverwaltung Deutschland; Landesregierung Ba-Wü; SPD deutscher Bundestag; BFE; deutsche Regierung; Arbeitsgruppen Schweizer Gemeinden

Fortsetzung Tabelle 9 Teilprobleme und Aspekte der Problemdefinition verschiedener kollektiver Akteure, Schweiz

Teilproblem	Aspekte	Akteure
Verfahrensgrundsätze	Sicherheit und Schutz von Mensch und Umwelt wichtiger als sozio-ökonomische Auswirkungen; keine Vorfestlegungen; Gleichbehandlung aller Regionen; Vielfalt an Experten gewünscht; verantwortungsvolles Handeln; Transparenz, klare Strukturen, Unabhängigkeit, Fairness	Gemeindeverwaltungen; Ortsverwaltungen Deutschland; GP Kantonsrat; SP Kantonsrat; kantonale Regierungen; Regierung Ba-Wü; AkEnd; SP Nationalrat; Protestgruppen und Bürgerinitiativen; Journalist; GP Nationalrat; Bundesrat; Wissenschaftler; Nagra; BFE; Leser; Schweizer BürgerInnen; Arbeitsgruppen Schweizer Gemeinden; Umweltverbände

Fortsetzung   Tabelle 9 Teilprobleme und Aspekte der Problemdefinition verschiedener kollektiver Akteure, Schweiz

Die Pluralität der genannten Problemaspekte ändert sich im Zeitverlauf. Beispielsweise tritt die Vetofrage nur zu bestimmten Zeitpunkten in der öffentlichen Debatte auf.[167] Dieser Wandel kann auf zwei Arten interpretiert werden. Erstens, dass die Medien ihr Interesse an dem Thema verloren, da es für die politischen Entscheidungsträger mit dem Erlass des Kernenergiegesetzes geschlossen war. Damit bestünde kein Effekt der mikro-deliberativen Ereignisse. In einer zweiten Lesart könnte man einen Effekt vermuten, da der Makrodiskurs sich Fragen wie Bürgerbeteiligung und dem Sachplan zuwandte. Der Effekt wäre, dass die Kontroverse über die Vetofrage durch das Versprechen eines deliberativ orientierten Auswahlverfahrens abgefangen wurde (Effekt Typ (d2)). Die Berichte von den Informationsveranstaltungen zeigen, dass die Pluralität der im Makrodiskurs diskutierten Problemaspekte deshalb durch den Sachplan erhöht wird, da durch ihn die Debatte über Input-Legitimität von der reinen Vetofrage hin zu einer differenzierten Verfahrensfrage eröffnet wurde (Effekt Typ (f)). Die Pluralität unter den zu Wort kommenden kollektiven und Einzel-Akteuren wird durch die inhaltliche Berichterstattung aus den Informationsveranstaltungen erhöht (Effekt Typ (h)).

Deliberative Drifts

In diesem Abschnitt wird analysiert, ob und inwiefern es im Makrodiskurs zu „deliberativen Drifts" aufgrund von Effekten mikro-deliberativer Ereignisse gekommen ist.

---

167   Siehe Kapitel 7.2.3.

(1) Ein Austausch von Argumenten, in dem auf Argumente inhaltlich reagiert wird, ist ein Zeichen für einen Wandel hin zu deliberativer Endlager-Governance. Im Makrodiskurs in der Schweiz liegen die zitierten Argumente in den meisten Fällen auf einer Ebene, d.h. auf fachpolitische Argumente wird mit fachpolitischen Argumenten reagiert. Wenn dies geschieht, kann dies als ein Element eines „deliberativen Drifts" verstanden werden. Beispielsweise wird die HSK, der Vorläufer des ENSI, auf den Vorwurf von Bürgerinitiativen an die Nagra hin, Verluste von Bohrspülungen[168] verschwiegen zu haben, mit der Aussage zitiert, dass die Nagra *„die Spülbilanzen in ihren Aufzeichnungen und technischen Berichten «sorgfältig und korrekt» dokumentiert (habe]. Die Ergebnisse der Bohrungen seien in verschiedenen technischen Berichten veröffentlicht worden"* (NZZ 06.03.2003). Auch auf die Aussage eines Einzel-Akteurs aus der interessierten Öffentlichkeit, dass Risse, die bei Bohrungen im Gestein entstehen, problematisch seien, wird vom Leiter der entsprechenden Studie, die an der ETH Zürich durchgeführt wurde, mit einem inhaltlichen Argument geantwortet.[169] Die Sorge über die Bedeutung der Ergebnisse für die Eignung von Tongestein für den Endlagerbau wird also mit Erläuterungen zu den durchgeführten Untersuchungen erwidert.

Auch fachpolitische Argumente zur Gestaltung des Auswahlverfahrens für ein Tiefenlager werden in den Medien dargestellt. Bundesrat Moritz Leuenberger wies den Vorwurf, er würde mit der Vorgabe an die Nagra, Standorte vergleichen zu müssen, den Bau eines Endlager verzögern, mit der Aussage zurück, dass es anderenfalls geheißen hätte, *„«die Nagra habe sich wie ein Raubvogel auf Benken gestürzt. Das wäre in einer allfälligen Referendumsabstimmung ein grober Nachteil.»"* (TA 26.03.2007). Er bezieht sich also ebenfalls auf die Notwendigkeit ohne größere Verzögerungen ein Endlager zu bauen, sieht diese aber in einem Standortvergleich berücksichtigt. In einer weiteren Debatte wird eine Abgeordnete der Grünen im Zürcher Kantonsrat mit der Argumentation zitiert, dass der Entsorgungsnachweis der Nagra nicht hinreichend sei, um Benken als Endlagerstandort zuzulassen, da bei *„Standortentscheiden von derartiger Trag-*

---

168 Dies bedeutet, dass bei den Bohrungen in den Schacht eingespültes Wasser nicht vollständig wieder aufgefangen werden konnte, sondern Teile davon in dem umliegenden Gestein versickerten.

169 Er wird mit der Aussage zitiert, dass „«Das Riss-Experiment (…) die guten Qualitäten des Opalinuston als potenzielle Endlager-Formation nicht in Frage [stellt].» (…) Löws Experiment im Felslabor hat folgende, neue Erkenntnisse gebracht: Es sei nun klar, weshalb grosse Risse um den Zugangsstollen und nur kleine Risse um den Teststollen entstanden seien, erklärt Löw" (TA 09.01.2008).

weite (…) es ein Gebot der wissenschaftlichen Sorgfalt [ist], eine Zweitmeinung einzuholen" (NZZ 21.03.2006). Der Zürcher Regierungsrat argumentierte dagegen, dass *„sich mehrere unabhängige Expertengruppen [dazu] geäussert [haben]. Beim Entsorgungsnachweis handelt es sich zudem nicht um einen Standortentscheid"* (NZZ 21.03.2006). Der Regierungsrat geht damit auf zwei Aspekte der Aussage ein. Erstens, dass durchaus eine Zweitmeinung eingeholt worden sei und zweitens, dass dies aber gar nicht unbedingt notwendig gewesen sei, da es sich nicht um einen Standortentscheid gehandelt habe – dies war eine Prämisse der ersten Aussage gewesen.

Ein Effekt mikro-deliberativer Ereignisse zeigt sich zwar nicht in den Argumentationsabfolgen an sich, aber in der Häufigkeit der Berichte über solche Austausche von Argumenten. Über von Bund und Nagra organisierte Informationsveranstaltungen wird relativ häufig berichtet.[170] In den meisten Berichten gehen die verfassenden Journalisten auf die von den Teilnehmern der Veranstaltungen vorgebrachten Argumente sowie auf die Reaktionen von Bund und Nagra ein und machen damit die Argumentabfolgen für den Makrodiskurs sichtbar.

(2) Als eine zentrale Meinungsänderung, die auf einen Wandel hin zu deliberativer Endlager-Governance hindeutet, kann die Entscheidung von Bundesrat Moritz Leuenberger gedeutet werden, den Entsorgungsnachweis nicht als Standortentscheid anzunehmen, sondern in einem von Bundesseite festgelegten Verfahren verschiedene Standorte prüfen zu lassen. Dies ist insofern eine im Makrodiskurs sichtbare Meinungsänderung der Regierung, als dass ein solches Verfahren in den Jahren, in denen die Nagra den Entsorgungsnachweis vorbereitet hat, noch nicht gefordert war (z.B. NZZ 21.03.2006). Ein Standortvergleich wurde von verschiedenen kollektiven Akteuren, wie beispielsweise Vertretern von Bürgerinitiativen, Vertretern der GP und der SP im Nationalrat und dem Zürcher Regierungsrat, im Makrodiskurs gefordert (z.B. NZZ 10.05.2004, NZZ 13.09.2004, TA 13.09.2004, NZZ 01.09.2005, TA 19.09.2005, NZZ 13.09.2005, NZZ 21.03.2006). Ein weiteres Beispiel ist die öffentliche Zusage, dass sozioökonomische Faktoren in der Standortauswahl eine Rolle spielen sollten. Der Einbezug dieser Faktoren wird von einer großen Bandbreite von kollektiven Akteuren gefordert.[171]

> *„Denn im Unterschied zum ersten Versuch, der 2002 am Wellenberg scheiterte, hat der Bund die Suche dieses Mal sauber und transparent*

---

170   Siehe Kapitel 7.3.2 „Medienberichterstattung über die mikro-deliberativen Ereignisse".
171   Siehe Kapitel 8.2.2 „Eine einheitliche Problemdefinition".

aufgegleist. Energieminister Moritz Leuenberger (...) hat den Fächer weit geöffnet und keine Standorte aus politischen Gründen von Beginn weg ausgeschlossen. Und er lässt neben dem Sicherheitsaspekt nun auch noch prüfen, welche Standorte aus Sicht der Raumplanung, der Verkehrsanschlüsse und der Besiedelung am meisten Sinn machen" (TA 07.11.2008).

Diese Meinungsänderungen sind kein Effekt mikro-deliberativer Ereignisse, wohl aber ein Effekt von Pluralität im Diskurs und dem Einbezug der Argumente „weiterer kollektiver Akteure" in die Entscheidungsfindung, d.h. ein Effekt von Typ (f).

(3) Ein Effekt der Umsetzung des Sachplanverfahrens ist, dass die Informationsbereitschaft der Behörden und der Nagra im Makrodiskurs als besser bewertet wird als vorher. Negative Beurteilungen finden sich tendenziell eher im Zeitraum bis zu Beginn des Sachplanverfahrens 2008, allerdings wird auch eine Informationsveranstaltung 2010 noch negativ bewertet.[172] Direkte positive Bewertungen der Informationsbereitschaft sind im Makrodiskurs selten zu finden. Ein Beispiel hierfür ist die Aussage des österreichischen Bundespräsidenten Heinz Fischer. Dieser *„äusserte denn auch seine Genugtuung über die umfassende Transparenz, welche die Schweiz in dieser Frage zeige"* (NZZ 20.01.2006). Hanspeter Lienhart, Präsident des Forums Lägern Nord bescheinigt der Nagra eine sachliche Informationspolitik: *„Er habe nie den Eindruck gehabt, die Nagra orientiere unsachlich"* (TA 27.05.2010).

Trotz der wenigen direkten positiven Bewertungen ist ein Effekt mikro-deliberativer Ereignisse bezüglich der im Makrodiskurs sichtbaren Informationsbereitschaft zu finden: Dies ist die große Häufigkeit und Regelmäßigkeit, mit der über Informationsveranstaltungen berichtet wird.[173]

(4) Eine vermehrte Berichterstattung über Diskussionen zu wissenschaftlich-technischen Details ist ein Effekt der Informationsveranstaltungen (Effekt

---

172 Im Rahmen der Anerkennung des Entsorgungsnachweises wird beispielsweise in einem Leserbrief bemängelt, dass das BFE den Entsorgungsnachweis anerkannt habe, obwohl viele Stellungnahmen noch nicht beantwortet wurden. „Wir haben nun somit die Katze im Sack bekommen!" (NZZ 10.07.2006, ähnlich auch TA 06.07.2006). Während der Vorbereitungen für den Entsorgungsnachweis fühlten sich manche Anwohner von der Nagra nicht gut informiert. „«Die [Bürgerinitiativen] sorgen dafür, dass uns die Nagra nicht mehr anlügen kann.» Denn sie habe einzelne Ergebnisse der Probebohrungen bewusst verschwiegen" (TA 07.03.2003, ähnlich TA 03.03.2003). Siehe auch Kapitel 8.2.3 „Teilweise mangelhafte Kontextbedingungen für Partizipation".

173 Siehe Kapitel 7.3.2 „Medienberichterstattung über die mikro-deliberativen Ereignisse".

Typ (h)), da von diesen inhaltlich berichtet wird.[174] Allerdings ist der Effekt sehr eingeschränkt, da die die Berichterstattung meist auf einem sehr allgemeinen Niveau verbleibt.

Weiterhin eingeschränkt wird der Effekt durch die Tatsache, dass auch unabhängig von mikro-deliberativen Ereignissen über Debatten zu wissenschaftlich-technischen Details berichtet wird. Anlass sind jeweils Aussagen von Einzel-Akteuren, welche die Unterlagen, die die Nagra zum Entsorgungsnachweis und zur Bestimmung der Standortregionen einreichte, wissenschaftlich bewerten.[175] Weitere Anlässe sind Bewertungen von Tonstein als Wirtsgestein durch die Ekra[176] und ein Treffen zwischen verschiedenen „weiteren" und „etablierten kollektiven Akteuren" anlässlich des Aufkommens von Spülungsverlusten bei Erkundungsbohrungen am Standort Wellenberg (TA 27.05.2005).

(5) Aussagen, aus denen deutlich wird, dass die Legitimität anderer Wissensbestände anerkannt wird und damit auch andere Deutungen derselben Problemlage, sind ein Hinweis für einen Wandel hin zu deliberativer Endlager-Governance. Eine solche Anerkennung wird im Makodiskurs für die Nagra, aber auch von der Nagra ausgesprochen. Inwiefern es sich dabei um einen Effekt der Umsetzung des Sachplanverfahrens handelt, kann nicht abschließend beurteilt werden. Zwar finden sich die Aussagen zu einem Zeitpunkt, zu dem schon über das Sachplanverfahren diskutiert wurde, aber es wird kein direkter Bezug hergestellt und die Aussagen stammen hauptsächlich von Vertretern der Parteien (NZZ 21.03.2006, TA 21.03.2006).[177] Die einzige Ausnahme ist Hanspeter Lienhart, Präsident des Forums Lägern Nord, welcher der Nagra ebenfalls eine Legitimität ihrer Wissensbestände zuspricht (TA 27.05.2010). Interessant ist eine Aussage einer Anwohnerin während einer Informationsveranstaltung; sie trennt klar zwischen der Anerkennung für die Wissensbestände der Nagra und dem Vertrauen in sie, welches sie nicht habe.

---

174 Siehe Kapitel 7.3.2 „Medienberichterstattung über die mikro-deliberativen Ereignisse" und „Output-Legitimität".

175 Für ein Beispiel siehe Fußnote 160.

176 Für ein Beispiel siehe Fußnote 162.

177 „Peter Anderegg (sp., Dübendorf) ärgert sich, dass immer auf der Nagra herumgehackt wird. Sie hat einen öffentlichen Auftrag, arbeitet gut und ist wissenschaftlich vernetzt" (NZZ 21.03.2006).

„Sie habe grosse Achtung vor der wissenschaftlichen Arbeit der Nagra, sagte eine Frau aus dem Publikum. Ihr Vertrauen habe die Genossenschaft dennoch nicht gewonnen" (NZZ 19.09.2005).

Ein Beispiel für eine Anerkennung anderer Wissensbestände durch die Nagra ist deren Reaktion auf die Kritik eines britischen Wissenschaftlers am Entsorgungsnachweis. Markus Fritschi, Vorstandsmitglied der Nagra, wird im TA mit inhaltlichen Stellungnahmen zu den Kritikpunkten zitiert und lädt die Bürgerinitiative Klar! Schweiz ein, diese im Technischen Forum Sicherheit zu diskutieren (TA 27.05.2005). Neben der Anerkennung der Wissensbestände des britischen Wissenschaftlers durch die inhaltliche Reaktion auf seine Kritik, kann Fritschis Aussage auch als Anerkennung an den Wissensbeständen der im Technischen Forum vertretenen Parteien gewertet werden. Würde Fritschi deren Wissensbestände nicht anerkennen, hätte er eine Unterredung mit Klar! auch anderweitig suchen können. Hier liegt damit ein Effekt des Sachplanverfahrens von Typ (g) vor.

Zusammenfassend zeigt auch auf der Ebene des Makrodiskurses die Einführung des Sachplanverfahrens, inklusive der in seiner Vorbereitung und in seinem Kontext stattfindenden strukturellen Änderungen, in der Endlager-Politik Effekte, die auf einen Wandel hin zu mehr Deliberation hindeuten.

Zusammenfassung

Im Makrodiskurs in der Schweiz sind Effekte mikro-deliberativer Ereignisse hinsichtlich der in Kapitel 3 aufgestellten Kriterien zu beobachten. Diese sind aber bezüglich der Debatten um Input- und Output-Legitimität eher gering. Zur Debatte um Input-Legitimität besteht der Effekt darin, dass das Sachplanverfahren als Anlass genommen wird, sich auf sehr genereller Ebene über diesbezügliche Fragen zu äußern. In der Debatte um Output-Legitimität kann ein Bezug auf das Technische Forum Sicherheit als Effekt von Typ (g) gewertet werden.

Die Pluralität der zu Wort kommenden kollektiven und Einzel-Akteure im Makrodiskurs wurde dadurch erhöht, dass in den Medien über die Informationsveranstaltungen inhaltlich berichtet wird (Effekt Typ (h)). Die Pluralität der vorkommenden Themen erhöht sich durch das Sachplanverfahren, da aufgrund dessen Umsetzung die Problemdefinition von der reinen Vetofrage zur Frage der Ausgestaltung eines Auswahlverfahrens erweitert wurde (Typ (f)). Ebenfalls ein Effekt ist, dass der Sachplan selbst als alternatives Governance-Netzwerk eingestuft werden kann, zu dessen Ausarbeitung sich „weitere kollektive Akteure" im Makrodiskurs äußern (Effekt Typ (a)).

Auf der Ebene von „deliberativen Drifts" im Makrodiskurs können ebenfalls Effekte beobachtet werden. So nahm die Häufigkeit, mit der über einen Austausch von Argumenten berichtet wird, mit Einführung des Sachplanverfahrens zu (Effekt Typ (f)). Auch Meinungsänderungen sind im Makrodiskurs sichtbar, bei denen ein Effekt von Typ (f) festgestellt werden kann. Der sichtbare Effekt bezüglich der Informationsbereitschaft beruht auf der Berichterstattung über die Informationsveranstaltungen. Durch diese ist ebenso eine vermehrte Berichterstattung über Diskussionen zu wissenschaftlich-technischen Details sichtbar (Effekt Typ (h)). Allerdings ist der Effekt sehr eingeschränkt, da die inhaltliche Berichterstattung meist auf einem sehr allgemeinen Niveau verbleibt. Das Technische Forum Sicherheit wird im Makrodiskurs als ein Ort sichtbar, an dem eine Anerkennung der Wissensbestände anderer stattfindet (Effekt Typ (g)).

8. Fördernde und hemmende Faktoren

8.1 Übersicht

Im Vergleich des deutschen und des Schweizer Falls zeigt sich, dass der Grad der Effekte mikro-deliberativer Ereignisse vor allem von dem Umfeld abhängt, in dem diese stattfinden. Sind die Entscheidungsfindungsstrukturen und die einzelnen kollektiven Akteure eher offen für die Durchführung mikro-deliberativer Ereignisse, haben sie auch eher Effekte. Diese Offenheit zeigt sich in spezifischen Faktoren, welche hier als „fördernde Faktoren" bezeichnet werden. Zeigt sich in den Strukturen oder im Handeln der kollektiven Akteure eher keine Offenheit, so kann davon ausgegangen werden, dass dies als hemmender Faktor für die Entstehung von Effekten und damit auch für den Wandel von Endlager-Management zu deliberativer Endlager-Governance wirkt.

In Deutschland und der Schweiz zeigen sich ähnliche Faktoren, welche von den interviewten Expertinnen oder von sich im Makrodiskurs äußernden kollektiven oder Einzel-Akteuren als hemmender oder fördernder Faktor benannt werden. Außerdem konnten über die in Kapitel 3 identifizierten Kriterien weitere hemmende und fördernde Faktoren identifiziert werden. Diese lassen sich in solche Faktoren aufteilen, die auf Verfahrensebene und solche, die auf Diskursebene liegen. In Tabelle 10 und 11 sind diese für Deutschland und die Schweiz jeweils zusammenfassend gegenübergestellt. In den folgenden Unterkapiteln wird für die beiden Länder jeweils vorgestellt, warum diese als hemmender oder fördernder Faktor eingestuft wurden.

Tabelle 10 Hemmende und fördernde Faktoren, Verfahrensebene

Faktor		Deutschland		Schweiz
Entschei-dungs-findungs-struktur	Hemmend	Keine klare Struktur; Ungleichzeitigkeit von politischen Entschei-dungen und Bürgerbe-teiligung	Fördernd (Hemmend)	Klare Verteilung von Zu-ständigkeiten; klares, schrittweises Verfahren; Abschaffung des kantonalen Vetorechts; Einbindung Deutschlands teilweise schwierig
Organisati-on von Bürgerbetei-ligung	Hemmend	Verschiedene Vorstel-lungen darüber, was Bürgerbeteiligung bedeutet, aber kein Dialog darüber	Hemmend	Teilweise überfordernde Menge an Informationen; Konzentration auf Befür-worter und Gegner, nicht die neutrale, interessierte Öf-fentlichkeit; Mangel an Erfahrung in der Kommuni-kation von Unsicherheiten
Fragilität des Arbeits-kompro-misses			Hemmend	Der Arbeitskompromiss wird von manchen Betroffe-nen in den potentiellen Standortregionen permanent hinterfragt
Transparenz	Hemmend	Mangel an institutio-nalisierten Strukturen für einen Austausch über technische und wissenschaftliche Details zwischen verschiedenen kol-lektiven Akteuren; mangelnde Bereit-schaft zur Kommuni-kation bei allen kol-lektiven Akteuren		

Tabelle 11 Hemmende und fördernde Faktoren, Diskursebene

Faktor	Deutschland		Schweiz	
Problemdefinition	Hemmend	Starke Uneinigkeit über Problemdefinition	Fördernd / Hemmend	Kollektive Akteure einig über zentrale Faktoren in der Problemdefinition, aber unterschiedliche Auslegung einzelner Faktoren
Zugelassene Argumente	Hemmend	Einigkeit über starke Rolle der wissenschaftlichen Argumente, aber Uneinigkeit, was wissenschaftliche Argumente sind	Fördernd / Hemmend	Einigkeit, dass wissenschaftliche und politische Argumente zugelassen sind, aber Uneinigkeit, was wissenschaftliche Argumente sind
Ergebnisoffenheit	Hemmend	Anwohner befürchten, dass Gorleben als Standort bereits festgelegt ist	Fördernd (Hemmend)	Sachplan wurde in Reaktion auf Proteste aus der Bevölkerung angepasst; teilweise wird Ergebnisoffenheit von Behörden und Industrie angezweifelt
Wunsch nach Deliberation	Hemmend	Viele Aussagen deuten auf einen Mangel an Gesprächsbereitschaft und auf Blockadehaltungen hin	Fördernd / Hemmend	Es werden viele Gesprächsangebote gemacht, allerdings wird der Inhalt dieser Angebote von verschiedenen kollektiven Akteuren unterschiedlich gedeutet
Nachvollziehbarkeit von Entscheidungen			Fördernd	Ausführliche Berichterstattung in den Medien mit detaillierten Begründungen

8.2   Schweiz

Im Gegensatz zum deutschen Fall wurden in der Schweiz im Makrodiskurs und in den Interviews von den kollektiven und Einzel-Akteuren Faktoren identifiziert, die als Grundvoraussetzung für einen Wandel hin zu deliberativer Endlager-Governance interpretiert werden können und die von den entsprechenden Akteuren als bereits erfüllt angesehen werden. Diese Faktoren werden im Folgenden vorgestellt. Ebenso in die Kategorie „Grundvoraussetzung" fallen einige der prä-deliberativen Anforderungen, bei denen sich in der empirischen Analyse zeigte, dass sie in der Schweiz erfüllt sind, deren Erfüllung aber nicht auf mikro-deliberative Ereignisse zurückzuführen ist.

8.2.1   Fördernde Faktoren auf Verfahrensebene

Rechtliche Grundlagen

Die grundlegende Gesetzesänderung, die im Untersuchungszeitraum stattfand, ist die Abschaffung des kantonalen Vetorechts und die Einführung einer Genehmigung der Rahmenbewilligung durch das Parlament als Teil des neuen Kernenergiegesetzes. Der Parlamentsentscheid wird einem fakultativen Referendum unterstehen (TA 12.11.2002, TA 06.03.2003, NZZ 19.03.2003, NZZ 28.03.2003, NZZ 18.01.2005, NZZ 26.11.2008). Dieses Gesetz wird von manchen kollektiven Akteuren als eine Voraussetzung für eine Konfliktbearbeitung angesehen, von anderen als hemmender Faktor.[178] Inhaltlich argumentieren die Befürworter der Abschaffung des Vetorechts vor allem mit der Effizienz in der Konfliktbearbeitung. Beispielsweise argumentiert ein Vertreter der CVP im Nationalrat, *„dass es nie eine Lösung geben wird, wenn die Kantone ihr Veto einlegen können"* (NZZ 27.11.2002).[179] In einem Fall beziehen sich die Befürworter der Abschaffung auch auf demokratische Traditionen und sehen in der Einführung eines optionalen Referendums über die Rahmenbewilligung eine Stärkung der Demokratie (NZZ 06.03.2003). Die zuständige Kommission im Zürcher Kantonsrat sieht auch ohne das Vetorecht die Möglichkeit für *„Betroffene und Fachinstanzen (...) ihre Interessen und Bedürfnisse bei der Vernehmlassung des Bundes [einzubringen]"* (TA 06.03.2001).

---

178   Zur Einstufung als hemmender Faktor siehe Kapitel 8.2.3 „Uneinigkeit über die Rolle der Kantone".

179   Ähnlich auch NZZ 24.09.2002.

Durch ihren Entscheid für ein Anhörungs- anstelle eines Vetorechts sprachen Stände- und Nationalrat sich zwar für eine strikte Trennung von Deliberation und Entscheidungsrecht aus, achteten aber darauf, dass die Kantone in allen Phasen des Verfahrens gehört werden müssen, so auch in der inhaltlichen Vorbereitung der Rahmenbewilligung (NZZ 27.11.2002, NZZ 06.03.2003). Die Vertreterin der Abfallverursacher CH betont, dass kein Referendum gegen das neue Kernenergiegesetz, mit dem das kantonale Vetorecht abgeschafft wurde, ergriffen wurde und dieses somit indirekt demokratisch legitimiert sei.

Analytisch kann die Abschaffung des Vetorechts weniger aus inhaltlichen Gründen als Voraussetzung für einen Wandel hin zu deliberativer Endlager-Governance eingestuft werden. Hintergrund ist vielmehr die historische Rolle des neuen Kernenergiegesetzes, in welchem auch die Grundlagen für ein Standortauswahlverfahren gelegt wurden. Da das kantonale Vetorecht ein zentraler Streitpunkt in den parlamentarischen Aushandlungen über das Gesetz war[180], kann davon ausgegangen werden, dass es ohne eine Einigung auf dieser Ebene nicht zustande gekommen wäre und mit ihm auch nicht das Standortauswahlverfahren. Denn erst die neue Kernenergieverordnung von 2005 legt fest, dass ein Sachplan zur Endlagerung radioaktiver Abfälle erarbeitet werden muss (NZZ 13.09.2005, NZZ 07.11.2008).

Klarheit im Verfahren

Die interviewten Expertinnen sehen wichtige Grundsätze bezüglich der Klarheit im Verfahren als gegeben an. Wichtig sei ein fairer, transparenter Prozess, der in seinen Grundbedingungen nicht mehr verändert wird, aber innerhalb dieser flexibel bleibt (Abfallverursacher CH, Regierungsbehörde 1 CH).[181] Dass diese Flexibilität zumindest in Teilen bestehe, habe sich bereits an konkreten Beispie-

---

180 SP und Grüne sprachen sich in Parlamentsdebatten zum Gesetz eher für ein kantonales Mitspracherecht aus, CVP, SVP und FDP eher dagegen (NZZ 07.11.2002, NZZ 27.11.2002, TA 06.03.2003). Der Nationalrat in seiner Gesamtheit hatte sich zunächst für ein Vetorecht ausgesprochen, änderte aber dann seine Meinung (TA 24.09.2002, TA 06.03.2003). Der Ständerat war von Beginn der Debatte an für die Abschaffung (TA 12.03.2002, TA 20.09.2002).

181 „Was für mich noch wichtig erscheint in so einem Verfahren, (…) dass wir nicht unterwegs die Spielregeln ändern. Und diese Spielregeln sind eben unsere Kriterien. Also unsere Kriterien müssen so flexibel formuliert sein, dass wir sagen, wenn wir hier über mehrere Stufen gehen in dem Verfahren, können wir die gleichen Kriterien immer wieder so anpassen, dass es immer auch die gleichen Kriterien sind, aber dass wir einfach an bestimmten Kriterien die Schraube anziehen können (…)" (Regierungsbehörde 1 CH).

len gezeigt (Betroffene 2 CH, Beobachterin CH).[182] Das Verfahren müsse von der Bundesebene geleitet werden (Abfallverursacher CH). Dieses sei mit dem Sachplanverfahren gegeben (Beobachterin CH). Für die interessierte Öffentlichkeit habe sich durch die Verfahrensübernahme durch den Bund die Situation verbessert, da sie jetzt neben der Nagra weitere Ansprechpartner habe.

> *„Ich war richtig erleichtert, als diese Sache konkreter wurde, dieses Sachplanverfahren, als wir dann endlich außer der Nagra noch andere Ansprechpartner hatten. Da kamen Leute vom BFE, es war auch nicht immer toll, aber immerhin und vom ENSI"* (Betroffene 2 CH).

8.2.2 Fördernde Faktoren auf Diskursebene

Eine einheitliche Problemdefinition

Eine zumindest in Kernaspekten einheitliche Problemdefinition ist eine Voraussetzung für einen Wandel hin zu deliberativer Endlager-Governance. Der Grund dafür ist, dass die kollektiven Akteure nur dann einen Wandel vorantreiben werden, wenn sie diesen als notwendig ansehen. Die Einschätzung der Notwendigkeit hängt wiederum von der Problemdefinition ab.

Bezüglich der Problemdefinition scheint relativ große Einigkeit zwischen den kollektiven Akteuren zu bestehen, betrachtet man zunächst nur deren Aspekte und nicht die Auslegung der einzelnen Aspekte. Nicht alle kollektiven Akteure nennen dieselben Aspekte, aber kein kollektiver Akteur blendet eine bestimmte Art von Aspekten ganz aus. So äußert sich beispielsweise auch ein Vertreter der Nagra zu Fragen der Verfahrensgestaltung und nicht nur zu technischen Aspekten.[183] Dies bedeutet, dass die Problemdefinitionen sich zwar in Details unterscheiden, aber nicht in den übergeordneten Themen.

Die Problemdefinitionen der verschiedenen Akteure widersprechen sich in zentralen Fragen zumindest im Makrodiskurs nicht. Auch bei den bestehenden Widersprüchen entsteht kein langwieriger Konflikt im Makrodiskurs.[184]

Ein zentrales Thema der Berichterstattung der Jahre bis zum Beschluss des Kernenergiegesetzes ist die Frage des Rechts auf ein kantonales Veto.[185] Mit

---

182   Siehe Kapitel 7.3.1 „Form des Governance-Netzwerks".
183   Für eine Übersicht über die Problemdefinitionen siehe Kapitel 7.3.2 „Problemdefinition" und „Pluralität im Diskurs und in der Problemdefinition".
184   Siehe Kapitel 7.3.2 „Problemdefinition".
185   Siehe Kapitel 8.2.1 „Rechtliche Grundlagen".

dem Beschluss des Kernenergiegesetzes 2005, in dem diese Frage eindeutig geregelt wird, taucht das Thema nur noch vereinzelt im Makrodiskurs auf und ist nicht mehr hauptsächlicher Konfliktpunkt. Eine Annäherung der Positionen war allerdings im Vorfeld nicht zu erkennen. Einzig Bundesrat Moritz Leuenberger, der anfangs ein starker Vertreter des Rechts auf ein kantonales Veto war, äußert sich gegen Ende der Debatte positiv über die Regelung im Kernenergiegesetz (NZZ 13.03.2003).

Ein weiteres zentrales Thema ist die Debatte über die „Berücksichtigung sozio-ökonomischer Auswirkungen in der Standortauswahl". Sie wird insbesondere von den potentiell Betroffenen, den Gemeinde- und Städtevertretern und den Kantonsregierungen thematisiert.[186] Zwar wird dieser Problemaspekt von verschiedenen kollektiven Akteuren unterschiedlich ausgelegt[187], diese Diskussion wird jedoch nicht vertieft geführt und führt nicht zu einem Konflikt.[188]

Wunsch nach Deliberation

Ohne einen Wunsch nach Deliberation kann kein Wandel hin zu deliberativer Endlager-Governance stattfinden, da dieser davon abhängig ist, ob sich die beteiligten kollektiven Akteure auf das Verfahren einlassen. Im Makrodiskurs in der Schweiz werden von allen Seiten Gesprächsangebote gemacht und auch von den jeweils anderen kollektiven Akteuren angenommen. Diese Angebote sind meist an bestimmte Rahmen geknüpft, wie beispielsweise sich regelmäßig treffende Arbeitsgruppen. Darüber hinaus bestehen auch generelle Gesprächsangebote von Seiten des Bunds und der Nagra, die vor allem von Gemeindevertretern angenommen werden.

Die meisten Aussagen, die einen Wunsch nach Deliberation oder zumindest Partizipation ausdrücken, werden vom BFE und den potentiell betroffenen Kantonsregierungen bzw. Gemeindeverwaltungen getroffen. Diese beziehen sich meist nicht direkt auf Deliberation zur Konfliktlösung, sondern auf Partizipation in der Entscheidungsfindung. Es wird teilweise explizit genannt, dass Partizipation notwendig sei, um Konflikten vorzubeugen. Als Wunsch nach Deliberation wurden Aussagen gedeutet, dass ein kollektiver oder Einzel-Akteur am Verfahren teilnehmen möchte, sowie konkrete Akte der Beteiligung, die eine Form der

---

186   TA 19.09.2005, NZZ 01.09.2006, NZZ 30.01.2007, TA 22.09.2008, NZZ 20.11.2008, NZZ 02.03.2010, TA 09.11.2010, NZZ 02.11.2006, NZZ 22.09.2008, TA 07.11.2008, TA 08.11.2008, NZZ 22.11.2008, NZZ 26.11.2010, TA 29.11.2010.

187   Siehe Fußnote 156.

188   Siehe auch Kapitel 8.2.4 „Uneinigkeit in der Auslegung von Aspekten der Problemdefinition".

Meinungsäußerung beinhalteten, sowie Einladungen an andere kollektive oder Einzel-Akteure, ihre Meinung darzulegen. Darauf basierend ist ein unter den kollektiven Akteuren weit verbreiteter Wunsch nach Deliberation festzustellen.

Im Makrodiskurs wird mehrfach entweder von dem Wunsch nach Teilnahme am Sachplanverfahren, der Ankündigung, an diesem teilzunehmen, oder von konkreten Schritten in der Beteiligung berichtet. Teilnehmen würde beispielsweise gerne die Stadt Winterthur (NZZ 26.11.2010). Die Zürcher Regierung erklärt sich trotz einer Ablehnung des Endlagers auf Kantonsgebiet *„bereit, das Auswahlverfahren des Bundes mitzutragen"* (NZZ 22.11.2008, ähnlich NZZ 16.05.2008, TA 07.11.2008). Auch das Forum Lägern-Nord möchte sich beteiligen, aber gleichzeitig explizit neutral verhalten (TA 27.05.2010). Weiterhin hätten *„die Kantone es begrüsst, schon so früh in die Ausarbeitung des Sachplans mit einbezogen zu werden"* (NZZ 02.11.2006). Konkrete Schritte, über die berichtet wird, sind beispielsweise Stellungnahmen zum Sachplan selbst oder zu den Ergebnissen von Etappe 1 (TA 13.11.2010), Einladungen von Gemeinde-Arbeitsgruppen an die Nagra, einen Vortrag zu halten (TA 15.09.2008, TA 17.09.2008, NZZ 17.09.2008, TA 02.03.2010), Aussagen von Oppositionsgruppen, dass man plane an Informationsveranstaltungen teilzunehmen (TA 08.09.2010), sowie Berichte, dass der Aufbau der regionalen Partizipation nun begonnen habe (TA 02.03.2010). Über die endgültige Ausgestaltung des Sachplans, die Durchführung von Fokusgruppen, den frühen Einbezug der Kantone in die Erarbeitung desselben und über direkte Aussagen äußert das BFE seinen Willen zum Einbezug der potentiell Betroffenen, inkl. der angrenzenden deutschen Gemeinden.[189] Zu Beginn der Informationsveranstaltungen zum Sachplanverfahren 2007 berichtet das BFE noch von geringem Interesse von Seiten der allgemeinen Bevölkerung, gut vertreten seien hingegen Bürgerinitiativen (NZZ 31.01.2007).

Verschiedene Zusammenschlüsse von Gemeinden sehen ihre Aufgabe in der Organisation von Dialog und bekunden damit, dass dieser ihrer Ansicht nach wichtig sei. Beispielsweise sieht die AG TiZU, ein Zusammenschluss von Gemeinden im Zürcher Unterland, es als ihre Aufgabe, *„die Interessen der Region gegenüber verschiedenen Verhandlungspartnern zu vertreten (...) [und] die un-*

---

189   NZZ 16.03.2006, NZZ 01.09.2006, TA 13.01.2007, NZZ 26.11.2008, NZZ 07.11.2008, TA 07.11.2008, NZZ 20.11.2008, TA 11.09.2010.

terschiedlichen Haltungen der lokalen Bevölkerung [zu bündeln]" (TA 08.11.2008).[190]

Die Nagra zeigt sich bereit, zu verschiedenen Anlässen Auskunft zu erteilen und in Diskussionen zu treten (TA 01.11.2008, TA 07.11.2008, TA 11.09.2010). Beispielsweise wird Vorstandsmitglied Markus Fritschi mit der Aussage zitiert, dass er hoffe, *„dass Klar! Schweiz die von Large [Autor einer Studie zum Entsorgungsnachweis; Anm. der Autorin] kritisierten Punkte im Technischen Forum einbringt"*, in dem u.a. die Nagra Mitglied ist (TA 27.05.2005). Von deutscher Seite melden sich sowohl das BMU als auch Vertreter deutscher Anrainergemeinden mit dem Wunsch, am Verfahren beteiligt zu werden (NZZ 26.07.2006).

In den Interviews äußern alle Expertinnen einen Wunsch nach Dialog und Auseinander-setzung mit den Argumenten der jeweils anderen kollektiven Akteure. Sie unterscheiden sich aber in Details wie der Funktion, die sie dem Dialog im Verfahren zuschreiben, oder den Inhalten, zu denen ein Dialog gewünscht wird.[191] Auch bei den jeweils anderen beobachten sie zunehmende Dialogbereitschaft.

Die Vertreterin der Abfallverursacher CH betont, dass sie selbst immer wieder den Dialog suche und auch zu Versammlungen der Bürgerinitiativen gehe, um dort für Fragen zur Verfügung zu stehen und *„zu zeigen, dass man sich interessiert"* (Abfallverursacher CH). Ein Austausch zu Kritik an der eigenen Arbeit sei selbstverständlich, auch wenn Dialog nicht unbedingt Konsens bedeute.[192] Das Sachplanverfahren sieht sie als das Resultat eines gesellschaftlichen Dialogs, der weiterhin geführt werden müsse, auch über die momentan beteiligte interessierte Öffentlichkeit hinaus. Bei den potentiell Betroffenen, auch Gegnern eines Endlagers in der Region, sehen die Vertreterinnen der Regierungsbehörden 1 und 2 CH durchaus einen Willen, sich am Verfahren zu beteiligen. *„(...) was wir auch hören, dass viele, die zwar kritisch sind und eigentlich ein Lager in*

---

190 Auch das Forum Lägern Nord, ebenfalls ein Zusammenschluss potentiell betroffener Gemeinden, sieht seine Aufgabe im Dialog (TA 25.11.2008). Die PZU definiert ihre Aufgabe ähnlich: „Wir wollten in der PZU aber die Gelegenheit nutzen, um unsere Mitglieder zu informieren, bevor Gerüchte entstehen und allenfalls Ängste oder Hoffnungen geschürt würden. Denn die PZU will sich nicht auf eine Seite schlagen, sondern lösungsorientiert arbeiten" (TA 17.09.2008).

191 Siehe auch Kapitel 8.2.4 „Uneinigkeiten im Wunsch nach Deliberation".

192 „Ist die Kritik gerechtfertigt, dann bitte sofort reagieren und wenn die Kritik aus unserer Sicht nicht gerechtfertigt ist, dann soll man das ausdiskutieren. Und es gibt am Schluss unterschiedliche Meinungen, das kann durchaus sein. Dann hat man es mindestens erörtert" (Abfallverursacher CH).

ihrer Region ablehnen, dass sie sagen, hey das ist ein vorbildlicher Prozess, das ist ein langfristiges Projekt, das aber gut aufgegleist ist, da machen wir mit. Sonst werden wir da nicht gehört" (Regierungsbehörde 2 CH). Inzwischen gäbe es Hinweise auf Dialog auch bei größeren öffentlichen Veranstaltungen (Regierungsbehörde 1 CH). Auch bei der Nagra sei eine große Gesprächsbereitschaft zu beobachten (Regierungsbehörde 1 CH, Betroffene 1 und 2 CH); ebenso bei den Behörden (Betroffene 1 und 2 CH).[193] Bezüglich der Offenheit ihrer eigenen Behörden sind die Vertreterinnen der Regierungsbehörden 1 und 2 CH der Meinung, dass diese sich deutlich verbessert habe und die Bedeutung von Kommunikation stärker anerkannt werde. Dies zeige sich an konkreten Maßnahmen wie Kommunikationskursen und der Tatsache, dass man den Startteams in den Regionen professionelle Moderatoren zur Seite gestellt habe, um den regionalen Dialog aufzubauen.

Konkret zeigt sich der Wille zur Deliberation auch an Aussagen der Vertreterin der Abfallverursacher CH und der Regierungsbehörde 1 CH, die Meinungsverschiedenheiten als etwas „normales" ansehen. Die Vertreterin der Abfallverursacher CH betont, dass Meinungsverschiedenheiten häufig vorkommen würden und die unterschiedlichen Meinungen auch bestehen bleiben könnten, solange sie transparent ausdiskutiert würden.[194] Bezüglich der allgemeinen Ausgestaltung der Endlagersuche, d.h. beispielsweise der Entscheidung, einen Standortvergleich durchzuführen, sieht sie sich als Diskussionspartner, als *„Diener der Gesellschaft"*, und nicht in der Position, ihre Meinung durchzusetzen. *„Unsere Aufgabe ist, der Gesellschaft die Fakten auf den Tisch zu legen, aber entscheiden können wir nicht, wir sind ein Partner der Aushandlungen"* (Abfallverursacher CH). Im Rahmen wissenschaftlicher Auseinandersetzungen stuft auch die Vertreterin von Regierungsbehörde 1 CH verschiedene Interpretationen von Fakten als normal und auch notwendig ein. Sie begründet diese Meinungsverschiedenheiten mit den unterschiedlichen Ausbildungen und Erfahrungen, die verschiedene Einzel-Akteure im Laufe der Zeit gemacht haben.

Die Betroffene 2 CH berichtet, dass schon zur Zeit des Entsorgungsnachweises

> *„die Kommunikation besser [war], wir haben wirklich alles erfahren, was wir wollten oder mindestens waren sie so offen und haben uns auch teilnehmen lassen an den Podien, weil wir darauf bestanden, dass da bei der*

---

193   Siehe z.B. Fußnoten 138 und 140.
194   Siehe Fußnote 192.

Bevölkerung, gerade in einer ländlichen Gegend eben nicht nur die Bundesbehörden und die Experten und die Technologen und Technologinnen sitzen, sondern auch diejenigen, die sich kümmern um die Folgen, die das haben kann".

Zusammenfassend ist festzustellen, dass der Wunsch nach Deliberation, d.h. sich am Verfahren zu beteiligen, bei den meisten kollektiven Akteuren zu finden ist, inklusive denjenigen, die ein Endlager in ihrer Region ablehnen. Bemängelt wird nur ein zu geringes Interesse der allgemeinen Öffentlichkeit am Thema. Abgesehen von der Debatte zum Kernenergiegesetz sind die meisten Aussagen in der Zeit ab 2008, also seit Beginn der Umsetzung des Sachplans zu finden. Die früheren Aussagen sind ebenfalls alle an konkrete Anlässe gebunden, d.h. Ereignisse, bei denen die Frage im Raum steht, ob Dialog gewünscht ist. Die interviewten Expertinnen erkennen ebenfalls ein großes Interesse an Deliberation bei sich und anderen. Einen möglichen Grund für diesen ausgeprägten Wunsch sehen einige Journalisten in einer auf demokratischen Traditionen basierenden Pflicht, sich am Auswahlverfahren zu beteiligen (TA 13.09.2005, TA 07.11.2008, NZZ 10.11.2010).

„Der Schlüssel zur direkten Demokratie liegt in der Bereitschaft, Verantwortung mitzutragen und stets Kompromisse zu suchen. Ohne diese Attribute funktioniert sie nicht" (NZZ 10.11.2010).

Ähnlich argumentiert der Präsident der Planungsgruppe Zürcher Unterland (PZU), einer Arbeitsgruppe Schweizer Gemeinden. Er spricht die generelle Bereitschaft der Bevölkerung, Lasten auf sich zu nehmen, an (TA 17.09.2008).

Einigkeit über die zugelassenen Argumentationstypen

Einigkeit über die zugelassenen Argumentationstypen ist eine Voraussetzung für einen Wandel hin zu deliberativer Endlager-Governance, da ein Austausch von Argumenten nur dann möglich ist, wenn die Argumente des jeweils anderen als relevant anerkannt werden.

In der öffentlichen Debatte in der Schweiz scheint Einigkeit darüber zu herrschen, welche Arten von Argumenten zugelassen sind und welche nicht. Es besteht Einigkeit darüber, dass in Sachfragen vor allem Sachargumente gelten sollten, emotionale Argumente durchaus aber auch ihren Raum haben sollten, solange dieser nicht zu groß werde und damit die Kompromissfähigkeit einschränke.

Zu Beginn des Untersuchungszeitraums betonen Vertreter von SP und Grünen, dass auf die Endlagerfrage *„die politische Antwort (...) vom Volk entschieden werden [muss,] nicht von Technokraten"* (NZZ 06.03.2001). Ein *„politischer Diskurs"* wird gewünscht. In späteren Jahren werden eher die Sachlichkeit von Informationen, Entscheiden und Diskussionen und die Wichtigkeit von wissenschaftlich-geologischen Grundsätzen im Standortvergleich von verschiedenen Akteuren, wie den Grünen, Arbeitsgruppen Schweizer Gemeinden und der Nagra, hervorgehoben.[195] Allerdings ist die Diskussion zu diesem Thema nie stark. Insbesondere Journalisten betonen die Sachlichkeit von Informationsveranstaltungen o.ä. als positiv.[196] Vorwürfe über mangelnde Sachlichkeit oder ungewünschte politische Einmischung sind keine zu finden. Die Nagra betont im Makrodiskurs sogar, dass die Entscheidung, ob ein Standortauswahlverfahren durchgeführt werde, letztendlich eine politische sei. Sie wird mit der Aussage zitiert, dass *„die Politik entscheiden [müsse], die Nagra liefere nur die geologische Einschätzung"* (TA 25.09.2002, ähnlich auch TA 16.03.2006).

Ein ähnliches Bild ergibt sich in den Interviews. Die Expertinnen sehen insbesondere wissenschaftliche Argumente als zulässig an. Die Notwendigkeit emotionaler Aussagen in einem Verständigungsprozess wird aber teilweise ebenfalls anerkannt.[197] In wissenschaftlichen Fragen werden wissenschaftliche Argumente und eine sachliche Debatte erwartet, denn *„Das ist einfach so, wissenschaftlichen Diskurs kann man nur begründet führen und nicht mit emotionalen Schlagworten"* (Abfallverursacher CH, ähnlich auch Regierungsbehörde 2 CH, Regierungsbehörde 1 CH). Dazu gehörten auch Grundlagen-Fragen aus der Bevölkerung (Abfallverursacher CH). Als nicht zulässig sieht die Vertreterin der Abfallverursacher CH hingegen solche Argumente an, die Diskussionen unmöglich machen, wie beispielsweise das Argument, der Bau eines Endlagers sei per se nicht möglich.

195　NZZ 10.05.2004, TA 06.09.2005, TA 22.09.2007, TA 17.09.2008, TA 22.09.2008, TA 01.11.2008, NZZ 20.11.2008, TA 27.05.2010, TA 11.11.2010.

196　TA 07.11.2008, NZZ 07.11.2008, NZZ 22.11.2008, NZZ 20.11.2008, NZZ 13.11.2010.

197　„Ich meine, ich versuche immer zu verstehen, ich bin Wissenschaftler, ich bin im Prinzip darauf getrimmt meine Emotionen irgendwo weit im Kellerbereich zu halten und die ganze Sache nur sachlich anzugehen. Und ich kann nicht davon ausgehen, dass Leute das genau gleich tun. Insbesondere, weil ich ja etwas bringe, mit dem ich nachher vielleicht zu Hause nichts zu tun habe. Also ich bring die ja emotionell auf die Palme und in dem Sinne finde ich das alles OK" (Regierungsbehörde 1 CH).

Die Betroffene 2 CH äußert hingegen die Sorge, dass Sachargumente zur Beruhigung der Bevölkerung missbraucht werden könnten.[198] Politische und emotionale Argumente müssen nach Meinung der Vertreterin von Regierungsbehörde 1 CH auch ihren Raum in der Debatte haben. Man müsse aber darauf achten, dass eine Weiterentwicklung stattfinde, da ansonsten *„die Schützengräben (...) immer tiefer [würden]"*. Für eine gute Zusammenarbeit sei es ihrer Meinung nach notwendig, zwischen genereller Unzufriedenheit mit dem Verfahren und Unzufriedenheit aufgrund von persönlicher Betroffenheit zu trennen.[199] Weiterhin wird ein Einbezug sozio-ökonomischer Argumente, d.h. u.a. Entwicklungsmöglichkeiten für die Standortregion, von mehreren Expertinnen als legitim und wünschenswert angesehen (Betroffene 1 CH, Regierungsbehörde 2 CH, Abfallverursacher).

Zusammenfassend werden im Makrodiskurs und in den Interviews von den Behördenvertreterinnen CH und der Vertreterin der Abfallverursacher CH Sachargumente als die wichtigste Art von Argumenten beschrieben. Gleichzeitig wird aber auch anerkannt, dass Raum für politische Argumente sein muss. Insbesondere die Vertreterin der Betroffenen 2 CH betont die Wichtigkeit der politischen Debatte.

Die Umsetzung von Kompromissvorschlägen

Kompromissvorschläge sind im Makrodiskurs zu finden. Diese beziehen sich aber nicht auf Kompromisse, die im Rahmen spezifischer mikro-deliberativer Ereignisse gefunden wurden. Sie entstanden durch ein nicht genauer nachvollziehbares Aufgreifen der Kritik am Entsorgungsnachweis durch den damals zuständigen Bundesrat Moritz Leuenberger und einem Aufgreifen bestimmter Forderungen durch das Parlament in der Erarbeitung des Kernenergiegesetzes.

---

198   „(...) wir wollen nicht, dass es irgendwie unter dem Motto abgeht, wir haben technisch alles im Griff, vertraut uns, wir machen das schon gut. Sondern wir wollen die politische Diskussion führen, eben in Bezug zuallererst auf die Sicherheit, dann auf die Bedeutung für den unüberschaubaren Zeitrahmen (...)" (Betroffene 2 CH).

199   „Ich glaube es gibt, was die Zufriedenheit betrifft – sagen wir mal – zwei Seiten. Man kann mit dem Verfahren als solches zufrieden sein und kann sagen, doch das ist ein gutes Verfahren. Man kann natürlich einfach, auf einer emotionellen Seite unzufrieden sein, weil es einen persönlich betrifft und sagen, ich hätte es lieber woanders. Und ich glaube, die beiden Ebenen muss man einfach auch unterscheiden können, denn sonst tut man sich mit der Zeit furchtbar weh. Also ich merke das manchmal auch dass Leute, die extrem emotionell involviert sind, das geht auf Dauer nicht gut" (Regierungsbehörde 1 CH).

Sie sind also keine Folge mikro-deliberativer Ereignisse, sondern ein Faktor, der die Entstehung solcher Ereignisse gefördert hat.

Im Kernenergiegesetz wurde die Forderung nach einem Einbezug der Nachbarkantone und der angrenzenden deutschen Gemeinden aufgenommen (TA 06.03.2003, NZZ 11.03.2003). Damit wurde ein von vielen Akteuren geforderter Aspekt, nämlich der Einbezug Deutschlands, aufgegriffen und verhindert, dass dieser Punkt in seinen Grundsätzen zu einer Konfliktlinie wird. Bundesrat Moritz Leuenberger unterstützt diesen Einbezug mit dem Argument, dass *„diese Brücke (...) für die Akzeptanz eines Gesetzes entscheidend sein [kann], das kein Veto des Standortkantons mehr vorsieht"* (NZZ 06.03.2003b). Die neu eingeführte Möglichkeit eines fakultativen Referendums über den Rahmenbewilligungsbescheid wurde vom Ständerat und der zuständigen Kommission im Nationalrat als Kompromiss im Hinblick auf die Abschaffung des kantonalen Vetorechts eingeführt.[200]

Als Kompromissvorschlag an die Bevölkerung, sozusagen im Austausch gegen das Vetorecht, kann das von Bund und Nagra häufig geäußerte Versprechen von Transparenz gewertet werden.

> *„Nach 30 Jahren Streit und viel Widerstand versprechen die Behörden Transparenz. «Man kann nicht weiter am Volk vorbeiplanen. Der rein technokratische Ansatz funktioniert nicht mehr», erklärt Aebersold"* (TA 24.05.2005).

Wichtiger Bestandteil des Transparenzversprechens ist die Vorab-Festlegung von Auswahlkriterien im Sachplan. Ein Journalist hebt hervor, dass dies deshalb wichtig sei, *„gerade weil die Nagra in Benken längst gebohrt und den Entscheid quasi vorweggenommen hat"* (TA 24.05.2005).

Gleiches gilt auch für die Forderung, verschiedene Standorte zu untersuchen. Diese von mehreren Seiten formulierte Forderung wurde von Bundesrat Moritz Leuenberger aufgegriffen und ohne in den Medien sichtbaren Widerstand umgesetzt. Auch der Beschluss, das Suchverfahren durch einen Sachplan festzulegen, wurde nicht problematisiert. Durch diesen Beschluss wurde weiterhin

---

200 „Als Kompromiss und Brückenschlag pries Kommissionssprecherin Forster die neu vorgesehene und im Ständerat unbestrittene Einführung eines fakultativen Referendums auch für Endlagerprojekte an: Bisher war dieses Instrument, das allerdings eine nationale Mehrheit gegen einen direkt betroffenen Standortkanton möglich macht, nur für den Bau neuer AKW vorgesehen" (TA 27.11.2002).

einer Konfliktentwicklung bezüglich des Entsorgungsnachweises entgegen gewirkt. Verschiedene Akteure äußerten die Meinung, dass dieser nicht erbracht worden sei oder forderten zumindest die Überprüfung durch eine zweite, unabhängige Gruppe von Wissenschaftlern (NZZ 08.07.2003). Durch den Beschluss, dass der Entsorgungsnachweis noch kein Standortentscheid ist, und die Konzentration der Medien auf den Sachplan rückte diese Forderung aus dem Rampenlicht.

Die Begründung zentraler Entscheidungen

Wenn kollektive und Einzel-Akteure ihre Aussagen nachvollziehbar begründen, kann das als ein Hinweis auf einen „deliberativen Drift" interpretiert werden. Im Fall des Makrodiskurses in der Schweiz sind die Begründungen aber eher als fördernder Faktor einzustufen, da insbesondere die strittige Diskussion um die Abschaffung des Vetorechts in der NZZ in ihren Berichten aus dem Kantonsrat, dem Ständerat und dem Nationalrat ausführlich mit Begründungen beider Seiten dargestellt und damit in der Erstellung der Rahmenbedingungen für den Sachplan Nachvollziehbarkeit hergestellt wurde.

Die am häufigsten genannte Begründung für die Abschaffung des kantonalen Vetorechts ist, dass ein solches *„Lösungen verhindert".*[201] Ein weiteres Argument ist, dass die Entsorgung Bundesaufgabe sei und der Bund damit auch den Entscheid über den Endlagerstandort fällen müsse.[202] Das Föderalismusargument sei in diesem Fall nur eine Verhinderungstaktik (NZZ 24.09.2002). Eine nationale Lösung für die Abfälle würde gebraucht und dürfe nicht verhindert werden (NZZ 06.03.2001). Außerdem würde ein Volksentscheid die Qualität der Entsorgung nicht verbessern. Im Gegenteil wurden *„Zweifel geäussert, dass sich die Beurteilung solcher Konzessionsgesuche für Volksentscheide eigne. Diese seien besser an fachlich-naturwissenschaftlichen Gesichtspunkten zu messen"* (NZZ 06.03.2001). Diese Argumente werden von Vertretern von SVP, FDP und CVP sowie dem Zürcher Kantonsrat und Mitgliedern der Zürcher Regierung vertreten. Die zuständige Kommission im Zürcher Kantonsrat sieht auch ohne das Vetorecht die Möglichkeit für *„Betroffene und Fachinstanzen (...) ihre Interessen und Bedürfnisse bei der Vernehmlassung des Bundes [einzubringen]"* (TA 06.03.2001).

---

201   NZZ 06.03.2003, auch: NZZ 27.11.2002, TA 27.11.2002, NZZ 06.03.2003a, TA 06.03.2003.
202   NZZ 06.03.2001, TA 06.03.2001, NZZ 30.03.2002, NZZ 27.11.2002.

Gegen die Abschaffung des Vetorechts werden ebenfalls verschiedene Argumente vorgebracht. Eine häufige Begründung ist die des nicht gerechtfertigten Demokratieabbaus und einer Aufhebung des Föderalismus (NZZ 06.03.2003a, NZZ 06.03.2003b, NZZ 11.03.2003). Föderalismus bedeute auch, dass schwierige Entscheide nicht automatisch auf den Bund übertragen werden dürften (NZZ 11.03.2003, TA 27.11.2002), insbesondere wenn es sich um ein Vorhaben handele, bei dem die Bevölkerung stark betroffen sei (NZZ 06.03.2001, TA 06.03.2001). Außerdem sei ein Endlager auch ohne Vetorecht nicht durchsetzbar, wenn die Bevölkerung vor Ort dieses nicht gutheißen würde.[203] Die Sicherheitsfrage sei noch ungeklärt und *„«Ein Projekt, das an die Urne kommt, wird qualitativ besser», meinte Ueli Annen (SP, Illnau-Effretikon)“* (NZZ 06.03.2001, TA 06.03.2001). Diese Argumente werden von Vertretern der GP und SP sowie von Bundesrat Moritz Leuenberger vorgebracht. Das Argument des Demokratieabbaus wird von Vertretern der FDP, der Industrie sowie der zuständigen Nationalratskommission und dem Ständerat zurückgewiesen, mit dem Hinweis, dass durch die Einführung des fakultativen Referendums über den Rahmenbewilligungsbescheid eher von einer Stärkung der Demokratie zu sprechen sei.[204]

Gemeinde- und Kantonsvertreter begründen ihre Forderungen nach einer Einbeziehung sozio-ökonomischer Faktoren in die Standortauswahl mit den Belastungen, die die jeweilige Region oder der jeweilige Kanton bereits tragen, und den ökonomischen Nachteilen, die aus der Platzierung eines Endlagers entstehen könnten. Beispielsweise sei Schaffhausen stark vom Tourismus abhängig, den es durch ein Endlager gefährdet sieht (NZZ 20.11.2008).

Weitere Beispiele sind Debatten auf Kantonsebene, ob man sich in das Verfahren einmischen solle. In allen Fällen werden die Ablehnungen der Einmischung inhaltlich begründet.[205] Beispielsweise sieht der Zürcher Regierungsrat es als nicht notwendig an, ein Zweitgutachten zur Sicherheit eines Endlagers in Auftrag zu geben. *„Der Schutz der Bevölkerung stehe in allen Verfahren im Vordergrund, und der Kanton Zürich sei über verschiedene Organe in diese Prozesse eingebunden“* (TA 23.07.2010).

Auch in technisch-wissenschaftlichen Streitfragen begründen verschiedene Akteure ihre Aussagen. Beispielsweise wird im Rahmen der Diskussionen über den Entsorgungsnachweis von Teilen der interessierten Öffentlichkeit argumentiert, dass dieser nicht erbracht sei, da man noch keine geeigneten Behälter ent-

---

203   NZZ 06.03.2001, NZZ 27.11.2002, TA 06.03.2003, NZZ 06.03.2003a.
204   TA 27.11.2002, NZZ 06.03.2003b, TA 06.03.2003, NZZ 13.03.2003.
205   NZZ 08.07.2003, NZZ 08.07.2003, NZZ 16.05.2008, TA 17.05.2008, TA 19.05.2008.

wickelt habe. Die Nagra sei aber der Ansicht, dass *„die grundsätzliche Machbarkeit (...) wegen der Behälter nicht in Frage gestellt [sei]"* (NZZ 19.09.2005).

Diese Begründungen können als fördernde Faktoren eingestuft werden, da durch sie der Weg hin zum Sachplanverfahren und das Verhalten der Kantone im Sachplanverfahren für die interessierte Öffentlichkeit nachvollziehbar wird. Zwar zeigt das Beispiel des Zürcher Kantonsrats, dass auch das Sachplanverfahren selbst als Begründung für die Ablehnung einer weiteren Einmischung herangezogen wird, jedoch liegt der Effekt hier nicht auf der Ebene der Tatsache, dass begründet wird.

8.2.3 Hemmende Faktoren auf Verfahrensebene

Uneinigkeit über die Rolle der Kantone

Die Abschaffung des Vetorechts[206] ist zwar als Konfliktlinie aus dem Makrodiskurs verschwunden. In den Interviews mit den Expertinnen wird aber deutlich, dass sie auf der Mikroebene weiterhin Bestand hat. Die Argumente, die während der Verhandlungen zum Kernenergiegesetz gegen die Abschaffung des Vetorechts vorgebracht wurden, sind inhaltlich nicht ausgeräumt.

Eine Bürgerinitiative sieht beispielsweise die Grundlagen für ein nachvollziehbares Verfahren nicht mehr als gegeben: *„Nach diesem «politisch unfairen Entscheid» seien die fundamentalen Grundlagen für ein gerechtes und nachvollziehbares Verfahren beim Bau von Endlagern nicht mehr gegeben, schreibt das Komitee [‚Atomfragen vors Volk']"* (NZZ 06.03.2003).

SP und Grüne sprachen sich in Parlamentsdebatten zum Gesetz eher für ein kantonales Mitspracherecht aus, CVP, SVP und FDP eher dagegen (NZZ 07.11.2002, NZZ 27.11.2002, TA 06.03.2003). Die Schweizerische Energiestiftung ist ebenfalls für ein Vetorecht für die Kantone. *„Liege einmal ein «hieb- und stichfestes Konzept» für den geologisch besten Standort vor, werde die Bevölkerung dem auch problemlos zustimmen"* (NZZ 13.01.2007). Bereits vorher hatte sie das gesamte Sachplanverfahren als für die Konfliktlösung ungeeignet eingestuft, da die Aspekte der Bürgerbeteiligung ungenügend seien und das Entsorgungskonzept nicht überzeuge (NZZ 16.03.2006). Auch die Aargauer Regierung ist zu Zeiten der Erstellung des Sachplans für ein kantonales Vetorecht, d.h. *„nicht nur Mitwirkung, sondern Mitsprache. Nur so könne die Akzeptanz der Bevölkerung für ein Endlager erhöht werden"* (NZZ 02.11.2006).

---

206   Siehe Kapitel 7.3.1 „Gesetzgebung".

Im Interview vertritt die Vertreterin der Abfallverursacher CH die Ansicht, dass die Abschaffung des Vetorechts indirekt demokratisch legitimiert sei, da kein Referendum gegen das neue Kernenergiegesetz ergriffen wurde. Die Vertreterin von Regierungsbehörde 2 CH sieht ein Problem darin, dass viele Akteure die Abschaffung des Vetorechts nicht akzeptierten, diese müsse als gesetzlicher Rahmen aber akzeptiert werden. Da Endlagerung eine nationale Aufgabe sei, sei die nationale Volksabstimmung der richtige Weg (Regierungsbehörde 2 CH, Betroffene 1 CH). Die Vertreterin der Betroffenen 2 CH bezeichnet die Abschaffung des Vetorechts der Kantone als konfliktfördernd. Sie befürchtet, dass die momentane Mitbestimmung *„Augenwischerei"* sein könne. Bereitschaft zur Mitarbeit am Verfahren bestehe dann, wenn es um die *„relevanten Fragen"* ginge.

Bisher scheint dieser unterschwellige Konflikt die Umsetzung des Sachplanverfahrens nicht zu behindern. Inwiefern sich dies in Zukunft ändern wird, bleibt offen. Für einen Wandel hin zu deliberativer Endlager-Governance ist ein Vetorecht nicht zwingend nötig, es schränkt aber die Möglichkeiten der „weiteren kollektiven Akteure", die Endlagerpolitik mitzugestalten, erheblich ein.

Die Vertreterin der Abfallverursacher CH spricht im Interview den Aufbau des Sachplanverfahrens als ein weiteres strukturelles Problem an, welches ihrer Ansicht nach zu Problemen im Verfahren führen könne. Mit diesem werde eine Parallelstruktur zu den etablierten Entscheidungswegen aufgebaut, ein Beispiel dafür seien die Regionalkonferenzen.[207] Diese Sicht wird sonst von keinem der kollektiven Akteure im Makrodiskurs und auch von keiner der interviewten Expertinnen benannt.

Teilweise mangelhafte Kontextbedingungen für Partizipation

Obwohl der Sachplan allgemein als ein gutes Verfahren anerkannt wird, nennen insbesondere die Expertinnen in den Interviews Kritikpunkte an der Ausgestaltung des Verfahrens und Schwierigkeiten in dessen Umsetzung.

Auf allgemeiner Ebene werden vor allem die Schwierigkeiten in der Kommunikation zwischen verschiedenen kollektiven Akteuren und die langwierigen

---

207 „Wir haben sehr stark darauf hingewiesen, dass man die institutionellen, die etablierten, demokratisch legitimierten Gremien nicht außen vor lassen soll und eine Parallelstruktur aufbauen. So, mit diesen Regionalkonferenzen zeigt sich jetzt, dass das vielleicht nicht ganz ungerechtfertigt war diese Kritik, indem die, die Kantone bei diesem Prozess außen vor waren und die Kantone sind auch Träger der Raumplanung bei uns in unserem Land (…)" (Abfallverursacher CH).

Lernprozesse, die vonnöten sind, um solche Schwierigkeiten zu mildern, benannt. Laut den Vertreterinnen der Regierungsbehörden 1 und 2 CH, den Betroffenen 1 und 2 CH und der Beobachterin CH betrifft dies alle kollektiven
Akteure. Die Behörden und die Nagra müssten lernen, komplexe Sachverhalten
angemessen darzustellen und zu vermitteln[208]; die interessierte Öffentlichkeit
müsse bereit sein, sich in die wissenschaftlichen Problematiken der Endlagerung
hinein zu denken.[209] Der unterschiedliche Kenntnisstand in Fachgesprächen, der
zwischen der interessierten Öffentlichkeit und Experten bestehe, sei für Erstere
auf Dauer frustrierend:

> *„An einer Fachgruppensitzung habe ich auch mit einem Mann geredet*
> *und habe ihm gesagt, ich glaube, was Ihr Problem ist, ist dass Sie schon*
> *ein bisschen was wissen, aber noch nicht so viel wissen, dass Sie jedes*
> *Mal, wenn Sie in einer Fachgruppensitzung mit den so genannten Exper*
> *ten oder denen von der Bundesbehörde reden, den Eindruck gewinnen,*
> *die reden immer noch auf einem total anderen Niveau. Die sind noch auf*
> *einem anderen Planeten. Und ich glaube, das, das kann sehr frustrierend*
> *sein, dass die so das Gefühl haben, jetzt habe ich doch das Gefühl, ich*
> *hätte gelesen, ich habe das durchgedacht, ich habe das Gefühl, ich habe*
> *es verstanden und dann kommt man wieder hin und dann kommen wieder*
> *völlig andere Aspekte und ich habe keinen blassen Schimmer"* (Regie
> rungsbehörde 1 CH).

Die Vertreterin von Regierungsbehörde 1 CH wirft damit eine Problematik einer
Debatte auf, deren Teilnehmer allein aufgrund personeller und zeitlicher Ressourcen, die ihnen zur Verfügung stehen, aber auch unterschiedlichem statusbedingtem Zugang zu Informationen, aus unterschiedlichen Wissensbeständen
heraus argumentieren. Umgekehrt sei es oft schwierig für die Experten abzuschätzen, inwiefern ihre Argumente von der interessierten Öffentlichkeit als

---

208 „Manchmal ist es ganz gut, wenn man nicht alleine (…) sondern wir [zusammen] da an eine
     Veranstaltung gehen und ich kann dann von meinen Arbeitskollegen ein Feedback kriegen. Der
     sagt, der Vortrag, der war total kompliziert, das war einfach nicht mundgerecht für diese Leute.
     Oder das war OK, oder diese Frage, die hast du gut beantwortet und diese Frage, das hätte ich
     ganz anders beantwortet oder so" (Regierungsbehörde 1 CH).

209 „Aber dann erwarte ich, dass es auf der anderen Seite die Vorwürfe, die erhoben sind, qualifiziert sind, das heißt referenziert sind, nachvollziehbar wie ich zu diesen Punkten komme. Dann
     kann man den wissenschaftlichen Diskurs führen" (Abfallverursacher CH).

hinreichend anerkannt wurden oder nicht, da diese sich dazu oft nicht äußere (Regierungsbehörde 1 CH).[210]

Eine offene Frage in diesem Zusammenhang ist auch der Umgang mit Unsicherheit. Während die Vertreterin von Regierungsbehörde 1 CH der Meinung ist, dass wissenschaftliche Abwägungen nicht kommuniziert werden sollten[211], ist die Beobachterin CH der Meinung, *„ (...) sie müssen da eine Vorwärtsstrategie lernen und nicht den Leuten irgendetwas vorgaukeln, das kommt nicht gut an. Was ankommt, das haben wir auch festgestellt, Authentizität"* (Beobachterin CH). Beide nennen als zentralen Punkt, dass man bei Veranstaltungen *„authentisch"* wirken müsse.

Auf der Verfahrensebene müssten die zuständigen Behörden noch stärker darauf achten, alle betroffenen Gruppierungen der Öffentlichkeit und alle betroffenen Behörden einzubinden (Beobachterin CH, Abfallverursacher CH).[212] Die Vertreterin der Abfallverursacher CH ist der Meinung, dass sich der Konflikt mit den *„klaren Opponenten"* durch den Sachplan nicht verbessert habe. Auch die Vertreterinnen von Regierungsbehörde 1 und 2 CH berichten von Einzelpersonen, die kein Interesse an deliberativer Konfliktbearbeitung zeigen; diese beschränkten sich aber auf wenige Regionen. Es sollten verschiedene Arten von Beteiligungsmöglichkeiten organisiert werden, die von Einzelinterviews bis hin zu großen Informationsveranstaltungen reichen können.[213] Wichtig sei dabei,

---

210 „Hingegen wenn ich vor 20 Leuten bin und einen Vortrag halte und nachher ein paar sehr gute Fragen bekomme, weiß ich nicht was die Leute plötzlich mit diesen Antworten machen. Trauen die mir jetzt? Trauen die sich nicht mir zu widersprechen? Ich habe also kein Gefühl für die Wirkung von dem, was habe ich eigentlich erreicht?" (Regierungsbehörde 1 CH).

211 „Das sind sozusagen, das ist eine, eine klare Botschaft, wenn ich dann anfange hier, dafür spricht aber dagegen und dafür und, und diese ganze Abwägung, die ich natürlich im Kopf habe, die auch zur fachlichen Diskussion gehört, aber die irgendwo nicht in die Öffentlichkeit getragen werden muss, weil die Öffentlichkeit das falsch verstehen würde" (Regierungsbehörde 1 CH).

212 „(...) das war ja eine unserer Erkenntnisse, dass man halt auch von Seiten der Verantwortlichen beim BFE sehr lange auf die beiden Pole sich fokussiert hat, die starken Gegner eines Lagers und die starken Befürworter, wenn es die dann überhaupt gibt. Und eigentlich, das sind jeweils nur ein paar Prozent bezogen auf die Gesamtbevölkerung und wir sagen eben die mittlere Gruppe, die hat man eigentlich vernachlässigt und von der weiß man auch sehr wenig" (Beobachterin CH). Siehe auch Fußnote 207.

213 „Also was ich damit sagen will, Großveranstaltungen würde ich eher kritisch anschauen, braucht es vielleicht auch, aber es braucht ganz unterschiedliche Gefäße, um auf die unterschiedlichen Präferenzen der Leute einzugehen. Das kann ein Einzelinterview sein, das kann eine Gruppendiskussion sein, das kann ein Expertenhearing auch sein oder das kann auch eine größere Informationsveranstaltung sein. Also ich glaube eine Kombination, die gut gewählt ist,

Reflexionsprozesse anzuregen, denn Konfliktlösung sei nur möglich, wenn die interessierte Öffentlichkeit sich intensiv mit der Thematik auseinandersetze.

> *„Aber diese Regionalkonferenzen und diese Arbeitsgruppen und man darf nicht vergessen, dass die Leute, die dort einsitzen, natürlich eine Vermittlerfunktion haben und ihr Wissen dann wieder in ihr Netzwerk einspeisen können, da glaube ich dann schon, das ist Information, aber es ist Vertrauensaufbau und es ist vor allem Reflexion über das Thema. Und das kann – meiner Meinung nach – ein Schlüssel sein, dass überhaupt etwas in Bewegung kommt"* (Beobachterin CH).

Inwiefern das Sachplanverfahren konfliktlösend ist, zeige sich ihrer Meinung nach erst zum Ende von Etappe 2, wenn je zwei Standorte für schwach- und mittelaktive sowie hochaktive Abfälle bestimmt werden.

Auf der Ebene der mikro-deliberativen Ereignisse selbst bedeute ein gutes Verfahren, dass alle mit ihren Sorgen und Anliegen, auch positiven Äußerungen, zu Wort kommen könnten. Dies sei noch nicht bei allen Veranstaltungsformaten gegeben, insbesondere nicht bei Informationsveranstaltungen (Abfallverursacher CH, Regierungsbehörde 2 CH, Betroffene 1 CH, Beobachterin CH). In den Regionalkonferenzen sei die große Arbeitsbelastung für die Mitglieder problematisch, auch wenn die Unterstützung durch die Behörden schon viel besser geworden sei (Betroffene 1 und 2 CH). Für die Aufarbeitung der Dokumente und die Einladung von Experten seien Ressourcen notwendig (Betroffene 2 CH) und es müsse genügend Zeit für die einzelnen Projektschritte eingeplant werden, damit sich auch die ehrenamtlich tätigen Mitglieder der Regionalkonferenzen in die Materialien einarbeiten könnten. Insgesamt sei der Zeitplan etwas zu straff (Betroffene 1 CH).[214]

Die Vertreterinnen der Abfallverursacher CH und der Regierungsbehörden 1 und 2 CH sehen es insbesondere als notwendig an, Räume zu schaffen, in denen sich diejenigen, die sich gerne informieren möchten, dies auch können. Bei großen Veranstaltungen sei dies oft nicht möglich, da Personen mit starker in-

---

ist vermutlich das Richtige, weil die Leute haben unterschiedliche Vorstellungen" (Beobachterin CH).

214 „(…) und diese Studie hat jetzt 260 Seiten, also heißt das für diese Mitglieder, lest das mal und dann beginnen wir. Und das kann nicht einfach sein, dass das innerhalb von ein, zwei Wochen oder Monaten passiert, weil alle Leute arbeiten ihren Beruf und alle Leute kommen am Abend oder am Samstag zusammen für diese Arbeiten und mehr liegt nicht drin und wir fordern jetzt mehr Zeit vom BFE" (Betroffene 1 CH).

haltlicher Festlegung diese oft dominierten. Informationsveranstaltungen in kleineren Gruppen ohne Anwesenheit von Massenmedien (wie z.B. die Fachgruppen in den Regionalkonferenzen) und Einzelgespräche erschienen deshalb geeigneter. Es müsse aber weiterhin für alle Arten von Äußerungen Platz sein im Verfahren (Regierungsbehörde 1 CH).

Auch im Makrodiskurs werden die Informationsveranstaltungen teilweise als mangelhaft dargestellt. Dies betrifft vor allem die Qualität der Antworten, die dort auf Fragen aus der interessierten Öffentlichkeit gegeben werden.[215] Auch die Bekanntgabe der Informationsveranstaltungen wird von einer Gemeinderätin als unzureichend, weil zu spät, angesehen.[216]

Die Nähe zu Deutschland

Die potentiellen Standorte in der Schweiz liegen alle nahe der deutschen Grenze. Im Sachplanverfahren wird die deutsche Seite explizit mit einbezogen. Trotzdem sind im Makrodiskurs Debatten darüber zu finden, wie dieser Einbezug ausgestaltet werden sollte. Beispielsweise wird von einem Vertreter von Klar! Schweiz und den Gemeinderatsmitgliedern der angrenzenden deutschen Gemeinden gefordert, dass die deutsche Bevölkerung mit den gleichen Beteiligungsrechten ausgestattet werden solle wie die Schweizer (NZZ 13.09.2004, NZZ 21.03.2006, TA 19.11.2008, TA 13.11.2010). Auch gibt es Forderungen von Seiten der baden-württembergischen Landesregierung, der endgültig ausgewählte Standort müsse die gleichen *„Anforderungen an die Langzeitsicherheit erfüllen wie ein Endlager in Deutschland"* (NZZ 21.03.2006). Im Verhältnis der zwei Länder liegt Konfliktpotential.

Fragilität des ausgehandelten Arbeitskompromisses

Die in den obigen Abschnitten benannten hemmenden Faktoren ergeben das Bild eines Ansatzes, der zwischen Endlager-Management und deliberativer Endlager-Governance liegt und in seiner momentanen Form von den beteiligten kollektiven Akteuren anerkannt wird, die diese Anerkennung gleichzeitig aber jederzeit aufkündigen könnten. Da die Berichterstattung im Makrodiskurs meist auf einer sehr allgemeinen Ebene liegt und in den Experteninterviews offene Konfliktpunkte sichtbar werden, die auf der Makroebene nicht sichtbar sind,

---

215 Siehe Fußnote 120.
216 „Mehrere Unterländer Behördenmitglieder sind der Ansicht, dass der Kanton zu wenig gut informiert hat über den Anlass. Auch Hösli hat festgestellt, dass nicht alle Anwohner die Inserate für die Infoveranstaltung in den Zeitungen gelesen haben" (TA 18.11.2008).

muss davon ausgegangen werden, dass die Bereitschaft, Hürden abzubauen und in einen Diskurs zu treten, jederzeit wieder abnehmen kann, da einige Konfliktpunkte offensichtlich nicht im Makrodiskurs sichtbar sind. Diese Einschränkung benennt die Vertreterin der Betroffenen 2 CH direkt: sie sieht permanent die Gefahr, dass das Verfahren die engen Grenzen dessen, was sie als annehmbar ansieht, verlässt: *„Wir wollen es nicht einfach nur blockieren und torpedieren, aber wir wollen auch nicht so viel Arbeit leisten für die Katz, wenn es nur darum geht noch über irgendwelche kleinen Details zu entscheiden und nicht mehr über die relevanten Fragen"* (Betroffene 2 CH). Insbesondere gilt dies für die Uneinigkeit zwischen den kollektiven Akteuren bezüglich der Themen, zu denen Deliberation bzw. Partizipation stattfinden sollte. Ein weiterer Aspekt, der möglicherweise in Zukunft zu Konflikten führen kann, ist die Frage der zugelassenen Argumente.

8.2.4 Hemmende Faktoren auf Diskursebene

Uneinigkeiten in der Auslegung von Aspekten der Problemdefinition

Obwohl die grundlegende Problemdefinition der meisten kollektiven Akteure in der Schweiz relativ einheitlich zu sein scheint[217], gibt es Divergenzen, die Konfliktpotential beinhalten. Im Makrodiskurs in der Schweiz lassen sich zwei unterschiedliche Arten von Divergenzen in den Problemdefinitionen feststellen:

1) Grundlegende Divergenzen in der Definition eines Problemaspekts, die keinen Kompromiss zulassen,

2) Uneinigkeit über die Bedeutung eines Problemaspekts in der Problemdefinition.

Die Debatte über das kantonale Vetorecht kann als einzige der Kategorie 1) zugeordnet werden. Während die Befürworter die demokratische Tradition der Schweiz hervorheben, die traditionell eine starke Rolle für die Kantone vorsehe, betonen die Gegner die Notwendigkeit einer Problemlösung und sehen das kantonale Vetorecht als einen hemmenden Faktor. In dem Zeitraum, in dem diese

---

217 Siehe Kapitel 8.2.2 „Eine einheitliche Problemdefinition" und 8.2.3 „Uneinigkeit über die Rolle der Kantone".

Debatte eine zentrale Rolle in der Berichterstattung einnimmt, ist keine Annäherung zwischen diesen beiden Gruppen zu beobachten.[218]

Das einzige Beispiel für Kategorie 2) ist die Debatte über die Berücksichtigung sozio-ökonomischer Aspekte in der Standortbeurteilung. Selbst in dieser ist nur ein kleiner Teilaspekt kontrovers. Generell herrscht Einigkeit darüber, dass sozio-ökonomische Aspekte berücksichtigt werden sollten, Sicherheit jedoch Priorität habe. Trotzdem nennen Gemeinde- und Kantonsvertreter immer wieder bereits bestehende Belastungen als Argument gegen ein Endlager in ihrer Region, ohne auf Sicherheitsfragen Bezug zu nehmen.[219] Die sozio-ökonomischen Auswirkungen nehmen damit eine zentrale Position in der Problemdefinition dieser Akteure ein. Eine Vertreterin der GP argumentiert hingegen für eine kleinere Rolle dieser Faktoren, indem sie den Kantonsvertretern vorwirft, ihre Mitverantwortung für die Abfälle von der Hand zu weisen, mit Hinweis auf Belastungen, die sie durch ihre Politik selbst zu verantworten hätten.[220] Sie weist damit das Argument zurück, dass bestehende Belastungen der Kantone verglichen und das Ergebnis dieses Vergleichs mit großer Gewichtung in die Bewertung der potentiellen Endlagerstandorte eingehen sollte. Es bleibt abzuwarten, ob diese Uneinigkeit in späteren Phasen des Sachplanverfahrens zu Konflikten führen wird.

Uneinigkeiten im Wunsch nach Deliberation

Zwar sprechen sich alle Expertinnen in den Interviews für eine deliberative Konfliktbearbeitung aus[221], allerdings schätzen sie das Potential von Deliberation und die Themen, zu denen diskutiert werden sollte, unterschiedlich ein. Einige Expertinnen äußern Grenzen, die sie bezüglich der Themen sehen, bei denen die interessierte Öffentlichkeit mitsprechen kann; diese Grenzen seien teilweise auch durch den gesetzlichen Rahmen festgelegt (Abfallverursacher CH; Regierungsbehörde 1 und 2 CH).[222] Die Vertreterin der Abfallverursacher CH beschränkt

---

218 Zur Debatte über die Abschaffung des kantonalen Vetorechts siehe Kapitel 7.3.1 „Gesetzgebung".

219 Für eine Darstellung der Debatte um sozio-ökonomische Faktoren siehe auch Kapitel 8.2.2 „Eine einheitliche Problemdefinition".

220 Siehe Fußnote 156.

221 Siehe Kapitel 8.2.2 „Wunsch nach Deliberation".

222 Zum Beispiel: „Die gesetzlichen Vorgaben sind nicht verhandelbar. Die Schweiz hat entschieden, geologische Tiefenlager für alle Abfallkategorien zu realisieren. Wir können nicht diskutieren, machen wir jetzt ein unterirdisches Zwischenlager, der Gesetzgeber hat es anders vorge-

den Lerneffekt, den sie aus Deliberation ziehen könne, auf die Debatte um Entwicklungsziele der Regionen und potentielle Konflikte. Die Vertreterin von Regierungsbehörde 1 CH schränkt ihren Willen zum Dialog insofern ein, als dass darauf geachtet werden müsse, dass der wissenschaftliche Diskurs beendet sei, bevor man an die Öffentlichkeit gehe, um dort zumindest von Behördenseite aus geschlossen auftreten zu können.[223] Anerkennung finden damit bei den Vertreterinnen der Regierungsbehörden 1 und 2 und des Abfallverursachers vor allem die Wissensbestände der interessierten Öffentlichkeit und der Kantone, die sich auf das Verfahren beziehen, d.h. beispielsweise die Frage, ob ein Standortauswahlverfahren durchgeführt werden solle und ob dieses noch auf einem guten Weg sei.

Andere sehen diese Grenzen skeptisch und fordern eine Beteiligung an substantiellen Fragen, nicht an Detailfragen (Betroffene 2 CH).[224] Die Vertreterin der Abfallverursacher CH sowie die Betroffenen 1 und 2 CH sehen auch bei der allgemeinen Öffentlichkeit Einschränkungen hinsichtlich des Willens zum Dialog.[225] Beispielsweise hätten Mitarbeiter der Nagra und von Behörden bereits Redeverbot auf Regionalkonferenzen erhalten.

> *„Und die Regionalkonferenz hat diskutiert und (...) irgendwann hat sich ein Vertreter der Nagra gemeldet und wollte etwas beifügen zu dieser ganzen Diskussion und dem wurde das Wort unterbunden. (...) Da heißt es, er sei Gast und er habe zu schweigen. Und es wurde abgestimmt, darf er reden, darf er nicht reden. Und er durfte nicht reden"* (Betroffene 1 CH, ähnlich auch Regierungsbehörde 1 CH).

Die Ergebnisoffenheit der jeweils anderen kollektiven Akteure und deren Bereitschaft, bessere Argumente anzuerkennen, wird von den Expertinnen als schwer einschätzbar angesehen (Betroffene 2 CH, Abfallverursacher CH, Regierungsbehörde 1 und 2 CH). Die Vertreterin der Betroffenen 2 CH schildert von ihrem Eindruck, dass es teilweise so wirke, als habe die Nagra den Standortentscheid schon gefällt:

---

sehen. Wenn man das ändern [wollte] (...) müsste man diesen Prozess neu anstoßen. Ansonsten gelten diese Regeln" (Abfallverursacher CH).

223 Siehe Fußnote 211.

224 Siehe Kapitel 8.2.3 „Fragilität des ausgehandelten Arbeitskompromisses".

225 „Sie haben sicher ein Segment, das einfach nicht will. Und dann können sie sich auf den Kopf stellen, mit den Ohren wackeln, den Dialog suchen, sie werden auf keinen gemeinsamen Nenner kommen, das glaube ich nicht" (Abfallverursacher CH).

„Und wo es hin kommt weiß man noch nicht. Wir haben immer noch gro-
ße Befürchtungen, dass es dann am Schluss trotzdem Benken sein wird,
(...) die andere Seite pocht immer wieder drauf, dass das halt das wirk-
lich best-untersuchteste Gebiet ist, die am meisten Daten haben von da,
die Opalinusschicht ist auch am schönsten und am dicksten hier bei uns"
(Betroffene 2 CH).

Die Vertreterin der Abfallverursacher CH betont dagegen ihre eigene Ergebnisoffenheit:

„(...) wir wissen wirklich noch nicht wo wir am Schluss sind. Wir haben
drei Regionen beobachtet für die Abfälle, für mich ist unklar, wo wir am
Schluss enden, also wir haben nicht in dem Sinne eine Hidden-Agenda-
Sache, OK, jetzt muss beispielsweise, weil wir da den Antrag gestellt ha-
ben, muss es Zürcher Weinland sein" (Abfallverursacher CH).

Teilweise Uneinigkeiten bezüglich der zugelassenen Argumente

Zwar besteht in der Schweiz Einigkeit darüber, dass in Sachfragen Sachargumente gelten sollten, emotionale Argumente durchaus aber auch ihren Raum
haben sollten, solange dieser nicht zu groß werde und damit die Kompromissfähigkeit einschränke. Es wird jedoch deutlich, dass nicht immer Einigkeit über die
Zuordnung von Argumenten zu dem Label „Sachargument" besteht. Die Mit-
sprachefähigkeit bei technischen Fragen sehen die Vertreterinnen der Abfallverursacher und von der Regierungsbehörde 1 CH beispielsweise nicht als nicht
sehr groß. Die Vertreterin von Regierungsbehörde 1 CH erkennt die Wissensbestände der interessierten Öffentlichkeit insofern an, als dass auf diese reagiert
werden muss. Sie ist aber der Meinung, dass sie wenig relevant für ihre Arbeit
seien, in dem Sinne, dass sie die wissenschaftlich-technische Arbeit beeinflussen
würden.[226] Aus den Aussagen der Betroffenen 2 CH wird aber deutlich, dass
Teile der interessierten Öffentlichkeit kritisch beobachten, ob dieser Arbeitsmo-
dus tragfähig ist. Sie weist darauf hin, dass ein freundlicher Umgangston zwi-

---

226 „(...) es gibt viele interessierte Leute, die gute Ideen haben, die auch mit guten Fragen kommen und wenn da (...) wirklich gute Kritikpunkte kommen, dann sind wir auf jeden Fall offen.
(...) Und meistens ist es so, dass wir irgendwie so vier oder fünf Schritte voraus sind, weil wir
bestimmte Dinge ja eigentlich schon mal durchdacht haben und aufgrund von dem haben wir
dann weitere Erkenntnisse gewonnen und sind eigentlich ein paar Schritte voraus" (Regierungsbehörde 1 CH).

schen den kollektiven Akteuren nicht notwendigerweise zu guten Antworten auf ihre Fragen führe. Vielmehr *„müssen [wir] ständig auf der Hut sein, damit es nicht in einer Plattheit endet"*. Sie bemängelt weiterhin, dass die Kommunikation in den Regionalkonferenzen einseitig auf die technische Machbarkeit ausgerichtet sei.[227] Dies sieht auch die Betroffene 1 CH, allerdings bemängelt sie eher ein Verlieren in technischen Details.[228]

8.3   Deutschland

Fördernde Faktoren zeigten sich in der empirischen Analyse in Deutschland keine. Hemmende Faktoren auf dem Weg zu einem Wandel hin zu deliberativer Endlager-Governance zeigten sich auf zwei Arten: erstens durch die Benennung von Mängeln auf Verfahrensebene insbesondere in den Interviews mit den Expertinnen; zweitens durch eine mangelnde Erfüllung prä-deliberativer Anforderungen und auch von Deliberations-Kriterien, deren Erfüllung von den Expertinnen als Voraussetzung für einen Wandel genannt wurden. Diese hemmenden Faktoren werden im Folgenden dargestellt.

8.3.1   Hemmende Faktoren auf Verfahrensebene

Die Expertinnen benennen verschiedene Faktoren auf der Ebene der Organisation von formellen und informellen Arbeits- und Beratungskontexten, die ihrer Meinung nach erfüllt sein müssten, damit eine deliberative Konfliktbearbeitung möglich wäre. Diese Faktoren könnte man theoretisch als Ergänzung zu den von Grunwald (2010a) vorgeschlagenen prä-deliberativen Anforderungen sehen, da ohne eine Einigung auf der Verfahrensebene ein Wandel hin zu deliberativer Endlager-Governance nicht möglich erscheint. Teilweise berühren die prä-deliberativen Anforderungen auch die Verfahrensebene.

---

227   „(...) muss ich neidlos eingestehen, die machen das sehr geschickt, aber wir wollen nicht, dass es irgendwie, unter dem Motto abgeht, wir haben technisch alles im Griff, vertraut uns, wir machen das schon gut" (Betroffene 2 CH).

228   „Und der hatte gefragt, können Sie dann in einem Stollen jetzt Endlagermaterial einlagern und gleichzeitig im Stollen nebenan bohren? Und das sind nicht Probleme von der Regionalkonferenz, also das sind Probleme, die dort vor Ort technisch gelöst werden müssen, und hat mit Sicherheit eigentlich nichts zu tun. Und da verliert man sich natürlich schon gerne so in Einzelfragen" (Betroffene 1 CH).

Mangelnde Klarheit im Verfahren

Die Verfahren der momentanen Endlagerpolitik werden als Faktor angesehen, der einen Wandel zu deliberativer Endlager-Governance hemmt. Dies lässt sich im Umkehrschluss aus den Erzählungen der Expertinnen darüber zeigen, was sie als ein gutes Verfahren ansehen würden.

Ein zentraler Punkt ist demnach die Einhaltung der richtigen Reihenfolge der einzelnen Schritte in einem Verfahren. Dies bezieht sich insbesondere auf die Eingliederung von Bürgerbeteiligung ins laufende Verfahren. Im Fall des FED sei diese beispielsweise nicht eingehalten worden (Regierungsbehörde 1 D).

> *„(...) das FED war an der Stelle auch überfordert, überrumpelt, dadurch dass also dann jetzt hier ein politischer Wechsel sich eingestellt hatte und sich die Entscheidungslage komplett verändert hat"* (Regierungsbehörde 1 D).

Die mikro-deliberativen Ereignisse werden häufig durch strategische oder tagespolitische Entscheide überdeckt. Auch die Einführung der Möglichkeit der Enteignung von Salzrechteinhabern nach Atomrecht im Jahr 2010 wird als eine solche Vorfestlegung gedeutet. Das BMU begründete diese Änderung mit einer Notwendigkeit von Handlungsfähigkeit in Gorleben.[229] Diesbezüglich wird von Seiten der Umweltverbände, hier Greenpeace, ein Mangel an Bürgerbeteiligung kritisiert:

> *„«Das Bergrecht sieht viel weniger Mitspracherecht und Einspruchsmöglichkeiten der Anwohner vor», kritisiert Greenpeace-Aktivist und Wendland-Bauer Mathias Edler. «Was nicht geht: Nach Bergrecht erkunden, aber nach Atomrecht enteignen.»"* (FR 16.09.2010)

SPD und Grüne sehen im Gesetz eine Vorfestlegung auf den Standort Gorleben (FR 16.09.2010, FR 05.11.2010). Unter diese Kategorie fällt laut einem Journalisten auch der Beschluss von Bundesumweltminister Norbert Röttgen im Jahr 2010, Gorleben *„nach altem Bergrecht weiterzuerkunden und somit formale Bürgerbeteiligung zu vermeiden"* (FR 10.11.2010).

Notwendig seien auch Verlässlichkeit und Nachvollziehbarkeit (Regierungsbehörde 1 und 2 D). Verlässlichkeit bezieht sich dabei einerseits auf einen Verfahrensträger, der unabhängig von Legislaturperioden ist (Regierungsbehörde 2 D), und andererseits auf Projekt- und Investitionssicherheit (Abfallverursacher

---

229　„«Bei der jetzigen Rechtslage könnte die Weigerung nur eines einzigen Inhabers der Nutzungsrechte dazu führen, dass die Erkundung nicht in dem erforderlichen Ausmaß vorgenommen werden kann», sagte eine Ministeriumssprecherin" (FR 16.09.2010).

D). Nachvollziehbarkeit bezieht sich unter anderem auf die Frage der Einbindung mikro-deliberativer Ereignisse in die politische Entscheidungsfindung. Beispielsweise wurde die Diskussion zu Sicherheitskriterien auf dem Endlager-Symposium und dem folgenden Workshop zu Sicherheitskriterien von verschiedenen Einzel-Akteuren als nicht erfolgreich angesehen, da die Diskussionen auf dem Endlagersymposium für die interessierte Öffentlichkeit teilweise schwer nachvollziehbar gewesen seien. Weiterhin sei der Workshop zu Sicherheitsanforderungen schlecht vorbereitet gewesen: *„die Moderatoren waren nicht richtig vorbereitet, es war nicht klar, ob das Einfluss nimmt, also ob eine Abstimmung hätte stattfinden müssen oder ob das einfach nur mal so (...) gut, dass wir mal miteinander geredet haben"* (Betroffene D); und diese beiden Veranstaltungen wurden als zu wenig eingestuft: *„der Tropfen auf dem heißen Stein"* (Beobachterin D). Es sei auch nicht nachvollziehbar gewesen, wie es zur endgültigen Version der Sicherheitsanforderungen gekommen sei.[230] Die Vertreterin der Betroffenen D sieht einen Grund für den Mangel an Umsetzung der AkEnd-Empfehlungen in der mangelnden Anbindung an politische Prozesse. Zusammenfassend seien *„weder klare Worte, noch klare Handlungsstränge erkennbar (...) nach außen"* (Regierungsbehörde 2 D). Dies führe zu Verwirrung auf allen Seiten und einem Mangel an klarer Kommunikation. Anhand dieser Beispiele wird deutlich, dass eine „Begründungskultur" in der deutschen Endlagerpolitik nicht vorzufinden ist und damit auch das Deliberations-Kriterium „Begründung von Argumenten" nicht erfüllt wird.

Weiterhin bestehe ein Problem„lösungs"wille, der sich dadurch zeige, dass Entscheidungen voreilig getroffen und solche Entscheidungen, die sich im Nachhinein als falsch erwiesen, nicht wieder zurückgenommen würden (Regierungsbehörde 2 D).[231] Im Gegensatz zu der Vertreterin der Regierungsbehörde 2 D, die eine schwächere Rolle der Politik im Verfahren forderte, sah die Beobachterin D die Zurückhaltung des BMU (bezogen auf das Jahr 2012) als problematisch, da es sich *„der Diskussion entzieht"*. Weiterhin sei die Zielsetzung von mikro-deliberativen Ereignissen im Verfahren nicht immer klar (Beobachterin

---

230 Siehe Fußnote 69.

231 „(...) man möchte eigentlich das Ergebnis schon verkünden, ohne zu wissen, ob das Ergebnis gut ist. (...) Also ich hätte letztlich wenn ich darüber nachdächte zig Beispiele, wo sozusagen eine geistige Blockadehaltung dadurch entsteht, dass man nur in Gegner- und Befürworterprojekt denkt. Und nicht darin, ich möchte ein möglichst gutes Projekt realisieren. Und da sind die Gegner an schlechten Projekten genauso schuld, wie die unreflektierten Befürworter" (Regierungsbehörde D 2).

D).[232] Das Endlagersymposium wurde verhalten, aber angesichts der Möglichkeiten einer solchen Großveranstaltung von der Vertreterin von Regierungsbehörde 1 positiv bewertet. Jeder Teilnehmer hätte hinterher die verschiedenen Positionen kennen können. Allerdings sei die Zielsetzung im Unklaren geblieben (Beobachterin D).

Zusammenfassend wird von den interviewten Expertinnen bemängelt, dass bei mikro-deliberativen Ereignissen häufig entweder die Zielsetzung nicht deutlich wird oder diese durch politische Entscheidungen teilweise überflüssig gemacht werden, bevor sie zu einem Schluss gekommen sind. Im Makrodiskurs wird deutlich, dass Entscheidungen nur selten begründet werden, was ebenfalls zu Unklarheit führt.

Mangelhafte Rahmenbedingungen für Deliberation

Die mangelnde Klarheit im Verfahren wird auch als Mangel an Kontinuität im Willen zur Beteiligung eingestuft und damit als ein nur *„halbherziges"* (Regierungsbehörde 1 D) bis *„viertelherzig[es]"* (Betroffene D) Bekenntnis zur Bürgerbeteiligung (auch: Beobachterin D). Dies sei für einen wirklichen Dialog hinderlich. Die Rahmenbedingungen, die einen Dialog ermöglichen würden, seien in Deutschland momentan nicht gegeben.

Auf allgemeiner Ebene sei eine notwendige Voraussetzung, den Dialog von einer regionalen zu einer nationalen Debatte zu öffnen, was jedoch noch nicht geschehen sei (Regierungsbehörde 1 D, Regierungsbehörde 2 D, Beobachterin D). Die Vertreterin der Abfallverursacher D hebt weiterhin hervor, dass die interessierte Öffentlichkeit sich *„wenn man denn kein Fachmann ist, ein bisschen sachkundig machen muss"*, um fachlichen Diskussionen folgen zu können, und dafür auch *„ein bisschen Unterstützung bekommt, wenn nötig"* (Abfallverursacher D). Die Vertreterin von Regierungsbehörde 2 D ist der Meinung, dass das Verfahren stärker auf jüngere, noch nicht im momentanen Verfahren involvierte Individuen setzen und folglich über eine Ausschreibung an Universitäten neu aufgerollt werden müsse.

---

232 „(...) bei diesen Round Tables war es vielleicht mit der Zielsetzung tatsächlich ein bisschen
     schwieriger. Ich glaube, zumindest kann ich mich jetzt irgendwie nicht so genau daran erinnern, ob im Vorfeld tatsächlich klar gesagt worden wäre, wie man mit den Ergebnissen aus der
     Veranstaltung umzugehen gedenkt. (...) Ja gut und das FED? Hatte ich immer eher so den Eindruck, die waren sich ja nicht so wirklich klar darüber was die Zielsetzung davon ist" (Beobachterin D).

Auf Verfahrensebene sei ein früherer Startpunkt der Bürgerbeteiligung im Verfahren, als es im Planfeststellungsverfahren vorgesehen ist, notwendig:

> *„(...) da waren wir im FED einmütig der Meinung, dass solche Aufgaben nur (...) in einem frühzeitigen Beteiligungsverfahren, nicht eins, das formal jetzt hier irgendwann nach Verwaltungsverfahrensrecht, also beispielsweise über ein atomrechtliches Planfeststellungsverfahren dann in einer relativ späten Projektphase erforderlich wird, sondern hier war einfach die Einschätzung die, dass man in einem frühen Beteiligungsverfahren, in einem umfassenden Beteiligungsverfahren, nur in einem solchen Verfahren halt eben die Chancen hat, ein derartiges Projekt anzugehen"* (Regierungsbehörde 1 D).

Die Vertreterin der Betroffenen D sieht besonders die Verbindlichkeit von Beteiligung als notwendige Voraussetzung. Sie fordert ein *„kleines Veto"*, was bedeute, dass man im Verfahren zurückginge, wenn keine Einigkeit erreicht wird. Trotzdem müsse die letztendliche Entscheidung bei der Politik liegen. Um diese herum müsste aber ein System der gegenseitigen Kontrolle aufgebaut werden. Ein *„hochwertiges Verfahren heißt einfach, dass man nicht irgendwie einfach von A nach B laufen kann, sondern in verschiedenen Abstimmungsrunden müssten Dinge überprüft werden und im Zweifelsfall zurückgegeben werden"* (Betroffene D), d.h. es bräuchte Haltepunkte, an denen man auf frühere Phasen im Verfahren zurückfallen könnte. Die Vertreterin der Abfallverursacher D hebt hingegen hervor, dass Beteiligung in Form von Beratung organisiert werden müsse, nicht in Form einer Mitbestimmung. Dies sei notwendig, um Planungssicherheit zu erhalten.[233] In einem zukünftigen Verfahren müsste Nachvollziehbarkeit von Entscheidungen auch bedeuten, dass von Seite der Verantwortlichen das Angebot an die interessierte Öffentlichkeit gemacht würde, dass man sich mit Argumenten einbringen dürfe und dann nachvollziehbar erklärt werde, warum das Argument aufgenommen wurde oder nicht (Regierungsbehörde 1 D).[234] Bei überzeugender Kritik müsse das Programm dann auch umgestellt werden.[235]

---

233 Siehe Fußnote 73.
234 Siehe Fußnote 69.
235 „(...) wenn das also in einer permanenten, durchaus kritischen Betrachtung auch der Wissenschaftscommunity ist, dann ist das so was wie ein Dauerreviewprozess. Und der ist eigentlich wichtig, braucht man jetzt, diese Kritikpunkte zu mindestens zu filtern, ist da was dran oder nicht und gegebenenfalls das Programm entsprechend umzustellen" (Regierungsbehörde 1 D).

Auf Ebene der mikro-deliberativen Ereignisse selbst wäre es notwendig, dass die Teilnehmer eines Dialogs von ihrem jeweiligen kollektiven Akteur das Mandat erhielten zu verhandeln[236] und dass die verschiedenen kollektiven Akteure ihre Argumente in den Debatten der Dialogforen vertreten sähen (Regierungsbehörde 1 D, Abfallverursacher D, Betroffene D). Dies sei im FED beispielsweise nicht der Fall gewesen (Regierungsbehörde 1 D). Notwendig sei eine professionelle Planung und Durchführung von Bürgerbeteiligung (Abfallverursacher D[237], Beobachterin D). Dies bedeutet, dass die Durchführung mikro-deliberativer Ereignisse einen weiteren Wandel hin zu deliberativer Endlager-Governance nach Meinung der genannten Expertinnen sogar verhindern kann, wenn diese nicht gut organisiert sind. Zu einer solchen hochwertigen Organisation der mikro-deliberativen Ereignisse würde gehören, dass diese heterogen besetzt sind, so dass alle gesellschaftlichen Gruppen repräsentiert sind, *„ das muss man einfach etwas grob filtern, nicht zu eng filtern, aber halt eben versuchen, dass man möglichst alle jetzt relevanten Akteure (...), dass man die dann entsprechend dann auch zu fassen kriegt"* (Regierungsbehörde 1 D). Weiterhin wichtig sei ein unabhängiger Verfahrensträger, der möglichst große Kontinuität verspricht und unabhängig von unmittelbarer Parteipolitik ist, *„weil die Verantwortung für das Gesetz hat dann wiederum der Gesetzgeber, die Politiker, die wechseln wiederum alle Nase lang, man muss ja wirklich sagen (...), ich sag mal so, das fördert nicht unbedingt einen kreativen gesellschaftlichen Prozess"* (Regierungsbehörde 2 D, ähnlich: 1 D). Die Vertreterin der Abfallverursacher D hebt hervor, dass für ein neues Verfahren eine Mischung von geschlossenen, halböffentlichen und öffentlichen Veranstaltungen vonnöten wäre (Abfallverursacher D). Dazu gehörten auch geschützte Räume für Verhandlungen und Dialog (Regierungsbehörde 2 D, Betroffene D, Abfallverursacher D). Als ein Negativ-Beispiel wird von der Vertreterin der Betroffenen D der Workshop zu Sicherheitsanforderungen genannt. Dieser sei insofern schlecht organisiert gewesen, als dass die zu diskutierende Version erst vor Ort ausgeteilt wurde, eine Vorbereitung also nicht möglich war.[238]

---

236 „(...) es gab durchaus Signale, dass man in Richtung eines Dialoges jetzt sich hätte bewegen können. (...) Das ist dann so die Frage, wie dann die FED-Mitglieder das dann in ihrer Community dann entsprechend weiter vertreten können. (...) Es ist auch die Frage, sind die jetzt hier legitimiert oder wie auch immer?" (Regierungsbehörde 1 D).

237 Siehe Kapitel 6.3.1 „Problemdefinition".

238 „Die Papiere kamen dann erst am Tag, der letzte Entwurf kam, wurde dann einfach auf den Tisch gelegt, was bei Sicherheitsanforderungen eine Katastrophe ist" (Betroffene D).

Neben den von den Expertinnen genannten und hier vorgestellten Mängeln in der Organisation von Räumen für Deliberation zeigt sich ein weiterer hemmender Faktor in den Kriterien, die von den Expertinnen genannt werden. Sie gehen in ihren Beschreibungen einer guten Beteiligung unterschiedlich weit und betonen unterschiedliche Aspekte, die auf Differenzen in der Wahrnehmung von Bürgerbeteiligung und Dialog hindeuten. Es besteht also keine Einigkeit darüber, was ein gutes Verfahren wäre.

Mangel an Transparenz

Ein Mangel an Transparenz kann als weiterer hemmender Faktor eingestuft werden. Dieser Mangel zeigt sich auf drei Ebenen. Erstens wird im Makrodiskurs nur dann über neue Gutachten berichtet, wenn diese kontroversen Inhalts sind oder von kollektiven oder Einzel-Akteuren dafür verwendet werden, ihre jeweilige Position zu unterstützen. Zweitens wird die Auskunftsbereitschaft der Behörden und der Bundesumweltminister im Makrodiskurs als schlecht bewertet. Drittens findet nur selten ein organisierter Austausch zwischen den verschiedenen kollektiven Akteuren statt. Ein Beispiel für Ersteres sind Gutachten des Bundesrechnungshofs und der Gesellschaft für Anlagen- und Reaktorsicherheit (GRS), in denen davon ausgegangen wird, dass das Ein-Endlager-Konzept, wie es von der rot-grünen Bundesregierung verfolgt wurde, zu hohen Kosten führen würde (FAZ 21.03.2006, FAZ 07.09.2006). Der Bundesrechnungshof wird mit der Aussage zitiert, dass diese und ähnliche Gutachten dem BMU vorgelegen haben; dieses habe jedoch *„Fachleute, die (...) Urteile [gegen das Ein-Endlager-Konzept] abgegeben hätten, (...) von der Beratung ausgeschlossen"* (FAZ 08.09.2004), d.h. dem BMU wurde vorgeworfen, nicht transparent zu agieren. Ein internes Papier des BfS, in dem bestätigt wird, dass die *„Anlage in Gorleben als Erkundungsbergwerk «viel zu groß geraten» sei"*, gehört ebenfalls zur Kategorie „kontroverser Inhalt" (FR 28.05.2009, FR 29.05.2009, FR 30.05.2009). Die Tatsache, dass es sich bei Letzterem um ein internes Papier handelt, ist allerdings kein Zeichen für Offenheit, insbesondere da das BfS dessen Existenz zunächst nicht offiziell bestätigte (FR 28.05.2009).

Ein Gutachten des BfS zu möglichen Wirtsgesteinen in Deutschland wurde von verschiedenen kollektiven Akteuren zur Unterstützung der jeweils eigenen Position verwendet (FAZ 08.11.2005), ebenso ein Gutachten des Umweltrats, das besagt, ein Endlager für eine Million Jahre sei nicht realisierbar (FR 06.11.2002, FR 20.11.2002). Ein Gutachten der Internationalen Expertengruppe Gorleben, in dem festgestellt wurde, *„dass keiner der von der Bundesregierung* *vorgebrachten Zweifel den Abbruch der Erkundung in Gorleben rechtfertige"*, diente der Untermauerung der Position, dass ein neues Standortauswahlverfahren nicht notwendig sei (FR 31.01.2001).

Die Auskunftsbereitschaft der Behörden wird in der öffentlichen Debatte generell als schlecht bewertet. Zwar werden immer wieder Informationen freigegeben, diese werden jedoch häufig von den kollektiven oder Einzel-Akteuren, die an den Informationen interessiert waren, als unzureichend hingestellt. Das BfS bestätigte beispielsweise Berichte, wonach Salzlösungen im Bergwerk Gorleben auftauchen. Dies sei schon in einer Broschüre von 2005 veröffentlicht worden (FR 09.03.2009, FR 10.03.2009). Die BI Lüchow-Dannenberg empfand die Erläuterungen des BfS zu diesem Thema allerdings als *„völlig unzureichend"* (FR 11.03.2009).

Auch der Untersuchungsausschuss im Bundestag führe nicht zu Transparenz. Zum Thema der weiteren Pläne für das Vorgehen bei der Endlagerung hochradioaktiver Abfälle sei Bundesumweltminister Sigmar Gabriel wenig auskunftsbereit gewesen:

> *„«Bei 31 Fragen haben Sie elfmal plump auf die Antwort zu Frage 2 verwiesen», schimpfte die Fraktionsvorsitzende Künast im Bundestag. Zwölfmal hatte der vor ihr sitzende Umweltminister Gabriel (SPD) auf präzise Fragen die nichtssagende Auskunft erteilt: «Nach dem Koalitionsvertrag beabsichtigt die Bundesregierung, die Lösung der sicheren Endlagerung radioaktiver Abfälle zügig und ergebnisorientiert anzugehen.»"* (FAZ 02.11.2006).

Über eine ähnliche Unwilligkeit zur Auskunft des Bundesumweltministers Jürgen Trittin beschwert sich ein Journalist mit der Aussage, Trittin sei mit der Beantwortung mehrerer kleiner und großer Anfragen im Bundestag im Verzug und habe dem Bundesrechnungshof unzureichend geantwortet (FAZ 08.09.2004, FAZ 13.05.2005). Der Bundesrechnungshof selbst bemängelt, dass das Ministerium *„[i]n seinen Entgegnungen (...) «umfassende politische Ausführungen gemacht» [habe] und (...) den konkret beanstandeten Sachverhalten ausgewichen [sei]"* (FAZ 08.09.2004). Diese Stellungnahme wurde ohne Genehmigung des Bundesrechnungshofs veröffentlicht (FR 02.07.2004), wiederum ein Hinweis auf wenig Offenheit.

Die Expertinnen schätzen die Informationsbereitschaft ihres eigenen kollektiven Akteurs jeweils unterschiedlich ein, jedoch alle eher verhalten. Die

Vertreterin der Abfallverursacher D möchte Akten generell herausgeben, kann dies aber aufgrund von Geheimhaltungsverpflichtungen nicht immer.[239] Auch die Vertreterin von Regierungsbehörde 1 D sieht Kommunikation als wichtig an und deutet gleichzeitig an, dass es nach einer Überprüfung von Hinweisen oft keine Rückmeldung an diejenigen gäbe, die den Hinweis gegeben hatten. Die Vertreterin der Betroffenen D schätzt die Gesprächsbereitschaft der verschiedenen involvierten Institutionen sehr unterschiedlich ein. Das BMU sei bei vielen Veranstaltungen anwesend, die Industrie dagegen nur im offiziellen Rahmen des Gesamtgemeinderats. Ihre Informationen würden sie über verschiedene Kontakte erhalten und auch selbst Gutachten in Auftrag geben.

Im Makrodiskurs kann nur ein Bericht über das Endlagersymposium als ein Bericht über einen Austausch zu wissenschaftlich-technischen Details interpretiert werden.[240]

Die Berichte der Expertinnen zeigen, dass ein Austausch über wissenschaftlich-technische Details hauptsächlich in kleinen, nicht-öffentlichen Kreisen, aber auch auf diversen öffentlichen Veranstaltungen, über die aber nicht berichtet wird, stattfinden. Die Vertreterin der Betroffenen D berichtet von internen Diskussionen über wissenschaftlich-technische Fragen, also Diskussionen zwischen den Betroffenen. Experten würden bei Bedarf hinzugezogen.[241] Die Vertreterin der Abfallverursacher D berichtet über wissenschaftlich-technischen Austausch mit anderen kollektiven oder Einzel-Akteuren, beispielsweise mit dem BMBF zum Thema Datensicherung während des Gorleben-Moratoriums und einer Vertreterin des BUND bei einer Veranstaltung zur Rückholbarkeit. Sie sei auch bei einer Veranstaltung der Betroffenen gewesen, auf der ein Gutachten zur Bewertung des Standorts Gorleben vorgestellt wurde.[242] Die Vertreterin von Regierungsbehörde 1 D sieht fachlichen Austausch mit der interessierten Öffentlichkeit als notwendig an, hält aber die Wahrscheinlichkeit, neue Anregungen zu erhalten, für gering: *„ (...) wobei das also, auch die Fragen (...) fachlich fundiert waren, also es ist nicht so, (...) dass es keine Substanz hatte irgendwo. Da (...) [habe ich] (...) nichts was also jetzt (...) wirklich neu ist, da drin erfahren“* (Regierungsbehörde 1 D). Die Vertreterin von Regierungsbehörde 2 D ist dagegen

---

239   Siehe Kapitel 6.3.2 „Deliberative Drifts“.

240   Siehe Kapitel 6.3.2 „Deliberative Drifts“.

241   „Ja, wir tragen alle die Informationen zusammen (...) zum Beispiel die Gutachten gegen die vorläufige Sicherheitsanalyse. Das ist jetzt ein aktuelles Beispiel, vor zwei Jahren oder so tauchte das erste Mal diese Abkürzung VSG auf. Dann haben wir Geologen eingeladen (...) und haben uns erst mal erklären lassen, was das ist“ (Betroffene D).

242   Es handelt sich dabei um die Studie von Kleemann (2011).

der Ansicht, dass man durchaus gute Anregungen erhalten könne. Die Diskussionen auf dem Endlagersymposium werden skeptisch gesehen, da die Vorträge teilweise nicht gut verständlich gewesen seien (Regierungsbehörde 1 D). Auf dem Workshop zu den Sicherheitsanforderungen habe dagegen laut Beobachterin D ein guter inhaltlicher Austausch stattgefunden, dem es aber bei den Folgeveranstaltungen fehlte.

Zusammenfassend ist ein Mangel an Transparenz festzustellen, der sich an unzureichenden Strukturen für einen Austausch zu wissenschaftlich-technischen Details zeigt, aber auch an einer teilweise mangelhaften Informationsbereitschaft. Diese Einschätzungen, die im Makrodiskurs entstehen, werden von den interviewten Expertinnen bestätigt.

8.3.2 Hemmende Faktoren auf Diskursebene

Keine einheitliche Problemdefinition

Eine gemeinsame Problemdefinition der in den Konflikt involvierten kollektiven und Einzel-Akteure ist eine Grundvoraussetzung für einen Wandel hin zu deliberativer Endlager-Governance. Je nachdem, wie ein kollektiver oder Einzel-Akteur den Konflikt definiert, wird eher der Endlager-Management-Ansatz oder deliberative Endlager-Governance als für die Konfliktbearbeitung geeignet angesehen (s. Kap. 3). Bestehen sehr unterschiedliche Problemdefinitionen unter den kollektiven und Einzel-Akteuren, so werden sie sehr unterschiedliche Lösungen als angemessen empfinden. Im Makrodiskurs können dann keine Lösungsvorschläge für den öffentlichen Konflikt erarbeitet werden.

Über die grundlegenden Komponenten, die Teil einer Problemdefinition sein müssen, scheinen die verschiedenen kollektiven Akteure zunächst weniger uneinig als erwartet.[243] So spielen „Sicherheit", „wissenschaftliche Unabhängigkeit" und „Verantwortung gegenüber zukünftigen Generationen" in Aussagen verschiedener kollektiver Akteure eine Rolle. Allerdings bestehen Divergenzen in der Definition dieser Komponenten. Ein Ergebnis der qualitativen Analyse ist, dass sich diese Divergenzen in drei Gruppen zusammenfassen lassen:

1) Grundlegende Divergenzen in der Definition eines Problemaspekts, die keinen Kompromiss zulassen,

2) Betonung unterschiedlicher Folgen eines Problemaspekts,

3) Uneinigkeit über die Auslegung eines Problemaspekts.

---

243 Für eine Übersicht über die vorkommenden Problemaspekte siehe Tabelle 7.

In der Frage der Output-Legitimität, wie sie im Makrodiskurs debattiert wird, lässt sich die Differenz „Typ 1" auf die beiden Begriffe „geeignet" und „bestgeeignet" herunterbrechen.[244] „Geeignet" steht dabei für die Eigenschaft eines Endlagers, die bestehenden Eignungskriterien zu erfüllen und damit als potentiell zulassungsfähig zu gelten. „Geeignet" orientiert sich also an bestehenden Rechtsvorschriften und sieht eine Erfüllung dieser als hinreichend für die Sicherheit an, unabhängig von der Bewertung anderer Standorte. „Bestgeeignet" steht für die Auffassung, dass eine bloße Erfüllung der Vorschriften nicht hinreichend ist. Es steht der Gedanke dahinter, dass die Vorschriften „bestmöglich" erfüllt werden sollten, d.h. unter den geeigneten Standorten soll derjenige ausgesucht werden, der die bestehenden Sicherheitsanforderungen am besten erfüllt. Die bestehende Regulierung wird als zwar hinreichend, aber nicht ausreichend angesehen. Dies ist eine grundlegende Divergenz in der Darstellung der Problemdefinition der verschiedenen kollektiven Akteure im Makrodiskurs, die zu der Debatte führt, ob ein Auswahlverfahren notwendig ist oder Gorleben als einziger potentieller Standort weitererkundet werden kann. Innerhalb des Untersuchungszeitraums kann keine Änderung an dieser Divergenz festgestellt werden.

Bei der Bewertung von „Ergebnisoffenheit" besteht eine Divergenz von „Typ 2". Die verschiedenen Folgen, die betont werden, sind einerseits das damit verbundene Versprechen einer unabhängigen wissenschaftlichen Standortbewertung, andererseits die Gefahr einer Ausweitung des lokalen Konflikts von Gorleben auf andere Regionen.[245] Auch das Effizienzargument gehört zu Typ 2.[246]

Die Problemaspekte „wissenschaftliche Unabhängigkeit", „Primat wissenschaftlicher Kriterien in der Standortsuche"[247] und „Verantwortung gegenüber zukünftigen Generationen" gehören zu „Typ 3". Die wissenschaftliche Unabhängigkeit der Autoren der Gutachten zur obertägigen Erkundung in Gorleben wird beispielsweise von den Befürwortern betont und von den Gorleben-Gegnern verneint. Bezüglich des Arguments der Verantwortung gegenüber zukünftigen Generationen mahnte 2003 eine Parlamentarische Staatssekretärin im Bundesumweltministerium (Grüne), Atomwirtschaft, Union und FDP sollten sich aus Gründen der Verantwortung auf ein Auswahlverfahren einlassen (FR 30.07.2003); gleichzeitig wird der damalige Bundesumweltminister Norbert

---

244 Zu dieser Debatte siehe Kapitel 6.3.2 „Output-Legitimität".
245 Siehe Fußnote 83 und Kapitel 8.3.2 „Zweifel an der Ergebnisoffenheit".
246 Zu dieser Debatte siehe Kapitel 6.3.2 „Debatte über die Zielsetzung".
247 Siehe Kapitel 8.3.2 „Uneinigkeit über die zugelassenen Argumentationstypen".

Röttgen (CDU) 2010 mit der Aussage *„ [der] lange Erkundungsstopp für Gorleben sei falsch, «verantwortungslos und feige» gewesen"* zitiert (FAZ 16.03.2010).

Bis auf den Effizienzaspekt, der von den Gorleben-Gegnern eher nicht verwendet wird, werden alle Aspekte von allen kollektiven Akteuren diskutiert. Es finden aber praktisch keine Änderungen in den Problemdefinitionen der kollektiven Akteure statt, soweit das im medialen Diskurs sichtbar ist.[248] Dies gilt insbesondere für die Betroffenen vor Ort, Atomkraft-Gegner, Demonstranten und Bürgerinitiativen, die Industrie, die Umweltverbände, die CDU/CSU- und FDP-Bundestagsfraktionen, die niedersächsische Landesregierung sowie die grüne Bundestags- und niedersächsische Landtagsfraktion.

Die Vertreterin von Regierungsbehörde 2 D nannte auch Kontextbedingungen, wie die Verknüpfungen der Endlagerproblematik mit der Nutzung der Kernenergie zur Stromerzeugung und die Probleme im Bergwerk Asse II, als problematisch. Ebenfalls problematisch sei ein mangelndes Problembewusstsein auf nationaler Ebene in Deutschland (Beobachterin D). Psychologische Aspekte müssten laut der Vertreterin von Regierungsbehörde 2 D stärkere Beachtung im Verfahren finden. Beispielsweise müssten Gerechtigkeitsempfindungen der Betroffenen beachtet werden.

Zusammenfassend ist festzustellen, dass im Makrodiskurs keine einheitliche Problemdefinition der verschiedenen kollektiven Akteure ausfindig zu machen ist. Zwar benutzen verschiedene kollektive Akteure durchaus dieselben Begriffe wie „Verantwortung", legen diese aber unterschiedlich aus. Über die Divergenzen in den Problemdefinitionen scheint nicht in einer Art und Weise diskutiert zu werden, die ein Herausarbeiten einer gemeinsamen Problemdefinition erlauben würde, da keiner der Problemaspekte im Zeitverlauf aus dem Makrodiskurs verschwindet.

Die Uneinigkeit über geeignete Verfahrensvorschläge ist eine logische Konsequenz der Uneinigkeit über die Problemdefinition und dabei insbesondere dem Streit über die Frage „geeignet" oder „bestgeeignet". Vertreter der kollektiven Akteure, die argumentieren, man brauche das beste Endlager, sehen ein Standortauswahlverfahren als einzige Möglichkeit zur Konfliktschlichtung an; Vertreter der kollektiven Akteure, die der Meinung sind, ein geeignetes Endlager sei hinreichend, sehen darin eher die Gefahr einer Ausweitung des Konflikts.

---

248 Eine Ausnahme ist die Meinungsänderung der Bundesumweltminister bezüglich der Notwendigkeit eines Auswahlverfahrens. Siehe Kapitel 6.3.2 „Input-Legitimität".

Kein Wunsch nach Deliberation

Aussagen, die darauf hinweisen, dass es unter den deutschen kollektiven Akteuren keine Gesprächsbereitschaft gibt, sind viele zu finden. Die jeweiligen Blockadehaltungen werden in der Berichterstattung in Kommentaren von Journalisten, aber auch in Äußerungen von Politikern negativ bewertet.[249] Berichte über Gesprächsangebote sind selten und stehen meistens in direktem Zusammenhang mit einer Absage der Gegenseite. Ein Beispiel dafür ist die Absage der Teilnahme an einer Verhandlungsgruppe, die Ergebnisse des AkEnd diskutieren sollte, durch verschiedene kollektive Akteure.[250] Ein weiteres Beispiel ist das Angebot von Bundesumweltminister Norbert Röttgen, weitere Standorte „auf dem Papier" zu erkunden, welches von Seiten der CSU stark angegriffen wurde.[251] Die Betroffenen vor Ort signalisierten Gesprächsbereitschaft, allerdings unter der Bedingung, dass *„Gorleben Teil wissenschaftlicher Eignungstests sei"*, und kritisierten den informellen Charakter der angebotenen Beteiligung (FR 16.03.2010, FR 27.11.2010). An diesem Beispiel zeigt sich auch, dass die Gesprächsangebote, über die berichtet wird, zum Abarbeiten prä-deliberativer Hürden meist wenig geeignet sind, da sie einen Gesprächsrahmen vorgeben, über den kein Konsens besteht. Folglich werden diese Angebote oft von der „Gegenseite" abgelehnt.

Seit dem AkEnd habe sich das Diskussionsklima verschlechtert, was auch mit den nur sporadischen Gesprächsangeboten der Verfahrensträger zusammenhänge, die den interessierten BürgerInnen das Gefühl gäben, nicht wirklich an einem Dialog interessiert zu sein und dass Einwände nicht ernst genommen würden (Betroffene D, Beobachterin D, Regierungsbehörde 1 D). Aber auch den interessierten BürgerInnen wird nachgesagt, dass diese nicht bereit seien zuzuhören, nicht daran interessiert seien, ein gutes Projekt zu verwirklichen (Regierungsbehörde 2 D) und dass sie sich mit ihren Fragen und Anregungen nicht bei den zuständigen Behörden melden würden (Regierungsbehörde 1 D).[252] Als Beispiel für die mangelnde Bereitschaft der interessierten BürgerInnen, sich zu beteiligen, nennt die Vertreterin der Regierungsbehörde 2 D die beispielsweise

---

249 FAZ 31.05.2006, FAZ 07.11.2007, FAZ 03.11.2008, FAZ 14.07.2009.

250 Siehe Kapitel 6.3.1 „Gesetzgebung".

251 Siehe Fußnote 8383.

252 „Ja, weil die sich auch nicht melden. Also es gibt keinen Dialog, es gibt im Prinzip da keine, keinen Input aus dem Bereich" (Regierungsbehörde 1 D).

beim Workshop zu Sicherheitskriterien ausgesprochene Drohung der Betroffenen, sich nicht weiter an den Diskussionen zu beteiligen.[253]

Dass ein Wunsch nach einem Wandel hin zu deliberativer Konfliktbearbeitung nicht vorhanden ist, zeigt sich zudem darin, dass sowohl die interessierte
Öffentlichkeit als auch die kollektiven Akteure der Endlagerpolitik ihre etablierten Beratungskontexte nicht stark für „weitere kollektive Akteure" öffnen.[254] In
der Endlagerpolitik manifestiert sich diese in verschiedenen Absprachen zwischen der Energiewirtschaft und der Bundesregierung, über die in den Medien
berichtet wird. Dies sind beispielsweise Absprachen bezüglich des Atomkonsen-
ses von 2002, Absprachen zur Weiterführung des Moratoriums 2006 und Absprachen über Laufzeitverlängerungen 2010 (FAZ 31.05.2006, FR 16.09.2010).
Die FR zitiert weiterhin das Bundesumweltministerium aus dem Papier „Verantwortung übernehmen: Den Endlagerkonsens realisieren" mit folgender Passage:

> *„Zur Erreichung eines von Legislaturperioden unabhängigen, langfristig
> angelegten und weitestgehend akzeptierten Auswahlverfahrens ist ein
> Konsens zwischen den Hauptabfallverursachern und der Bundesregie-
> rung herbeizuführen"* (FR 09.03.2007).

Die Notwendigkeit, einen Konsens auch mit „weiteren kollektiven Akteuren" zu
erreichen, ist nicht sichtbar, d.h. in den Medien zumindest nicht zitiert. Die vorhandenen Berichte über stattgefundene Beratungen mit „weiteren kollektiven
Akteuren" beziehen sich auf informelle Einzelfälle, in denen ein politischer Entscheidungsträger sich mit einem oder mehreren Einzel-Akteuren trifft.

> *„Die Gartower Runde hatte im Forum Endlager-Dialog (...) ein Konzept
> für die Bürgerbeteiligung entwickelt. «Wir hätten darüber gerne öffentlich
> mit dem Minister diskutiert», sagt [Asta von Oppen]. «Wir sind empört,
> dass er die Einladung des Kreistages ausschlägt und sich stattdessen mit*

---

253 „Ja, wir haben eine sehr schöne kleinere Veranstaltung gemacht gehabt zu den Sicherheitsan-
     forderungen, einen Workshop, wo die Leute sich auch inhaltlich beteiligt haben, obwohl zwi-
     schendurch die Vertreter der Anti-Gorleben-Fraktion immer wieder aufgestanden sind und ih-
     ren Auszug aus der Veranstaltung angedroht haben, was im Grunde auch schon eine Unver-
     schämtheit ist sozusagen immer sein Wegbleiben anzudrohen" (Regierungsbehörde 2 D).
254 Wie in Kapitel 3.1.1 eingeführt, steht der Begriff „Beratungskontexte" hier für sämtliche
     informelle Interaktionsstrukturen, wie z.B. Lobbyismus oder wissenschaftliche Beratung.

*handverlesenen Menschen hinter Nato-Draht und Schlossgräben treffen
will.»"* (FR 27.11.2010)

Auch die Expertinnen berichten hauptsächlich von einer Dominanz etablierter
Beratungskontexte. So benennt die Vertreterin der Abfallverursacher D einen
Austausch mit Behörden. Die Vertreterinnen von Regierungsbehörde 1 und 2 D
sowie die Vertreterin der Abfallverursacher D berichten weiterhin von Kooperationen mit Unternehmen, Hochschulen und anderen wissenschaftlichen Einrichtungen. Der Austausch dieser drei Expertinnen mit der Öffentlichkeit findet im
Rahmen mikro-deliberativer Ereignisse, anderen Veranstaltungen, wie denen in
Loccum[255], und ähnlichen informellen Kontexten statt. Dies bestätigt die Vertreterin der Betroffenen D. Auch ihre Kooperationen finden größtenteils in etablierten Kontexten, d.h. mit den Gorleben-Gegnern nahestehenden Wissenschaftlern,
Bürgerinitiativen, Umweltverbänden usw. statt. Darüber hinaus werden verant-
wortliche Politiker der Bundes- und Länderebene zu Gesprächsrunden eingeladen, was als eine Öffnung der Beratungskontexte zu werten wäre. Diese haben
aber entweder informellen oder zeitlich sehr begrenzten Charakter (z.B. Einladung in Kreistag).

Selbst wenn es wie im FED zu Gesprächen kommen würde, ist laut der Vertreterin von Regierungsbehörde 2 D ein Mangel an Gesprächsbereitschaft zu
erkennen. Sie ist der Meinung, dass der FED nicht funktioniert habe, da es in den
dortigen Diskussionen nur um Schuldzuweisungen gegangen sei.[256] Die Expertinnen schätzen sich selbst allerdings als dialogbereit ein, gestehen den jeweils
anderen Einzel-Akteuren aber keine oder nur wenig Dialogbereitschaft zu und
sehen diese als stark von Einzelpersonen abhängig an. Einzelpersonen von Seiten
der Verfahrensträger hätten durchaus Interesse an Gesprächen mit der interessierten Öffentlichkeit und den Betroffenen: *„ich komme nun ja gerade von so
einer Tagung und die sind sehr darauf aus sich mit uns zu unterhalten und auszutauschen im Privaten"* (Betroffene D). Die Vertreterin der Abfallverursacher
D sieht bei verschiedenen Einzel-Akteuren nur dann einen Willen zu Deliberati-

---

[255] Die Evangelische Akademie Loccum in Niedersachsen organisiert regelmäßig eine Tagung zur
Endlagerfrage, jeweils mit unterschiedlichen Schwerpunkten.

[256] *„Aber ich habe so ein Beispiel im Kopf ‚Forum Endlager'. Es drehte sich immer nur um
Schuldzuweisung und letztlich darum, Gorleben ist ungeeignet, Gorleben muss aufgegeben
werden, ohne sich mit den eigentlichen inhaltlichen Dingen eines Endlagerprojektes auseinanderzusetzen"* (Regierungsbehörde 2 D).

on, wenn die Kontextbedingungen ein gewisses Pflichtgefühl zur Teilnahme wecken. Dies sei beispielsweise in Loccum der Fall.[257]

Zusammenfassend zeigt sich im Makrodiskurs eine verfahrene Situation, in der die kollektiven und Einzel-Akteure sich gegenseitig die Schuld zuschieben und wenig Gesprächsbereitschaft signalisieren. Deutlich wird noch einmal die hohe Bedeutung der Verfahrensebene, da sich in den Experteninterviews ein komplexes Bild ergibt, in dem alle kollektiven Akteure unter bestimmten Bedingungen zum Dialog bereit wären, diese aber als nicht erfüllt ansehen. Von Beginn bis zum Ende des Untersuchungszeitraums sehen die Expertinnen eine Verschlechterung der Rahmenbedingungen für einen Dialog und damit einhergehend eine Verhärtung der „Fronten" – auch wenn die Beobachterin D es bei vielen Einzel-Akteuren als gegeben ansieht, dass sie eine Verhärtung der „Fronten" als nicht zielführend anerkennen würden.

Uneinigkeit über die zugelassenen Argumentationstypen

Eine Einigung der am Konflikt beteiligten kollektiven Akteure darüber, welche Art von Argumenten zulässig ist und welche ausgeschlossen werden sollten, ist eine weitere Voraussetzung und gleichzeitig ein erster Schritt in Richtung eines Wandel hin zu deliberativer Endlager-Governance. Ohne eine solche Einigung würden Aussagen von Einzel-Akteuren von anderen nicht als zulässig und damit als nicht beachtenswert eingestuft werden, obwohl der Einzel-Akteur, der die Aussage tätigt, diese als valide und eventuell sehr wichtig ansieht.

Wissenschaftliches Wissen wird als für die Endlagerungsfrage relevantes Wissen angesehen und ist damit als Argumentationstyp nicht nur zugelassen, sondern ausdrücklich erwünscht.[258] Diese Ansicht wird von Vertretern fast aller kollektiven Akteure geäußert, d.h. Politikern, der Bundesregierung, Wissenschaftlern, Betroffenen (Bürgerinitiativen) und Umweltverbänden. Die Zulässig-

---

257   *„In Loccum habe ich es noch nicht ein einziges Mal erlebt, dass das BfS oder auch ein Politiker abgesagt hat, der nicht einen wirklich triftigen Grund hat. Ein wirklich triftiger Grund ist schlicht Krankheit und zwar so, dass ich nicht mehr aus dem Bett komme. Und das kriegen sie mit einem anderen Träger nicht so Weiteres hin, in Loccum abzusagen ist ein Affront. Das macht man nicht, das tut man nicht. Das behaupte ich einfach mal so, jedenfalls nicht, wenn sie in Niedersachsen sind"* (Abfallverursacher D).

258   Z.B. FR 24.07.2002, FR 15.03.2005, FR 07.11.2009, FAZ 29.05.2010, FR 08.09.2010, FR 12.11.2010.

keit oder sogar alleinige Gültigkeit wissenschaftlicher Erkenntnisse wird hauptsächlich in drei verschiedenen Kontexten betont[259]:

- in Debatten über die wissenschaftliche Eignung des Salzstocks Gorleben (Betroffene, BMU, Bundesregierung, Industrie, Regierung Baden-Württemberg),
- bei dem Vorwurf der politischen Manipulation wissenschaftlicher Erkenntnisse zur Eignung Gorlebens (Bundesregierung, Wissenschaftler, Umweltverbände, Betroffene) und
- bei der Forderung nach einem Standortauswahlverfahren basierend auf wissenschaftlichen Kriterien (AkEnd, Betroffene, Bundesregierung, Wissenschaftler).

Auch „sachliche Argumente" werden als wünschenswert angesehen (z.B. FR 14.03.2005, FR 10.09.2009, FAZ 23.07.2009). Meistens wird „sachlich" dabei als Gegenkonzept zu „ideologisch" verwendet. Das Argument der Sachlichkeit wird hauptsächlich von Regierungsvertretern der Union (auf Bundes- und Länderebene) und FDP sowie der Industrie vorgebracht.

„Ideologische" Argumente werden abgelehnt (niedersächsische und bayrische Landesregierung, Industrie) (FR 14.03.2005, FR 15.03.2005, FR 10.09.2009). Ebenso wie „sachlich" von den kollektiven Akteuren nur als Gegenteil von „ideologisch" definiert wird, wird auch „ideologisch" nur als Gegenteil von „sachlich" definiert.

Ebenso ausgeschlossen werden taktische Überlegungen, Willkür und politische Festlegungen. Unter „politische Festlegungen" fallen laut Greenpeace auch Festlegungen aufgrund von „Industrie- und Strukturpolitik" (Greenpeace in FR 30.09.2010). Dieser Vorwurf wird hauptsächlich im Kontext der Manipulationsvorwürfe in der Auswahl des Salzstocks Gorleben als Endlager verwendet (z.B. FR 24.07.2002, FR 23.03.2006, FAZ 11.09.2009). Dieser Kontext erklärt auch, weshalb politische Festlegungen vor allem von Umweltverbänden, zu den Gorleben-Gegnern gehörende Wissenschaftler und Vertreter von SPD und Grünen als nicht zulässig angeprangert werden, da es diese Gruppen sind, die die Manipulationsvorwürfe erheben. Dasselbe gilt für „taktische Überlegungen" (FR 15.11.2004, FR 08.11.2005).

Emotionale Argumente und subjektive Bewertungen werden nur in zwei Artikeln thematisiert. Erstens in einem Artikel über das Endlagersymposium

---

259 Z.B. FR 02.11.2002, FAZ 10.11.2003, FAZ 04.09.2006, FR 08.03.2007, FAZ 10.09.2009, FAZ 19.03.2010, FR 05.11.2010.

2008 mit einem Zitat aus einem Vortrag von Jack Valentin (Internationale Strahlenschutzkommission), der aussagt, *„dass das subjektive Bedrohungsgefühl eben wenig mit messbaren Gefahren zu tun habe"*, und einer Aussage des darüber berichtenden Journalisten über die *„hochfahrende Emotionalität der Teilnehmer aus dem Wendland"* (FAZ 03.11.2008). Zweitens in einem Artikel über die Gorleben-Historie, in dem die Ansicht der *„Atombefürworter"* als falsch dargestellt wird, die behaupteten, *„Furcht vor der Atomtechnik und Zweifel daran, Atommüll für 100 000 Jahre oder mehr sicher vergraben zu können, [sei] Hysterie"* (FR 22.09.2009). In beiden Artikeln werden emotionale Argumente und subjektive Bewertungen als nicht zulässig dargestellt, in letzterem aber gleichzeitig impliziert, dass die Argumente, die ein bestimmter kollektiver Akteur für subjektiv oder emotional hält, sich im Nachhinein als objektiv herausstellen können. Die Journalisten vertreten in ihren Kommentaren dieselben Kriterien wie die anderen kollektiven Akteure und hinterfragen diese nicht.

Die Expertinnen sehen alle ebenfalls fachliche, wissenschaftliche, konstruktive und sachliche Argumente als zulässig an, emotionale, auf Gerüchten basierende Argumente, Schuldzuweisungen sowie *„platte Schlagworte"* (Vertreter der Abfallverursacher D) hingegen nicht. Aus ihren Aussagen, welche Arten von Wissensbeständen sie anerkennen, lässt sich aber schließen, dass sie ein unterschiedliches Verständnis davon haben, was sie darunter verstehen. Entweder sind sie der Meinung, dass ihre Wissensbestände nicht anerkannt würden, oder sie zeigen selbst Tendenzen, nur die Wissensbestände anzuerkennen, die zu ihrer eigenen Arbeit passen. So sieht es die Vertreterin von Regierungsbehörde 1 D als wichtig an, eingehende Kommentare dahingehend zu prüfen, ob sie zu einer Verbesserung der eigenen Arbeiten beitragen würden. Umsetzbare Anregungen würden meist von anderen Wissenschaftlern kommen.[260] Die Aussage, dass sie sich auch Anregungen von der interessierten Öffentlichkeit wünsche, deutet auf eine Anerkennung hin, allerdings nur wenn deren Wissensbestände in die eigenen wissenschaftlichen Arbeiten integriert werden können.

Auch bei der Vertreterin von Regierungsbehörde 2 D sind Hinweise darauf zu finden, dass vor allem die Argumente Anerkennung finden, die sich in die eigenen Arbeiten integrieren lassen, die also einer ähnlichen Wissensform zuge-

---

260 „Also das kommt nicht aus der Community, das ist dann hier aus der Expertenrunde, also dass man jetzt hier die Tiefe noch besser fassen sollte. (…) Das ist Wissenschaft, ja. (…) Wo man sich dann eben auseinandersetzt, das wird dann auch vorgetragen, könnte besser sein und dann wird da so die Methode dargestellt und dann greift man das entsprechend auf" (Regierungsbehörde 1 D).

hören. Insgesamt sieht sie die Anerkennung anderer Wissensbestände skeptisch; auch Wissenschaftler seien oft beratungsresistent. Diese Ansicht vertritt auch die Vertreterin der Betroffenen D, die aussagt, dass die zuständigen Behörden wissenschaftliche Erkenntnisse oft zunächst ignorieren würden. *„(...) der entsprechende Professor sagt, kein Deckgebirge da. Dann sagen sie erstmal, der ist nicht seriös, das stimmt überhaupt nicht, es ist natürlich ein Deckgebirge, der hat nicht richtig geguckt. (...) Langsam kommt raus, dass große Teile vom Deckgebirge fehlen"* (Betroffene D). Die Vertreterin der Abfallverursacher D berichtet, dass sie im Anschluss an die Vorstellung der Kleemann-Studie (2011) einen wissenschaftlichen Austausch zwischen dem Autor und der BGR begrüßt hätte, sagt aber auch, dass *„er selber sagt, er arbeite wissenschaftlich"*, was Zweifel an der Legitimität der Wissensbestände des Autors vermuten lässt.

Zusammenfassend entsteht im Makrodiskurs zunächst der Eindruck, dass Einigkeit darüber bestünde, welche Arten von Argumenten zulässig sind und welche nicht. Wissenschaftlichkeit und Sachlichkeit werden über alle kollektiven Akteure hinweg als die einzig zulässigen Argumentationstypen dargestellt. Es gibt aber Hinweise darauf, dass nicht unbedingt Einigkeit darüber besteht, welche Argumente zu dieser Kategorie zählen und welche nicht. Generell wird der jeweiligen Gegenseite ein Mangel an Sachlichkeit und Wissenschaftlichkeit unterstellt.

Zweifel an der Ergebnisoffenheit

Bereitschaft zu Ergebnisoffenheit ist eine Voraussetzung für einen Wandel hin zu deliberativer Endlager-Governance, da, wenn das Ergebnis bereits feststehen würde, die „Macht des besseren Arguments" nicht mehr greifen könnte und der Spielraum für Kompromisse eingeschränkt wäre.

Explizit zur Ergebnisoffenheit verschiedener kollektiver Akteure äußern sich die Vertreterinnen der Betroffenen D und von Regierungsbehörde 2 D. Sie betrachten die meisten kollektiven Akteure als nicht ergebnisoffen. Zwar behaupteten dies viele von sich, es spiegele sich aber nicht in den Handlungen wider (Betroffene D).[261] Der Mangel an Ergebnisoffenheit zeige sich daran, dass die verschiedenen kollektiven Akteure ihre Aussagen oft auf einer sehr dünnen Wissensbasis träfen, d.h. ihre favorisierte Position bereits als wissenschaftlich

---

261 „(...) das gilt auch für viele der Institutionen wie die BGR jetzt als Beispiel, die eben sich in den 60er Jahren auf die Salzlinie festgelegt haben, dann auf Gorleben festgelegt haben und alles tun um dieses, sich zu bestätigen (...) – also sozusagen – ein Betrug an uns ist, denn immer schon soll das angeblich ergebnisoffen sein" (Betroffene D).

bewiesen ansähen, wenn sie dies noch nicht sei oder wenn die Wissenschaft an längst widerlegten Positionen festhielte (Regierungsbehörde 2 D).[262] Für einen Wandel brauche es Zeit und eine ständige Wiederholung der Argumente (Regierungsbehörde 2 D, Betroffene D).

Laut der Vertreterin von Regierungsbehörde 2 D sei weiterhin problematisch, dass alle Konfliktparteien inzwischen die Meinung hätten, die jeweils anderen wollten nur verhindern.[263] Dadurch würden Schranken hochgefahren. Auch dies kann als eine Form von Mangel an Ergebnisoffenheit interpretiert werden, da eine Vorab-Verurteilung von Dialogteilnehmern ein Zuhören und Argumentieren verhindert. Dazu passt auch, dass „Nichtstun", „Stillstand" und „Blockade" von verschiedenen kollektiven Akteuren im Makrodiskurs als negativ dargestellt werden, diese Verhaltensweisen aber nur bei anderen kollektiven Akteuren ausgemacht werden, nicht aber bei sich selbst. Diese Kritik wird von Journalisten und von Politikern sowohl gegenüber Gorleben-Befürwortern als auch Befürwortern eines Auswahlverfahrens geäußert.

Inwieweit die einzelnen Akteure ergebnisoffen sind oder nicht, lässt sich im Rahmen dieser Arbeit nicht ermitteln. Es lässt sich aber feststellen, dass ein Mangel an Ergebnisoffenheit von allen kollektiven und Einzel-Akteuren bei den jeweils anderen vermutet wird. Auch eine solche Voreingenommenheit ist ein Faktor, der einen Wandel hin zu einer deliberativen Endlager-Governance hemmt, da sie Deliberation verhindert.

---

262   „Das ist ja nicht so, dass die Verhärtung von Positionen etwas ist, was nur außerhalb von Fachkreisen passiert, sondern auch Fachkreise können unendlich hart wirklich an, an sich schon längst fachlich widerlegten Positionen festhalten" (Regierungsbehörde 2 D).

263   „(…) dann braucht es dann doch auch mal den kritischen Blick von außen, der sich dann auch mit einzelnen Aspekten etwas mehr auseinandersetzt (…). Aber wenn auch von der einen Seite immer nur empfunden wird, solche Vorschläge kommen nur um das Projekt zu verhindern, dann ist diese Möglichkeit genommen" (Regierungsbehörde 2 D).

9. Vergleichende Diskussion der beiden Fallstudien

In Deutschland und der Schweiz sind jeweils Hinweise auf einen Wandel hin zu deliberativer Endlager-Governance zu beobachten, die als Effekt mikro-deliberativer Ereignisse eingestuft werden können. Die Qualität des Wandels unterscheidet sich aber in beiden Ländern. Unterschiede zeigen sich auch im Kontext, innerhalb dessen der Wandel stattfindet, d.h. den hemmenden und fördernden Faktoren. Die bestehende Literatur, die sich mit Endlager-Governance beschäftigt, fokussiert häufig auf einen bestimmten Aspekt von Governance. Insbesondere in EU-finanzierten Berichten werden Governance-Strukturen in den Vordergrund gestellt. Qualitative Kriterien finden selten Anwendung. In Artikeln in wissenschaftlichen Fachjournalen werden in, teilweise vergleichenden, internationalen Fallstudien durchaus qualitative Bewertungen, insbesondere der partizipativen Ansätze, vorgenommen. Auch diese beschränken sich jedoch häufig auf einen bestimmten Aspekt von Governance, wie beispielsweise die Frage, welche Rolle die Entsorgungsorganisationen in der Endlagerpolitik spielen. In der hier vorliegenden Arbeit wurde ein erweiterter Blick auf Endlager-Governance geworfen, indem die Endlagerpolitik als ein Zusammenspiel von verschiedenen kollektiven Akteuren auf verschiedenen Ebenen und auf verschiedene Arten konzeptualisiert wurde. Weiterhin wurde argumentiert, dass man, um Änderungen in den Governance-Modi feststellen zu können, auch den Makro-diskurs analysieren müsse, da dort Möglichkeitsräume für Endlagerpolitik verhandelt werden. Der Fokus der Arbeit liegt nicht auf einer Analyse der Organisation mikro-deliberativer Ereignisse, d.h. der Erfüllung von Qualitätskriterien, wie sie in der Literatur zu finden sind, sondern auf deren Wechselwirkungen mit den formellen Entscheidungsfindungsprozessen. Vor diesem Hintergrund erweisen sich einige der Gemeinsamkeiten und Unterschiede zwischen den beiden Ländern als besonders interessant, da sie in der Kontrastierung der beiden Fälle auf neue Hypothesen hinweisen, unter welchen Bedingungen mikro-deliberative Ereignisse Effekte auf die Endlagerpolitik und den Makrodiskurs haben können.

Diese werden im Folgenden im Rückgriff auf die eingangs vorgestellte Literatur diskutiert.

9.1   Die epistemische Frage

Wie in Kapitel 2.2.1 aufgezeigt, spielt in der Literatur, die sich mit epistemologischen Fragestellungen in der Endlager-Governance beschäftigt, insbesondere die Frage eine Rolle, welche kollektiven Akteure die Deutungsmacht über technische Fragestellungen und Wissenskonflikte innehaben und welchen Einfluss dies auf die gesellschaftliche Debatte über hochradioaktive Abfälle und deren Entsorgung hat. Mehrere Autoren halten es für problematisch, wenn starke Entsorgungsorganisationen diese bei sich konzentrieren können (Durant 2007, Poumadere et al. 2008). Andere beklagen eine Relativierung alles wissenschaftlichen Wissens durch Beteiligungsverfahren, in denen politische Interessen eine zu starke Rolle spielen, wie es z.B. in Großbritannien geschehen sei (Baverstock 2005, Ball 2006, Chilvers und Burgess 2008, Wallis 2008).

Der Ruf nach evidenzbasierter Politik

Wissenschaftliches Wissen, das von Experten bereitgestellt wird, wird sowohl von den deutschen als auch den Schweizer Expertinnen in den Interviews als essentielle Grundlage für Entscheidungen über die Sicherheit von Endlagerkonzepten generell und an spezifischen Standorten angesehen. Auch im Makrodiskurs beider Länder wird der wissenschaftliche Nachweis der Sicherheit eines Endlagers als oberste Priorität in der Standortauswahl benannt. Über diesen Grundsatz besteht in keinem der beiden Länder ein Konflikt. Die Frage der Deutungsmacht spielt aber trotzdem auch in der deutschen und der Schweizer Endlagerpolitik eine Rolle. Ebenso wie in vielen anderen Ländern haben hier etablierte kollektive Akteure die Deutungsmacht darüber, was als wissenschaftliches Wissen anerkannt und wann eine wissenschaftliche Fragestellung als beantwortet angesehen wird. In beiden Ländern ist ein starker Ruf nach evidenzbasierter Politik zu beobachten. Als Quelle von Evidenzen werden von den zuständigen Behörden und der Industrie in beiden Ländern nur ExpertInnen anerkannt, denen sie eine wissenschaftliche Arbeitsweise zusprechen, wie in den Interviews deutlich wurde. Alltagswissen gilt als unwissenschaftlich. Auch interessierte BürgerInnen stufen andere Entscheidungsgrundlagen als wissenschaftliches Wissen als nicht hinnehmbar ein, wie sich sowohl im Makrodiskurs als auch in den Interviews in beiden Ländern zeigte. Dabei wird suggeriert, dass es „die richtige"

Entscheidung gäbe, die anhand wissenschaftlicher Erkenntnisse begründbar sei. Die politische Ausgestaltung des Umgangs mit dem Ruf nach evidenzbasierten Entscheidungen ist aber in beiden Ländern unterschiedlich.

Die Ausgestaltung an Evidenz ausgerichteter Endlagerpolitiken

Durant (2007) argumentiert für Kanada, Großbritannien, die USA und Schweden, dass die Entsorgungsorganisationen dort eine Machtstellung innehaben, da sie definieren können, was in ihr Aufgabenfeld fällt. Dies bedeutet, dass sie die Definitionsmacht innehaben, zu entscheiden, was eine technische Fragestellung ist, die sie bearbeiten können, und was von politischen Entscheidungsträgern entschieden werden muss. Sie legen damit die Grenze zwischen Wissenschaft und Politik fest. Da in der Schweiz das BFE den Sachplan in Konsultation mit den Verbänden, Einzelpersonen und der Nagra erarbeitet hat, kann zunächst nicht davon ausgegangen werden, dass die Nagra hier ebenfalls eine sehr starke Rolle in der Definition der Grenzen spielte. Allerdings war, wie sich in den Interviews zeigte, im Sachplan anfangs noch keine Rolle für die Regionalkonferenzen in den technischen Sicherheitsdebatten vorgesehen. Erst durch die Gründung der Fachgruppen Sicherheit, die in Reaktion auf die Forderung lokaler Einzel-Akteure hin eingerichtet wurden, wurde diese Rolle definiert. Dabei handelt es sich weiterhin um eine eingeschränkte Rolle, die nur die Befassung mit technischen Sicherheitsfragen vorsieht. BFE und Nagra steckten eine klare Grenze ab zwischen den Befugnissen der Regionalkonferenzen (Mitsprache bei Oberflächenanlagen, Befassung mit untertägiger Sicherheit) und ihrer eigenen Zuständigkeit für die technische Sicherheit. Dies zeigt sich auch in den Interviews mit den Behörden und dem Abfallverursacher, die Wissenschaftlichkeit als ihre Domäne sehen und wissenschaftliche Dispute auch nur unter Wissenschaftlern austragen möchten, d.h. es als zielführend ansehen, der Öffentlichkeit nur „ausdiskutierte Ergebnisse" zu präsentieren, nicht aber die Debatte an sich. Die Betroffenen sind, wie auch in Deutschland, teilweise skeptisch bezüglich der Ernsthaftigkeit, mit der ihre Fragen beantwortet werden, d.h. inwiefern ihre Einwände als im wissenschaftlichen Diskurs legitim betrachtet werden.

Andererseits wurde in der Schweiz mit dem Sachplan die Kriterienliste für einen Endlagerstandort erweitert, indem sozio-ökonomische Kriterien mit aufgenommen wurden. Dies wird sowohl im Makrodiskurs als auch in den Interviews von allen, die sich dazu äußern, als ein wichtiger Schritt angesehen. Ebenso argumentieren beispielsweise eine Vertreterin der Betroffenen und die Vertreterin der Abfallverursacher, dass es notwendig sei, einen politischen Diskurs zu führen. Dieser habe zur Einführung des Sachplanverfahrens geführt. Diese Anerkennung der politischen Deutungsmacht über das Standortauswahlverfahren erleichterte die Umsetzung des Sachplanverfahrens. In der Schweiz liegt damit zwar einerseits eine starke Deutungsmacht über technische Fragestellungen und deren Schließung bei der Nagra und den Behörden, andererseits wird diese auch teilweise von der interessierten Öffentlichkeit anerkannt, wie die Vertreterinnen der Betroffenen in den Interviews betonten und wie es sich auch in Äußerungen im Makrodiskurs zeigte. Weiterhin wurde diese strikte Abgrenzung durch die Einrichtung der Fachgruppen Sicherheit zumindest leicht geöffnet. Da es sich nur um ein Befassungsrecht für die Regionalkonferenzen handelt, kann davon ausgegangen werden, dass diese Öffnung aber auf der Stufe von „Konsultation" (Arnstein 1969) oder sogar darunter bleibt („Information", „Therapie"). Der Grund dafür, dass hier lediglich die unteren Stufen erreicht werden, liegt vermutlich vor allem an dem großen Arbeitsaufwand, den es für die Fachgruppen bedeutet, sich in ihrer Freizeit mit sehr umfangreichen technischen Dokumentationen zu befassen (vgl. Interview Betroffene Schweiz).

In Deutschland zeigt sich ein etwas anderes Bild. Die Deutungsmacht über wissenschaftliche Fragestellungen und deren Schließung liegt bei den Behörden und den kollektiven und Einzel-Akteuren, die von den Behörden als wissenschaftliche Experten anerkannt werden. Außer im Rahmen des AkEnd, des Endlagersymposiums und des Workshops zu den Sicherheitsanforderungen gab es keine Möglichkeit für kollektive und Einzel-Akteure außerhalb dieses Kreises, sich in die wissenschaftliche Debatte einzubringen. In den Interviews und im Makrodiskurs wird deutlich, dass es durchaus „weitere kollektive Akteure"[264] gibt, die ebenfalls wissenschaftliche Deutungsmacht für sich beanspruchen. Dieses Expertendilemma ist im Makrodiskurs und in den Interviews beobachtbar, da kollektive Akteure der jeweiligen Gegenseite die Wissenschaftlichkeit häufig aberkennen, ihre eigene Arbeit aber als wissenschaftlich einstufen. Debatten über mögliche andere Kriterien finden nicht statt, was sich auch daran zeigt, dass im Makrodiskurs und in den Interviews politische Argumente als generell nicht valide in einer Standortauswahl bezeichnet werden. Durch diese Beschrän-

---

264 Der Begriff „weitere kollektive Akteure" wird hier in Unterscheidung zu „etablierten kollektiven Akteuren" verwendet, welche in einer Verhandlungsdemokratie traditionell leichten Zugang zu politischen Entscheidungsträgern haben und damit Politiken beeinflussen können. „Weitere kollektive Akteure" haben diesen Zugang traditionell nicht, können ihn aber in einer deliberativen Endlager-Governance erlangen. Siehe Kapitel 3.2 für eine ausführliche Einführung der Begriffe.

kung der Debatte auf einen Ruf nach evidenzbasierter Entscheidungsfindung und durch den mangelnden Umgang mit dem Expertendilemma liegt in Deutschland weiterhin eine starke Deutungsmacht bei den etablierten kollektiven Akteuren.

Evidenzbasierte Politik und deliberative Entscheidungsfindung

In der Literatur zu deliberativer Demokratie wird argumentiert, dass in deliberativen Diskursen in realen Situationen selten nur rationale Argumente vorgebracht werden und dass bestimmte Formen von Rhetorik und Narrativen durchaus ihre Rolle in einer solchen Demokratie haben können (Dryzek 2011, Polletta und Lee 2006). Durch die ausschließliche Forderung nach wissenschaftlichen Argumenten in beiden Ländern werden nicht nur auf der inhaltlichen Ebene bestimmte Aspekte ausgegrenzt, sondern auch bestimmte Formen von Argumenten. Nur in der Schweiz wird von einem Teil der Expertinnen im Interview anerkannt, dass es Raum für Emotionen geben müsse, solange diese nicht „Gräben vertiefen". „Bridging rhetoric" hätte damit einen Raum, „bonding rhetoric" nicht (Dryzek 2001: 76-82). Gerade im Endlagerdiskurs, der von jahrelangem Konflikt geprägt ist, greifen die Argumente aus der Literatur, dass manche Stakeholder nur dann Aufmerksamkeit erlangen können, wenn auch Raum für Narrative persönlicher Erfahrungen und „bonding rhetoric" ist. Der Schweizer Ansatz, Raum für verschiedene Arten von Diskurs zu bieten, scheint in diesem Kontext vielversprechend. Wenn Räume für Narrative geboten werden, kann in anderen Räumen eher ein rationaler Diskurs stattfinden (insofern unter den Stakeholdern Einigkeit über die Notwendigkeit von Dialog besteht). Durch den Fokus auf rationale Argumente in Deutschland trügen demnach die „weiteren kollektiven Akteure" selbst dazu bei, dass ihre Argumente weniger Aufmerksamkeit finden. Auffällig ist, dass sich in beiden Ländern die beteiligten Einzel- und kollektiven Akteure in ihren Argumentationen stets auf das Allgemeinwohl beziehen, d.h. es wird allgemein anerkannt, dass es sich bei der Entsorgung nicht um ein Feld handelt, in dem Individualinteressen an erster Stelle stehen sollten. In der Schweiz ist darüber hinaus eine gegenseitige Wertschätzung der Akteure zu beobachten sowie die Anerkennung der Notwendigkeit von Begründungen von Positionen. Der Konflikt in der Schweiz zeigt somit Grundzüge „deliberativen Verhandelns" („deliberative negotiation", Warren und Mansbridge 2013).

Hemmt der enge Fokus auf wissenschaftliches Wissen Effekte?

Obwohl in beiden Ländern Uneinigkeit zwischen den für die Entsorgung zuständigen Behörden und Organisationen und der interessierten Öffentlichkeit darüber besteht, was als wissenschaftliches Wissen gelten kann, ist die prä-deliberative Anforderung „Einigkeit über zugelassene Argumentationstypen" in Deutschland als hemmender, in der Schweiz hingegen als fördernder Faktor einzustufen. In der Schweiz betonen die Expertinnen, dass die Einrichtung der Fachgruppen Sicherheit in den Regionalkonferenzen und die Anerkennung der sozio-ökonomischen Kriterien in der Standortauswahl grundlegende Voraussetzung für die Anerkennung des Sachplanverfahrens gewesen seien. Der fördernde Charakter liegt damit darin, dass eine institutionelle Einbettung der epistemischen Debatte geschaffen wurde, die bei den betroffenen kollektiven und Einzel-Akteuren den Eindruck erweckt, dass die Deutungsmacht der Abfallverursacher zumindest teilweise aufgebrochen wurde. In Deutschland besteht eine solche institutionelle Einbettung der Debatte nicht. Weiterhin zeigt sich im Vergleich der beiden Länder, dass nicht nur eine Stigmatisierung der Bevölkerung durch die „etablierten kollektiven Akteure" als unwissend und emotional konfliktfördernd wirkt (Slovic et al. 1994), sondern dass auch das Beharren der „weiteren kollektiven Akteure" auf evidenzbasierte Entscheidungen solche Konflikte befördert.

9.2   Die Form des Governance-Netzwerks

Die Unterschiede in der Strukturierung des Entscheidungsprozesses in Deutschland und der Schweiz lassen sich nur teilweise durch die verschiedenen politischen Kulturen erklären. Zentrale Charakteristika des Sachplanverfahrens in der Schweiz werden sowohl im Makrodiskurs als auch den Interviews teilweise als Bruch mit den demokratischen Traditionen eingestuft. In Deutschland ist ein Konflikt darüber zu beobachten, ob und zu welchem Grad ein solcher Bruch vollzogen werden soll – wobei sich die Einschätzung, was als Bruch interpretiert wird, zwischen den kollektiven Akteuren stark unterscheiden kann.

Zur Neuausrichtung horizontaler und vertikaler Governance-Strukturen

Wie in Kapitel 5.2 argumentiert wurde, werden in der Schweiz häufig referendumsfähige Interessengruppen in die Vorbereitung von Gesetzen einbezogen (Linder 2005: 246, Kriesi und Trechsel 2008: 58). Auch Bewegungsorganisationen haben traditionell einen starken Einfluss auf die Entscheidungsvorbereitung (Kummer 1997). Die Einbindung verschiedener kollektiver und Einzel-Akteure in die Konzeption des Sachplanverfahrens kann in dieser Tradition verstanden werden. Was jedoch im Interview von der Vertreterin der Abfallverursacher als neu dargestellt wurde, ist die direkte Rücksprache der nationalen mit der regionalen und lokalen Ebene. Traditionell stünden die Kantone zwischen Bund und Region. Die vertikale Struktur des Governance-Netzwerks in der Schweiz wurde damit bereits in der Vorbereitung des Sachplanverfahrens verändert. Dieser Wandel spricht zumindest auf formeller Ebene für die Feststellung von Krütli, Flüeler et al. (2010), dass mit der Einführung des Sachplanverfahrens der zuvor vorherrschende technokratische Ansatz durch einen stärker an Kooperation und Partizipation ausgerichteten ersetzt wurde. Gleichzeitig wird aber diese Struktur permanent durch die „weiteren kollektiven Akteure" hinterfragt. Der momentan gefundene Arbeitskompromiss erlaubt genügend Flexibilität im Verfahren, um auf Änderungswünsche im Governance-Netzwerk einzugehen (z.B. Einführung der Arbeitsgruppen Sicherheit in den Regionalkonferenzen), während gleichzeitig das grundsätzliche Vorgehen im Verfahren nicht hinterfragt wird, was insbesondere für die Abfallverursacher im Hinblick auf Planungssicherheit wichtig ist. Sollten die Beteiligten aber zu einem Zeitpunkt den Eindruck gewinnen, dass Anforderungen an ein gutes und faires Verfahren nicht ernst genommen werden und sie keinen Einfluss mehr haben, so würden sie laut einer Vertreterin der Betroffenen aus dem Verfahren aussteigen. Die Mischung aus deliberativer Erarbeitung des Sachplanverfahrens und die Bereitschaft aller Akteure, Kompromisse einzugehen, hat also in Verbindung mit der Bereitschaft, die Rolle der „weiteren kollektiven Akteure" neu zu definieren, zu einem Arbeitskompromiss geführt, der einerseits den Abfallverursachern eine gewisse Planbarkeit garantiert, andererseits aber genügend Flexibilität für Kursanpassungen gewährleistet. In den Interviews wurde deutlich, dass Bürgerbeteiligung dabei als „verfahrensverbessernd" angesehen wird. Diese Beobachtung machten auch Anshelm und Galis (2009) für den schwedischen Fall.

In Deutschland hingegen besteht keine Tradition der Verhandlung mit verschiedenen Interessengruppen. Das deutsche Modell der Verhandlungsdemokratie bezieht sich stärker auf Verhandlungen mit den etablierten kollektiven Akteuren (Grimm 2003). Wie sich anhand der Interviews und im Makrodiskurs beobachten lässt, ist in Deutschland im Untersuchungszeitraum kein Arbeitskompromiss gefunden worden, der einen Ausstieg aus dem „muddling-through"-Prinzip (Hocke und Renn 2009) erlaubt hätte. Allerdings zeigte sich auch, dass der Möglichkeitsraum für das „muddling-through" durch die beständige Forderung nach einem Auswahlverfahren eingeschränkt wurde. Diese Forderung hat im Untersuchungszeitraum zwar nicht zu einer grundlegend veränderten Struktur des Governance-Netzwerks geführt, aber zur Organisation der mikro-deliberativen Ereignisse. Damit bleibt in rückwirkender Betrachtung der AkEnd einerseits immer noch ein „punktuelles Ereignis" in der Endlagerpolitik (Hocke 2009a: 176), da seine Empfehlungen nicht umgesetzt wurden. Andererseits hatte er aber großen Einfluss auf die Definition des Möglichkeitsraums für die Neugestaltung eines Governance-Netzwerks. Der Mangel an Kohärenz zwischen formellen und informellen Strukturen, der bereits zum Ausstieg einiger Umweltverbände aus der Zusammenarbeit mit dem AkEnd führte (Hocke und Renn 2009), wiederholte sich im Fall des FED. Diese mangelnde Stringenz bezeichneten bereits Hocke und Renn (2009) als konfliktfördernd; in den Interviews bestätigte sich dies.

Unterschiede in der Institutionalisierung von Schnittstellen

In den Interviews wurde immer wieder von Kooperations-Verweigerungen und Drohungen des Ausstiegs aus mikro-deliberativen Ereignissen von Seiten der potentiell Betroffenen berichtet. Insbesondere die Ausstiegsdrohungen bewerteten andere Expertinnen in den Interviews als kritisch. Aus Sicht der Betroffenen ist dies für sie aber eine der wenigen Möglichkeiten, auf die Prozessgestaltung und die Qualität der Ausgestaltung mikro-deliberativer Ereignisse Einfluss zu nehmen, da nach Abschluss des AkEnd keine offizielle Beteiligungsmöglichkeit an der Gestaltung eines alternativen Governance-Netzwerks mehr geboten wurde. Zudem sind diese Arten von Interventionen teilweise auch Proteste gegen eine Nicht-Erfüllung von Qualitätskriterien für mikro-deliberative Ereignisse. Dies zeigt sich am konkreten Beispiel des Workshops Sicherheitsanforderungen, über den die Vertreterin der Betroffenen im Interview erzählte, dass die aktuelle Version der Sicherheitsanforderungen erst vor Ort zur Verfügung gestellt wurde und somit keine Zeit zur Vorbereitung gegeben war. Anhand dieser Beobachtung können zwei Hypothesen aufgestellt werden. Erstens, dass die interessierte Öffentlichkeit nicht nur technisch zu einem besseren Verfahren beitragen kann, sondern auch bezüglich der Prozessqualität. Dies gilt ungeachtet der Frage, ob Ausstiegsdrohungen ein effizienter Weg sind, um dies zu erreichen. Zweitens kann die Hypothese aufgestellt werden, dass Beteiligungsverfahren in Konflikten nur unter Beachtung des Kontexts und der Konfliktgeschichte evaluiert werden können. Eine Evaluierung hinsichtlich klassischer Qualitätskriterien ist notwendig, aber nicht hinreichend, um die Rolle dieser Verfahren im Gesamtprozess verstehen zu können.

Die Unterschiede in der Gestaltung des Governance-Netzwerks zwischen Deutschland und der Schweiz zeigen sich vor diesem Hintergrund besonders deutlich in der Institutionalisierung der Zugänglichkeit für „weitere kollektive Akteure" zu den politischen Entscheidungsträgern und etablierten kollektiven Akteuren, d.h. der „Räume", in denen die verschiedenen kollektiven und Einzel-Akteure sich austauschen und diskutieren können. Wie bereits oben erwähnt, sind solche Schnittstellen zwischen regionaler und nationaler Ebene in keinem der beiden Länder fester Bestandteil der demokratischen Kultur. Insbesondere in den Experteninterviews in Deutschland zeigte sich, dass bei den verschiedenen kollektiven Akteuren durchaus Gesprächswille und der Wille, die Gegenseite zu verstehen, bestehen. Allerdings scheinen sie nicht zu wissen, wie und wo ein solcher Austausch stattfinden könnte. Es sind keine institutionalisierten Räume vorhanden, die für diesen Zweck geschaffen wurden. Damit werden auch Momente der informellen deliberativen Konfliktbearbeitung verhindert. Am Schweizer Fall lässt sich beobachten, dass Kontakte zwischen Behörden, Industrie und Betroffenen nicht einfach auf der Initiative einzelner Personen beruht, wie beispielsweise einer Betroffenen, die sich mit einer Frage an eine Behörde wendet. Vielmehr findet der Austausch in definierten Räumen wie der Fachgruppe Sicherheit statt. Eine solche Struktur von Räumen zu schaffen ist nicht trivial, insbesondere wenn man die Anforderungen an klare Strukturen betrachtet. Klare Strukturen bedeuten in diesem Fall, dass auch Räume für Deliberation mit einer klaren Aufgabendefinition in die Governance-Struktur eingebunden sein müssen. Diese Art der „Schnittstellengestaltung" zwischen formellem und informellem Prozess ist nicht per se Teil der jeweiligen Demokratieform, sondern muss neu gelernt werden. Andersson (2013) beschreibt im Zusammenhang mit dem „safe space"-Konzept, dass Deliberation Räume außerhalb des Verfahrens bräuchte, in denen ungeachtet der Rollen der Teilnehmer im Verfahren Argumente ausgetauscht werden könnten. Diese Art von Schnittstelle kann sicherlich Teil eines Verfahrens sein, in der Schweiz zeigt sich jedoch, dass auch Räume innerhalb des Verfahrens zu einer deliberativen Konfliktbearbeitung beitragen können, wenn sie gut definiert sind.

Anforderungen an die Ausgestaltung von Schnittstellen

Am deutschen Fall zeigt sich weiterhin, dass die verschiedenen Ebenen der Konfliktbearbeitung nicht alle in Form von der Regierung organisierter mikrodeliberativer Ereignisse organisiert sein müssen. Je nach der Funktion, die ein bestimmtes Zusammentreffen verschiedener Akteure erfüllen soll, kann dieses mehr oder weniger informell organisiert und mehr oder weniger öffentlich sein. Hendriks (2006) argumentiert sogar, dass nur das Zusammenspiel dieser verschiedenen Ebenen zu einer Konfliktbearbeitung führen kann, die gesellschaftlich rückgebunden und legitim ist. Insbesondere in Bezug auf die von der Regierung organisierten mikro-deliberativen Ereignisse und deren Anbindung an bestehende Entscheidungsprozesse, aber auch bezüglich des gesamten Zusammenspiels der verschiedenen Ebenen sind soziale Innovationen vonnöten (Zapf 1989, Howaldt und Schwarz 2010). Eine zentrale Herausforderung besteht darin, in keinem der Räume Gräben zwischen den Stakeholdern entstehen zu lassen, die deliberative Drifts verhindern könnten. Dies bedeutet vor allem, dass „bonding rhetoric" durch die Ausgestaltung des jeweiligen Treffens und gute Moderation eingeschränkt wird. In der Literatur werden hohe Anforderungen an Partizipation gestellt, die sich beispielsweise in Aussagen ausdrücken, dass ein einfaches Bereitstellen von Diskussionsplattformen für eine Konfliktbearbeitung nicht ausreichend sei (Kraft 2000, Bedsworth et al. 2004). Dem widersprechen die Ergebnisse dieser Arbeit nicht. Allerdings zeigen sie, dass insbesondere für die Gestaltung der deutschen Endlagerpolitik die Herausforderung noch grundlegender ist: Werden diese Plattformen nicht bereitgestellt, kann es zu keiner Konfliktbearbeitung kommen. Der Schweizer Demokratietradition liegt dies näher, weshalb dort die Umsetzung dieses Grundsatzes im Sachplanverfahren wohl auch leichter fiel. Wie die Aussagen der interviewten Expertinnen zu den stetig stattfindenden Lernprozessen aller Beteiligten jedoch zeigen, war dies auch hier keineswegs selbstverständlich.

Die Ausgestaltung des Governance-Netzwerks beeinflusst folglich auch, ob Deliberation ermöglicht wird oder nicht. Eine in beiden Ländern von den interviewten Expertinnen genannte Grundvoraussetzung für die Entstehung „deliberativer Drifts" ist die organisatorische Anforderung, in Kleingruppen zu diskutieren. Diese Anforderung findet sich auch in der Literatur zu Fokusgruppen, welche zwar eine sozialwissenschaftliche Forschungsmethode sind, die aber auch darauf abzielt, einen Dialog herzustellen (Fleischer et al. 2012, Schulz et al. 2012). Der von den Expertinnen benannte Vorteil einer Diskussion in Kleingruppen ist die geringere Tendenz zur Profilierung der Teilnehmer gegenüber ihrer eigenen Stakeholdergruppe, d.h. dass durch Kleingruppenarbeit „bonding rethoric" verhindert wird. In einem kleinen „geschützten Raum" ist es einfacher, den Positionen der jeweils anderen teilnehmenden kollektiven und Einzel-Akteure zuzuhören, diese nachzuvollziehen und Kompromisse einzugehen, oder sich von der „Kraft des besseren Arguments" überzeugen zu lassen. Eine solche

Art von Räumen ist in der Schweiz eher zu finden als in Deutschland. Dies sind vor allem die Fachgruppen der Regionalkonferenzen. In den Experteninterviews wurden zwar noch Mängel in den angewandten Verfahren festgestellt, gleichzeitig aber die Zunahme an Diskussionsbereitschaft betont. Der einzige Raum in Deutschland, der kontinuierlich besteht und in dem „deliberative Drifts" laut den interviewten Expertinnen stattfindet, sind Veranstaltungen in der Evangelischen Akademie Loccum.

Herausforderungen in der Gestaltung von Governance-Netzwerken

Die Endlagerpolitiken in Deutschland und der Schweiz entsprechen keinem der beiden Idealtypen Endlager-Management oder deliberative Endlager-Governance vollständig. Sie bewegen sich stattdessen zwischen diesen beiden. Sie können mit einem Aspekt näher am Endlager-Management stehen, während sie sich in einem anderen der deliberativen Endlager-Governance nähern. Auch hierbei handelt es sich um Änderungsprozesse, d.h. keine statischen Gegebenheiten. Zusätzlich haben verschiedene kollektive Akteure verschiedene Erwartungen, in welche Richtung sich die Endlagerpolitiken bewegen sollten. Mit diesen muss in der Gestaltung der Governance-Netzwerke umgegangen werden.

Im Untersuchungszeitraum dieser Arbeit, der vor der Verabschiedung des Standortauswahlgesetzes 2013 endet, wurde in Deutschland kein Arbeitskompromiss erreicht und schien aufgrund der geringen Gesprächsbereitschaft auch nicht möglich.[265] Die in der Schweiz stärker ausgeprägte Tradition der Verhandlungen mit unterschiedlichen Interessenvertretern, wie z.B. Verbänden, in der Vorbereitung politischer Entscheidungen senkt dabei sicherlich die Hemmschwelle für den Eintritt in ein solches Verfahren. Grund dafür ist, dass der Erfolg solcher Verhandlungen, im Sinne einer für alle Stakeholder annehmbaren Lösung, bereits real beobachtet werden konnte. Berkhouts (1991) Argument, dass die Funktion der Endlagertechnik im Gegensatz zur Funktion von Alltagstechnologien nicht beobachtet werden kann, da sie zu lange andauert, lässt sich in Teilen dementsprechend auf die Verfahren der Entscheidungsfindung übertragen: Vertraut wird nur den Verfahren, deren Erfolg zumindest in anderen Kontexten bereits beobachtet werden konnte. Ein abschließendes Votum wird aber nie erfolgen können, da die Zeiträume, über die ein solches Verfahren laufen muss, sich über mehrere Generationen hinweg erstrecken.

---

265 Siehe Kapitel 11.2 für eine Einordung der Ereignisse nach 2010.

Insgesamt zeigt sich in der Betrachtung der Form der Governance-Netzwerke, dass die Gestaltung derselben im Konflikt sehr komplex ist und Beteiligung auf vielen verschiedenen Ebenen gleichzeitig stattfindet, d.h. nicht auf einzelne mikro-deliberative Ereignisse reduziert werden kann, auch wenn diese eine zentrale Rolle hinsichtlich der Zugangsmöglichkeit für „weitere kollektive Akteure" zur Entscheidungsfindung darstellen. Ein Stufenmodell der Beteiligung, wie von Krütli (2010) vorgeschlagen, kann deshalb höchstens Tendenzen abbilden, d.h. sich verschiebende Gewichtungen einzelner Bausteine eines Governance-Netzwerks, nicht aber eine Ablösung der Entscheidungsfindung durch „weitere kollektive Akteure" von einer Entscheidungsfindung durch ExpertInnen und umgekehrt. Ein Governance-Netzwerk, dass zu Entscheidungen in einem Konflikt beitragen soll, ist vielmehr permanent von hoher Komplexität geprägt und als dynamisch anzusehen.

9.3   Die Werteorientierung im Verfahren

Werte spielen im öffentlichen Diskurs um die Endlagerung eine Rolle, werden aber selten direkt als solche adressiert. Werte werden hier verstanden als *„beliefs about goals in life that are desirable for an individual or for society"* (Andersson 2008: 33). Im öffentlichen Diskurs wird unter anderem erörtert, welche Werte in einem Standortauswahlverfahren Gültigkeit haben sollten. Dies geschieht teilweise direkt, beispielsweise wenn Transparenz gefordert wird, teilweise aber auch indirekt wie in der Debatte über „einen geeigneten" und „den bestmöglichen" Endlagerstandort. Direkt angesprochen werden vor allem prozedurale Fairness und Transparenz sowie, damit verknüpft, die Frage der Input-Legitimität, d.h. wie ein Verfahren ausgestaltet sein sollte, das zu einer legitimen Entscheidung führt. In der Literatur wird der prozeduralen Fairness eine zentrale Rolle zugesprochen, wenn es um die Akzeptabilität von Endlagerpolitik geht. Gleichzeitig wird die Schwierigkeit betont, ein Verfahren zu finden, das von allen beteiligten kollektiven Akteuren als fair empfunden wird, da Fairness sehr unterschiedlich definiert werde (Renn 2009). Einzelne Kriterien wie Transparenz würden aber von allen anerkannt (Krütli et al. 2012).

„Empfänger-" und „Sender-Transparenz"

Auch in dieser Arbeit zeigt sich, dass Transparenz als sehr wichtig angesehen wird. Im Makrodiskurs wird sie von verschiedenen kollektiven Akteuren als Anforderung an ein gutes Verfahren diskutiert und auch in den Interviews nennen die Expertinnen Transparenz als einen wichtigen Verfahrensaspekt. Zunehmende Transparenz kann ein Effekt mikro-deliberativer Ereignisse sein, gleichzeitig ist ein Mindestmaß an Transparenz ein fördernder Faktor. Die Vertreterinnen der Betroffenen in der Schweiz betonen hingegen die Schwierigkeit, mit der Vielzahl an Dokumenten umzugehen, die zur Verfügung gestellt werden. Ein weiteres Hindernis für Transparenz kann sein, wenn Behörden oder Abfallverursacher über die Herausgabe mancher Dokumente nicht selbst entscheiden können, da sie Daten Dritter enthalten (Interview Abfallverursacher D). Auch im deutschen Makrodiskurs wird von Behörden-Akten berichtet, die aufgrund von Geheimhaltungsfristen nicht herausgegeben werden dürfen. Letzteres unterstützt die Beobachtung von O'Connor und van den Hove (2001), dass in vielen Ländern Geheimhaltung ein grundlegendes Konzept in der Nuklearpolitik war. Gleichzeitig zeigt es, dass Transparenz kein einfaches Prinzip, sondern ein komplexes Konstrukt ist und an alle Beteiligten hohe Anforderungen bezüglich der Ausgestaltung stellt. Für die Bewertung von Transparenz erscheint es basierend auf diesen Beobachtungen hilfreich, zwischen „Sender-Transparenz" und „Empfänger-Transparenz" zu unterscheiden. Erstere bezieht sich auf ein Arbeitsverständnis von Transparenz, das im Behördenalltag umsetzbar ist und Kommunikation zur Selbstverständlichkeit werden lässt.[266] Letztere bezieht sich auf „capacity building" und die Bereitstellung von Ressourcen für die „weiteren kollektiven Akteure", die offiziell in das Verfahren eingebunden sind, um ExpertInnen des Vertrauens zu Rate zu ziehen, die bei der Durchsicht und Interpretation der Dokumente beratend zur Seite stehen. Ein reiner Fokus auf „Sender-Transparenz" kann zu einem Mangel an Transparenz führen, wenn die interessierte Öffentlichkeit nicht in der Lage ist, die veröffentlichten Informationen zu verarbeiten.

Transparenz als Nachvollziehbarkeit von Entscheidungen

Eine weitere Bedeutung von Transparenz, die in der Literatur genannt wird, bezieht sich auf die Rolle mikro-deliberativer Ereignisse in der Endlagerpolitik. In diesem Kontext bedeutet Transparenz vor allem, dass über die geplante Weiterverwendung der Ergebnisse im Vorhinein Klarheit bestehen müsse (Langer und Oppermann 2003, Strauss, 2010). Am Beispiel des Workshops Sicherheitsanforderungen bemängeln die deutschen Expertinnen in den Interviews allerdings nicht einen Mangel an Klarheit vorab, sondern einen Mangel an Nachvoll-

---

266 Siehe auch Kuppler und Hocke 2012.

ziehbarkeit, wie mit den Ergebnissen umgegangen wurde, hinterher. Die Forderung nach Klarheit über die Weiterverwertung der Ergebnisse ex ante lässt sich folglich ausweiten auf die Notwendigkeit der Herstellung von Nachvollziehbarkeit über die Aufnahme der Ergebnisse ex post. Es muss eine „Begründungskultur" geschaffen werden, in der Argumentationen auch für die interessierte Öffentlichkeit zugänglich und nachvollziehbar dargestellt sind (ähnlich bereits Kuppler und Hocke 2012). Für die Industrie ist eine solche Nachvollziehbarkeit ebenfalls wichtig, allerdings eher im Sinne einer angemessenen Berechenbarkeit des Prozesses und damit Planungssicherheit, welche insbesondere notwendig ist bei größeren Investitionen, wie sie beispielsweise bei Bergbauanlagen anfallen. Am Beispiel der Schweiz zeigt sich, dass Nachvollziehbarkeit eng mit dem Problem der „Empfänger-Transparenz" zusammenhängt. Nachvollziehbarkeit kann nicht allein dadurch erreicht werden, dass viele Dokumente zur Verfügung gestellt werden. Vielmehr muss argumentiert werden, wie Entscheidungen entstanden sind. Sowohl in Deutschland als auch in der Schweiz konnten im Makrodiskurs Beispiele dafür beobachtet werden, dass das reine Verkünden von Entscheidungen von verschiedenen kollektiven Akteuren als nicht hinreichend eingestuft und Erläuterungen verlangt wurden.

Merkmale fairer Verfahren

Ein weiterer Aspekt, der in die Kategorie „Wertediskussionen" fällt, ist die Frage der Input-Legitimität. Diese spielt im öffentlichen Diskurs beider Länder eine Rolle, wenn auch unterschiedlich detailliert. In der Kontrastierung der Ergebnisse der Expertinnen-Interviews aus Deutschland und Schweiz wird die zentrale Bedeutung dieser Dimension im Konflikt besonders deutlich. Es können zwei Debattenstränge beobachtet werden:

- Diskussionen über Kernaspekte eines fairen Verfahrens und
- inwiefern kollektive oder Einzel-Akteure verpflichtet sind, an einem Verfahren teilzunehmen, das von einem anderen kollektiven oder Einzel-Akteur als fair eingestuft wurde.

Der zweite Aspekt spielt insbesondere in den Experteninterviews in Deutschland eine Rolle. Der erste Aspekt wird auch in der Literatur thematisiert. Dabei wird besonders Deutschland ein Mangel an Verfahrensgerechtigkeit attestiert, was zu einem Vertrauensverlust der Bevölkerung in die zuständigen Behörden führe (Hocke und Renn 2009). Mit diesem Vertrauensverlust zusammen kommt, dass Teile der Bevölkerung die Legitimität der zuständigen Entscheidungsträger in

Frage stellen (Streffer et al. 2011: 342). Die Berichte der Expertinnen in den Interviews über die Ungleichzeitigkeit von Politik und Beteiligung (Beispiel FED) bestätigen die Problematik eines Mangels an Verfahrensgerechtigkeit. Diese wird sowohl in Deutschland als auch der Schweiz im Makrodiskurs und in den Interviews mit einem qualitativ hochwertigen Verfahren gleichgesetzt, das zu einem sicheren Standort führt. Verfahrensgerechtigkeit wird demnach auch als Voraussetzung für technische Sicherheit interpretiert. Der Vertrauensverlust besteht in diesem Fall darin, dass davon ausgegangen wird, die Politik sei nicht in der Lage, die Sicherheit der Bevölkerung zu gewährleisten. Eine zweite Dimension der Verfahrensgerechtigkeit, nämlich die gerechte Verteilung von Lasten, wird nur in der Schweiz thematisiert. Dies geschieht durch die Forderung nach einem Einbezug sozio-ökonomischer Kriterien in die Standortauswahl.

Keine Pflicht zur Teilnahme

Der zweite Aspekt, die Frage der Verpflichtung, an einem als fair eingestuften Auswahlverfahren teilzunehmen, wird in der Literatur zu Endlager-Governance bisher nicht thematisiert. Es kann aber ein Bezug hergestellt werden zu der Diskussion über qualitative Qualitätskriterien für mikro-deliberative Ereignisse und hierbei insbesondere der Frage der thematischen Offenheit. Nur wenn eine Debatte über grundsätzliche Fragen wie beispielsweise das Demokratieverständnis verschiedener Teilnehmer geführt werden könne, bestehe „echter" Raum für Deliberation (Chilvers und Burgess 2008). Die empirischen Ergebnisse dieser Arbeit unterstützen dieses Qualitätskriterium. In der Schweiz war die Debatte über das Demokratieverständnis im Zusammenhang mit der Abschaffung des Vetorechts ein zentraler Bestandteil des Makrodiskurses und die Forderung der Betroffenen nach einer Fachgruppe Sicherheit in den Regionalkonferenzen war insbesondere eine Forderung nach einem Recht auf Befassung mit Themen, die die Schweizer Behörden zunächst definiert hatten als außerhalb des Zuständigkeitsraums der interessierten Öffentlichkeit. Mit der Einrichtung der Fachgruppen Sicherheit wurde damit ein technokratisches Verfahrenselement in den Fokus einer politischen Debatte geholt und damit die Machtstrukturen ansatzweise verändert (vgl. Durant 2006).

Grundlegende Fragen, die in beiden Ländern als Grundvoraussetzung für eine Beteiligung der Betroffenen am Verfahren identifiziert werden können, sowohl im Makrodiskurs als auch in den Experteninterviews, sind ein Grundkonsens über den Zweck des Verfahrens (z.B. eine Standortauswahl basierend auf einem Vergleich mehrerer Standorte), klare Strukturen und Abläufe im Verfahren und eine begrenzte Flexibilität. Diese Fragen können nicht diskutiert werden, wenn die von Chilvers und Burgess (2008) geforderte Offenheit in den mikro-deliberativen Ereignissen nicht besteht.

Gleichzeitig wird durch die empirischen Ergebnisse beider Länder deutlich, dass eine solche Offenheit in mikro-deliberativen Ereignissen und im Verfahren nicht damit einher geht, dass alle Betroffenen bereit sind, sich am Verfahren zu beteiligen. In der Schweiz zeigt sich dies beispielsweise an den Aussagen vieler Regionalpolitiker im Makrodiskurs, dass ihre Region aufgrund der bestehenden sozio-ökonomischen Belastungen nicht als Endlagerstandort geeignet sei, und ebenfalls an den Beschlüssen mancher Kantone (z.B. Schaffhausen), sich gegebenenfalls mit allen Mitteln gegen ein Endlager auf ihrem Boden zu wehren, obwohl das Sachplanverfahren an sich Anerkennung findet. In den Expertininterviews nannte die Vertreterin der Betroffenen 2 CH die Einrichtung der Fachgruppen Sicherheit als nicht verhandelbare Voraussetzung für ihre Zustimmung, am Verfahren teilzunehmen. Für die Vertreterin der Betroffenen 1 CH war es indes wichtiger, überhaupt am Verfahren teilnehmen zu dürfen. In Deutschland wird in den Experteninterviews von Situationen berichtet, in denen die Betroffenen mit einem Ausstieg aus dem Verfahren gedroht oder diesen vollzogen haben. Daran zeigt sich, dass die Vielfalt der Interessen und Handlungslogiken unter den Betroffenen (z.B. Konfrontation oder Dialog als handlungsleitende Strategie) dazu führen, dass sich nie alle in den mikro-deliberativen Ereignissen vertreten fühlen und damit auch deren Ergebnisse nicht von allen als legitim anerkannt werden. Widerspruch und Proteste in verschiedenen Formen werden also auch dann noch bestehen bleiben, wenn eine deliberative Endlager-Governance umgesetzt ist. Arbeitskompromisse sind weiterhin immer nur zwischen bestimmten kollektiven und Einzel-Akteuren abgestimmt. Wer nicht an den Verhandlungen teilnehmen kann, findet seine Interessen und Werte eventuell nicht vertreten und wird folglich das Verfahren beispielsweise nicht als fair oder ergebnisoffen, folglich als nicht am Gemeinwohl orientiert, anerkennen und dagegen protestieren.

Für die Frage des Wandels hin zu deliberativer Endlager-Governance bedeutet dies zusammenfassend, dass mikro-deliberative Ereignisse nur dann Effekte bezüglich eines Wandels hin zu deliberativer Endlager-Governance zeigen können, wenn die Grundidee des Verfahrens von allen anerkannt wird (Standortauswahlverfahren vs. Erkundung nur eines Standorts) und die Ergebnisse der mikro-deliberativen Ereignisse Einfluss auf die Verfahrensgestaltung nehmen. „Sender-" und „Empfänger-Transparenz" und die Etablierung einer Begründungskultur können fördernder Faktor und Effekt sein. Damit mikro-deliberative Ereignisse Effekte zeigen können, muss ein Mindestmaß an Transparenz und Begründungswille vorhanden sein, beides kann sich aber durch die Durchführung der mikro-deliberativen Ereignisse im Laufe der Zeit auch verstärken.

9.4 Ausblick – wird ein Endlager gebaut werden?

Direkt vorab: Weder in Deutschland noch der Schweiz kann mit Sicherheit gesagt werden, ob ein Endlager gebaut werden wird. Dies hängt einerseits mit der immer noch starken Konflikthaftigkeit des Themas zusammen, welches laut Ott (2014) als „Übel" einzustufen ist, was bedeutet, dass es keine Win-win-Situation geben kann. Andererseits hängt es mit der zeitlichen Dimension zusammen.

Effekte mikro-deliberativer Ereignisse entstehen nur teilweise innerhalb kurzer Zeiträume, nämlich dann, wenn ein flexibles Verfahren schon angelegt ist und Forderungen direkt umgesetzt werden, wie z.B. die Einrichtung der Fachgruppen Sicherheit in der Schweiz. Die meisten Effekte benötigen längere Zeiträume, bevor sie sichtbar werden. Dies gilt beispielsweise für Änderungen in der Diskussionskultur. Darüber hinaus spielt der Umgang mit Zeitfragen eine wichtige Rolle in der Debatte um die Frage, was ein gutes Verfahren ist. In der Endlagerfrage geht es um unvorstellbar lange Sicherungszeiträume von einer Million Jahre einerseits und lange Erkundungs-, Bau- und Betriebszeiten eines Endlagers von jeweils mehreren Jahrzehnten andererseits – in der Schweiz geht man mittlerweile von 200 Jahren zwischen der Identifizierung eines Endlagerstandorts bis zu dessen Verschluss aus (BFE 2014). In diesen Zeiträumen werden sich die Stakeholder und deren Interessen verändern, die Aufmerksamkeit für das Thema wird schwanken und Prioritäten werden sich verschieben. Dies bedeutet, dass die Frage, was ein faires Verfahren ist, nicht bereits heute für den gesamten Zeitraum entschieden werden kann. Vielmehr wird das Verfahren mehrfach Änderungen unterliegen, die die Gestaltung der Schnittstellen ebenso betreffen kann wie die Frage, wer in das Verfahren eingebunden werden möchte und sollte.

Effekte über Zeit und durch wechselseitiges Lernen

Effekte mikro-deliberativer Ereignisse zeigen sich über lange Zeiträume hinweg durch die Etablierung von Argumenten im Makrodiskurs sowie in Lernprozessen sowohl bei der beteiligten interessierten Öffentlichkeit als auch bei den zuständigen Entscheidungsträgern in Politik und Behörden. Diese Effekte sind schwer direkt verfolgbar und, im Fall der Lernprozesse, auch stark vom Lernwillen einzelner Personen abhängig. Letzteres gilt während des gesamten Prozesses, insbesondere aber in Situationen wie in Deutschland, das noch stärker einen Endlager-Management-Ansatz verfolgt und damit auch noch keinen institutionellen Rahmen für mikro-deliberative Ereignisse geschaffen hat. Die langen Zeiträume, die Veränderungsprozesse benötigen, zeigen sich in Deutschland insbesondere am Beispiel des AkEnd. Da das im Abschlussbericht vorgeschlagene Vorgehen für ein Standortauswahlverfahren von den politischen Entscheidungsträgern nicht aufgegriffen und umgesetzt wurde, kann von keinen direkten Effekten gesprochen werden. Langfristig zeigt sich aber, dass der AkEnd fester Bestandteil der deutschen Endlagerdebatte wurde und die dort formulierten Ideen nicht mehr nur von Außenseitern diskutiert, sondern auch von etablierten Entscheidungsträgern im Makrodiskurs zumindest teilweise vertreten wurden. In enger Verbindung mit diesem langwierigen diskursiven Prozess steht das Erlernen diskursiver Konfliktbearbeitung durch die Industrie und die zuständigen Entscheidungsträger in Politik und insbesondere den Behörden, welche bei einzelnen „early adopters" parallel, größtenteils aber erst dann stattfindet, wenn eine diskursive Konfliktbearbeitung von den zuständigen Entscheidungsträgern beschlossen und formal umgesetzt wurde. In der Schweiz zeigt sich weiterhin, dass die Umsetzung eines deliberativen Konfliktbearbeitungsansatzes viel Zeit benötigt. Mit dem Beschluss, ein Sachplanverfahren in Konsultation mit der interessierten Öffentlichkeit zu erarbeiten und dieses im Anschluss umzusetzen, wurden die Randbedingungen für einen deliberativen Konfliktbearbeitungsprozess geschaffen.

Der Beschluss über die Implementierung des Sachplanverfahrens bedeutete aber nicht, dass alle Beteiligten bereits die benötigten Fähigkeiten besaßen, um lösungsorientiert am Verfahren mitarbeiten zu können. In den Experteninterviews werden immer wieder Lernprozesse betont, die zwar schon fortgeschritten sind, aber immer noch andauern. Darin eingeschlossen sind Lernprozesse auf Seite der interessierten Öffentlichkeit, insbesondere zu technisch-naturwissenschaftlichen Fragen der Endlagerung, und auf Seiten der Behörden und Abfallverursacher insbesondere bezüglich der Etablierung einer Arbeitspraxis zur Umsetzung von Transparenzforderungen und der Kommunikation technisch-naturwissenschaftlicher Aspekte der Endlagerung.[267]

In der Literatur wird auch die Notwendigkeit des Erlernens demokratischer Fähigkeiten der Beteiligten diskutiert (Michels 2011). Zwar bezieht sich diese

---

267 Die Hypothese von Kuppler und Hocke (2012), dass die Etablierung einer Arbeitspraxis für Transparenz ein wichtiger Aspekt in der Umsetzung eines fairen Auswahlverfahrens ist, konnte damit empirisch bestätigt werden.

Diskussion beinahe ausschließlich auf die BürgerInnen, die oben genannten Erfahrungen in Deutschland weisen aber auf Lernbedarf bei allen Stakeholdern hin. Dies zeigt sich beispielsweise an der Notwendigkeit, eine Arbeitspraxis für Transparenz zu finden, welche den großen Zeitaufwand für die Bereitsteller und Rezipienten der Informationen berücksichtigt. Da diese Art von Zusammenarbeit der Bundesebene mit der interessierten Öffentlichkeit auch in der Schweiz keine Selbstverständlichkeit ist, sind institutionelle Lernprozesse vonnöten, die Zeit benötigen. Zentral ist dabei der Fokus auf institutionelle Lernprozesse im Gegensatz zu individuellen Lernprozessen, da sich in der hier vorgenommenen Analyse gezeigt hat, dass Einzel-Akteure viel leichter ihre Meinung ändern als kollektive Akteure. Arbeitspraxen müssen demnach über lange Zeiträume etabliert werden, auch wenn durch ein festgeschriebenes Verfahren, dem alle Stakeholder in seiner Ausgestaltung zustimmen, bereits der institutionelle Kontext für diese Arbeitspraxen geschaffen wurde. Die Erarbeitung einer solchen Arbeitspraxis, und damit auch die Änderung etablierter institutioneller Vorgehensweisen, erfordert immer das Eingehen von Kompromissen durch alle Stakeholder. Diese Art von Kompromissen ist nicht statisch. Vielmehr sind sie einem steten Aushandlungsprozess unterworfen.[268] In der Schweiz zeigt sich dies an den Aushandlungsprozessen bezüglich der Frage, wie viel Informationen in welcher Form von der Nagra zur Verfügung gestellt werden müssen.

Flexibilität als weiteres Prozessmerkmal

Ebenfalls nicht statisch ist in einem solchen Prozess die institutionelle Ausgestaltung. Auch wenn der Rahmen festgelegt ist – die Möglichkeit, innerhalb dieses Rahmens Anpassungen vorzunehmen, muss erhalten bleiben, um sich wandelnden Anforderungen und unerwarteten Konfliktpotentialen zu begegnen. Beispiel hierfür ist, wiederum in der Schweiz, die Einrichtung der Arbeitsgruppen Sicherheit in den Regionalkonferenzen, die in der von den Behörden vorgesehenen Verfahrenslogik nicht notwendig waren, von den interessierten BürgerInnen aber aufgrund ihrer Verfahrenslogik, die auf einer anderen Problembeschreibung basiert, eingefordert wurden. Daran lassen sich zwei weitere Dinge zeigen: Erstens kann ein Verfahren der diskursiven Konfliktbearbeitung etabliert werden, ohne dass sich alle Stakeholder über die Problemdefinition in allen Aspekten einig sind und ohne dass alle zentralen Konfliktpunkte bearbeitet werden. Dass dies funktioniert ist wichtig, denn auch in einer diskursiv angelegten Konfliktbe-

---

268 Siehe auch Kuppler und Grunwald 2015.

arbeitung können nicht alle Themen bearbeitet oder gar für alle zufriedenstellend gelöst werden. Zweitens, in direktem Zusammenhang damit stehend, garantiert die Etablierung eines solchen Verfahrens aber keine Konfliktfreiheit. Vielmehr handelt es sich um einen Arbeitskompromiss, der von allen Seiten nur so lange eingehalten wird, wie die bestehenden Konflikte, die durch das Verfahren nicht adressiert werden, nicht zu einer Handlungs- oder Entscheidungsblockade führen. Ob dies gelingen kann, ist (noch) nicht empirisch beobachtbar, da weltweit noch kein Endlager gebaut wurde. Fortschreiten kann das Verfahren aber, solange gegenüber allen Stakeholdern Zugeständnisse gemacht und auch eingefordert werden. Dies bedeutet auch eine flexible Anpassung an Verfahrensänderungen aufgrund von sich ändernden Kontextbedingungen. Ein Beispiel hierfür ist die Anerkennung des Entscheids des Bundesrats durch die Nagra, ein Auswahlverfahren basierend auf einem Sachplan durchzuführen. Eine Bewegung hin zu deliberativer Endlager-Governance geschieht nur auf bestimmten Ebenen und kann auch zeitlich begrenzt sein. Eine Rückbewegung zu einem stärker Management-orientierten Verfahren ist jederzeit möglich. Insgesamt hat die Schweiz mit der Etablierung des Sachplanverfahrens die Möglichkeit geschaffen, eine als legitim anerkannte Entscheidung über einen Standort zu finden. In Deutschland war dies im Untersuchungszeitraum noch nicht der Fall.

9.5   Einordnung der Ergebnisse

Die Problematik der Entsorgung hochradioaktiver Abfälle ist aufgrund der für den Abfall benötigten langen Isolationszeiträume, der lange bestehenden Entscheidungsblockade und der Konfliktgeschichte ein Sonderfall in Deutschland und der Schweiz. Gleichzeitig können an diesem Fall Probleme und Entwicklungen wie mit einem Vergrößerungsglas beobachtet werden, welche in anderen Bereichen auch bestehen, sich aber dort (noch) nicht so deutlich oder nur kurzfristig zeigen. Von der Entsorgungsfrage werden grundlegende Fragen moderner Gesellschaften berührt. Eingangs wurde mit Beck und Keller (Beck 1996, Beck et al. 1996, Keller 2000) argumentiert, dass die Neudefinition der radioaktiven Reststoffe von Ressource zu Abfall eine Folge reflexiver Modernisierung sei, in der durch Reflexion quantitativen Prozessen qualitative Bedeutung zugeschrieben wird. Es kann argumentiert werden, dass dies nicht nur für Umdeutungsprozesse bezüglich der Abfälle selbst gilt, sondern auch für solche bezüglich der Rolle der interessierten Öffentlichkeit in politischen Entscheidungsfindungsprozessen. Die Ergebnisse dieser Arbeit zeigen, wie unscharf und vertrackt nicht nur das Problem selbst ist[269], sondern auch der soziale Prozess der Aushandlung dessen, was ein gutes Verfahren wäre. Dies wird am ambivalenten Verhältnis deutlich, welches Teile der interessierten Öffentlichkeit und der Stakeholder zu wissenschaftlichem Wissen und dessen Rolle im Verfahren („die epistemische Frage") haben, sowie an den schwierigen Aushandlungen über die Rolle von Bürgerbeteiligung und darüber, was ein faires, transparentes Verfahren wäre.

Die einzelnen Beobachtungen sind dabei nicht unbedingt etwas Neues. Dass durch unterschiedliche Problemdefinitionen unterschiedliche Lösungen als richtig angesehen werden, ist Teil der Definition von „wicked problems" (Rittel und Webber 1973), und auch bei anderen Energieträgern kann beobachtet werden, dass diese in unterschiedlichen Diskursen unterschiedlich gerahmt werden (z.B. für Windkraftanlagen Otto und Leibenath 2013). Auch ein Mangel an Vertrauen in die Behörden, ob diese die Technologie ausreichend kontrollieren, wurde schon für andere Technologien, welche sich dem direkten Zugriff der BürgerInnen entziehen, aufgezeigt. Ein Beispiel hierfür ist die Gentechnik (Peters 1999). Was aus den Ergebnissen dieser Arbeit für andere Bereiche gelernt werden kann, liegt in der Zusammenschau und im Detail der oben genannten Faktoren. Ein solches Detail ist die Frage, wie Transparenz auf der Arbeitsebene umgesetzt werden kann. Gefordert wird sie in vielen Kontexten, in denen Umweltdaten, wissenschaftliches Wissen und Werte eine Rolle in Entscheidungen spielen. Dass Transparenz ein komplexes Konstrukt ist, wird in diesen Forderungen häufig nicht bedacht. Ein weiteres Detail ist die epistemische Frage in Verknüpfung mit der Rolle von Bürgerbeteiligung. Es ist bekannt, dass auch bei Fragen wie der Gefährlichkeit von Mobilfunkstrahlung und Gentechnik verschiedene Gruppierungen von kollektiven Akteuren die Wissenschaftlichkeit ihrer Argumente jeweils für sich beanspruchen. Der Extremfall der Endlagerung deutet darauf hin, dass sich ein Teil der damit verbundenen Ambivalenzen in der Problematik begründet, angemessen über die Unsicherheiten wissenschaftlichen Wissens und den möglichen Umgang mit diesen sowie über die politische Dimension technischer Probleme zu diskutieren. Ein drittes Detail ist die Frage der Einbindung von Bürgerbeteiligung in politische Entscheidungsfindungsprozesse. Diese geht über Designfragen bezüglich mikro-deliberativer Ereignisse hinaus und erfordert Veränderungen in der Behördenkultur. Schnittstellen zwischen formellen und informellen Verfahren sind Konstrukte, welche politische Entscheidungsträger, die Verwaltung und die interessierte Öffentlichkeit einbinden. Die zentrale Rolle

---

269 Es wurde bereits in anderen Veröffentlichungen argumentiert, dass es als „wicked problem" eingestuft werden sollte (Brunnengräber et al. 2012, Kuppler 2012).

der Verwaltungen in Bürgerbeteiligung hat kürzlich auch Mauch (2014) erkannt, jedoch stärker von verwaltungsorganisatorischer Seite betont. Angesichts der Diversität der kollektiven Akteure, die beteiligt sind, wird eine entsprechende Diversität an mikro-deliberativen Ereignissen benötigt, da bestimmte Formen von Beteiligung meist bestimmte Zwecke erfüllen (z.B. Renn 2013).

In der Zusammenschau dieser einzelnen Faktoren zeigt sich, dass in Politikbereichen, in denen eine Reihe von Entscheidungen über lange Zeiträume zu demselben Thema gefällt werden müssen und die Bereiche der Lebenswelt betreffen, Entscheidungsfindung als mehrstufiger Lernprozess konzeptualisiert werden sollte, welcher Zeit, institutionelle Orte und Ressourcen benötigt. Dabei ist nicht nur einfaches Lernen vonnöten, sondern es kann davon ausgegangen werden, dass Prozesse des „triple-loop-learning" vonstattengehen, was bedeutet, dass aus einzelnen Verbesserungen der jetzigen Struktur weitreichende und dauerhafte Änderungen der jetzigen Struktur und letztendlich Änderungen des Kontexts werden, welche sich wieder auf die Struktur auswirken (Tosey et al. 2012). Wie für die Endlagertechnologie selbst sowie für andere Technologien, deren Folgen nicht im Labor zu beobachten sind und deshalb häufig erst erkannt werden können, wenn sie bereits unumkehrbar sind – wie Chemikalien und gentechnisch veränderte Pflanzen –, gilt auch für die damit zusammenhängenden Entscheidungsfindungsprozesse, dass sie nicht vorab getestet werden können. Es gibt keine Erfolgsgarantie für einen solch langfristigen Prozess und er erfordert Anpassungen und Anstrengungen von allen Seiten. Auch die Medien spielen in einem solchen Prozess eine wichtige Rolle: Erstens die des Skandalisierers, wenn der Arbeitskompromiss durch das Handeln kollektiver Akteure bedroht ist, und zweitens als Berichterstatter über Begründungen für Entscheidungen. Beides sind anspruchsvolle Aufgaben, welche aber zumindest teilweise durchaus schon erfüllt werden.

Laut Hocke und Renn (2009) stellt ein deliberativer Konfliktlösungsansatz die dritte Handlungsoption neben einem top-down getragenen Durchregieren und einem „muddling-through" dar, welche von den politisch Verantwortlichen bezüglich der Endlagerfrage verfolgt werden kann. Dasselbe kann auch für andere Problemlagen gelten, die als „wicked problem" eingeordnet werden können und in denen lange Zeiträume eine Rolle spielen (z.B. die Energiewende). Deliberative Verfahren können gerade in solchen Fällen Wirkmächtigkeit erlangen, denn durch sie werden in der Phase der Entscheidungsvorbereitung Argumente sortiert und gewichtet (vgl. Grunwald 2016). Dadurch tragen sie zur Generierung von kontextualisiertem Wissen bei, welches zur Lösung gesellschaftlicher Problemlagen beitragen kann (vgl. Nowotny 2005). Wichtig ist dabei, dass deliberative Verfahren in demokratische Strukturen eingebettet sind, welche Verantwortung für die Umsetzung von Ergebnissen tragen. Angesichts der langen Zeiträume kann nicht erwartet werden, dass der Grad an Aufmerksamkeit, den die Öffentlichkeit für ein Thema hat, immer gleich groß bleiben wird. Es braucht Institutionen, welche die Letztverantwortung tragen, Verfahren initiieren und auch abschließen können. Wenn diese Institutionen so gestaltet sind, dass sie offen für Lernprozesse sind, werden sie die Herausforderung der Aufrechterhaltung einer dauerhaften Handlungsfähigkeit besser bewältigen können.

10. Ergebnisse

Sowohl in Deutschland als auch der Schweiz sind Effekte mikro-deliberativer Ereignisse zu beobachten und damit Bewegungen hin zu deliberativer Endlager-Governance. In Deutschland ist die Endlagerpolitik jedoch weiterhin stark im Endlager-Management verhaftet und zeigt nur temporär begrenzte Bewegungen in Richtung deliberativer Endlager-Governance. In der Schweiz sind dagegen zentrale Aspekte deliberativer Endlager-Governance umgesetzt, gleichzeitig finden sich aber weiterhin starke Elemente des Endlager-Managements. In beiden Ländern ist der Wandel durch die jeweilige Demokratieform geprägt, d.h. in Deutschland durch die repräsentative Demokratie und den Föderalismus, in der Schweiz durch die Konkordanz-Demokratie. Ausgewählte Effekte sind in Tabelle 12 anhand der in Kapitel 3 eingeführten Auswertungskategorien darge-stellt.

Obwohl die Entsorgungspolitiken Deutschlands und der Schweiz auf den ersten Blick sehr unterschiedlich sind zeigte sich im Vergleich, dass es durchaus große Ähnlichkeiten darin gibt, welche Faktoren die Entstehung von Effekten mikro-deliberativer Ereignisse beeinflussen. Die institutionelle Ausgestaltung von Interaktionen zwischen kollektiven Akteuren im Verfahren und wie diese qualitativ umgesetzt werden, hat sich in beiden Ländern in dieser Hinsicht als zentral erwiesen. Diese Interaktionen sind komplex und vertrackt. Deutlich wird dies unter anderem am ambivalenten Verhältnis aller kollektiven Akteure zu der Frage, welche Rolle wissenschaftliches Wissen und Bürgerbeteiligung in einem Standortauswahlverfahren spielen und wie sich diese beiden zueinander ver-halten sollten.

Solche Ambivalenzen und Komplexitäten müssen aber nicht zwangsläufig zu einer Entscheidungsblockade und einer Verstärkung des Konflikts führen. Der bisherige Verlauf des Sachplanverfahrens in der Schweiz zeigt, dass es für ein funktionierendes Verfahren nicht in jedem Fall nötig ist, ein klares Verhältnis auf allen Ebenen zu schaffen. Voraussetzung ist, dass ein Arbeitskompromiss gefunden wird, dem alle beteiligten kollektiven Akteure zustimmen. Dieser muss als temporär gültig verstanden werden und die Ausgestaltung des Verfahrens in bestimmten Grenzen flexibel bleiben, damit auf sich verändernde Kontextbedingungen reagiert werden kann.

Tabelle 12 Ausgewählte Effekte in den fünf Auswertungskategorien

Kriterium	Deutschland	Schweiz
Form des Governance-Netzwerks	Temporäre, informelle Änderungen, einzelne Ereignisse als Wegbereiter für Wandel	Designänderungen im Sachplan, verschiedene neue Arbeitsgruppen, Zusammenarbeit Bund / Region
Pluralität	Temporär begrenzte Änderungen	Kontinuierlich erhöhte Pluralität, aber inhaltlich stark begrenzt (sozioökonomisch)
Input-Legitimität	Stark inhaltlich eingeschränkte Debatte	
	Wandel in der Bedeutung von Beteiligung, sehr große Unterschiede in der Definition	Wandel in der Definition, was ein gutes Standortauswahlverfahren ist
Output-Legitimität	Verfahrensgeprägte Definition eines guten Ergebnisses	
	Auswahlverfahren mit Bürgerbeteiligung	Auswahlverfahren mit erhöhter Transparenz; Öffentlichkeit hilft, Fehler aufzudecken
Deliberation	Deliberative Drifts nur temporär begrenzt und in einzelnen Kriterien	Kontinuierliche Erhöhung der Bereitschaft, in Deliberation einzutreten

In einem unflexiblen Verfahren können mikro-deliberative Ereignisse keine Effekte zeigen, da Effekte Handlungsfähigkeit voraussetzen. Ist das Verfahren starr, kann diesem nur noch gefolgt, es aber nicht mehr an neue Erkenntnisse oder Bedürfnisse angepasst werden. Die Notwendigkeit für eine solche Flexibilität wird zudem noch verstärkt durch die langen Zeiträume bis zum Verschluss eines Endlagers, da sich beispielsweise Definitionen von Sicherheit oder auch das Verständnis von gutem Regieren ändern können. Komplexitäten und Ambivalenzen sind Normalität in einer demokratischen Entscheidungsfindung. In welchem Maße sie die Endlagerpolitik blockieren können, hängt von deren Ausgestaltung ab.

Am deutschen Fall zeigt sich, dass Effekte häufig über lange Zeiträume hinweg entstehen. Sie sind eine Folge von Handlungen, welche oft durch Kontexte gebunden sind, die sich nur durch Lernprozesse ändern. Aushandlungs- und Entscheidungsprozesse in der Endlagerdebatte können als Langzeitprozesse verstanden werden, in denen Lernprozesse stattfinden, welche idealerweise Anzeichen eines „triple-loop-learning" tragen. Versteht man die Endlagerpolitik als einen solchen mehrstufigen Prozess, der Lernen zulässt und aus einer Aneinanderreihung von Arbeitskompromissen besteht, wird einerseits der Druck von jetzigen Verfahren genommen, sofort die beste Entscheidung zu treffen. Andererseits verlangt es nach einem schrittweisen Verfahren, in dem die Entscheidungsfähigkeit über lange Zeiträume offen gehalten, also beispielsweise Kompetenzen aufrecht erhalten und ein Technologie-Lock-in verhindert werden. Nur so kann auch die oben geforderte Handlungsfähigkeit aufrecht erhalten werden. In der Kontrastierung der Endlagerpolitiken Deutschlands und der Schweiz wurde deutlich, wie wichtig institutionalisierte Schnittstellen für ein solches Verfahren sind, was bedeutet, dass eine nur zeitweise Organisation mikro-deliberativer Ereignisse nicht hinreichend ist, wenn ein dialogorientiertes Verfahren angestrebt wird. Es werden Räume benötigt, in denen die verschiedenen Behörden, Industrie und die interessierte Öffentlichkeit aufeinandertreffen können, denn Kontakte zwischen ihnen entstehen nicht einfach spontan und werden auch nicht durch zeitlich begrenzt stattfindende mikro-deliberative Ereignisse geschaffen. Effekte deliberativer Verfahren können zusammenfassend insbesondere dann entstehen, wenn in einem schrittweisen, flexiblen Verfahren, welches institutionalisierte Räume für einen Austausch zwischen verschiedenen kollektiven Akteuren beinhaltet, Lernprozesse stattfinden und Kompetenzen aufrecht erhalten werden.

Diese idealen Kontextbedingungen sind in keinem der beiden Länder vollständig gegeben. Die Effekte, die sich in der deutschen und Schweizer Endlagerpolitik durch mikro-deliberative Ereignisse zeigen, sind folglich stark abhängig vom Kontext, in dem die Ereignisse organisiert wurden. Zwar können sich Gesprächsbereitschaft und Offenheit gegenüber den jeweils anderen kollektiven Akteuren im Prozess verstärken. Wie in der Schweiz zu sehen ist, sind aber gewisse Grundlagen an Gesprächsbereitschaft, Willen zur Argumentation und

Offenheit notwendig, damit etablierte und „weitere kollektive Akteure" überhaupt miteinander ins Gespräch kommen und politische Entscheidungsträger Änderungen im Verfahren vornehmen. Ist ein solches Umfeld gegeben, ist es trotzdem nicht selbstverständlich, dass ein sich selbst verstärkender Prozess der Öffnung stattfindet. Dies ist der Fragilität des Arbeitskompromisses in einer solch konflikthaften Situation, wie sie im Fall der Endlagerung in beiden Ländern besteht, geschuldet. Ein konstant hohes Niveau an Aufmerksamkeit aller Beteiligten ist gefordert und es bleibt offen, wie dieses über lange Zeiträume erhalten werden kann. Das hohe Niveau an Aufmerksamkeit wird benötigt aufgrund der Vielzahl an Aspekten, die ein solcher Arbeitskompromiss berücksichtigen muss. Diese reichen von Debatten darüber, was Transparenz im Arbeitsalltag bedeuten sollte und was ein faires Verfahren ist bis hin zu Debatten über Verantwortung für getroffene Entscheidungen. Eine konstante aktive Teilhabe der Öffentlichkeit an politischen Prozessen ist somit eine Voraussetzung für ein Verfahren, welches Lernprozesse beinhalten soll.

Zusammenfassend lässt sich der politische Entscheidungsfindungsprozess als Aushandlungsprozess konzeptualisieren, welcher durch eine langfristige Folge von Arbeitskompromissen operationalisiert wird, die über die Frage der Organisation einzelner mikro-deliberativer Ereignisse hinausgehen. Denn solche Arbeitskompromisse setzen einen gesellschaftlichen Aushandlungsprozess über Fragen wie die Bedeutung von Fairness im Verfahren voraus. Diese Aushandlungsprozesse haben keinen jetzt schon absehbaren Ausgang. Diese Definition von politischer Entscheidungsfindung als nicht determinierter Prozess kann auch für die Analyse anderer Politikfelder hilfreich sein und, in praktischer Sicht, Aspekte aufzeigen, die in deren Ausgestaltung bedacht werden sollten. Dies gilt insbesondere für solche Politikfelder, die Handlungs- und Entscheidungsfähigkeit über lange Zeiträume erfordern, die aktives Handeln verschiedener kollektiver Akteure für die Ausgestaltung des Prozesses benötigen und bei denen noch unklar ist, wie ein gutes Ergebnis im Detail aussehen wird; die Energiewende ist hierfür ein Beispiel.

11. Entwicklung der Endlagerpolitik in Deutschland und der Schweiz nach 2010

Die Betrachtung deliberativer Konfliktbearbeitungsansätze in realer Umsetzung zeigt, dass mikro-deliberative Ereignisse nur als einzelne Bestandteile eines Konfliktbearbeitungsprozesses gelten können. Gesellschaftliche Konfliktbearbeitung ist ein zu komplexer Prozess, als dass deren Durchführung hinreichend für eine erfolgreiche Bearbeitung des Konflikts wäre bei gleichzeitiger Fortführung der Endlagerpolitik, die den Konflikt auslöste. Seitdem die Empirie für diese Arbeit erhoben wurde, ist in Deutschland und der Schweiz viel passiert in der Endlagerpolitik. Was bedeuten aber diese Ereignisse für die Ergebnisse dieser Arbeit?

Sowohl in Deutschland als auch der Schweiz haben seit 2010 Entwicklungen stattgefunden, die auf den ersten Blick eine Wende in der jeweiligen Endlagerpolitik bedeuten könnten. Zu diesen Ereignissen wurde keine empirische Erhebung durchgeführt, ein aktives Verfolgen der Endlagerpolitik, unter anderem durch eine fortlaufende Beobachtung der Online-Medienberichterstattung und durch teilnehmende Beobachtung bei einzelnen Veranstaltungen in Deutschland und einzelne Interviews in der Schweiz, erlaubt aber eine erste Einschätzung der Ereignisse.

In Deutschland trat im Juli 2013 das Standortauswahlgesetz (StandAG) in Kraft. Dieses wurde in seinen Grundzügen von einer Arbeitsgruppe erarbeitet, die sich aus den Umweltministern der Länder und dem Bundesumweltminister zusammensetzte. Dieses StandAG sieht die Bildung einer Kommission – bestehend aus Politikern aus Bund und Ländern, Wissenschaftlern, Vertretern von Umweltverbänden, Wirtschaft, Kirchen und Gewerkschaften sowie einem Vorsitzenden – vor, die Standortauswahlkriterien festlegen und das Gesetz kritisch begutachten und gegebenenfalls überarbeiten soll. Anfang Juni 2013 fand ein öffentliches Forum statt, bei dem jeder Interessierte ein fünfminütiges Statement zum Entwurf des Standortauswahlgesetzes mündlich vortragen durfte. Die Berichterstatterinnen aus dem Umweltausschuss des Bundestags waren während der gesamten Dauer der Veranstaltung anwesend und versprachen, die vorgebrachten Änderungswünsche und die Kritik zur abschließenden Beratung des Gesetzes in den Umweltausschuss einzubringen. Weiterhin waren Verbände zu schriftlichen Kommentaren zum Gesetz eingeladen, allerdings war die Frist hierfür mit nur einem Tag sehr kurz. Zudem wurde die Beratung einiger Konfliktpunkte, die die Umweltminister nicht abschließend lösen konnten, auf einen späteren Zeitpunkt verschoben, um das Gesetz verabschieden zu können. Die Kommission Lagerung hoch radioaktiver Abfallstoffe tagte am 22.05.2014 zum ersten Mal. Die Sitzungen werden per Live-Stream ins Internet übertragen. Seit Juni 2015 organisierte die Kommission verschiedene Veranstaltungen für die interessierte Öffentlichkeit, zu welchen sich teilweise jeder anmelden konnte und teilweise eingeladen wurde. Gestartet wurde mit einem Bürgerforum, zu dem die interessierte Öffentlichkeit eingeladen war. Teile der Bürgerinitiativen und Umweltbewegungen riefen zu einer Gegenveranstaltung am selben Tag auf. Das Beteiligungskonzept der Kommission wurden von Carrera und Hocke (2016) als in den Ansätzen gut eingestuft, jedoch sei es angesichts des engen Zeitrahmens und der verschiedenen Erwartungen schwer, eine hochwertige Partizipation sicherzustellen.

Am 05.07.2016 legte die Kommission ihren Abschlussbericht vor. In diesem macht sie Änderungsvorschläge für das StandAG und schlägt ein Auswahlverfahren mit Bürgerbeteiligung vor, das der kriteriengeleiteten Auswahl eines Standorts dienen soll. Kriterien werden ebenfalls benannt.

Dass eine Einigung auf ein Standortauswahlverfahren, wie im StandAG vorgesehen, möglich sein würde, war Ende 2010 noch nicht absehbar. Der Konflikt um die Frage nach „das beste" oder „ein geeignetes" Endlager schien zu tiefgreifend. Allerdings konnte beobachtet werden, wie die Idee eines neuen Standortauswahlgesetzes seit Abgabe des Abschlussberichts des AkEnd im Makrodiskurs und im politischen Handeln an Bedeutung gewann. Die Einigung auf das Gesetz und die Arbeiten der Kommission könnten als ein Schritt hin zu einer deliberativen Endlager-Governance bewertet werden. Die Verabschiedung des StandAG war die erste politische Handlung im Endlagerbereich seit Einsetzen des Gorleben-Moratoriums 2003 und kann somit als ein Versuch gewertet werden, die Handlungsblockade zu durchbrechen. Allerdings sind noch viele Fragen offen, die durchaus zu einem Scheitern dieses Kompromissversuchs führen könnten. Beispielsweise stehen viele Umweltverbände und Bürgerinitiativen der Kommissionsarbeit sehr kritisch gegenüber und stufen auch den Abschlussbericht nicht als einen Neustart ein (z.B. Stay 2016). Der BUND, welcher in der

Kommission vertreten war, stimmte dem Abschlussbericht nicht zu und erstellte ein Sondervotum (BUND 2016). Die Kommission kann zusammenfassend als *„ein Forum zur Entwicklung neuer Lösungsansätze* und *ein Forum zur Austragung alter Konflikte"* eingestuft werden (Kalmbach 2016: 404, Hervorhebung im Original). Mit dem StandAG wurde ein wichtiger Handlungsversuch unternommen, es wäre folglich jedoch zu früh, von einer grundlegenden Änderung in der Konfliktstruktur zu sprechen. Es bleibt insbesondere abzuwarten, ob auf die strukturellen Änderungen der formellen Strukturen, durch welche die Zuständigkeiten neu verteilt und zu diesem Zweck auch eine neue Behörde gegründet wurde, auch eine Neuausrichtung der Bürgerbeteiligung, d.h. der informellen Strukturen, folgt. Ein erster Schritt ist mit der Benennung von Mitgliedern für das gesellschaftliche Begleitgremium getan. Weiterhin ist noch offen, ob ein Standortauswahlverfahren, wie von der Kommission vorgeschlagen, umgesetzt wird. Viele der Konfliktlinien, die sich in den Ergebnissen dieser Arbeit für Deutschland abzeichnen, sind weiterhin nicht gelöst. Eventuell müssen diese im Rahmen eines Arbeitskompromisses auch gar nicht endgültig gelöst werden. Es besteht aufgrund der Zurückhaltung der Bürgerinitiativen und Umweltverbände bei der Mitarbeit an der Umsetzung der Kommissionsvorschläge die Möglichkeit, dass der Neustart letztendlich nicht zu einem signifikanten Wandel hin zu deliberativer Endlager-Governance führt, sondern auch das neue Verfahren stärker im Endlager-Management verhaftet bleibt. Ob dies für die Identifizierung eines Endlagers hinderlich ist, wird von der weiteren Ausgestaltung insbesondere der Konfliktbearbeitungsmechanismen abhängen.

In der Schweiz wurde nach 2010 Etappe 1 des Sachplans durchgeführt und abgeschlossen sowie Etappe 2 begonnen. In der Durchführung der beiden Etappen konnte an verschiedenen Beispielen das Aushandeln von Arbeitskompromissen beobachtet werden, sowie an einem Beispiel ein ausbrechender Konflikt, der sich nicht bearbeiten ließ. Ein Beispiel für ein Aushandeln von Arbeitskompromissen ist die Erarbeitung von Standortvorschlägen für die Oberflächenanlagen. Diese war für den Beginn von Etappe 2 vorgesehen, d.h. nach der Auswahl von Standortregionen, aber vor Auswahl der konkreten untertägigen Standorte. Das Vorgehen wurde von einigen Regionalkonferenzen kritisiert. Es wurde ein „Marschhalt" beantragt, d.h. eine Aussetzung der Abgabefristen für die Regionalkonferenzen. Das BFE stimmte diesem nach kurzer Zeit zu. Letztendlich wurden aber, wenn auch in einer Regionalkonferenz nur nach weiteren Konflikten, die Empfehlungen abgegeben. Nicht innerhalb des Verfahrens lösen ließen sich dagegen die Konflikte mit jeweils einem Mitglied der Kommission für Nukleare Sicherheit und des Beirats Entsorgung. Diese traten mit Kritik am Verfahren aus den Gremien zurück.

Im Dezember 2014 schlug die Nagra zwei Standortgebiete für die vertiefte Untersuchung vor. Dieser war insofern unerwartet, als dass die Vorgabe lautete 2x2 Standortgebiete vorzuschlagen – je zwei für SMA und HAA. Die Nagra argumentierte, dass die zwei vorgeschlagenen die besten für jeweils beide Abfallarten seien. Das Hauptresultat der Überprüfung der Unterlagen durch das ENSI ist jedoch, dass Nördlich Lägern aufgrund der vorhandenen Datenlage noch nicht ausgeschlossen werden kann. Ein Bundesratsentscheid wird für Ende 2018 erwartet. Trotzdem stellten die Regionalkonferenzen in den Regionen, die nicht vorgeschlagen wurden, bereits ihre Arbeit ein.

Die Ereignisse in der Schweiz seit 2010 zeigen, dass die innere Flexibilität des Verfahrens größtenteils ausreichend ist, um Konflikte abzufangen. Allerdings zeigt sich auch, dass am eigentlichen Verfahren nichts geändert wird, d.h. die Kritik an der Reihenfolge der Auswahl der untertägigen und der Oberflächenstandorte hat nicht zu einer Änderung dieses Vorgehens geführt. An den Stellen, an denen dieser Arbeitskompromiss nicht mehr funktioniert, treten Einzel-Akteure aus dem Verfahren aus. Die Hypothese, dass es sich in der Schweiz um keine grundlegende Einigung über Vorgehensweisen handelt, sondern um einen fragilen Arbeits-kompromiss, hatte sich schon in der empirischen Analyse dieser Arbeit gezeigt und wurde durch die darauf folgenden, hier aufgeführten Ereignisse nicht widerlegt. Zukünftige Probleme könnten sich aus der frühen Auflösung der Regionalkonferenzen ergeben, falls eine dieser Regionen doch noch einmal in die engere Auswahl kommen sollte. Die bisher aufgebauten Kompetenzen und das erarbeitete Wissen werden dann nicht mehr vorhanden sein und es müssen neue Strukturen etabliert werden.

12. Literatur

AkEnd (2002): Auswahlverfahren für Endlagerstandorte. Empfehlungen des AkEnd - Arbeitskreis Auswahlverfahren Endlagerstandorte. In: http://www.asse2.de/download/AkEnd_Abschlussbericht_Langfassung.pdf, zugegriffen am 14. August 2015.

Andersson, K. (2008): Transparency and Accountability in Science and Politics - The Awareness Principle. Basingstoke (England) / New York: Palgrave Macmillan.

Andersson, K. (2013). Copper Corrosion in Nuclear Waste Disposal: A Swedish Case Study on Stakeholder Insight. In: Bulletin of Science, Technology & Society 33(3-4), 85-95.

Andersson, K., Falck, E. und Lidberg, M. (2008): Policy Making Structures in the EU and Participating Countries. Deliverable D2 – Arenas for Risk Governance ARGONA. In: http://www.argonaproject.eu/docs/argona-wp1-report.pdf, zugegriffen am 14. August 2015.

Andersson, K., Westerlind, M., Atherton, E., Besnus, F., Chataignier, S., Engström, S., Espejo, R., Hicks, T., Hedberg, B., Hunt, J., Laciok, A., Leskinen, A., Lilja, C., O'Donoghue, M., Pierlot, S., Wene, C.-O., Vira, J. und Yearsley, R. (2003): Transparency and Public Participation in Radioactive Waste Management. RISCOM II, Final Report. Stockholm: Swedish Nuclear Power Inspectorate SKI.

Anshelm, J. und Galis, V. (2009): The Politics of High-level Nuclear Waste Management in Sweden: Confined Research versus Research in the Wild. In: Environmental Policy and Governance 19(4), 269-280.

Arens, G. und Paul, M. (2010): Die Sicherheitsanforderungen für die Endlagerung wärmeentwickelnder radioaktiver Abfälle. Dokumentation des Redebeitrags. In: Hocke, P. und Arens, G. (Hg.): Die Endlagerung hochradioaktiver Abfälle. Tagungsdokumentation zum „Internationalen Endlagersymposium Berlin, 30.10. bis 01.11.2008". Karlsruhe / Berlin / Bonn, 137-142.

Arnstein, S. R. (1969): A Ladder of Citizen Participation. In: Journal of the American Institute of Planners 35(4), 216-224.

Axpo Holding AG (2015): Aktionäre. In: http://www.axpo.com/axpo/ch/de/group/investor-relations/shareholders.html, zugegriffen am 02. September 2015).

Bächtiger, A., Niemeyer, S., Neblo, M., Steenbergen, M. R. und Steiner, J. (2010): Disentangling Diversity in Deliberative Democracy: Competing Theories, Their Blind Spots and Complementarities. In: Journal of Political Philosophy 18(1), 32-63.

Baer, A. J. (2003): Opening Address. In: IAEA (Hg.): Issues and Trends in Radioactive Waste Management. Proceedings of an International Conference on Issues and Trends in Radioactive Waste Management, held in Vienna 9-13 December 2002. Wien: International Atomic Energy Agency (IAEA), 9-13.

Ball, D. J. (2006): Deliberating Over Britain's Nuclear Waste. In: Journal of Risk Research 9(1), 1-11.

Barth, R., Arens, G. und Kallenbach-Herbert, B. (2006): Further Development of Public Participation in the Site-selection and Approval Process of a Final Repository in Germany. In: Andersson, K. (Hg.): Proceedings VALDOR (Values in Decision On Risk) 2006. Stockholm, 106-113.

Barth, R., Brohmann, B., Kallenbach-Herbert, B., Schulze, F. und Sering, M. (2007): SR 2524. Anforderungen an die Gestaltung der Öffentlichkeitsbeteiligung im Endlagerauswahlverfahren. Konzept zur Ausgestaltung der Öffentlichkeitsbeteiligung. Abschlussbericht Teil A. Darmstadt: Öko-Institut.

Barth, R., Hocke-Bergler, P., Eckhardt, J.-D., Enste, G., Lux, K.-H., Mönig, J., Müller, B., Renn, O. und Watzel, R. (2009): Stellungnahme der ESchT zur ersten Etappe des Schweizer Standortauswahlverfahren für ein geologisches Tiefenlager. Teil I: Nicht-technische Aspekte. Partizipation und Standortdefinition, bisherige Planungen bei raumordnerischen und sozio-ökonomischen Auswirkungen. Expertengruppe Schweizer Tiefenlager, In: http://www.escht.de/downloads/eschtstellungnahmenov2009.pdf, zugegriffen am 17. August 2015.

Barthe, Y., Callon, M. und Lascoumes, P. (2010): De la décision politique réversible: histoire d'une contribution inattendue de l'industrie nucléaire (française) a l'instauration d'une démocratie dialogique. In: Urbe. Revista Brasileira de Gestão Urbana 2(1), 57-70.

Bates, R. H., Greif, A., Levi, M., Rosenthal, J.-L. und Weingast, B. R. (1998): Analytic Narratives. Princeton (New Jersey): Princeton University Press.

Baverstock, K. und Ball, D. J. (2005): The UK Committee on Radioactive Waste Management. In: Journal of Radiological Protection 25(3), 313-320.

Beck, U. (1996): Das Zeitalter der Nebenfolgen und die Politisierung der Moderne. In: Beck, U., Giddens, A. und Lash, S. (Hg.): Reflexive Modernisierung. Eine Kontroverse. Frankfurt am Main: Suhrkamp, 19-112.

Beck, U., Giddens, A. und Lash, S. (1996): Reflexive Modernisierung. Eine Kontroverse. Frankfurt am Main: Suhrkamp.

BeckOK VwVfG/Herrmann (2015): Beck'scher Online-Kommentar VwVfG. München: Beck, 28. Edition

BeckOK VwVfG/Kämper (2015): Beck'scher Online-Kommentar VwVfG. München: Beck, 28. Edition.

Bedsworth, L. W., Lowenthal, M. D. und Kastenberg, W. E. (2004): Uncertainty and Regulation: The Rhetoric of Risk in the California Low-Level Radioactive Waste Debate. In: Science, Technology, & Human Values 29(3), 406-427.

Benz, A. (2004): Einleitung: Governance - Modebegriff oder nützliches sozialwissenschaftliches Konzept? In: Benz, A. (Hg.): Governance – Regieren in komplexen Regelsystemen. Wiesbaden: VS Verlag für Sozialwissenschaften, 11-28.

Bergmans, A., Elam, M., Kos, D., Polič, M., Simmons, P., Sundqvist, G. und Walls, J. (2008): Wanting the Unwanted: Effects of Public and Stakeholder Involvement in the Long-Term Management of Radioactive Waste and the Siting of Repository Facilities. In: http://uahost.uantwerpen.be/carlresearch/index.php?pg=10, zugegriffen am: 02. September 2015.

Berka, W. (1993): Politische Kommunikation in der demokratischen Verfassungsordnung. In: Langenbucher, W. R. (Hg.): Politische Kommunikation. Wien: Wilhelm Braunmüller, 19-24.

Berkhout, F. (1991): Radioactive Waste. Politics and Technology. London / New York: Routledge.

Besley, J. C. (2012): Does Fairness Matter in the Context of Anger About Nuclear Energy Decision Making? In: Risk Analysis 32(1), 25-38.

BFE (2008a): Sachplan geologische Tiefenlager: Konzeptteil. Bern: Bundesamt für Energie (BFE).

BFE (2008b): Sachplan geologische Tiefenlager: Erläuterungsbericht. Bern: Bundesamt für Energie (BFE).

BFE (2011): Radioaktive Abfälle. Rechtlicher Rahmen (Letzte Änderung: 30.11.2011). Bern: Bundesamt für Energie (BFE). In: http://www.bfe.admin.ch/radioaktiveabfaelle/01275/01290/index.html?lang=de, zugegriffen am 17. August 2015.

BFE (2014): Newsletter Tiefenlager N°12, erschienen: 15.04.2014. Bern: Bundesamt für Energie (BFE).

BfR (1997): Konzepte und Sachpläne des Bundes. Bundesamt für Raumplanung (BfR). Bern: Eidg. Dr.-Sachen- und Materialzentrale.

BfS (o.J.): Häufig gestellte Fragen (FAQ). In: http://odlinfo.bfs.de/faq.php, zugegriffen am 18. August 2015.

BfS (2014a): Abfallarten (Stand 27.08.2014). In: http://www.bfs.de/DE/themen/ne/abfaelle/arten/arten_node.html, zugegriffen am 18. August 2015.

BfS (2014b): Zuständigkeiten bei der Aufsicht über Endlager (Stand 27.08.2014). In: http://www.bfs.de/DE/themen/ne/endlager/ueberwachung/zustaendigkeiten/zustaen digkeiten_node.html, zugegriffen am 18. August 2015.

BfS (2015a): Abfallprognosen (Stand 09.02.2015). In:
http://www.bfs.de/DE/themen/ne/abfaelle/prognosen/prognosen_node.html,
zugegriffen am 18. August 2015.

BfS (2015b): Aktuelle Arbeiten der Probephase (Stand 04.06.2015). In:
http://www.asse.bund.de/Asse/DE/themen/was-passiert/aktuelle-arbeiten/aktuelle-arbeiten_node.html, zugegriffen am 18. August 2015.

BfS (2015c): Erkundung der Standorts Gorleben – ein Rückblick (Stand 31.01.2015). In:
http://www.bfs.de/DE/themen/ne/endlager/standortauswahl/gorleben/erkundung-rueckblick.html, zugegriffen am 18. August 2015.

BGR (2007): Endlagerung radioaktiver Abfälle in Deutschland: Untersuchung und Bewertung von Regionen mit potenziell geeigneten Wirtsgesteinsformationen. Hannover / Berlin: Bundesanstalt für Geowissenschaften und Rohstoffe (BGR).

BGR (2011): Stellungnahme der BGR zur Unterlage „Kleemann, Ulrich: Bewertung des Endlager-Standortes Gorleben; erstellt im Auftrag der Rechtshilfe Gorleben e.V.; 29.11.2011". In:
http://www.bgr.bund.de/DE/Themen/Endlagerung/Downloads/Schriften/1_Gorleben/BGR_Stellungnahme_Kleemann.pdf?__blob=publicationFile&v=4, zugegriffen am 02. September 2015.

Biegelbauer, P. und Hansen, J. (2011): Democratic Theory and Citizen Participation: Democracy Models in the Evaluation of Public Participation in Science and Technology. In: Science and Public Policy 38(8), 589-597.

Blatter, J., Janning, F. und Wagemann, K. (2007): Qualitative Politikanalyse. Eine Einführung in Forschungsansätze und Methoden. Wiesbaden: VS Verlag für Sozialwissenschaften.

Blowers, A. und Lowry, D. (1997): Nuclear Conflict in Germany: The Wider Context. In: Environmental Politics 6(3), 148-155.

BMU (2006): Verantwortung übernehmen: Den Endlagerkonsens realisieren. Berlin: Bundesministerium für Umwelt, Naturschutz und Reaktorsicherheit (BMU).

BMU (2008): Pressemitteilung Nr. 144/08: Unabhängige Experten beraten Umweltministerium bei Fragen der nuklearen Entsorgung. Berlin: Bundesministerium für Umwelt, Naturschutz und Reaktorsicherheit (BMU).

BMU (2009a): Pressemitteilung Nr. 295/09: Gabriel begrüßt gemeinsame Überprüfung der Gorleben-Akten. Berlin: Bundesministerium für Umwelt, Naturschutz und Reaktorsicherheit (BMU).

BMU (2009b): Pressemitteilung Nr. 275/09: Gabriel: Endlagerkonzept der Union gescheitert. Berlin: Bundesministerium für Umwelt, Naturschutz und Reaktorsicherheit (BMU).

BMU (2010a): Pressemitteilung Nr. 037/10: Röttgen: Wir müssen uns der Verantwortung für die Entsorgung radioaktiver Abfälle endlich stellen. Berlin: Bundesministerium für Umwelt, Naturschutz und Reaktorsicherheit (BMU).

BMU (2010b): Sicherheitsanforderungen an die Endlagerung wärmeentwickelnder radioaktiver Abfälle. Stand: 30. September 2010. Berlin: Bundesministerium für Umwelt, Naturschutz und Reaktorsicherheit (BMU).

BMU (2012): Bericht über die vierte Überprüfungskonferenz zum Übereinkommen über die Sicherheit der Behandlung abgebrannter Brennelemente und über die Sicherheit der Behandlung radioaktiver Abfälle. Berlin: Bundesministerium für Umwelt, Naturschutz und Reaktorsicherheit (BMU).

BMUB (2015): Programm für eine verantwortungsvolle und sichere Entsorgung bestrahlter Brennelemente und radioaktiver Abfälle (Nationales Entsorgungsprogramm). Berlin: Bundesministerium für Umwelt, Naturschutz, Bau und Reaktorsicherheit (BMUB).

Böhm, M. (2011): Bürgerbeteiligung nach Stuttgart 21: Änderungsbedarf und -perspektiven. In: Natur und Recht 33(9), 614-619.

Brasser, T., Bletz, B., Noseck, U. und Schmitz, G. (2008): Anhang Natürliche Analoga. Die Rolle Natürlicher Analoga bei der Sicherheitsbewertung von Endlagern. Braunschweig / Darmstadt.

Braun, D. (2003): Dezentraler und unitarischer Föderalismus. Die Schweiz und Deutschland im Vergleich. In: Swiss Political Science Review 9(1), 57-89.

Brettschneider, F. (2013): Großprojekte zwischen Protest und Akzeptanz: Legitimation durch Kommunikation. In: Brettschneider, F. und Schuster, W. (Hg.): Stuttgart 21. Wiesbaden: Springer Verlag, 319-328.

Brumfiel, G. (2006): Forward Planning. In: Nature 440, 987-989.

Brunnengräber, A. (2016): Das wicked problem der Endlagerung. In: Brunnengräber, A. (Hg.): Problemfalle Endlager. Baden-Baden: Nomos, 145-166.

Brunnengräber, A. (2015): Ewigkeitslasten. Die „Endlagerung" radioaktiver Abfälle als soziales, politisches und wissenschaftliches Projekt, Baden-Baden: edition sigma in der Nomos Verlagsgesellschaft

Brunnengräber, A., Mez, L., Di Nucci, M. R. und Schreurs, M. A. (2012): Nukleare Entsorgung: Ein „wicked" und höchst konfliktbehaftetes Gesellschaftsproblem. In: Technikfolgenabschätzung – Theorie und Praxis 21(3), 59-65.

Brunnengräber, Achim; Di Nucci, Maria Rosaria; Losada, Anna María Isidoro; Mez, Lutz; Schreurs, Miranda A. (Hg.) (2015): Nuclear Waste Governance. An International Comparison. Wiesbaden: Springer VS.

Bühl, W. L. (1972): Einleitung: Entwicklungslinien der Konfliktsoziologie. In: Bühl, W. L. (Hg.): Konflikt und Konfliktstrategie. München: Nymphenburger Verlagshandlung, 9-64.

BUND (2016): Sondervotum von Klaus Brunsmeier (BUND) zum Bericht der „Kommission Lagerung hoch radioaktiver Abfallstoffe". Halver / Berlin 29.6.2016. In: http://www.atommuell-lager-suche.de/downloads/Sondervotum_Klaus_Bruns meier _(BUND)_zum_Bericht_der_Atommuell-Kommission.pdf. Zugegriffen am 13.12.2016

Bundesrechnungshof (2006): Bemerkungen 2006 zur Haushalts- und Wirtschaftsführung des Bundes. Bonn.

Bundesregierung und EVU (2000): Vereinbarung zwischen der Bundesregierung und den Energieversorgungsunternehmen vom 14. Juni 2000. Berlin.

Buser, M. (2003): Long Term Waste Management. Historical Considerations and Societal Risks. In: IAEA (Hg.): Issues and Trends in Radioactive Waste Management. Proceedings of an International Conference on Issues and Trends in Radioactive Waste Management, held in Vienna 9-13 December 2002. Wien: International Atomic Energy Agency (IAEA), 161-182.

Byrne, J. und Hoffman, S. M. (1996): The Ideology of Progress and the Globalization of Nuclear Power. In: Byrne, J. und Hoffman, S. M. (Hg.): Governing the Atom. The Politics of Risk. New Brunswick (New Jersey): Transaction Publishers, 11-46.

Calmet, D. P. (1989): Ocean Disposal of Radioactive Waste. In: IAEA Bulletin 4, 47-50.

Carrera, D. G. und Hocke, P. (2016): Die Endlager-Kommission und ihr Konzept von Öffentlichkeitsbeteiligung in einem engen Zeitfenster: Denkanstöße und Implikationen zum Beteiligungsformat von Demos/Prognosen für die Kommission. In: Müller, M.C.M. (Hg.): Endlagersuche - Endlager-Kommission und Öffentlichkeit(en): Fragen nach Zusammenarbeit und Fortschritt im Prozess zur Halbzeit der Kommission. Loccumer Protokolle, Bd. 60/14. Rehburg-Loccum: Evangelische Akademie Loccum, 103-118.

Chambers, S. (2003): Deliberative Democratic Theory. In: Annual Review of Political Science 6(1), 307-326.

Chambers, S. (2009): Rhetoric and the Public Sphere. In: Political Theory 37(3), 323-350.

Chilvers, J. und Burgess, J. (2008): Power Relations: The Politics of Risk and Procedure in Nuclear Waste Governance. In: Environment and Planning A 40, 1881-1900.

Chung, J. B. und Kim, H.-K. (2009): Competition, Economic Benefits, Trust, and Risk Perception in Siting a Potentially Hazardous Facility. In: Landscape and Urban Planning 91(1), 8-16.

Colglazier, E. W. und Langum, R. B. (1988): Policy Conflicts in the Process for Siting Nuclear Waste Repositories. In: Annual Review of Energy 13(1), 317-357.

Comby, B. (2005): Les solutions pour les déchets nucléaires. In: International Journal of Environmental Studies 62(6), 725-736.

Conradt, D. P. (1980): Changing German Political Culture. In: Almond, G. A. und Verba, S. (Hg.): The Civic Culture Revisited. Boston / Toronto: Little, Brown and Company, 212-272.

contrAtom (2014): BMU zieht Klage zurück: Rahmenbetriebsplan für Gorleben vor dem Aus. In: http://www.contratom.de/2014/03/26/bmu-zieht-klage-zuruck-rahmen betriebsplan-fur-gorleben-vor-dem-aus/, zugegriffen am 02. September 2015.

Coser, L. A. (1973): Sozialer Konflikt und die Theorie des sozialen Wandels. In: Hartmann, H. (Hg.): Moderne amerikanische Soziologie. Stuttgart: Ferdinand Enke Verlag, 414-428.

Cottier, T. und Liechti, R. (2008): Schweizer Spezifika. In: Breuss, F., Cottier, T. und Müller-Graff, P.-C. (Hg.): Die Schweiz im europäischen Integrationsprozess. Baden Baden: Nomos, 39-62.

COWAM (2007): Cooperative Research on the Governance of Radioactive Waste Management. Final synthesis report. In: http://www.cowam.com/IMG/pdf_cowam2_Final_Synthesis_Report_v4.pdf, zugegriffen am 17. August 2015.

Crouch, C. (2008): Postdemokratie. Frankfurt am Main: Suhrkamp.

Czada, R. (2004): Good Governance als Leitkonzept für Regierungshandeln: Grundlagen, Anwendungen, Kritik. In: Benz, A. und Dose, N. (Hg.): Governance - Regieren in komplexen Regelsystemen. Wiesbaden: VS Verlag für Sozialwissenschaften, 201-224.

Darst, R. G. (2008): "Baptists and Bootleggers, Once Removed": The Politics of Radioactive Waste Internalization in the European Union. In: Global Environmental Politics 8(2), 17-38.

Dawson, J. I. und Darst, R. G. (2006): Meeting the Challenge of Permanent Nuclear Waste Disposal in an Expanding Europe: Transparency, Trust and Democracy. In: Environmental Politics 15(4), 610-627.

de la Ferté, J. (1996): Welcoming Remarks. In: NEA (Hg.): Informing the Public about Radioactive Waste Management. Proceedings of an NEA International Seminar, Rauma, Finland, 13-15 June 1995. Paris: Nuclear Energy Agency NEA, Organisation for Economic Cooperation and Development OECD.

de Saillan, C. (2010): Disposal of Spent Nuclear Fuel in the United States and Europe: A Persistent Environmental Problem. In: Harvard Environmental Law Review 34(2), 461-519.

di Nucci, M. R. (2016): NIMBY oder IMBY. In: Brunnengräber, A. (Hg.): Problemfalle Endlager. Baden-Baden: Nomos, 119-143.

Dolata, U. (2011): Wandel durch Technik: eine Theorie soziotechnischer Transformation. Frankfurt am Main / New York: Campus Verlag.

Dryzek, J. S. (1996a): Political Inclusion and the Dynamics of Democratization. In: The American Political Science Review 90(3), 475-487.

Dryzek, J. S. (1996b): The Politics of the Earth. Oxford: Oxford University Press.

Dryzek, J. S. (2001): Legitimacy and Economy in Deliberative Democracy. In: Political Theory 29(5), 651-669.

Dryzek, J. S. (2010): Rhetoric in Democracy: A Systemic Appreciation. In: Political Theory 38(3), 319-339.

Dryzek, J. S. (2011): Foundations and Frontiers of Deliberative Governance. Oxford: Oxford University Press.

Dulinski, U. (2006): Sensationen für Millionen – das Besondere der Boulevardpresse in Deutschland. In: Ganguin, S. und Sander, U. (Hg.): Sensation, Skurrilität und Tabus in den Medien. Wiesbaden: VS Verlag für Sozialwissenschaften, 23-34.

Durant, D. (2006): Managing Expertise: Performers, Principals, and Problems in Canadian Nuclear Waste Management. In: Science and Public Policy 33(3), 191-204.

Durant, D. (2007): Burying Globally, Acting Locally: Control and Co-option in Nuclear Waste Management. In: Science and Public Policy 34(7), 515-528.

Durant, D. (2009a): Radwaste in Canada: a Political Economy of Uncertainty. In: Journal of Risk Research 12(7), 897-919.

Durant, D. (2009b): Responsible Action and Nuclear Waste Disposal. In: Technology in Society 31, 150-157.

Easterling, D. (1992): Fair Rules for Siting a High-Level Nuclear Waste Repository. In: Journal of Policy Analysis and Management 11(3), 442-475.

Ebbinghaus, B. (2009): Vergleichende Politische Soziologie: Quantitative Analyse- oder qualitative Fallstudiendesigns? In: Kaina, V. und Römmele, A. (Hg.): Politische Soziologie. Wiesbaden: VS Verlag für Sozialwissenschaften, 481-501.

Elam, M., Soneryd, L. und Sundqvist, G. (2010): Demonstrating Safety – Validating New Build: The Enduring Template of Swedish Nuclear Waste Management. In: Journal of Integrative Environmental Sciences 7(3), 197-210.

ENTRIA (2014): Memorandum zur Entsorgung hochradioaktiver Reststoffe. Klaus-Jürgen Röhlig et al., Hannover.

ESK (2008): Satzung der Entsorgungskommission (ESK) vom 17. Juli 2008. In: http://www.entsorgungskommission.de/plaintext/die-esk/index.htm, zugegriffen am 17. August 2015.

ESK / EL (2011): Rückholung / Rückholbarkeit hochradioaktiver Abfälle aus einem Endlager – ein Diskussionspapier. Salzgitter: Entsorgungskommission (ESK) / Ausschuss Endlagerung radioaktiver Abfälle (EL).

Evans, A. J., Kingston, R. und Carver, S. (2004): Democratic Input into the Nuclear Waste Disposal Problem: The Influence of Geographical Data on Decision Making Examined through a Web-based GIS. In: Journal of Geographical Systems 6(2), 117-132.

FED (2010a): Aktuell. In: http://www.forum-endlager-dialog.de/aktuell/index.html, zugegriffen am 02. September 2015.

FED (2010b): FED-Mandat. Verabschiedung auf FED-Sitzung am 26.01.2010. In: http://www.forum-endlager-dialog.de/downloads/fed-mandat-neue-fassung.pdf, zugegriffen am 17. August 2014.

FED (2010c): Forum Endlager Dialog. In: http://www.forum-endlager-dialog.de/, zugegriffen am 13. Juni 2013.

Fischer, D. (1997): History of the International Atomic Energy Agency: The First Forty Years. Wien: International Atomic Energy Agency (IAEA).

Fleischer, T., Haslinger, J., Jahnel, J. und Seitz, S. B. (2012): Focus Group Discussions Inform Concern Assessment and Support Scientific Policy Advice for the Risk

Governance of Nanomaterials. In: International Journal of Emerging Technologies and Society 10, 79-95.

Flüeler, T. (2006): Decision Making for Complex Socio-technical Systems. Robustness from Lessons Learned in Long-term Radioactive Waste Governance. Dordrecht: Springer.

Flüeler, T. und Scholz, R. W. (2004): Socio-technical Knowledge for Robust Decision Making in Radioactive Waste Governance. In: Risk, Decision and Policy 9(2), 129-159.

Früh, W. (2011): Inhaltsanalyse: Theorie und Praxis. Konstanz: UVK.

Gamson, W. A. und Modigliani, A. (1989): Media Discourse and Public Opinion on Nuclear Power: A Constructionist Approach. In: The American Journal of Sociology 95(1), 1-37.

Gaßner, H. und Neusüß, P. (2009): Standortauswahlverfahren und Sicherheitsanforderungen für ein Endlager. In: Zeitschrift für Umweltrecht 20(7/8), 347-352.

Geckeis, H. (2015): Transmutation kann Endlager nicht ersetzen. In: Nachrichten aus der Chemie 63(2), 127.

Geissel, B. (2009): How to Improve the Quality of Democracy? Experiences with Participatory Innovations at the Local Level in Germany. In: German Politics & Society 27(4), 51-71.

George, A. L. und Bennett, A. (2005): Case Studies and Theory Development in the Social Sciences. Cambridge (Mass.): MIT Press.

Gerhards, J. (1994): Politische Öffentlichkeit. Ein system- und akteurstheoretischer Bestimmungsversuch. In: Neidhardt, F. (Hg.): Öffentlichkeit, öffentliche Meinung, soziale Bewegungen. Kölner Zeitschrift für Soziologie und Sozialpsychologie, Sonderheft 34, 77-106.

Gerhards, J. und Neidhardt, F. (1993): Strukturen und Funktionen moderner Öffentlichkeit. In: Langenbucher, W. R. (Hg.): Politische Kommunikation. Wien: Wilhelm Braumüller, 52-89.

Gerrard, M. B. (1994): Whose Backyard, Whose Risk. Cambridge (Mass.): MIT Press.

Gerring, J. (2007): Case Study Research, Principles and Practices. Cambridge (UK) / New York: Cambridge University Press.

Gläser, J. und Laudel, G. (2009): Experteninterviews und qualitative Inhaltsanalyse als Instrumente rekonstruierender Untersuchungen. Wiesbaden: VS Verlag für Sozialwissenschaften.

GNS (o.J.): Gesellschafter. In: http://www.gns.de/language=de/15743/gesellschafter-und-beteiligungen, zugegriffen am 03. September 2015.

Goodin, R. E. und Dryzek, J. S. (2006): Deliberative Impacts: The Macro-Political Uptake of Mini-Publics. In: Politics & Society 34(2), 219-244.

Grande, E. (1995): Regieren in verflochtenen Verhandlungssystemen. In: Mayntz, R. und Scharpf, F. W. (Hg.): Gesellschaftliche Selbstregelung und Politische Steuerung. Frankfurt am Main / New York: Campus Verlag, 327-368.

Grande, E. (2002): Parteiensystem und Föderalismus. In: Benz, A. und Lehmbruch, G. (Hg.): Föderalismus. Wiesbaden: Westdeutscher Verlag, 179-212.

Grande, E. (2012): Governance-Forschung in der Governance-Falle? – Eine kritische Bestandsaufnahme. In: Politische Vierteljahresschrift 53(4), 565-592.

Greenberg, M. R. (2009): NIMBY, CLAMP, and the Location of New Nuclear-Related Facilities. In: Risk Analysis 29(9), 1242-1254.

Grimm, D. (2003): Lässt sich die Verhandlungsdemokratie konstitutionalisieren? In: Offe, C. (Hg.): Demokratisierung der Demokratie. Frankfurt am Main / New York: Campus Verlag, 193-210.

GRS (2014): Vorläufige Sicherheitsanalyse Gorleben (VSG). In: http://www.grs.de/vorlaeufige-sicherheitsanalyse-gorleben-vsg, zugegriffen am 17. August 2015.

Grunwald, A. (2000): Was macht den Abfall zum Abfall? In: Klett, W., Schmitt-Gleser, G. und Schnurer, H. (Hg.): Abfall ohne Ende? Köln: Gutke, 1-25.

Grunwald, A. (2010a): Ethische Anforderungen an nukleare Endlager. In: Hocke, P. und Arens, G. (Hg.): Die Endlagerung hochradioaktiver Abfälle. Tagungsdokumentation zum „Internationalen Endlagersymposium" Berlin, 30.10. bis 01.11.2008. Karlsruhe / Berlin / Bonn, 73-84.

Grunwald, A. (2010b): Technikfolgenabschätzung – eine Einführung. Berlin: edition sigma.

Grunwald (2016.): Wissensintegration auf dem Weg zur Entsorgung hoch radioaktiver Abfälle. In: Smeddinck, U., Chaudry, S. und Kuppler, S. (Hg.): Inter- und Transdisziplinarität bei der Entsorgung radioaktiver Reststoffe. Wiesbaden: Springer Fachmedien, 111-119.

Habermas, J. (1988): Theorie des kommunikativen Handelns. Erster Band. 1. Taschenbuchauflage. Frankfurt am Main: Suhrkamp.

Habermas, J. (2004): Freiheit und Determinismus. In: Deutsche Zeitschrift für Philosophie 52(6), 871-890.

Habermas, J. (2006): Political Communication in Media Society. In: Communication Theory 16, 411-426.

Häfner, D. (2016): ENTRIA-Arbeitsbericht-04: Screening der Akteure im Bereich der Endlagerstandortsuche für hoch radioaktive Reststoffe in der Bundesrepublik Deutschland. Berlin.

Hallin, D. C. und Mancini, P. (2004): Comparing Media Systems. Cambridge (UK) / New York: Cambridge University Press.

Hanberger, A. (2012): Dialogue as Nuclear Waste Management Policy: Can a Swedish Transparency Programme Legitimise a Final Decision on Spent Nuclear Fuel? In: Journal of Integrative Environmental Sciences 9(3), 181-196.

Haus, M. (2010): Transformation des Regierens und Herausforderungen der Institutionen-politik. Baden-Baden: Nomos.

Häussler, T. (2006): Die kritische Masse der Medien: Massenmedien und deliberative Demokratie. Skizze zu einer analytischen Umsetzung. In: Imhof, K., Blum, R., Bonfadelli, H. und Jarren, O. (Hg.): Demokratie in der Mediengesellschaft. Wiesbaden: VS Verlag für Sozialwissenschaften, 304 - 318.

Helms, L. (2005): Regierungsorganisation und politische Führung in Deutschland. Wiesbaden: VS Verlag für Sozialwissenschaften.

Helms, L. (2010): Ist die Bundesrepublik eine „Post-Demokratie"? Eine Analyse am Schnittpunkt von Demokratieforschung und vergleichender Regierungslehre. In: Zeitschrift für Staats- und Europawissenschaften (ZSE) 8, 202-227.

Hempel, Y. (2010): Politische Führung im Direktorialsystem: die Schweiz. In: Sebaldt, M. und Gast, H. (Hg.): Politische Führung in westlichen Regierungssystemen. Theorie und Praxis im internationalen Vergleich. Wiesbaden: VS Verlag für Sozialwissenschaften, 281-303.

Hendriks, C. M. (2006): Integrated Deliberation: Reconciling Civil Society's Dual Role in Deliberative Democracy. In: Political Studies 54(3), 486-508.

Herrmann, A. G. und Röthemeyer, H. (1998): Langfristig sichere Deponien. Situation, Grundlagen, Realisierung. Berlin / Heidelberg: Springer.

Hocke-Bergler, P. (2003): Medienresonanz und das Handeln von Experten im Konflikt um die Endlagerung radioaktiver Abfälle. In: Technikfolgenabschätzung - Theorie und Praxis 12(1), 92-99.

Hocke-Bergler, P. und Gloede, F. (2006): Collective Action of Experts in a Stalemate Situation. In: NEA (Hg.): Disposal of Radioactive Waste: Forming a New Approach in Germany: FSC workshop proceedings, Hitzacker and Hamburg, Germany, 5-8 October 2004. Paris: Nuclear Energy Agency NEA, Organisation for Economic Cooperation and Development OECD, 91-96.

Hocke-Bergler, P., Stolle, M. und Gloede, F. (2003): Ergebnisse der Bevölkerungsum-fragen, der Medienanalyse und der Evaluation der Tätigkeit des AkEnd. Forschungszentrum Karlsruhe in der Helmholtz-Gemeinschaft, Institut für Technikfolgenabschätzung und Systemanalyse.

Hocke, P. (2009a): Expertenkommunikation im Konfliktfeld der nuklearen Entsorgung. Zum Wandel von Expertenhandeln in öffentlichkeitssoziologischer Perspektive. In: Hocke, P. und Grunwald, A. (Hg.): Wohin mit dem radioaktiven Abfall? Perspektiven für eine sozialwissenschaftliche Endlagerforschung. Berlin: edition sigma, 155-179.

Hocke, P. (2009b): Zusammenfassende Bewertung des Workshops „Sicherheitsanforderungen an die Endlagerung wärmeentwickelnder Abfälle" (Berlin, 20. + 21.3.09). Internes Arbeitspapier. ITAS im Forschungszentrum Karlsruhe.

Hocke, P. (2010): Einführung. In: Hocke, P. und Arens, G. (Hg.): Die Endlagerung hochradioaktiver Abfälle. Tagungsdokumentation zum "Internationalen Endlagersymposium" Berlin, 30.10. bis 01.11. 2008. Karlsruhe / Berlin / Bonn: KIT Scientific Publishing, 5-6.

Hocke, P. (2013): Nach dem Konsens ist vor dem Konsens. Deutsche Endlagerkonflikte zwischen Gesetzgebung und simulierter Bürgernähe? In: Müller, M.C.M. (Hg.): Endlagersuche – gemeinsam mit den Bürgern! Information, Konsultation, Dialog, Beteiligung. Dokumentation einer Tagung der Evangelischen Akademie Loccum, 03.-05.05.2013. (Loccumer Protokolle, Bd. 21/13). Rehburg-Loccum: Evangelische Akademie Loccum, 121-131.

Hocke, P. (2015) Erweiterte Öffentlichkeitsbeteiligung bei der nuklearen Entsorgung. Deutschland und Schweiz im Vergleich. In: Bogner, A., Decker, M. und Sotoudeh, M. (Hg.): Responsible Innovation - Neue Impulse für die Technikfolgenabschätzung. Baden-Baden: Nomos - edition sigma, 185-196.

Hocke, P. und Arens, G. (2010): Die Endlagerung hochradioaktiver Abfälle. Tagungsdokumentation zum „Internationalen Endlagersymposium" Berlin, 30.10. bis 01.11. 2008. Karlsruhe / Berlin / Bonn: KIT Scientific Publishing.

Hocke, P., Bergmans, A. und Kuppler, S. (2012): Guaranteeing Transparency in Nuclear Waste Management: Monitoring as Social Innovation. In: Technikfolgenabschätzung – Theorie und Praxis 21(3), 10-14.

Hocke, P. und Kallenbach-Herbert, B. (2015): Always the Same Old Story? Nuclear Waste Governance in Germany. In: Brunnengräber, A., Di Nucci, M. R., Losada, A. M. I., Mez, L. und Schreurs, M. (Hg.): Nuclear Waste Governance. An International Comparison. Wiesbaden: Springer VS, 177-201.

Hocke, P. und Kuppler, S. (2011): Democratic Innovation in the Decision-making Process on a Nuclear Waste Disposal. Internes Arbeitspapier. ITAS im KIT.

Hocke, P. und Kuppler, S. (2012): Socio-technical Challenges in Radioactive Waste Policy-making [in russischer Sprache]. In: Filosophskije Nauki(3), 119-130.

Hocke, P.; Kuppler, S. (2015): Participation under Tricky Conditions. The Swiss Nuclear Waste Strategy based on the Sectoral Plan. In: Brunnengräber, A.; Mez, L.; Di Nucci, M.R.; Schreurs, M. (Hg.): Nuclear Waste Governance. An International Comparison. Wiesbaden: Springer 2015, 157-176.

Hocke, P. und Renn, O. (2009): Concerned Public and the Paralysis of Decision-making: Nuclear Waste Management Policy in Germany. In: Journal of Risk Research 12(7), 921-940.

Hofmann, H. (1981): Rechtsfragen der atomaren Entsorgung. Stuttgart: Klett-Cotta.

Höglinger, D. (2008): Verschafft die direkte Demokratie den Benachteiligten mehr Gehör? Der Einfluss institutioneller Rahmenbedingungen auf die mediale Präsenz politischer Akteure. In: Swiss Political Science Review 14(2), 207-243.

Högselius, P. (2009): Spent Nuclear Fuel Policies in Historical Perspective: An International Comparison. In: Energy Policy 37(1), 254-263.

Honneth, A. (1992): Kampf um Anerkennung: zur moralischen Grammatik sozialer Konflikte. Frankfurt am Main: Suhrkamp.

Howaldt, J. und Schwarz, M. (2010): Soziale Innovation – Konzepte, Forschungsfelder und -perspektiven. In: Howaldt, J. und Jacobsen, H. (Hg.): Soziale Innovation. Wiesbaden: VS Verlag für Sozialwissenschaften, 87-108.

IAEA (2003): Scientific and Technical Basis for the Geological Disposal of Radioactive Wastes. Wien: Internationale Atomenergie-Organisation (IAEA).

IAEA (2009a): Classification of Radioactive Waste. Wien: Internationale Atomenergie-Organisation (IAEA).

IAEA (2009b): Geological Disposal of Radioactive Waste: Technological Implications for Retrievability. Wien: Internationale Atomenergie-Organisation (IAEA).

IAEA (2012): Waste Technology Section. In: http://www.iaea.org/OurWork/ST/NE/NEFW/Technical_Areas/WTS/disposal.html, zugegriffen am 12. Oktober 2012.

IAEA (o. J.-a): Consolidated Radioactive Waste Inventory. In: http://newmdb.iaea.org/datacentre.aspx, zugegriffen am 05. August 2011.

IAEA (o. J.-b): About the IAEA. In: http://www.iaea.org/About/about-iaea.html, zugegriffen am 12. Oktober 2012.

Ipsen, J. (2012): Allgemeines Verwaltungsrecht. München: Vahlen.

Jaeger, C., Renn, O., Rosa, E. A. und Webler, T. (2001): Risk, Uncertainty and Rational Action. London / Sterling (VA): Earthscan.

Jenkins-Smith, H. C., Silva, C. L., Nowlin, M. C. und deLozier, G. (2009): Reevaluating NIMBY: Evolving Public Fear and Acceptance in Siting a Nuclear Waste Facility. Norman (OK): Department of Political Science, University of Oklahoma.

Johnson, G. F. (2007): The Discourse of Democracy in Canadian Nuclear Waste Management Policy. In: Policy Sciences 40, 79-99.

Johnson, G. F. (2009): Deliberative Democratic Practices in Canada: An Analysis of Institutional Empowerment in Three Cases. In: Canadian Journal of Political Science 42(03), 679-703.

Jost, M. (2012): Entsorgung radioaktive Abfälle: Akteure und Aufgabenverteilung in der Schweiz. In: Müller, M. C. M. (Hg.): Endlagersuche: Auf ein Neues? Der Weg zu einem gerechten und durchführbaren Verfahren. (Loccumer Protokolle 25/12). Rehburg-Loccum: Evangelische Akademie Loccum, 139-153.

Kalmbach, K. (2016): Ein Forum zur Entwicklung neuer Lösungsansätze oder zur Austragung alter Konflikte?. In: Brunnengräber, A. (Hg.): Problemfalle Endlager. Baden-Baden: Nomos, 389-408.

Kalmbach, K. und Röhlig, K.-J. (2016): Interdisciplinary perspectives on dose limits in radioactive waste management. A research paper developed within the ENTRIA project. In: Journal of Radiological Protection 36, S8-S22.

Keeney, R. L. (1987): An Analysis of the Portfolio of Sites to Characterize for Selecting a Nuclear Repository. In: Society for Risk Analysis 7(2), 195-218.

Keller, R. (2000): Der Müll in der Öffentlichkeit. Reflexive Modernisierung als kulturelle Transformation. Ein deutsch-französischer Vergleich. In: Soziale Welt 51(3), 245-266.

Kemp, R. (1992): The Politics of Radioactive Waste Disposal. Manchester: Manchester University Press.

Kepplinger, H. M. und Ehmig, S. C. (2006): Predicting News Decisions. An Empirical Test of the Two-component Theory of News Selection. In: Communications 31(1), 25-43.

Kim, D.-S. (2009): Determinants of Public Opposition to Siting Waste Facilities in Korean Rural Communities. In: Korean Journal of Sociology 43(6), 25-43.

Kitschelt, H. (1980): Kernenergiepolitik. Arena eines gesellschaftlichen Konflikts. Frankfurt am Main / New York: Campus Verlag.

Kleemann, U. (2011): Bewertung des Endlager-Standortes Gorleben. Geologische Probleme und offene Fragen im Zusammenhang mit einer Vorläufigen Sicherheitsanalyse Gorleben (VSG). Regionalgeologie und Standorteignung, Rechtshilfe Gorleben e.V.

Klinke, A. und Renn, O. (2001): Precautionary Principle and Discursive Strategies: Classifying and Managing Risks. In: Journal of Risk Research 4(2), 159-173.

Klöti, U. (2006): Regierung. In: Klöti, U., Knoepfel, P., Kriesi, H., Linder, W., Papadopoulos, Y. und Sciarini, P. (Hg.): Handbuch der Schweizer Politik. Zürich: Verlag Neue Zürcher Zeitung, 151-175.

Koch-Baumgarten, S. und Voltmer, K. (2009): Policy matters. In: Marcinkowski, F. und Pfetsch, B. (Hg.): Politik in der Mediendemokratie. Wiesbaden: VS Verlag für Sozialwissenschaften, 299-319.

Kommission Lagerung hoch radioaktiver Abfallstoffe (2016): Abschlussbericht der Kommission Lagerung hoch radioaktiver Abfallstoffe. Verantwortung für die Zukunft. Ein faires und transparentes Verfahren für die Auswahl eines nationalen Endlagerstandortes. K-Drs. 268

Kraft, M. E. (2000): Policy Design and the Acceptability of Environmental Risks: Nuclear Waste Disposal in Canada and the United States. In: Policy Studies Journal 28(1), 206-218.

Kraft, M. E. und Clary, B. B. (1991): Citizen Participation and the Nimby Syndrome: Public Response to Radioactive Waste Disposal. In: Political Research Quarterly 44(2), 299-328.

Kriesi, H. (1995): Le système politique suisse. Paris: Economica.

Kriesi, H. (2003): Strategische politische Kommunikation: Bedingungen und Chancen der Mobilisierung öffentlicher Meinung im internationalen Vergleich. In: Esser, F. und Pfetsch, B. (Hg): Politische Kommunikation im internationalen Vergleich. Wiesbaden: Westdeutscher Verlag, 208-239.

Kriesi, H. (2005): Direct Democratic Choice: The Swiss Experience. Lanham: Lexington Books.

Kriesi, H. und Trechsel, A. H. (2008): The Politics of Switzerland. Continuity and Change in a Consensus Democracy. Cambridge (UK) / New York: Cambridge University Press.

Krütli, P. (2007): Lagerung radioaktiver Abfälle - wie eine einst betroffene Bevölkerung die Dinge sieht. In: Scholz, R., Stauffacher, M., Bösch, S., Krütli, P. und Wiek, A. (Hg.): Entscheidungsprozesse Wellenberg: Lagerung radioaktiver Abfälle in der Schweiz. Zürich: Verlag Rüegger, 51-83.

Krütli, P., Flüeler, T., Stauffacher, M., Wiek, A. und Scholz, R. W. (2010): Technical Safety vs. Public Involvement? A Case Study on the Unrealized Project for the Disposal of Nuclear Waste at Wellenberg (Switzerland). In: Journal of Integrative Environmental Sciences 7(3), 229-244.

Krütli, P., Stauffacher, M., Flüeler, T. und Scholz, R. W. (2010): Functional-dynamic Public Participation in Technological Decision-making: Site Selection Processes of Nuclear Waste Repositories. In: Journal of Risk Research 13(7), 861-875.

Krütli, P., Stauffacher, M., Pedolin, D., Moser, C. und Scholz, R. (2012): The Process Matters: Fairness in Repository Siting for Nuclear Waste. In: Social Justice Research 25(1), 79-101.

Kugo, A., Yoshikawa, H., Shimoda, H. und Wakabayashi, Y. (2005): Text Mining Analysis of Public Comments Regarding High-level Radioactive Waste Disposal. In: Journal of Nuclear Science and Technology 42(9), 755-767.

Kuhn, R. G. und Ballard, K. R. (1998): Canadian Innovations in Siting Hazardous Waste Management Facilities. In: Environmental Management 22(4), 533-545.

Kummer, L. (1997): Erfolgschancen der Umweltbewegung: eine empirische Untersuchung anhand von kantonalen Entscheidprozessen. Bern: Haupt Verlag.

Kunreuther, H., Easterling, D., Desvousges, W. und Slovic, P. (1990): Public Attitudes Toward Siting a High-Level Nuclear Waste Repository in Nevada. In: Society for Risk Analysis 10(4), 469-484.

Kupper, P. (2009): Neue Kernkraftwerke für die Schweiz. Preprints zur Kulturgeschichte der Technik Nr. 24. Zürich: ETH Zürich Institut für Geschichte Technikgeschichte

Kuppler, S. (2016): Vergleichsfall(e) Schweiz. In: Brunnengräber, A. (Hg.): Problemfalle Endlager. Baden-Baden: Nomos, 119-143.

Kuppler, S. (2012): From Government to Governance? (Non-) Effects of Deliberation on Decision-making Structures for Nuclear Waste Management in Germany and Switzerland. In: Journal of Integrative Environmental Sciences 9(2), 103-122.

Kuppler, S. und Grunwald, A. (2015): The Swiss Approach to Finding Compromises in Nuclear Waste Governance. In: Fanghänel, S.: Key Topics in Deep Geological Disposal: Conference Report, Köln 2014. Karlsruhe: KIT Scientific Publishing, 36-41.

Kuppler, S. und Hocke, P. (2012): Monitoring in einem Pilotlager. Kontrollierte Deponierung von Nuklearabfällen im Konzept eines Schweizer Tiefenlagers. In: Technikfolgenabschätzung – Theorie und Praxis 21(3), 43-51.

Kvale, S. und Brinkmann, S. (2009): InterViews. Learning the Craft of Qualitative Research Interviewing. London: Sage Publications.

Laes, E. und Schröder, J. (2010): "On the Uses and Disadvantages of History" for Radioactive Waste Management. In: Risk, Hazards & Crisis in Public Policy 1(4), 181-202.

Lamnek, S. (2005): Qualitative Sozialforschung. Basel: Beltz.

Lange, S. und Schimank, U. (2004): Governance und gesellschaftliche Integration. In: Lange, S. und Schimank, U. (Hg.): Governance und gesellschaftliche Integration. Wiesbaden: VS Verlag für Sozialwissenschaften, 9-44.

Langer, K. und Oppermann, B. (2003): Zur Qualität von Beteiligungsprozessen. In: Ley, A. und Weitz, L. (Hg.): Praxis Bürgerbeteiligung. Bonn: Verlag Stiftung Mitarbeit, 300-306.

Lazarsfeld, P. F. und Merton, R. K. (1964): Mass Communication, Popular Taste and Organized Social Action. In: Bryson, L. (Hg.): The Communication of Ideas: A Series of Addresses. Unveränderte Neuauflage. New York: Edit. Cooper Square Publishers, 95-118.

Lehmbruch, G. (2002): Der unitarische Bundesstaat in Deutschland. In: Benz, A. und Lehmbruch, G. (Hg.): Föderalismus. Wiesbaden: Westdeutscher Verlag, 53-110.

Lehtonen, M. (2010): Deliberative Decision-making on Radioactive Waste Management in Finland, France and the UK : Influence of Mixed Forms of Deliberation in the Macro Discursive Context. In: Journal of Integrative Environmental Sciences 7(3), 175-196.

Lidskog, R. und Litmanen, T. (1997): The Social Shaping of Radwaste Management: The Cases of Sweden and Finland. In: Current Sociology 45(3), 59-79.

Lidskog, R. und Sundqvist, G. (2004): On the Right Track? Technology, Geology and Society in Swedish Nuclear Waste Management. In: Journal of Risk Research 7(2), 251-268.

Lijphart, A. (1999): Patterns of Democracy. New Haven (Connecticut) / London: Yale University Press.

Linder, W. (2005): Schweizerische Demokratie. Bern / Stuttgart / Wien: Haupt Verlag.

Linder, W. (2009): Schweizerische Konkordanz im Wandel. In: Zeitschrift für Staats- und Europawissenschaften 7(2), 209-230.

Linder, W. (2010a): Direkte Demokratie und gesellschaftspolitische Konfliktlösung in der Schweiz. In: Waechter, K. (Hg.): Grenzüberschreitende Diskurse. Festgabe für Hubert Treiber. Wiesbaden: Harrassowitz Verlag, 409-428.

Linder, W. (2010b): Gesellschaftliche Spaltung und direkte Demokratie am Beispiel der Schweiz. In: Schrenk, C. H. und Soldner, M. (Hg.): Analyse demokratischer Regierungssysteme. Festschrift für Wolfgang Ismayr zum 65. Geburtstag. Wiesbaden: VS Verlag für Sozialwissenschaften, 599-609.

Lipset, S. M. und Rokkan, S. (1967): Party Systems and Voter Alignments: Cross National Perspectives. New York: The Free Press.

Litmanen, T., Kojo, M. und Mika, K. (2010): The Rationality of Acceptance in a Nuclear Community: Analysing Residents' Opinions on the Expansion of the SNF Repository in the Municipality of Eurajoki, Finland. In: International Journal of Nuclear Governance, Economy and Ecology 3(1), 42-58.

Luhmann, N. (1984): Soziale Systeme. Frankfurt am Main: Suhrkamp.

Mackerron, G. und Berkhout, F. (2009): Learning to Listen: Institutional Change and Legitimation in UK Radioactive Waste Policy. In: Journal of Risk Research 12(7-8), 989-1008.

Mahoney, J. und Rueschemeyer, D. (Hg.) (2003): Comparative Historical Analysis in the Social Sciences. Cambridge (UK) / New York: Cambridge University Press.

Maier, M. (2003): Nachrichtenfaktoren – Stand der Forschung. In: Ruhrmann, G., Woelke, J., Maier, M. und Diehlmann, N. (Hg.): Der Wert von Nachrichten im deutschen Fernsehen. Opladen: Leske + Budrich, 27-50.

Marcinkowski, F. (2006): Mediensystem und politische Kommunikation. In: Klöti, U., Knoepfel, P., Kriesi, H., Linder, W., Papadopoulos, Y. und Sciarini, P. Handbuch der Schweizer Politik. Zürich: Verlag Neue Zürcher Zeitung, 393-424.

Marti, M. (2016):Risikoansichten. In: Brunnengräber, A. (Hg.): Problemfalle Endlager. Baden-Baden: Nomos, 97-117.

Marti, M. (2016): ENTRIA-Arbeitsbericht-05: Risikoansichten – Wie Merkmale der Person, der Quelle und des Rahmens die Art und Weise beeinflussen, wie Personen die mit der Entsorgung von radioaktiven Abfällen verbundenen Risiken wahrnehmen und bewerten. Zollikerberg

Martinsen, R. (2009): Öffentlichkeit in der „Mediendemokratie" aus der Perspektive konkurrierender Demokratietheorien. In: Marcinkowski, F. und Pfetsch, B. (Hg.): Politik in der Mediendemokratie. Wiesbaden: VS Verlag für Sozialwissenschaften, 37-69.

Mauch, S. (2014): Bürgerbeteiligung. Führen und Steuern von Beteiligungsprozessen. Stuttgart: Boorberg.

Maurer, M. (2009): Wissensvermittlung in der Mediendemokratie. In: Marcinkowski, F. und Pfetsch, B. (Hg.): Politik in der Mediendemokratie. Wiesbaden: VS Verlag für Sozialwissenschaften, 151-173.

Mayntz, R. (2004): Governance im modernen Staat. In: Benz, A. (Hg.): Governance – Regieren in komplexen Regelsystemen. Wiesbaden: VS Verlag für Sozialwissenschaften, 65-76.

Mayntz, R. (2009): Von politischer Steuerung zu Governance? In: Mayntz, R.: Über Governance. Institutionen und Prozesse politischer Regelung. Frankfurt am Main / New York: Campus Verlag, 105-120.

McKinley, I. G., Alexander, W. R. und Blaser, P. C. (2007): Development of Geological Disposal Concepts. In: Alexander, W. R. und McKinley, L. E. (Hg.): Deep Geological Disposal of Radioactive Waste. Amsterdam, Boston: Elsevier, 41-76.

Mclaverty, P. und Halpin, D. (2008): Deliberative Drift: The Emergence of Deliberation in the Policy Process. In: International Political Science Review 29(2), 197-214.

Meuser, M. und Nagel, U. (2009): Das Experteninterview – konzeptionelle Grundlagen und methodische Anlage. In: Pickel, S., Pickel, G., Lauth, H.-J. und Jahn, D. (Hg.): Methoden der vergleichenden Politik- und Sozialwissenschaft. Wiesbaden: VS Verlag für Sozialwissenschaften, 465-479.

Mez, L. (2007): Zur Rolle der Medien in der deutschen Energiepolitik. In: Koch-Baumgarten, S. und Mez, L. (Hg.): Medien und Policy. Frankfurt am Main: Peter Lang Verlag, 85-100.

Mez, L. (2009): Zur Endlagerfrage und der nicht stattfindenden sozialwissenschaftlichen Endlagerforschung in Deutschland. In: Hocke, P. und Grunwald, A. (Hg.): Wohin mit dem radioaktiven Abfall? Perspektiven für eine sozialwissenschaftliche Endlagerforschung. Berlin: edition sigma, 37-52.

Michels, A. (2011): Innovations in Democratic Governance: How Does Citizen Participation Contribute to a Better Democracy? In: International Review of Administrative Sciences 77(2), 275-293.

Möller, D. (2009): Endlagerung radioaktiver Abfälle in der Bundesrepublik Deutschland. Administrativ-politische Entscheidungsprozesse zwischen Wirtschaftlichkeit und Sicherheit, zwischen nationaler und internationaler Lösung. Frankfurt am Main: Peter Lang Verlag.

Murray, R. L. (2003): Understanding Radioactive Waste. Columbus (OH): Battelle Press.

Nagra (o. J.-a): Bevorzugte Wirtgesteine. In:
http://www.nagra.ch/de/wirtgesteine.htm, zugegriffen am 18. August 2015.

Nagra (o. J.-b): Mediendossiers. In:
http://www.nagra.ch/de/mediendossiers1.htm, zugegriffen am 13. August 2015.

Nagra (o. J.-c): Standortsuche: Sachplan geologische Tiefenlager (SGT). In:
http://www.nagra.ch/de/standortsuche.htm, zugegriffen am 18. August 2015.

Nagra (o. J.-d): Unternehmen. In:
http://www.nagra.ch/de/unternehmen.htm, zugegriffen am 18. August 2015.

Nagra (o. J.-e): Volumen. In:
http://www.nagra.ch/de/volumen.htm, zugegriffen am 18. August 2015.

Nagra (2015): Standortgebiete für geologische Tiefenlager. Sicherheitstechnischer Vergleich: Vorschläge für Etappe 3. Neuenhof: Nagra.

NEA (1999): Confidence in the Long-term Safety of Deep Geological Repositories: Its Development and Communication. Paris: Nuclear Energy Agency NEA, Organisation for Economic Cooperation and Development OECD.

NEA (2001): Reversibility and Retrievability in Geologic Disposal of Radioactive Waste. Reflections at the International Level. Paris: Nuclear Energy Agency NEA, Organisation for Economic Cooperation and Development OECD.

NEA (2004): Stepwise Approach to Decision Making for Long-term Radioactive Waste Management. Experience, Issues and Guiding Principles. Paris: Nuclear Energy Agency NEA, Organisation for Economic Cooperation and Development OECD.

NEA (2010a): From Information and Consultation to Citizen Influence and Power. In: https://www.oecd-nea.org/fsc/docs/EVOLUTION-EN-v4.pdf, zugegriffen am 18. August 2015.

NEA (2010b): The Strategic Plan of the Nuclear Energy Agency 2011-2016. Paris: Nuclear Energy Agency NEA, Organisation for Economic Cooperation and Development OECD.

NEA (2011): Radioactive Waste Management Programmes in OECD/NEA Member Countries. Switzerland. Paris: Nuclear Energy Agency NEA, Organisation for Economic Cooperation and Development OECD.

Nennen, H.-U. und Garbe, D. (1996): Das Expertendilemma: zur Rolle wissenschaftlicher Gutachter in der öffentlichen Meinungsbildung. Heidelberg: Springer.

Niedersächsisches Ministerium für Umwelt und Klimaschutz (2013a): Pressemitteilung Nr. 139/13: Umweltminister Wenzel kritisiert angekündigte Klage der Bundesregierung gegen Aufhebung des Rahmenbetriebsplans Gorleben „Neubeginn bei der Endlagersuche darf nicht gefährdet werden". Hannover.

Niedersächsisches Ministerium für Umwelt und Klimaschutz (2013b): Pressemitteilung 122/2013: Zulassung des Rahmenbetriebsplans für die Erkundung des Salzstocks in Gorleben aufgehoben. Hannover.

Niemeyer, S. und Dryzek, J. S. (2007): The Ends of Deliberation: Meta-consensus and Inter-subjective Rationality as Ideal Outcomes. In: Swiss Political Science Review 13(4), 497-526.

Nierling, L. (2013): Anerkennung in erweiterter Arbeit. Berlin: edition sigma.

Nowotny, H. (2005): Experten, Expertisen und imaginierte Laien. In: Bogner, A. und Torgersen, H. (Hg.): Wozu Experten? Wiesbaden: VS Verlag für Sozialwissenschaften, 33-44.

O'Connor, M. und van den Hove, S. (2001): Prospects for Public Participation on Nuclear Risks and Policy Options: Innovations in Governance Practices for Sustainable Development in the European Union. In: Journal of Hazardous Materials 86, 77-99.

Ott, K. (2014): Handeln auf Probe für die Ewigkeit? Die Einlagerung hochradioaktiver atomarer Reststoffe als eine Generationenaufgabe. In: Karafyllis, N. C. (Hg.): Das Leben führen? Lebensführung zwischen Technikphilosophie und Lebensphilosophie. Berlin: edition sigma, 239-258.

Otto, A. und Leibenath, M. (2013): Windenergielandschaften als Konfliktfeld: Landschaftskonzepte, Argumentationsmuster und Diskurskoalitionen. In: Gailing, L. und Leibenath, M. (Hg.): Neue Energielandschaften – Neue Perspektiven der Landschaftsforschung. Wiesbaden: Springer Fachmedien, 65-75.

Parkhill, K. A., Pidgeon, N. F., Henwood, K. L., Simmons, P. und Venables, D. (2010): From the Familiar to the Extraordinary: Local Residents' Perceptions of Risk when

Living with Nuclear Power in the UK. In: Transactions of the Institute of British Geographers 35(1), 39-58.

Pescatore, C. und Vári, A. (2006): Stepwise Approach to the Long-Term Management of Radioactive Waste. In: Journal of Risk Research 9(1), 13-40.

Peters, H.-P. (1999): Das Bedürfnis nach Kontrolle der Gentechnik und das Vertrauen in wissenschaftliche Experten. In: Hampel, J. und Renn, O. (Hg.): Gentechnik in der Öffentlichkeit. Frankfurt am Main / New York: Campus Verlag, 225-245.

Pierre, J. und Peters, B. G. (2000): Governance, Politics and the State. London: Macmillan Press Ltd.

Polletta, F. und Lee, J. (2006): Is Telling Stories Good for Democracy? Rhetoric in Public Deliberation after 9/11. In: American Sociological Review 71(5), 699-721.

Poumadere, M., Mays, C. und Arantes, B. (2008): Risk Governance Advances in Europe Across Radioactive Waste and Other Risk Fields. In: International Journal of Nuclear Governance, Economy and Ecology 2(2), 175-190.

Pusch, R. (2008): Geological Storage of Highly Radioactive Waste. Current Concepts and Plans for Radioactive Waste Disposal. Berlin / Heidelberg: Springer.

Ragaly, S. (2007): Der Einfluss der Medien auf die Umweltpolitik aus Sicht der Nachrichtenwerttheorie. In: Koch-Baumgarten, S. und Mez, L. (Hg.): Medien und Policy. Frankfurt am Main: Peter Lang Verlag, 69-83.

Ramsauer, U. (2008): Planfeststellung ohne Abwägung? In: Neue Zeitschrift für Verwaltungsrecht 9, 944-950.

Raschke, J. (1993): Die Grünen. Frankfurt am Main: Büchergilde Gutenberg.

Regierungspräsidium Darmstadt (2014): Betriebsplanverfahren. In: http://www.rp-darmstadt.hessen.de/irj/RPDA_Internet?cid=9c692a97a5dd6fbf1d6bef759 27 ec724, zugegriffen am 21. Juli 2014.

Renn, O. (1998): Die Austragung öffentlicher Konflikte um chemische Produkte oder Produktionsverfahren – eine soziologische Analyse. In: Renn, O. und Hampel, J. (Hg.): Kommunikation und Konflikt. Fallbeispiele aus der Chemie. Würzburg: Königshausen & Neumann, 11-51.

Renn, O. (2009): Endlagerfrage in Deutschland – technisch und gesellschaftlich lösbar? In: Atomwirtschaft 54(4), 222-225.

Renn, O. (2013): Partizipation bei öffentlichen Planungen. Möglichkeiten, Grenzen, Reformbedarf. In: Keil, S. I. und Thaidigsmann, S. I. (Hg.): Zivile Bürgergesellschaft und Demokratie. Aktuelle Ergebnisse der empirischen Politikforschung. Wiesbaden: Springer VS, 71-96.

Renn, O. und Webler, T. (1998): Der kooperative Diskurs. In: Renn, O., Kastenholz, H., Schild, P. und Wilhelm, U. (Hg.): Abfallpolitik im kooperativen Diskurs. Zürich: vdf, Hochschulverlag an der ETH, 3-103.

Resele, G. (2009): Die Sach- und Rechtslage der Entsorgung radioaktiver Abfälle in der Schweiz. In: Schmidt-Preuß, M. (Hg.): Deutscher Atomrechtstag 2008. Baden-Baden: Nomos, 225-239.

Rittel, H. W. J. und Webber, M. M. (1973): Dilemmas in a General Theory of Planning. In: Policy Sciences 4(2), 155-169.

Rucht, D. (1994): Modernisierung und neue soziale Bewegungen. Frankfurt am Main / New York: Campus Verlag.

Rucht, D. (2008): Anti-Atomkraftbewegung. In: Roth, R. und Rucht, D. (Hg.): Die Sozialen Bewegungen in Deutschland seit 1945. Frankfurt / Main: Campus Verlag, 245-266.

Rueschemeyer, D. (2003): Can One or a Few Cases Yield Theoretical Gains. In: Mahoney, J. und Rueschemeyer, D. (Hg.): Comparative Historical Analysis in the Social Sciences. Cambridge (UK) / New York: Cambridge University Press, 305-336.

Ruetter & Partner (2005): Nukleare Entsorgung in der Schweiz. Untersuchung der sozioökonomischen Auswirkungen von Entsorgungsanlagen. Band II: Fallstudien und Ergebnisse der Bevölkerungsbefragung. Bern: Bundesamt für Energie BFE.

Savage, D. (Hg.) (1995): The Scientific and Regulatory Basis for the Geological Disposal of Radioactive Waste. Chichester (UK) / New York: Wiley.

Schaffer, M. B. (2011): Toward a Viable Nuclear Waste Disposal Program. In: Energy Policy 39(3), 1382-1388.

Scharpf, F. W. (1999): Governing in Europe – Effective and Democratic. Oxford: Oxford University Press.

Schmidt, G., Kirchner, G. und Pistner, C. (2013): Endlagerproblematik – Können Partitionierung und Transmutation helfen? In: Technikfolgenabschätzung – Theorie und Praxis 22(3), 52-58.

Schmidt, M. G. (2003): Lehren der Schweizer Referendumsdemokratie. In: Offe, C. (Hg.): Demokratisierung der Demokratie. Frankfurt am Main / New York: Campus Verlag, 111-123.

Scholz, R. W., Stauffacher, M., Bösch, S., Krütli, P. und Wiek, A. (Hg.) (2007): Entscheidungsprozesse Wellenberg – Lagerung radioaktiver Abfälle in der Schweiz. ETH-UNS Fallstudie 2006. Zürich: Verlag Rüegger.

Schori, S., Krütli, P., Stauffacher, M., Flüeler, T. und Scholz, R. W. (2009): Siting of Nuclear Waste Repositories in Switzerland and Sweden. Stakeholder Preferences for the Interplay between Technical Expertise and Societal Input. ETH NSSI Case Study 2008. Zürich: TdLab.

Schulz, M., Mack, B. und Renn, O. (Hg.) (2012): Fokusgruppen in der empirischen Sozialwissenschaft. Von der Konzeption bis zur Anwendung. Wiesbaden: VS Verlag für Sozialwissenschaften.

Schweizerischer Bundesrat (2001): Botschaft zu den Volksinitativen „MoratoriumPlus – Für die Verlängerung des Atomkraftwerk-Baustopps und die Begrenzung des Atomrisikos (MoratoriumPlus)" und „Strom ohne Atom - Für eine Energiewende und die schrittweise Stilllegung der Atomkraftwerke (Strom ohne Atom)" sowie zu einem Kernenergiegesetz. In: http://www.parlament.ch/d/wahlen-abstimmungen/volksabstimmungen/frueherevolksabstimmungen/abstimmungen2003/18052003/Documents/wa-va-botschaft-bundesrat-20030518-moratorium-plus.pdf, zugegriffen am 18. August 2015.

Seidl, R., Moser, C., Stauffacher, M. und Krütli, P. (2013): Perceived Risk and Benefit of Nuclear Waste Repositories: Four Opinion Clusters. In: Risk Analysis 33(6), 1038–1048.

Short, J. J. F. und Rosa, E. A. (2004): Some Principles for Siting Controversy Decisions: Lessons from the US Experience with High Level Nuclear Waste. In: Journal of Risk Research 7(2), 135-152.

Simonis, G. (2013): Technology Governance. In: Simonis, G. (Hg.): Konzepte und Verfahren der Technikfolgenabschätzung. Wiesbaden: Springer, 161-186.

Sjöberg, L. (2008): Antagonism, Trust and Perceived Risk. In: Risk Management 10, 32-55.

Sjöberg, L. und Dröttz-Sjöberg, B.-M. (2008): Risk Perception by Politicians and the Public. In: Energy & Environment 19(3-4), 455-483.

Sjöberg, L. und Drottz Sjöberg, B.-M. (2009): Public Risk Perception of Nuclear Waste. In: International Journal of Risk Assessment and Management 11(3/4), 264-296.

Sjöberg, L. und Wester-Herber, M. (2008): Too Much Trust in (Social) Trust? The Importance of Epistemic Concerns and Perceived Antagonism. In: International Journal of Global Environmental Issues 8(1-2), 30-44.

Skarlatidou, A., Cheng, T. und Haklay, M. (2012): What Do Lay People Want to Know About the Disposal of Nuclear Waste? A Mental Model Approach to the Design and Development of an Online Risk Communication. In: Risk Analysis 32(9), 1496-1511.

Slovic, P., Flynn, J. und Gregory, R. (1994): Stigma Happens: Social Problems in the Siting of Nuclear Waste Facilities. In: Risk Analysis 14(5), 773-777.

Slovic, P., Flynn, J. und Layman, M. (1991): Perceived Risk, Trust, and the Politics of Nuclear Waste. In: Science 254(5038), 1603-1607.

Smeddinck, U., Kuppler, S. und Chaudry, S. (Hg.) (2016): Inter- und Transdisziplinarität bei der Entsorgung radioaktiver Reststoffe. Wiesbaden: Springer Vieweg

Smeddinck, U. und Semper, F. (2016): Zur Kritik am Standortauswahlgesetz. In: Brunnengräber, A. (Hg.): Problemfalle Endlager. Baden-Baden: Nomos, 235-259.

Solomon, B. D. (2009): High-level radioactive waste management in the USA. In: Journal of Risk Research 12(7), 1009-1024.

Solomon, B. D. (2009): High-level Radioactive Waste Management in the USA. In: Journal of Risk Research 12(7), 1009-1024.

Staab, J. F. (1990): Nachrichtenwert-Theorie. Freiburg: Verlag Karl Albers.

Stay, J. (2016): Atommüll-Kommission kann Konflikt nicht überwinden. In: https://www.ausgestrahlt.de/presse/uebersicht/atommull-kommission-kann-konflikt-nicht-uberwinden/, zugegriffen am 13. Dezember 2016.

Steenbergen, M. R., Bächtiger, A., Spörndli, M. und Steiner, J. (2003): Measuring Political Deliberation. A Discourse Quality Index. In: Comparative European Politics 1, 21-48.

Steiner, J. (2012): The Foundations of Deliberative Democracy. Cambridge (UK) / New York: Cambridge University Press.

Steyaert, S. und Lisoir, H., (Hg.) (2005): Participatory Methods Toolkit. A Practitioner's Manual. Brüssel: King Baudouin Foundation und Flemish Institute for Science and Technology Assessment.

Strandberg, U. und Andrén, M. (2009): Editorial: Nuclear Waste Management in a Globalised World. In: Journal of Risk Research 12(7), 879-895.

Strauss, H. (2010): Involving the Finnish Public in Nuclear Facility Licensing: Participatory Democracy and Industrial Bias. In: Journal of Integrative Environmental Sciences 7(3), 211-228.

Streffer, C., Gethmann, C. F., Kamp, G., Kröger, W., Rehbinder, E., Renn, O. und Röhlig, K.-J. (Hg.) (2011): Radioactive Waste. Technical and Normative Aspects of its Disposal. Berlin / Heidelberg: Springer.

Sundqvist, G. und Elam, M. (2010): Public Involvement Designed to Circumvent Public Concern? The "Participatory Turn" in European Nuclear Activities. In: Risk, Hazards & Crisis in Public Policy 1(4), 203-229.

Tiggemann, A. (2004): Die 'Achillesferse' der Kernenergie in der Bundesrepublik Deutschland. Lauf an d. Pegnitz: Europaforum Verlag.

Torfing, J. (2006): Governance Networks and Their Democratic Anchorage. In: Melchior, J. (Hg.): New Spaces of European Governance. Proceedings of a Conference Organized by the Research Group "Governance in Transition" of the Faculty of Social Sciences. Wien: Universität Wien, 109-128.

Tosey, P., Visser, M. und Saunders, M. N. (2012): The Origins and Conceptualizations of 'Triple-loop' Learning: A Critical Review. In: Management Learning 43(3), 291-307.

Vatter, A. (2006): Föderalismus. In: Klöti, U., Knoepfel, P., Kriesi, H., Linder, W., Papadopoulos, Y. und Sciarini, P. (Hg.): Handbuch der Schweizer Politik. Zürich: Verlag Neue Zürcher Zeitung, 79-102.

Vatter, A. (2008): Vom Extremtyp zum Normalfall? Die schweizerische Konsensusdemokratie im Wandel: Eine Re-Analyse von Lijpharts Studie für die Schweiz von 1997 bis 2007. In: Swiss Political Science Review 14(1), 1-47.

VLP-ASPAN (2014): Der Sachplan des Bundes: ein unterschätztes Instrument. In: Raum & Umwelt 2, 2-20.

Voltmer, K. (2007): Massenmedien und politische Entscheidungen. In: Koch-Baumgarten, S. und Mez, L. (Hg.): Medien und Policy. Frankfurt am Main: Peter Lang Verlag, 19-38.

von Beyme, K. (2010): Das politische System der Bundesrepublik Deutschland: eine Einführung. Wiesbaden: VS Verlag für Sozialwissenschaften.

von Oppen, A. (2010): Gründe für meinen Austritt aus dem Forum Endlager-Dialog. In: http://www.forum-endlager-dialog.de/downloads/10-10-01-gruende-meine-mitarbeit-im-fed-einzus.pdf, zugegriffen am 18. August 2015.

Wallis, M. K. (2008): Disposing of Britain's Nuclear Waste: the CoRWM Process. In: Energy&Environment 19(3-4), 515-557.

Warren, M. E. und Mansbridge, J. mit Bächtiger, A., Cameron, M. A., Chambers, S., Ferejohn, J., Jacobs, A., Knight, J., Naurin, D., Schwartzberg, M., Tamir, Y., Thompson, D. und Williams, M. (2013). Deliberative Negotiation. In: Mansbridge, J. und Martin, C. J. (Hg.) Negotiating Agreement in Politics. Report of the Task Force on Negotiating Agreement in Politics, American Political Science Association, 86-120.

Webler, T. (1995): "Right" Discourse in Citizen Participation. In: Renn, O., Webler, T. und Wiedemann, P. (Hg.): Fairness and Competence in Citizen Participation. Dordrecht: Kluwer, 35-86.

Wynne, B. (1996): May the Sheep Safely Graze? In: Lash, S., Szerszynski, B. und Wynne, B. (Hg.): Risk, Environment, and Modernity. London: Sage, 44-83.

Wynne, B. (2006): Public Engagement as a Means of Restoring Public Trust in Science – Hitting the Notes, but Missing the Music? In: Community Genetics 9(3), 211-220.

Zapf, W. (1989): Über soziale Innovationen. In: Soziale Welt 40(1-2), 170-183.

Zhou, W. und Arthur, R. (2010): Near-field Processes, Evolution and Performance Assessment in Geological Repository Systems. In: Ahn, J. und Apted, M. J. (Hg.): Geological Repository Systems for Safe Disposal of Spent Nuclear Fuels and Radioactive Waste. Cambridge (UK): Woodhead Publishing Limited, 353-378.